"十二五"国家重点图书出版规划项目
材料科学研究与工程技术系列

U0211764

先进材料导论

Introduction of Advanced Materials

● 田永君　曹茂盛　曹传宝　编著

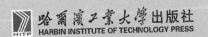

哈尔滨工业大学出版社
HARBIN INSTITUTE OF TECHNOLOGY PRESS

内 容 提 要

本书有选择地介绍了先进材料研究领域的发展动态,共分8个专题,第1章主要介绍轻元素硼、碳、氮及其无机化合物;第2章主要介绍纳米碳管的制备、表征、性质与应用;第3章主要介绍大块非晶合金的形成规律、合金体系和物理性能以及非晶晶化;第4章重点介绍纳米晶复合永磁材料的体系、制备方法、磁交换耦合模型及界面结构;第5章介绍超导材料,重点放在了高温超导材料;第6章集中介绍光电功能材料氮化镓的制备与性能;第7章主要介绍新型激光晶体材料;第8章介绍板条马氏体经大压下量冷轧退火的组织与性能。

本书为材料学科的参考书,也可供从事该领域研究工作的人员使用。

图书在版编目(CIP)数据

先进材料导论/田永君,曹茂盛,曹传宝编著. —哈尔滨:哈尔滨工业大学出版社,2014.12(2017.7 重印)
(材料科学研究与工程技术系列)
ISBN 978 - 7 - 5603 - 5111 - 7

Ⅰ.①先… Ⅱ.①田…②曹…③曹… Ⅲ.①工程材料–研究
Ⅳ.①TB3

中国版本图书馆 CIP 数据核字(2014)第 303195 号

责任编辑 杨 桦
封面设计 卞秉利
出版发行 哈尔滨工业大学出版社
社   址 哈尔滨市南岗区复华四道街 10 号   邮编 150006
传   真 0451-86414749
网   址 http://hitpress.hit.edu.cn
印   刷 哈尔滨工业大学印刷厂
开   本 787mm×960mm 1/16 印张 29.5 字数 458 千字
版   次 2014 年 12 月第 1 版 2017 年 7 月第 2 次印刷
书   号 ISBN 978-7-5603-5111-7
定   价 68.00 元

前　　言

　　材料是人类社会发展和进步的物质基础,先进材料是高新技术发展的关键,它对一个国家的人民生活水平、国家安全和科技发展影响很大。鉴于此,许多学校在研究生课程中开设了"先进材料导论"等相关的选修课程,但由于缺乏适合的参考书,教师往往根据自己研究方向的前沿动态和发展趋势,再经适当扩展,形成一个临时性的课程讲义用于实际教学,这种情况不利于研究生较全面地掌握本领域相关的基础知识和基本技能。针对这种情况,《材料科学与工程系列教材》编审委员会提出,编写一本适于研究生使用的图书——《先进材料导论》。这一想法立刻得到了和相关科研人员广泛的欢迎和支持。在大家的积极鼓励和参与下,我们开始了本书的编写工作。考虑到先进材料的多样性和发展日新月异的现实,一本书不可能全面反映出先进材料的整体面貌,为此,我们经过讨论,暂时选定了八个材料专题,并希望在今后的使用过程中再适当增加新的内容。本书在对所需的基础知识进行适当介绍之后,力图阐明材料成分、结构与性能之间的关系;同时,对材料已知的晶体结构、物理和化学性能数据加以总结,希望也能起到手册的作用。

　　全书共分8章。第1章主要介绍轻元素硼、碳、氮及其无机化合物,由何巨龙、于栋利、田永君执笔;第2章主要介绍纳米碳管的制备、表征、性质与应用,由曹茂盛和田永君执笔;第3章主要介绍大块非晶合金的形成规律、合金体系和物理性能以及非晶晶化,由刘日平、马明臻执笔;第4章重点介绍纳米晶复合永磁材料的体系、制备方法、磁交换耦合模型及界面结构,由张湘义执笔;第5章介绍超导材料,重点放在了高温超导材料,由田永君、杨万民执笔;第6章集中介绍光电功能材料氮化镓的制备与性能,由曹传宝执笔;第7章主要介绍新型激光晶体材料,由臧竟存执笔;第8章介绍板条马氏体经大压下量冷轧退火的组织与性能,由荆天辅、高聿为执笔。

本书在编写过程中得到多方面的鼓励、支持和帮助,作者在此表示衷心的感谢。由于本书所涉及的学科跨度大、新成果又不断出现,加之作者水平有限,疏漏之处在所难免,恳请广大读者提出宝贵意见。

作　者

2013 年 7 月

目　　录

第1章 轻元素硼、碳、氮及其无机化合物

硼、碳、氮是地球上丰度较高的三种轻元素,在 B-C-N 三元体系中,六方结构的石墨和氮化硼具有完全不同的电学性质,石墨是黑色的导体,而六方氮化硼是白色的绝缘体,人们熟知的金刚石、六方氮化硼和碳化硼等材料具有高硬度、耐高温、宽能隙等特性,在机械加工和功能元器件方面发挥了重要作用。目前,在 B-C-N 三元体系中尚未发现稳定的 C-N 和 B-C-N 化合物。近年来,量子化学理论取得了令人瞩目的丰硕成果。采用第一性原理预测单原子和双原子体系材料的晶体结构、电子结构以及与电子结构相关的物性已趋于成熟;对于多原子体系而言,由于原子间电子作用的复杂性,理论计算与实验结果尚存在一定的误差,尽管如此,多原子体系的理论预测在人工合成新材料的工作中仍然发挥着重要的指导作用。Liu 和 Cohen 于 1989 年在 Science上发表的文章[1]从理论上预测了比金刚石还硬的 β-C_3N_4 材料后,在国际材料、物理、化学等领域掀起了人工合成 C-N、B-C-N 新材料的浪潮。经过近 20 年的努力,人们发现 C-N、B-C-N 亚稳材料除了可能具有超硬特性外,还具有许多独特的物理、化学特性,其潜在的应用领域也在逐步拓宽。要建立材料的成分、结构与其物理、化学性质的关系仍需要进行大量细致的研究工作。由 B、C、N 组成的新型二元或三元化合物将在机械、电子、生物和化学等应用领域发挥重要作用。本章从硼、碳、氮单质及其二元和三元化合物的结构出发,介绍第一性原理及

其主要计算方法,及对 C-N、B-C-N 新型化合物的理论预测,综合分析性能与晶体结构的关系,并介绍 C-N、B-C-N 化合物的研究进展。

1.1　单质硼的结构及其性质[2,3]

单质硼有很多同素异构体,除无定形硼外,目前所能够确认的有六种:α-菱形硼、β-菱形硼、四方硼-Ⅰ、四方硼-Ⅱ、四方硼-Ⅲ和六方硼。这些同素异构体都是由硼原子构成的二十面体或二十面体簇以不同方式结合而成的。

1.1.1　单质硼的结构

在硼的晶体结构中,硼原子的二十面体是一种重要的结构单元,如图 1.1 所示。在每个二十面体中,12 个硼原子占据在角顶上,其中 6 个原子位于赤道位置,用 e 表示,6 个原子位于两极位置,用 p 表示。这个二十面体有 20 个近似的等边三角形面和 30 条棱边;这个多面体有 6 个五重旋转对称轴(即两个相对的角顶连线)、10 个三重旋转轴(即两个相对的三角形中心连线)、15 个二重轴(即两条相对棱边的中点连线)。也就是说,在每个二十面体中共有 31 个旋转对称轴。另

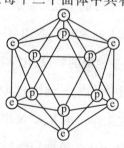

图 1.1　硼原子的二十面体结构单元

外,它还有 15 个通过两条相对棱边中点的镜面。

α-菱形硼(α-三方硼)是硼最常见的同素异构体,在这种异构体中,以硼三角二十面体 B_{12} 为结构单元,构成三方结构的晶体,晶胞参数为 $a=0.505\ 7$ nm, $\alpha=58.06°$,空间群为 $R\bar{3}m$,晶胞中含 1 个 B_{12} 三角二十面体。晶体中每个二十面体内部,相邻硼原子之间的键长分别为 0.173 nm,0.178 nm 和 0.179 nm(图 1.2),平均值是 0.177 nm。为了便于理解 α-菱形硼的晶体结构,我们可以把 B_{12} 的分布按六方晶胞来描述,其晶胞参数为 $a=0.490\ 8$ nm, $c=1.256\ 7$ nm。

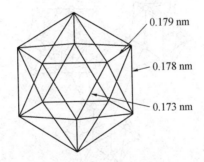

0.179 nm

0.178 nm

0.173 nm

图 1.2　α-菱形硼中二十面体内相邻硼原子之间的键长

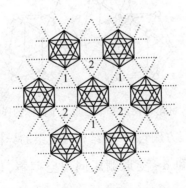

图 1.3　按六方分布的 B_{12} 三角二十面体层的连接

六方晶胞的底面是由图 1.1 中用 e 标记的硼原子组成(e 代表硼

原子,位于二十面体的赤道位置),每个硼三角二十面体的六个 e 硼原子和六个相邻二十面体的 e 硼原子分别通过三中心键(键长0.202 5 nm)连结,用 1 标记的三中心键的轨道重叠中心低于用 2 标记的重叠中心。这种由三中心键连结而成的二十面体层,一层层地重叠起来,相邻两层之间的 B_{12} 二十面体由图 1.1 中用 p 标记的硼原子分别通过正规的 B—B 二中心键(键长 0.171 nm)连结(p 代表硼原子位于二十面体的两极位置),这种二中心键在每个二十面体的上面和下面各有 3 个,连接状态如图 1.4 所示。

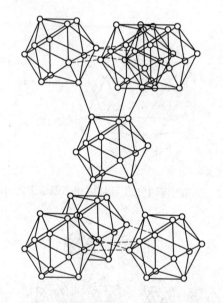

图 1.4　相邻两层的 6 个三角二十面体的连接情况

β-菱形硼(β-三方硼)是一种结构较复杂的异构体。在 β-菱形硼结构中,它的点阵和 α-菱形硼属同一空间群,但晶格常数为 $a = 1.014 5$ nm,$\alpha = 65.28°$,每个晶胞含 105 个硼原子。如果以六方结构来看,它的晶胞参数为 $a = 1.094 4$ nm,$c = 2.381$ nm,晶胞中包含 $3 \times 105 =$

315 个硼原子。在此晶体结构中存在一种 B_{84} 多面体单元,这个单元可·从 B_{12} 出发来理解:中心为 B_{12} 三角二十面体,其中每个硼原子,向外按径向和 12 个 B_6 "半个三角二十面体"连接,这种连接就像 12 把外翻的伞连接在三角二十面体的每个顶点上,如图 1.5 所示。每把伞开口处的 5 个硼原子又和其他伞的硼原子共同组成大的多面体。这个加大的由 60 个硼原子组成的多面体的几何结构恰好和球碳(C_{60})一样。所以 B_{84} 单元也可看做由一个 B_{60} 的壳层通过 12 个处在五次轴上的硼原子和中心的 B_{12} 三角二十面体连接组成。β-菱形硼中的 B_{84} 单元内的 B—B 键长比 α-菱形硼中的 B_{12} 单元内的 B—B 键长有所增加,平均为 0.183 nm。β-菱形硼是一种在相当宽的温度范围内热力学较稳定的异构体,熔融的硼结晶时,一般总是得到这种异构体。

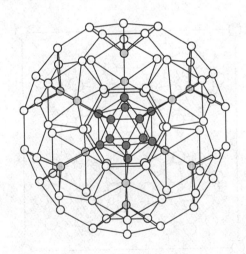

图 1.5　B_{84} 单元的结构

一组带点的球代表 12 个硼原子,它们将中心的 B_{12}

单元(黑球)和外表的 B_{60} 壳层(白球)连接在一起

四方硼有三种变体:α-四方硼(或四方硼-Ⅰ)、四方硼-Ⅱ和四方硼-Ⅲ。后两者发现较晚,结构较复杂,尚未有详细的说明。在此仅就 α-四方硼的结构略作介绍。

α-四方硼的晶胞大小为 $a=0.875$ nm,$c=0.506$ nm,含 50 个硼原子。结构单元也是稍有变形的二十面体,但比 α-菱形硼中的 B_{12} 二十面体略大,其中的 B—B 键长为 $0.175\sim0.185$ nm,平均值是($0.180\ 5\pm0.001\ 5$) nm。每个晶胞含四个这样的二十面体单元和两个单个的硼原子。每个二十面体的 12 个硼原子通过 12 个向外的键与别的硼原子相结合。其中,10 个硼原子直接与其他二十面体中的硼原子结合,B—B 键平均键长为(0.168 ± 0.003) nm;另 2 个硼原子则分别通过单个硼原子与其他二十面体结合,每个单个硼原子形成 4 个同样的 B—B 键(键长为 0.160 nm),如图 1.6 所示。

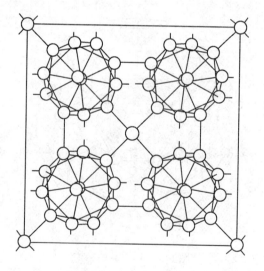

图 1.6　α-四方硼晶格中 4 个 B_{12} 二十面体的

排布(沿 c 轴方向投影)

六方硼的结构尚未见详细报道,不过它的晶胞大小已有数据,现将它随同其他硼变体的晶胞常数汇列在表 1.1 中,供参考。

表 1.1　六种硼变体的晶胞常数

变体	a/nm	c/nm	$\alpha/°$	单元晶的原子数/个
α-菱形硼	0.505 7	—	58.06	12
六方晶胞	0.490 8	1.256 7	—	36
β-菱形硼	1.014 5	—	65.28	105
六方晶胞	1.096	2.378	—	324
四方硼-Ⅰ	0.875	0.506	—	50
四方硼-Ⅱ	0.857	0.813	—	约78
四方硼-Ⅲ	1.012	1.414	—	约192
六方硼	0.893 2	0.98	—	约90

1.1.2　单质硼的化学性质

　　硼原子的基态电子组态为 $[\text{He}]2s^2sp^1$。单质硼的特殊结构和性质与硼原子的价电子数(3 个)比价轨道数(4 个)少 1 个有着密切的关系。硼原子的这种缺电子性对它的化学行为有着决定性影响。B_{12} 三角二十面体有 36 个价电子,有 30 条长度为 0.177 nm(平均)的棱边。注意在图 1.1 中连接每两个相邻的硼原子的线段并不代表正常的二中心二电子(2c—2e)共价键。当一个原子的价电子数少于它的价轨道数时,如硼原子这种情况,只形成 2c—2e 共价键是不能克服它的缺电子性的,通常需要形成多中心键,图 1.7 中的三中心键即为这种 B—B—B 三中心两电子键(简写为 B—B—B 3c—2e 键)。在一个 3c—2e 键中,3 个原子共享一对电子(图 1.7),这一电子对能补偿沿等边三角形的 3 条边形成的 3 个正常的 2c—2e 键所缺少的 4 个电子。

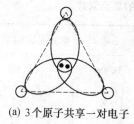 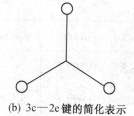

(a) 3个原子共享一对电子　　　　(b) 3c—2e键的简化表示

图1.7　3c—2e键

在一个封闭型-B_n骨干中,只有3个2c—2e B—B共价键,还有 $(n-2)$个B—B—B 3c—2e键。对于B_{12}三角二十面体单元,有3个 B—B 2c—2e键和10个B—B—B 3c—2e键,如图1.8所示。

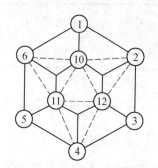 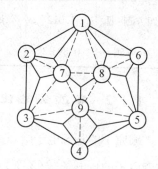

图1.8　B_{12}三角二十面体单元中的化学键

有3个B—B 2c—2e键:1—10,5—11和3—12;10个B—B—B 3c—2e键:1—2—7,1—6—8,…

每个B_{12}单元的36个电子的分配情况如下:26个电子用于骨干中 的化学键,其余10个用于三角二十面体之间的化学键。如图1.2中的 α-菱形硼结构中,每个三角二十面体被同一层6个三角二十面体所包 围,它们是通过6个3c—2e键连成。每个硼原子对1个B—B—B 3c—2e键平均贡献2/3个电子,这样每个三角二十面体提供6×(2/3)=4 个电子。每个三角二十面体还和相邻两层的6个三角二十面体连接, 这些键是正常的B—B 2c—2e共价键,每个三角二十面体要贡献6个电子。所以每个 B_{12} 三角二十面体电子总数是 26+4+6＝36 个电子。

　　单质硼在常温下可与氟直接化合，而与氧的化合仅能发生在表面上，在 300 ℃ 以下，硼对其他非金属是惰性的；但只要条件合适，它几乎可以与所有非金属反应，但不能直接与氢和稀有气体反应。粉末状无定形硼在 20 ℃ 时就可自发地与氟反应，而与氯、溴、碘的反应则分别要在 400 ℃，600 ℃，700 ℃ 时进行，粗大的晶体硼与卤素反应都要求有较高的温度。硼与氧大约在 450 ℃ 时可以迅速发生反应，但因生成的覆盖层阻碍继续氧化，所以反应会逐渐停顿下来，而使氧化作用不完全。如果在较高温度下反应，则反应速度将受玻璃状液层的扩散作用控制。在 1 000 ℃ 以上反应，由于覆盖层蒸发而使反应得以不断进行，但对于块状硼来说，即使在 1 200 ℃ 时，它的抗氧化性仍可与一些难溶金属媲美。硼与硫在 600 ℃ 时反应生成 B_2S_3；在较高温度下与硒反应生成 B_2Se_3，熔化的碲不与硼作用。硼粉与氮在 1 050～1 200 ℃ 下反应可生成 BN，硼与磷要在 1 000 ℃ 时才能完全反应生成 BP。硼与砷在 800 ℃ 时加压能反应生成 BAs。硼在 900 ℃ 以上可与金刚石反应，在 1 200～1 250 ℃ 时可与碳纤维反应生成 $B_{12}C_3$（或 B_4C）；在 2 000 ℃ 以上的高温下，硼与碳可形成一系列产物，但它们的性质尚未弄清。硼与硅在低于 1 370 ℃ 时反应生成 B_4Si，而在高于 1 370 ℃ 时反应则生成 B_6Si。在所有的反应中，晶体硼都要比无定形硼反应慢。

　　硼可与许多金属直接反应生成金属硼化物，但并不与锗反应。某些金属（如 Rb，Cs，Cu，Ag，Au，Zn，Cd，Hg，Ga，In，Tl，Sn，Pb，Sb，Bi 等）的硼化物虽有报道，但化学式尚未确定。

　　总之，硼在化学性质上主要表现为非金属性，但在晶态时呈现某些金属性。因此，人们常将它列为半金属或准金属元素。硼的化学活性与纯度、粉细度和反应条件有密切关系。高纯晶态硼是相当稳定的,而一般纯度的粉状无定形硼则比较活泼;高纯硼即使是很细的也比较稳定,但在高温或强氧化剂作用下,还是相当活泼的。

1.1.3 单质硼的物理性质[2]

单质硼是高熔点、高沸点和难挥发(在 2 187 K 时,蒸气压为 5.1×10^{-2} Pa;在 2 410 K 时,约为 1.3 Pa)的固体。它的一些热力学性质列在表 1.2 中。

表 1.2 单质硼的一些热力学性质

性　　　质	数　　　据
熔　点	(2 450±20) K
沸　点	3 931 K
熔化热	$\Delta H_{m}^{\ominus} = 22.55$ kJ/mol
升华热	$\Delta H_{s,0}^{\ominus} = (550.06 \pm 16.74)$ kJ/mol
	$\Delta H_{s,298.15}^{\ominus} = (555.6 \pm 16.7)$ kJ/mol
汽化热	$\Delta H_{v}^{\ominus} = (507.5 \pm 16.7)$ kJ/mol
蒸气压	$\log p_{atm}(s) = 7.239 - 28\ 840/T$ (1 781~215 2 K)
热焓函数	B(g), $H_{298.15} - H_{0}^{\ominus} = 6\ 323.7$ J/mol (计算)
自由能函数	B(g), $G_{298.15} - H_{0,298.16}^{\ominus} = 132.168$ J/(mol·K)(计算)
热膨胀系数	单　晶　　　　　多　晶
	5.0×10^{-6}/℃　　4.8×10^{-6}/℃　(25~300 ℃)
	6.2×10^{-6}/℃　　6.4×10^{-6}/℃　(300~800 ℃)
	6.9×10^{-6}/℃　　7.0×10^{-6}/℃　(800~1 050 ℃)

续表 1.2

性　　质	数　　　　　据
热　导	3 W/(cm · K)（最大值）
熵	0.6 W/(cm · K)（300 K）
晶态(β-菱形)	$S_{298.15}^{\ominus} = (5.870 \pm 0.4)$ J/(mol · K)
液　态	$S_{298.15}^{\ominus} = 14.782$ J/(mol · K)
气　态	$S_{298.15}^{\ominus} = 153.339$ J/(mol · K)
无定形	$S_{298.15}^{\ominus} = 6.544$ J/(mol · K)
热　容	
晶态(β-菱形)	$C_{p,298.15} = 11.088$ J/(mol · K)
无定形	$C_{p,298.15} = 11.958$ J/(mol · K)
转化热	（无定形→晶体）5.0 kJ/mol

　　无定形硼和 β-菱形硼的密度是相同的,都比 α-菱形硼和高压变体的密度约小 5%。硼丝(纤维)具有相当大的抗张强度和挠曲强度,应力是完全弹性的。单质硼脆而坚硬,以 Mohs 硬度计(15 分制标度)测量,它的硬度为 11,仅次于立方 BN(硬度为 14)和金刚石(硬度为15)。现将单质硼的一些力学性质,择要列在表 1.3 中。

　　单质硼具有很高的电阻系数,痕量杂质对它的电学性质影响特别灵敏;最纯的晶体往往是 p 型半导体。现将单质硼的一些电学性质列在表 1.4 中。

表 1.3 单质硼的一些力学性质

性　　质	数　　据
密　度	
无定形	(2.350±0.005) g/cm³(室温)
β-菱形硼(99.5%)	2.35 g/cm³(25 ℃)
α-菱形硼	2.45~2.46 g/cm³(22.6 ℃)
高压变体	2.46~2.52 g/cm³
液体	2.08 g/cm³(在熔点以上 50 ℃时)
抗张强度(抛光的丝)	3 447.5~4 826.5×10² N/cm²(室温)
挠曲强度(丝)	1 379×10³ N/cm²(室温)
压缩强度	5 171.25×10 N/cm²(有 B_2O_3 粘结剂)
Young's 模量	4 826.5×10⁴ N/cm²(室温)
最大内聚强度(计算)	2 689.05×10³ N/cm²
Mohs 硬度(15 分制标度)	11
Vicker 硬度	42 GPa
线性压缩系数	1.8×10⁻⁷(30 ℃)
体积压缩系数	3.0×10⁻⁷~5.5×10⁻⁷(20~30 ℃)
表面张力	(1 060±50)×10⁻⁷ N/cm²(在熔点以上 50 ℃时)
	(1 008±50)×10⁻⁷ N/cm²(在熔点时)
粘　度	41×10⁻³~106×10⁻³ kg/(m·s) (2 035~2 077 ℃)

表1.4 单质硼的一些电学性质

性　　质	数　　据
电阻系数	
α-四方硼	10^6 $\Omega \cdot$ cm（25 ℃）
β-菱形硼	$7 \times 10^{12} \sim 4 \times 10^{13}$ $\Omega \cdot$ cm（-180 ℃）
	$1.5 \times 10^6 \sim 6.6 \times 10^6$ $\Omega \cdot$ cm（室温）
多　晶	10^6 $\Omega \cdot$ cm（20 ℃）
	10^3 $\Omega \cdot$ cm（175 ℃）
	10 $\Omega \cdot$ cm（400 ℃）
能带隙（激活能,内禀区,>200 ℃）	
热的	$\Delta E_g = 1.26 \sim 1.52$ eV
光的	$\Delta E_g = 1.32 \sim 1.60$ eV
Hall 效应	$\Delta E_g = 1.38$ eV
电导率是 T 的函数（-70 ~ 700 ℃）	$\sigma_T = \sigma 1 \exp(-\Delta E_g / 2kT) + \sigma 2 \exp(-\Delta E_s / 2kT)$
	$\Delta E_g =$ 激活能（内禀区）= 1.39 eV
	$\Delta E_s =$ 激活能（外赋区）= 0.42 eV
温差电势率 Q	
β-菱形硼区域熔炼的	Q 从 630 μV/ ℃ 降到 330 μV/ ℃ （180 ~ 620 ℃）
β-菱形硼	Q 从 630 μV/ ℃ 降到 370 μV/ ℃ （300 ~ 700 ℃）
β-菱形硼或 α-四方硼多晶	Q 从 150 μV/ ℃ 降到 660 μV/ ℃ （室温 ~ 300 ℃）

续表 1.4

性　　质	数　　据
β-菱形硼单晶	$Q_{max}=760\ \mu V/℃\ （100\ ℃）$
介电常数	
β-菱形硼(区域熔炼)	9.3（估计值）
β-菱形硼	$10.5 \sim 11.5（0.4 \sim 0.65\ \mu）$
β-菱形硼单晶	9.3（1.3 eV）；105（1.5 eV）；
	11.63（最大 2.60 eV）
Hall 常数 R_H	
β-菱形硼	$R_H=2\times10^{10}\ cm^3/C\ （室温以下）=$
	$10^5 \sim 10^6\ cm^3/C\ （室温）=$
	$0.1 \sim 10^2\ cm^3/C\ （300 \sim 600\ ℃）$
迁移率	
上　　限	$\mu \leqslant 1.3\times10^{-1}\ cm^2/(V\cdot s)\ （-70 \sim +50\ ℃）$
	$\mu<1\ cm^2/(V\cdot s)\ （室温）$
	$\mu \approx 1\ cm^2/(V\cdot s)$
	$\mu_n=6\times10^3\ cm^2/(V\cdot s)\ （室温）$
	$\mu_p=4\times10^3\ cm^2/(V\cdot s)\ （室温）$
	$\mu=0.4-3.1\ cm^2/(V\cdot s)$
载流子浓度	$n=2.4\times10^9/cm^3（室温）$
	$p=1.5\times10^7/cm^3（室温） \sim 10^{13}/cm^3（室温）$
	$10^{17} \sim 10^{19}/cm^3（300 \sim 600\ ℃）$
空穴迁移率与电子迁移率之比	$C=M_h/M_e=2.7 \sim 2.9\ （275\ ℃）$

单质硼的光学性质与它的结构和所含的杂质有密切关系。α-菱形硼和四方硼可以透过黄色到红色范围的可见光,而 β-菱形硼可以透过 0.9 ~ 8 μm 波长范围的红外线,并在 3 ~ 4 μm 处有最大的透射率,在 0.8 μm 处有一个吸收限。β-菱形硼单晶对 0.41 ~ 0.65 μm 波长的光,折射率 $n = 3.29 ~ 3.40$。对 8.8 ~ 3.1 μm 波长的光,反射率从 (20 ± 1)% 增至 (29 ± 4)%。α-菱形硼和 β-菱形硼对光的吸收系数是各向异性的,它们都是二向色性的晶体。

1.2　碳元素的结构及其性质[3 ~ 5]

1.2.1　碳的存在形式

人们熟知的碳同素异构体有金刚石、石墨、球碳和无定形碳,后面有专题叙述。最近 20 年,还发现单质碳的其他两种晶体。1986 年发现了"白碳"(chaoite)。制备方法是将石墨在低压下热解,在约 2 300 K 时,让它在自由蒸发的条件下升华,此时有很小的透明晶体产生,附在石墨底面的边缘上。这种晶体属六方晶系,晶胞参数为 $a = 0.894\ 5$ nm,$c = 1.407\ 1$ nm,晶体密度为 3.43 g/cm^3,它是一种透明的具有双折射性质的物质。1972 年得到碳的另一种晶体,它是在约 2 500 K 氩气氛中(氩气压力可以从低到高达 101 kPa),长时间将石墨加热得到的。它也属六方晶系,晶胞参数 $a = 0.533$ nm,$c = 1.224$ nm,晶体密度大于 2.9 g/cm^3。上述两种晶体的结构尚未测定,但估计晶体中均包含有 —C≡C—C≡C 的结构单位。与石墨相比,这两种晶体均不易氧化和还原,性质更接近金刚石。木炭和煤都是无定形碳,其中煤是自然界里单质碳中数量最多的一种。

以化合物形式存在的碳的化合物种类是极其繁多的。在地壳中主要是碳酸钙,例如石灰石、大理石、白云石$[(Ca,Mg)CO_3]$等;其他重要的碳酸盐矿还有菱锌矿($ZnCO_3$)、菱铁矿($FeCO_3$)、菱锰矿($MnCO_3$)和菱镁矿($MgCO_3$)等。组成植物机体的各种有机物都是含碳的化合物;被埋在地下的动植物经高温高压等一系列复杂化学变化形成石油和煤。在大气中,碳主要以CO_2形式存在。按体积计算,CO_2占地球大气的0.03%;按质量计算占地球大气的0.046%。由于工业的发展,使得石油和煤等大量燃烧,CO_2在大气层中的含量有所增长,但植物生长时光合作用又消耗CO_2,所以自然界中CO_2基本保持平衡。CO_2在自然界中的循环可归纳于图1.9中。

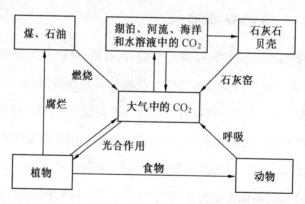

图1.9 自然界二氧化碳的循环

地壳中碳的总量约为2×10^{16} t,其中矿物燃料约占自然界总碳量的0.05%(1×10^{13} t),大气中碳(主要以CO_2形式存在)只占0.003%(6.7×10^{11} t)。

1.2.2 碳元素的结构

以单质形式存在的碳的同素异构体种类较多,除少量瞬间存在的气态低碳分子(C_1,C_2,C_3,C_4,C_5 等)外,主要的存在形式有金刚石、石墨、球碳和无定形碳等。下面分别予以介绍。

1. 金刚石

在金刚石中,碳原子以 sp^3 杂化轨道和相邻碳原子一起形成按四面体排布的 4 个 C—C 单键,共同将碳原子结合成无限的三维骨架,可以说一粒金刚石晶体就是一个大分子。绝大多数天然的和人工合成所得的金刚石均属立方晶系。晶体的空间群为 O_h^7-$Fd\overline{3}m$,晶胞参数 $a=$ 0.356 7 nm。C—C 键键长0.154 5 nm,C—C—C 键键角 109.47°。图 1.10(a)示出立方金刚石的结构。在金刚石晶体结构中,碳原子形成呈椅式构象的六元环,每个 C—C 键的中心点为对称中心,这使得和 C—C 键两端相连接的 6 个碳原子形成交错式排列,是一种最稳定的构象。在金刚石晶体中,C—C 键贯穿整个晶体,各个方向都结合的完美,因而金刚石抗压强度高,耐磨性能好。它的晶体不易滑动和解理,使金刚石成为天然存在的最硬的物质。金刚石的堆积虽然较空旷,若按硬球接触模型计,堆积系数仅为34.01%,但它的可压缩性很小。金刚石熔点是所有单质中最高的一种,达(4 100±100) K。在金刚石中,碳原

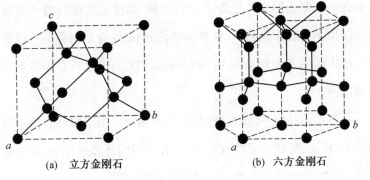

(a)　立方金刚石　　　　　(b)　六方金刚石

图 1.10　金刚石的晶体结构

子的全部价电子都参与成键,所以纯净而完整的金刚石晶体是绝缘体。含有杂质及缺陷的金刚石具有半导体性以及呈现一定的颜色。金刚石还具有抗腐蚀、抗辐射等优良性能。金刚石具有高对称性和高折射率,可以磨制成灿烂夺目的宝石,是贵重的装饰品。

除立方金刚石外,还有六方金刚石。六方金刚石也是一种亚稳的晶体,已在陨石中找到,也可将石墨加压到 13 GPa,温度超过 4 000 K 时制得。六方金刚石晶体的空间群为 $D_{6h}^4 \text{-} P6_3/mmc$,六方晶胞参数为 $a=0.251$ nm,$c=4.12$ nm。在这种金刚石中,碳原子的成键方式和 C—C 键键长均和立方金刚石相似。两种金刚石不同之处在于相邻两个碳原子的键取向不同。立方金刚石采用交叉式排列,在 C—C 键中心点具有中心对称性;六方金刚石中一部分 C—C 键采用重叠式构象,平行 c 轴的 C—C 键中心点具有镜面对称性。六方金刚石由于重叠式排列,其非键的近邻原子间的推斥力大于交叉式,这是它不如立方金刚石稳定的原因。图 1.10(b)示出六方金刚石的晶体结构。

2. 石墨

石墨具有层状大分子结构,层中每个碳原子以 sp^2 杂化轨道与 3 个相邻的碳原子形成等距离的 3 个 σ 键,构成无限伸展的平面层。而各个碳原子垂直于该平面、未参加杂化的 pz 轨道互相叠加形成离域 π 键。层中碳原子的距离为 0.141 8 nm,键长介于 C—C 单键和 C ═ C 双键之间。

石墨晶体是由平面的层状分子堆积而成。由于层间的作用力是范德华力,较弱,层状分子的堆积方式,在不同的外界条件下,可出现多种形式。在完整的石墨晶体中,主要有两种晶型。

(1)六方石墨 又称 α-石墨,在这种晶体中,层状分子的相对位置以 ABAB…的顺序重复排列,如图 1.11(a)所示。A 和 B 是指层的相对位置,若以第一层 A 的位置为基准,第二层 B 的位置沿晶胞 a 和 b 轴的长对角线位移1/3,第三层又和第一层相同。这种石墨晶体属六方晶系,空间群为 D_{6h}^4-$P6_3/mmc$,晶胞参数为 $a = 0.245\ 6$ nm,$c = 0.669\ 6$ nm。

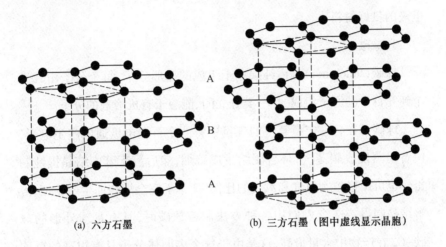

(a) 六方石墨　　　　　　　　(b) 三方石墨（图中虚线显示晶胞）

图 1.11　石墨的结构

（2）三方石墨　又称 β-石墨,在这种晶体中,层状分子的相对位置以ABCABC…的顺序重复排列,如图 1.11(b)。这种石墨晶体属三方晶系,空间群为 D_{3d}^5 - $R\bar{3}m$,晶胞参数为 $a = 0.245\ 6$ nm,$c = 1.004\ 4$ nm。

六方石墨和三方石墨层状分子间的距离均为 0.335 nm。天然石墨中六方石墨约占70%,三方石墨约占30%。人工合成的石墨是六方石墨,将六方石墨进行研磨等机械处理可以得到三方石墨,将三方石墨加热到 1 300 K 以上又转变为稳定的六方石墨。由六方石墨转变为三方石墨所需的 ΔH 为0.586 kJ/mol,数值很小,这和层间的微弱作用力有关。

石墨晶体由层状分子堆积而成,层间作用力微弱,是石墨能形成多种多样的石墨夹层化合物的内部结构根源。也使石墨的许多物理性质具有鲜明的各向异性。在力学性质上,和层平行的方向有完整的解理性,层间易于滑动,所以很软,是良好的固体润滑剂,是制作铅笔的好材料。层状分子内的离域 π 键结构,使石墨具有优良的导电性,是制作电极的良好材料。

3. 球碳

球碳(fullerenes)是由纯碳原子组成的球形分子,每个分子由几十个到几百个碳原子组成,是一类分立的、能溶于有机溶剂的分子。

球碳可在含一定量氦气的气氛中将两个石墨电极通电产生电弧,使石墨蒸发成碳蒸气,环合凝结生成碳烟,然后溶于苯中结晶提纯制得。也可严格控制氩气和氧气的比例,使苯不完全燃烧而生成碳烟,溶解结晶制得。迄今人们用各种方法制备球碳时,具有足球外形的球碳-C_{60}在产物中含量最高,这是由于这个多面体分子具有很高的对称性,分子的点群属 I_h,每个碳原子的成键方式相同,是球碳中最稳定的分子,分子的结构如图 1.12(a)所示。

在 C_{60} 分子中,每个碳原子和周围三个碳原子形成了三个 σ 键,剩余的轨道和电子则共同组成离域 π 键。若按价键结构式表达,每个碳原子和周围三个碳原子形成两个单键和一个双键。这样 C_{60} 分子中共有 60 个单键和 30 个双键,分子的价键结构如图 1.12(b)所示。由图可见,全部六元环和六元环共用的边(6/6)为双键,六元环和五元环共用的边(6/5)为单键。这种结构是 C_{60} 最稳定的一种价键结构式。

由于 C_{60} 分子是球形分子,三个 σ 键的键角总和为 348°,C—C—C 键角的平均值为 116°,垂直球面为 π 轨道,σ 和 π 轨道间夹角为

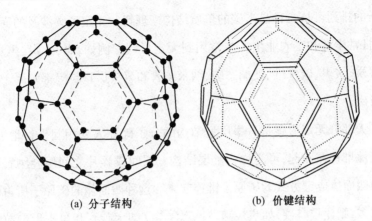

| (a) 分子结构 | (b) 价键结构 |

图 1.12　球碳-C_{60}的结构

$101.64°$。根据杂化轨道理论,若近似地平均计算,三个 σ 轨道每个含 s 成分 30.5%,p 成分 69.5%,而垂直于球面的 π 轨道含 s 成分 8.5%,p 成分 91.5%。它们的键型介于 sp^2 和 sp^3 之间。

C_{60}有许多种异构体,一般若不加注明便是指这种足球形的分子。球碳是一系列由碳原子组成的封闭的球形多面体分子,除已制得常量的 C_{60}以外,还制得常量的 C_{70}晶体、微量的 C_{84}分子晶体。还有用质谱法发现的 C_{50}、C_{80}、C_{120}等球碳分子,它们呈变形的球形、椭球形。

通过理论计算能存在的最小球碳为 C_{20},最近它已从十二面体烷($C_{20}H_{20}$)经过用溴原子置换氢原子形成平均组成为[$C_{60}HBr_{13}$]的三烯中间物,在气相中脱溴制得。20 世纪 80 年代球碳的发现引起了人们极大兴趣,C_{60}被《科学》杂志选为 1991 年明星分子。其原因之一是由于碳是一个很普通的元素,人们对它研究了数百年后,还能开拓出全新的球碳化学新领域,并发现它有着许多引人注目的研究和应用价值。

4. 无定形碳

无定形碳顾名思义没有特定形状和周期性结构的规律,但它内部原子的排列可从三种晶态碳的单质结构来理解。无定形碳涉及的面很广,日常生活和工农业生产中常用到无定形碳。例如,煤、木炭、焦炭、活性炭、炭黑、碳纤维、玻璃态碳、纳米碳管和葱头形颗粒等都归属于无定形碳。

大部分无定形碳是石墨层型结构的分子碎片大致相互平行地、无规则地堆积在一起,可简称为乱层结构。层间或碎片之间用金刚石结构的四面体成键方式的碳原子键连起来。这种四面体的碳原子所占的比例多,则比较坚硬,如焦炭和玻璃态碳等。纳米碳管和葱头形颗粒等结构可从球碳的结构出发来理解。

无定形碳中石墨层的大小,因制造不同工业用途的品种和工艺而异。例如,用作橡胶填充剂的炭黑及作吸附剂用的活性炭等,它们的主体是石墨乱层结构的颗粒。粒径约为几个纳米,层间距离接近石墨晶体中的数值,约为0.34 nm,碳纤维中的石墨层呈卷曲状,沿纤维轴方向延伸。煤的结构很复杂,由于生成的条件不同,石墨化程度不同,氢、氧、氮等的含量差异很大,结构的差异也很大。

从1990年制出常量的球碳C_{60}和C_{70}以后,人们相继观察到或制备出葱头型碳粒、纳米单层和多层碳管、螺旋形碳管等单质碳的多种形态。葱头形碳粒可以被认为是由不同大小的一系列呈准圆球形构成的多层结构,最内层接近于C_{60}分子(直径约为1 nm),从第2层起,在第n层上以$60n^2$个碳原子一层包一层像洋葱的结构,层间距离为0.34 nm,颗粒直径由十几个到几十个纳米。

纳米碳管是日本筑波NEC公司的饭岛(Iijima)于1991年首次在高分辨电镜下观察到的。分单层和多层纳米碳管(巴基管)。单层纳米碳管可看做是由六角石墨层围成,在管面上由六元环聚成的带,单层纳米碳管的结构类型是由特定的参数如手性角、手性矢量等表示,图 1.13 给出了这些参数的定义方法。

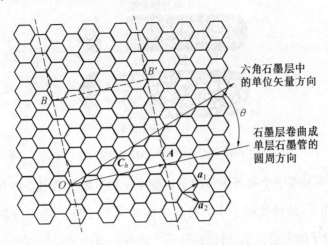

图 1.13　由石墨层卷曲成单层石墨管的模型示意图

C_n—手性矢量,$C_h = na_1 + ma_2$;θ 为手性角(C_h 与 a_1 的夹角);m,n 为整数;a_1,a_2 为单位矢量

单层纳米碳管的直径约 0.7 ~ 2.5 nm,两端有封口的(相当于很长的椭圆)也有不封口的。两端封口处附近由五元环和六元环组成。单层纳米碳管分为三种类型,分别称为单臂纳米管、锯齿形纳米管和手性形纳米管,其结构和参数如图 1.14 所示。多层纳米碳管一般由几个至几十个同轴单壁纳米碳管组成,管间距为 0.34 nm,直径零点几至几十纳米,长度几十纳米至微米,中间的孔道有大有小。第 2 章将对纳米碳管进行详细描述。

1.2.3　碳的化学键

1. 碳原子形成的共价键键型

碳原子能形成多种形式的共价键,这种特性在元素中是独一无二的。碳的电负性为 2.5,这表明碳原子既不容易丢失电子而成为正离

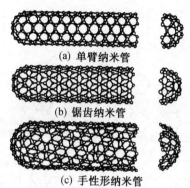

(a) 单臂纳米管

(b) 锯齿纳米管

(c) 手性形纳米管

图 1.14 三种类型的单层纳米碳管

子,也不容易得电子而成为负离子。碳原子的价电子数目正好和价轨道数目相等,这使碳原子不容易形成孤对电子,也不容易形成缺电子键。碳原子的半径较小,所以在分子中碳原子可以和相邻原子的轨道有效地互相叠加,形成较强的化学键。

为简单起见,下面利用传统的杂化轨道概念去描述键型,不过真正的成键作用通常是比这些定域键的描述的内涵更为精巧和更为扩展。碳原子的典型杂化作用列于表 1.5 中。

表 1.5　碳原子的杂化作用

	sp	sp^2	sp^3
参加杂化的轨道数目	2	3	4
杂化轨道间的夹角/(°)	180	120	109.47
杂化轨道取向形状	直线形	平面三角形	四面体形
s 轨道成分/%	50	33	25
p 轨道成分/%	50	67	75
碳原子电负性	3.29	2.75	2.48
剩余 p 轨道数	2	1	0

碳原子的杂化轨道总是和其他原子或分子的轨道互相叠加形成 σ 键,而剩余的价层 p 轨道则可以形成 π 键。π 键可分为两类:定域 π 键和离域 π 键。碳原子的定域 π 键形成双键和三键,如图 1.15 所示。

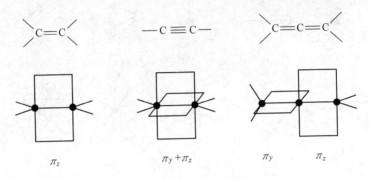

图 1.15　定域 π 键和离域 π 键

离域 π 键则是包括了 3 个或 3 个以上的碳原子或其他杂质原子间形成的化学键,π 键体系可作为配位体和金属原子配位,其配位形式有着数不清的多样性。作为配位体的 π 键体系可以是中性的,也可以是离子性的;可以是线形的,也可以是环形的;碳原子数目可以是奇数,也可以是偶数。

2. 碳的配位数

按照含碳化合物的空间结构情况,已知碳原子具有从 1 到 8 各种配位数。一些典型例子的结构图形示于图 1.16 中,具有高配位数($n \geqslant 5$)的化合物并不是属于超价化合物,而是属于缺电子体系。超价化合物分子中通常有一个中心原子,它需要超过八隅律的 8 个电子参与形成多于 4 个的 2c—2e 键,而这里所指的高配位数的碳原子是从几何结构上来加以描述的,与图 1.16 的配位形式相对应的一些实例列于表 1.6 中。

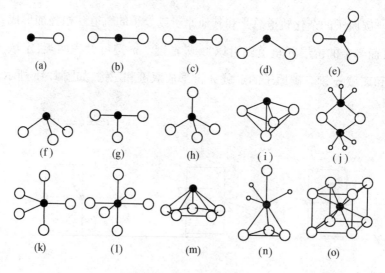

图 1.16 碳原子的配位形式

表 1.6 碳的配位数

配位数	实　　　例	结构(在图 1.16 中的序号)
1	CO,稳定的气体	(a)直线形
2	CO_2,稳定的气体	(b)直线形
2	HCN,稳定的气体	(c)直线形
2	：CX_2(卡宾)	(d)弯曲形
3	COXY(酮)	(e)平面形
3	CH_3^-,CPh_3^-	(f)三角锥形
3	$(CHCMe_3)_2Ta(Me_3C_6H_2)(PMe_3)_2$	(g)T 形
4	CX_4	(h)四面体形
4	$Fe_4C(CO)_{13}$	(i)
5	$Al_2(CH_3)_2$	(j)
5	$(Ph_3PAu)C^+ \cdot BF_4^-$	(k)三方双锥形
6	$(Ph_3PAu)_6C^{2+}$	(l)八面体形
6	$C_2B_{10}H_{12}$	(m)五角锥形
7	$(LiMe)_4$,晶体	(n)
8	$[Co_8C(CO)_{18}]^{2-}$	(o)立方体形

3. C—C 键和 C—X 键的键长

C—C 键的键长值列于表 1.7 中。碳原子和其他原子(X)形成的 C—X 键的一些重要键型的键长值列于表 1.8 中。这两表所列的数值是从实验测定的数值的平均值,它不能精确地指明某个特定化合物中的键长的精确值,但可以根据化合物的结构式估计它的键长。

表 1.7　碳—碳键的键长值 *

键	键长/nm	实　　例
C—C	—	—
sp^3—sp^3	0.153	乙烷(H_3C—CH_3)
sp^3—sp^2	0.151	丙烯(H_3C—CH＝CH_2)
sp^3—sp	0.147	丙炔(H_3C—C≡CH)
sp^2—sp^2	0.148	丁二烯(H_2＝CH—CH＝CH_2)
sp^2—sp	0.143	乙烯基乙炔(H_2C＝CH—C≡CH)
sp—sp	0.138	丁二炔(HC≡C—C≡CH)
C＝C	—	—
sp^2—sp^2	0.132	乙烯(H_2C＝CH_2)
sp^2—sp	0.131	丙二烯(H_2C＝C＝CH_2)
sp—sp	0.128	丁三烯(H_2C＝C＝C＝CH_2)
C≡C	—	—
sp—sp	0.118	乙炔(HC≡CH)

* 由于本表均指 C—C 键,为简明起见只标明杂化轨道的形式,而略去"C"原子记号。在表 1.8 中也作同样处理。

4. 影响键长的因素

一个分子的键长测定值提供了很有价值的、有关该分子的结构和性能的信息,是结构化学中的重要内容。同样的键型在不同分子中键长总会有一些差异,是什么原因影响键长呢? 下面就一些影响键长的因素进行讨论。

表 1.8 C—X 键的键长值/nm[4]

C—H		C—N		C—S	
sp³—H	0.109	sp³—N	0.147	sp³—S	0.182
sp²—H	0.108	sp²—N	0.138	sp²—S	0.175
sp²—H	0.108	C≡N		sp—S	0.168
C—O		sp²—N	0.128	C≡S	
sp³—O	0.143	C≡N		sp²—S	0.167
sp²—O	0.134	sp—N	0.114	C—Si	
C≡O		C—P		sp³—Si	0.189
sp²—O	0.121	sp³—P	0.185	C≡Si	
sp—O	0.116	C≡P		sp²—S	0.170
		sp²—P	0.166		
		C≡P			
		sp—P	0.154		

C—X	X	F	Cl	Br	I
	sp³—X	0.140	0.179	0.197	0.216
	sp²—X	0.134	0.173	0.188	0.210
	sp—X	0.127	0.163	0.179	0.199

(1) 原子的电负性 通常成键原子间电负性的差别越大,键长偏离共价半径的加和值越大。根据两个成键原子的共价半径和电负性值归纳得到的计算共价键键长的经验公式,能显著降低单纯由共价半径

计算得到的键长值和实验测定值间的差异。

$$R_{A-B} = r_A + r_B - c|\chi_A - \chi_B|^n$$

式中，R_{A-B} 为两个成键原子 A 和 B 间的共价键键长值；r_A 和 r_B 分别为 A 和 B 的共价半径；χ_A 和 χ_B 分别为 A 和 B 原子的电负性值；c 和 n 为拟合常数，$c = 8.5$ pm，$n = 1.4$。

（2）空间阻碍　当分子中化学键键角为反常的数值时，其成因多为空间阻碍。通常有两类结构导致反常的键角：一是具有小环的化合物，其键角值必定小于正常轨道叠加所形成的角度，这类称为小空间阻碍；二是从分子的几何学来看，非键原子过于接近，这是由于原子过于拥挤形成的。空间阻碍效应对键长的影响通常是使键长值比表 1.7 和表 1.8 中所列的期望值要长。

（3）共轭效应　由 sp^3—sp^3 所形成的 C—C 单键的键长总是要长于由 sp^2 或 sp 杂化轨道叠加所形成的 C—C 单键的键长。这个普遍的规律是因为成键原子间的共轭效应所引起的。当利用平均值来估计键长时，共轭因素必须予以考虑。

（4）超共轭效应　一个 C—H 键的 σ 轨道和直接相连的碳原子上的 π 轨道（或 p 轨道）的互相叠加称为超共轭作用，这一作用导致缩短 C—C 键的键长。

（5）成键原子的环境　除上述 4 种因素明显地影响 C—C 键键长值以外，对于其他因素的影响归纳在周围"环境"的影响之中，并对一些键长的反常值加以分析。

成键碳原子连接的基团不同、周围环境不同，键长值会略有差异。例如，分析 2 000 多个醚和羧酸酯中的 C—OR（碳原子均按 sp^3 轨道成键）的键长值，显示 C—O 键长随 R 基团中电子的离散程度的增加而加长,也按碳原子由伯碳到仲碳到叔碳的次序而加长。对这类化合物 C—O 键键长的平均值为0.141 8 nm ~ 0.147 5 nm。

C—C 键随着碳原子成键的 s 轨道的成分的增加而缩短。当在杂化轨道中 s 成分增加时,它能使核结合得更紧。

实际分子中,原子间轨道的叠加、电荷的分布、周围非键原子的影响等等因素都将影响到 C—C 键的键长。在其中什么因素起主要作用,要根据实际情况加以分析。

1.2.4　碳的物理性质

石墨的层状结构使它在性质上具有鲜明的各向异性。而石墨中的缺陷和杂质对石墨性质的影响很大。

石墨的密度按 X 射线衍射数据计算,为 2.266 g/cm^3,但实际上由于缺陷和位错的影响,密度值很少大于 2.15 g/cm^3。

石墨的力学性质非常明显地显示出各向异性,在和层平行的方向上显示出完整的解理性,层间易于滑动。所以石墨很软,是良好的固体润滑剂。

石墨的热学性质受石墨晶体缺陷的影响不大。其比热容 [$J/(g \cdot K)$]可用下面的近似公式表达,即

$$c_p = -5.293 + 58.61 \times 10^{-3}T - 432.25 \times 10^{-3}T^2 + 11.51 \times 10^{-9}T^3$$

在不同温度下,石墨的熵 $S^{\ominus}$ 和焓($H_T^{\ominus} - H_0$)的数值如表 1.9 所示。

石墨的膨胀系数在不同方向上差别甚大,其膨胀主要表现在垂直于平面层的方向上;平行于层的方向在室温下膨胀系数为负值,直到673 K 时才转为正值,273 K 时 a_0 约为 -1.4×10^{-6}。

表 1.9 　石墨的熵和焓[3]

T/K	$H_T^{\ominus}-H_0/(\text{J} \cdot \text{mol}^{-1})$	$S^{\ominus}/[\text{J} \cdot (\text{mol} \cdot \text{K})^{-1}]$
13	0.176	0.017
25	1.037	0.064 4
50	8.463	0.263 2
100	61.396	0.591 9
200	386.85	3.089 4
289.16	1 050.9	5.739 6
500	3 434.6	11.710
1 000	12 869	24.512
2 000	36 604	40.819
4 000	89 423	59.048

　　石墨作为耐火材料时,热导率十分重要,其值随温度而改变。在 3 K 时其值为 0.01 W/(cm・K),100 K 时为 40 W/(cm・K),室温为 15W/(cm・K)。石墨在 101 kPa 下加热至 3 925 ~ 3 970 K 时升华。石墨的电导率为 0.2 ~ 1.0 Ω・cm,电阻率约大 5 000 倍。石墨的导电性质和石墨层状分子离域 π 键的形成密切相关。

　　石墨和芳香分子相似,在反磁性上显示出明显的各向异性。和层平行的方向上,室温时,$\chi = 0.5 \times 10^{-6}$ cm³/g,其数值不随温度而变。垂直于层的方向磁化率随温度升高变小。在液氮温度时,$\chi = -30 \times 10^{-6}$ cm³/g。

　　α-石墨和金刚石的一些物理性质归纳对比于表 1.10 中。

表 1.10 α-石墨和金刚石的物理性质

性 质	α-石墨	金 刚 石
密度/($g \cdot cm^{-3}$)	2.266(理想值)	3.514
莫氏硬度	<1	10
折射指数 n(546 nm)	2.15(基面)	2.41
	1.81(c 轴)	—
禁带宽度 E/(kJ $\cdot$ mol^{-1})	—	~580
电阻率/($\Omega \cdot cm$)	$(0.4 \sim 5.0) \times 10^{-4}$(平行于层)	$10^{14} \sim 10^{16}$
	$(0.2 \sim 1.0)$(c 轴)	
熔点/K	$(4\ 100 \pm 100)$(在 0.9 GPa)	$(4\ 100 \pm 200)$(在 12.5 GPa)
$\Delta H_f^{\ominus}$/(kJ $\cdot$ mol^{-1})	0.00(标准态)	1.90
$\Delta H_{升华}^{\ominus}$/(kJ $\cdot$ mol^{-1})	715 *	~710
$\Delta H_{燃烧}^{\ominus}$/(kJ $\cdot$ mol^{-1})	393.51	395.41

* 升华为原子 C(g)。

由于上述这些性质,石墨广泛地用作电极材料、铅笔芯和润滑剂。此外在原子反应堆中,石墨还可用作中子的慢化剂,是原子能工业的重要材料。

1.2.5 碳的化学性质

碳能与多种其他元素形成很强的化学键。因此可以预期它具有很活泼的性质,但是在室温下,碳的这种活泼性质被它具有很高的升华热抵消了,相对来说比较不活泼。但是在高温下,特别是气相时,碳具有高度的活泼性,所以高温时它能与许多金属生成碳化物。

由于 C $=$ O 键的键能很高,为 803 kJ/mol,所以固体碳能和一些氧化剂作用生成 CO_2,例如碳能和热的浓硝酸或浓硫酸按下式反应

$$C+4HNO_3 \longrightarrow CO_2+4NO_2+2H_2O$$

$$C+2H_2SO_4 \longrightarrow CO_2+2SO_2+2H_2O$$

当然,实际的反应过程要比上式复杂得多,碳与硫酸作用的产物除上式所示外,还可分离出苯六羧酸、苯五羧酸等氧化产物。

碳和氧分子反应,可形成 CO 和 CO_2,这两种反应在理论和实际上都有十分重大的意义,将在后面讨论。

将碳转变为碳的气态化合物已进行大量的研究工作,例如

$$2C+O_2 \longrightarrow 2CO$$

$$C+CO_2 \longrightarrow 2CO$$

这是产生气体燃料及工业生产一氧化碳的反应。红热的碳和水蒸气作用,发生下一反应,即

$$C+H_2O \longrightarrow CO+H_2$$

这是工业上获得氢气的主要方法之一,在合成氨等工业中极为重要。

碳与氢气作用,可生成 CH_4、C_2H_6 等碳氢化合物,例如

$$C+2H_2 \longrightarrow CH_4$$

这种碳和氢形成碳氢化合物的反应是煤液化和气化的重要基础。

上述关于碳的 4 个方面的反应,在工业上都比较常用,且极为重要,对于这些反应已进行大量的研究。表 1.11 列出上述 4 个反应在不同温度下的平衡常数。

热的焦炭与硫蒸气反应,生成 CS_2,反应式为

$$C+2S \longrightarrow CS_2$$

表 1.11　碳的几种反应的平衡常数(K_p)*

温度/K	lg K_p			
	（1）	（2）	（3）	（4）
300	−23.93	−20.81	+15.86	−8.82
400	−19.13	−13.28	+10.11	−5.49
600	−14.34	−5.72	+4.29	−2.00
800	−11.93	−1.97	+1.36	−0.15
1 100	−9.94	+1.08	−1.06	+1.43
1 400	−8.79	+2.80	−2.44	+2.36

*表中(1)、(2)、(3)、(4)分别代表下列不同的反应:

(1) $CO \longrightarrow C + \frac{1}{2}O_2$;

(2) $C + CO_2 \longrightarrow 2CO$;

(3) $CO + H_2 \longrightarrow C + H_2O$;

(4) $CH_4 \longrightarrow C + 2H_2$

1.3　氮元素的结构及其性质[4,6]

1.3.1　氮分子

氮是地球表面上以单质形式存在的最丰富的元素,它以双原子分子 N_2 形式存在。按体积计算,氮分子占大气组成的78.1%,按原子计算占78.3%,按质量计算占75.5%。氮对所有形式的生命物质都是不可或缺的元素。按质量计算,蛋白质中平均氮含量约15%左右,是组成生命物质的4个主要元素(C、H、O、N)之一。

室温下 N_2 是一种惰性的气体,其分子中两个氮之间是由1个 σ

键($1\sigma_g^2$)和 2 个 π 键($1\pi_u^4$)组成的 N≡N 三重键，N≡N 键的键长很小(0.109 7 nm)，具有很高的强度，键解离能达 942 kJ/mol，导致氮分子具有特殊的稳定性。由于 N≡N 三重键具有较大的能隙(约8.6 eV)，且分子中电荷对称地分布，使氮分子成为典型的非极性分子，由此致使它成为惰性分子。N_2 的这一结构特征和下列自然现象及性质有关：

(1)地球大气组成成分中氮分子约占78%。

(2)氮很难"固定"，即很难用一般化学反应的方法直接将氮分子解离并转变为其他含氮化合物。

(3)放出 N_2 气体的化学反应经常是具有很强的放热效应和爆炸性。

1.3.2 纯氮离子

纯氮离子是指纯粹由氮原子组成的离子，已知有 N^{3-}、N_3^-、N_5^+，现分述于下：

(1) N^{3-}

已知 N^{3-} 和 I$_A$ 族的 Li 以及 I$_B$ 族的 Cu 和 Ag 形成 M_3N 离子化合物，还可以和 II$_A$ 族的 Be、Mg、Ca、Sr、Ba 和 II$_B$ 族的 Zn、Cd、Hg 形成 M_3N_2 离子化合物。在这些化合物中 N 和 M 间离子键占重要成分。N^{3-} 的离子半径为 0.146 nm。Li_3N 很早就已制得，它具有很高的离子导电性，主要载流子是 Li^+。在结构中，N^{3-} 处在由 8 个 Li^+ 形成的六方双锥形配位多面体的中心，在配位多面体的锂氮平面上，6 个 Li—N 键之间距离为 0.213 nm；在 Li—B—Li 轴上，2 个 Li—N 键之间距离为 0.194 nm。

(2) N_3^-

N_3^- 是由叠氮酸 HN_3 和碱中和而生成的负离子。HN_3 的构型为

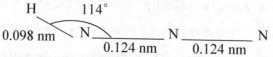

叠氮离子 N_3^- 可以和碱金属和碱土金属形成离子化合物,如 NaN_3, KN_3, $Sr(N_3)_2$, $Ba(N_3)_2$ 等,在其中 N_3^-(和 CO_2 是等电子化合物)呈键长相等的直线形结构,长度为 0.118 nm。在 Cu、Ag 和 Pb 的叠氮化合物 $Cu(N_3)_2$, AgN_3, $Pb(N_3)_2$ 和过渡金属的叠氮化合物中,N_3^- 主要按端接方式和金属离子配位,M—N 间以共价键为主。

(3) N_5^+

N_5^+ 已于 1999 年由 Christe 的研究组通过以下反应合成制得

$$(N_2F)^+(AsF_6)^- + HN_3 \xrightarrow[-78℃]{HF} N_5^+(AsF_6)^- + HF$$

$N_5(AsF_6)$ 是白色固体,微溶于液态无水氟化氢中,在 -78 ℃时可以保持稳定。通过拉曼光谱和 ^{14}N 与 ^{15}N 的 NMR 测定,N_5^+ 具有 C_{2v} 对称性,它的结构可用下面共振式表达它的价键,即

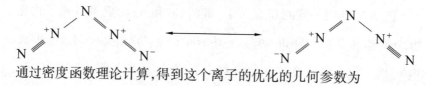

通过密度函数理论计算,得到这个离子的优化的几何参数为

氮的连接性指化合物中氮原子相互连接在一起的程度。氮的连接性远不如碳,这是由于在较小的以单键结合的氮原子中存在着非键电子对,它显著地减弱 N—N 键,它也容易受到各种亲电物种的作用。迄今除上述 N_3^- 和 N_5^+ 外,已知含氮原子链及环的化合物的结构和实例列于表 1.12 中。值得注意的是在这些实例中的氮原子链都不是直线的

构型。

表 1.12　氮原子的连接性

链或环中氮原子的数目	链或环中的键	实　例
3	$[N-N-N]^+$	$[H_2NNMe_2NH_2]Cl$
3	$N-N=N$	$MeHN-N=NH$
4	$N-N=N-N$	$H_2N-N=N-NH_2, Me_2N-N=N-NMe_2$
4	$N-N=N-N$	$(CF_3)_2N-N(CF_3)-N(CF_3)-N(CF_3)_2$
5	$N=N-N-N=N$	$PhN=N-N(Me)-N=NPh$
6	$N=N-N-N-N=N$	$PhN=N-N(Ph)-N(Ph)-N=NPh$
8	$N=N-N-N=N-N-N=N$	$PhN=N-N(Ph)-N=N-N(Ph)-N=NPh$

1.4　硼、碳、氮二元化合物的结构及其性质

1.4.1　硼碳化合物

B-C 二元系相图有许多,采用高纯的硼粉和石墨为原料对B-C相图进行了详细的研究,图1.17是精确测定的 B-C 二元系相图。从图中可以看出,碳化硼是一种非化学计量化合物,碳化硼的最高熔化温度为 2 450 ℃,其中碳的质量分数在8%～20%之间变化。图中未画出碳质量分数高的部分,硼在石墨中的溶解度极小,随着温度的升高,硼在石墨中的溶解度有所升高,在 2 350 ℃时达到最大溶解度,其摩尔分数为2.35%。

碳化硼的结构如图 1.18 所示,在碳化硼中,$B_{13}C_2$ 的晶体结构比较明确,在一种基本的菱形单元晶胞中,其结构基础是 B_{12} 二十面体和直线型 C—B—C 三原子基团(即一个硼原子代替了 C_3 基团中的一个碳

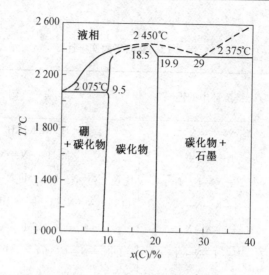

图 1.17　B–C 相图(富 B 区域)

原子结晶成三方晶体),空间群为 $R\bar{3}m$。但是,C_3 基团中的三个碳原子不可能全部被硼原子代替,因为硼原子比碳原子大,并且它缺电子。为了清楚可见,图中菱面体晶胞 8 个顶角上的 B_{12} 画了 3 个,其他 5 个只将在晶胞内的硼原子画出。

　　一开始,人们认为 B_4C 化合物是由 B_{12} 二十面体和其间的 C_3 链构成的,所以单胞的成分可以记为 $(B_{12})CCC$,当含硼的质量分数较高时,硼原子插入二十面体和 C_3 链之间的空隙处,人们首先推测 $B_{13}C_2$ 是三原子碳链中间的碳原子逐步被硼原子取代形成了 C—B—C 链转变得到的,也有人认为碳化硼化合物中富硼区域的三原子链上有空位,碳原子逐渐填充这些空位而形成完全的 C—C—C 链时,碳化硼转变为富碳的 B_4C。然而,^{11}B 的 NMR 谱对碳化硼单晶测试的结果表明,三原子链中间的位置是硼原子而不是碳原子。随后用 X 射线衍射、中子散射和红外光谱证实了 B_4C 中的三原子链也是 C—B—C。那么在 B_4C 中多余的那个碳原子位于何处? 最近采用第一性原理对 B_4C 的核磁共振

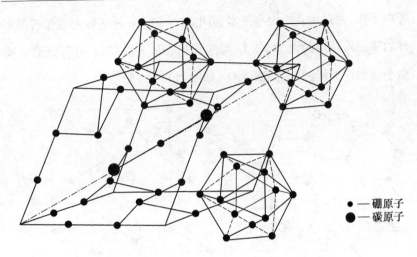

● — 硼原子

⬤ — 碳原子

图 1.18 $B_{13}C_2$ 的结构

谱研究结果表明,大部分二十面体为 $B_{11}C$ 结构(即多余的那个碳原子置换了 B_{12} 中位于两极位置的硼原子),还有百分之几的二十面体为 B_{12} 或 $B_{10}C_2$ 结构,在 $B_{10}C_2$ 二十面体中,单胞中的两个碳原子位于相对的两极位置[7]。

在 $B_{12}C_3$(即 B_4C)结构中,B_{12} 二十面体内的 B—B 间距离是 0.178 9 nm(α-菱形硼中的二十面体内 B—B 距离平均为 0.177 nm),二十面体之间的距离是 0.171 8 nm,B—C_3 间距离是 0.160 4 nm,C_3 链内部 C—C 间距离是0.143 5 nm。C_3 链与最接近的硼原子之间夹角为 99.9°,这说明只有容易采用四面体配位方式的原子才能成为键的端梢原子。此外,还有一些更为复杂的三维硼网物相,如 AlB_{10} 和 YB_{66} 等。

1.4.2 硼氮化合物

氮化硼$(BN)_x$ 是人们知道得最早的硼–氮化合物,它的几种结构变体同碳的几种变体很相似,这主要是由于 B—N 基团和 C—C 基团是等电子体,并且两者的大小基本相同。BN 和碳一样可以形成像石墨那样的平面六角形的六方 BN 结构,如图 1.19(a)所示。也可以形成类似于金刚石那样的立方 BN 晶体,如图 1.19(b)所示。

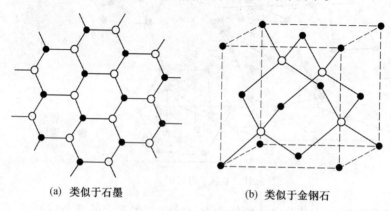

(a) 类似于石墨   (b) 类似于金钢石

图 1.19 BN 的结构

六方 BN 是一种常见的变体,与石墨在结构上的差异仅在于层堆积的性质。石墨是一种密堆积层状结构,每个层是由许多扁平的 C 六角形单元构成,层之间的堆积正好是半数原子处在相邻层的六角环中心。而在六方 BN 中,每个层是由许多扁平的 B_3N_3 六角形单元构成,层之间的堆积正好是上层六角形单元中的硼原子与下层六角形单元中的氮原子相对应。不过,这两种材料中的原子间力很相似,所以使人觉得堆积的不同是次要的。现将这两种材料的晶胞大小和密度并列在表1.13 中,以供对比。

表 1.13   六方系 BN 和石墨的晶胞参数大小和密度

	a/nm	c/nm	c/a	密度/$(g \cdot cm^{-3})$	
				计算值	实验值
六方系 BN	0.250 4	0.666 1	2.66	2.27	2.29
石　　墨	0.246 4	0.673 6	2.73	2.26	2.255

在六方系 BN 中,硼和氮之间都是通过 B—N 键连接起来的,同一层内的 B—N 键长是 0.144 6 nm,大大地小于硼原子和氮原子的单键共价半径之和,但与石墨中同一层内的 C—C 键键长(0.145 nm)很接近,六方 BN 中层与层之间的距离为 0.330 nm,石墨为 0.334 5 nm,也比较接近。最初人们根据 B—N 键的键长比两个原子的单键半径之和短得很多这一事实,提出了在六方 BN 中同层硼原子和氮原子之间有部分双键结合的看法。后来,这种看法得到了 ^{11}B 核磁共振研究的支持,并算出了在六方系 BN 中的键有 45% 的双键性质。不过,也有人认为白色、低电导率的六方 BN 中不会有离域的电子存在,B—N 键必然是单键。

在温度接近 1 800 ℃ 和压力为 8.5 GPa 时,六方 BN 可转变成一种具有闪锌矿结构的立方 BN,这种转化作用可被碱金属和碱土金属催化。立方 BN 的晶格常数为 0.361 5 nm(金刚石为 0.356 7 nm)。在 5 GPa 和 2 500 ℃ 下,立方 BN 也可转变为六方 BN。在低温下,通过静压力,即使没有催化剂,六方 BN 也可转变成一种纤锌矿变体。如果采用适当的六方 BN 粉料,在较低的压力和温度下,也可转变成立方 BN。

六方 BN 是一种洁白润滑性很好的耐高温晶体,绝缘性能特别好,即使在高温下,其绝缘性能也超过最耐高温的氧化物,它的电阻率在 2 000 ℃ 时是 1 900 Ω·cm,在室温时大于 10^{12} Ω·cm。它的折射率大于 1.74,抗磁性磁化率为 $(-0.4\pm0.1)\times10^{-6}$/K($a$ 轴方向)。它的红外光谱在 1 372 cm^{-1} 和 812 cm^{-1} 处有两个吸收带。

BN 的高度化学稳定性和热稳定性,使它可做坩埚材料或其他耐火器件。在高温下能保持其高绝缘性,又使它可以作优质的电绝缘材料,具有良好的导热性,还使它可以作受热器、电子管底座和晶体管电路,以代替有毒和不易加工的 BeO。六方系 BN 粉末是一种耐高温的固体润滑剂。立方 BN 非常坚硬,它的硬度仅次于金刚石,由于它在高温下不会和铁发生反应,可用以高速切削钢铁。氮化硼对其他无机酸和化学试剂都有耐蚀性。水不能侵蚀它,但热的浓碱可使它分解。它的熔点近 3 000 ℃。在真空下,到将近 2 700 ℃它才开始离解;在空气中,到 1 200 ℃以上才开始氧化,可作耐高温的磨料和磨具。

1.5　硼、碳、氮化合物的理论预测

1.5.1　理论预测方法[8]

1. 量子化学从头(ab initio)计算法

量子化学从头计算方法仅仅利用 Planck 常量、电子质量、电量三个基本物理常数以及元素的原子序数,不再借助于任何经验参数,计算体系全部电子的分子积分,求解 Schrodinger 方程。一般所说的量子化学从头计算是建立在三个基本近似基础上的计算方法,对于三个基本近似进行各种校正的计算方法是高级从头计算。从头计算法中的三个基本近似为:

（1）非相对论近似　认为电子质量等于其静止质量,即 m_e(电子质量)$=m_{e,0}$(静止质量),并认为光速接近无穷大。

（2）Born-Oppenheimer 近似(也叫绝热近似)　即将核运动和电子运动分离开来处理。由于原子核质量一般比电子的质量约大 $10^3\sim 10^5$ 倍,分子中核的运动比电子的运动要慢近千倍。因此在电子运动时,可以把核近似看做不动。

（3）轨道近似(又叫单电子近似,由 Hartree 提出)　轨道一词是从经典力学中借用来的概念,在量子化学中指单电子波函数,原子的单电子波函数称为原子轨道,分子的单电子波函数称为分子轨道。轨道近似是把 N 个电子体系的总波函数写成 N 个单电子函数的乘积

$$\psi(\chi_1,\chi_2,\cdots,\chi_N)=\psi_1(\chi_1)\cdot\psi_2(\chi_2)\cdot\cdots\cdot\psi_N(\chi_N) \qquad (1.1)$$

其中每一个电子波函数 $\psi_i(\chi_i)$ 只与一个电子坐标 χ_i 有关。

从头计算方法基于上述三个基本近似后,不再作任何近似来求解 Schrodinger 方程,这三个基本近似即为从头计算方法的头,而 Schrodinger 方程在引入三个近似后的具体表达形式为 Hartree – Fock – Roothaan方程。Hartree–Fock 的工作在于对 Schrodinger 方程求解时引入了自洽场方法,对分子轨道进行迭代求解,但由于每次迭代均要改变分子轨道,这样需对大量的函数积分进行计算,给求解带来困难。而 Roothaan 的贡献在于将分子轨道再向一组基函数展开,这样把对函数的迭代变为对分子轨道组合系数的迭代,可使方程求解过程大大简化。有时为了强调 Roothaan 的这一贡献,亦将 Hartree–Fock–Roothaan 方程称为 Roothaan 方程。求解 Roothaan 方程的困难所在是要计算大量的积分,积分的数目同方程阶数的 4 次方成正比,而且所计算的积分是较难处理的多中心积分。

因此,量子化学从头计算对于分子基态性质的研究一般是可靠的,但对于晶体材料来说计算量过大,必须采用进一步的近似。

2. 第一性原理及其主要计算方法

所谓"第一性原理"计算,指的是采用从头计算基本原理,针对实际材料体系和所研究的问题进行数值计算,在具体处理时,需要采用合理的近似。因此提出恰当的物理模型是非常重要的。

晶体材料的许多基本物理性质是由其电子结构决定的。要确定它

们的电子结构,须采用基于第一性原理的计算方法。第一性原理的出发点便是求解多粒子系统的量子力学薛定谔方程。这一系统的非相对论形式的哈密顿量可写成

$$\hat{H} = \sum_p -\frac{h^2}{2M_p} \nabla_p^2 + \frac{1}{8\pi\varepsilon_0} \sum_{p\neq q} \frac{Z^2 e^2}{|R_p - R_q|} + \sum_i -\frac{h^2}{2m} \nabla_i^2 +$$

$$\frac{1}{8\pi\varepsilon_0} \sum_{i\neq j} \frac{e^2}{|r_i - r_j|} - \frac{1}{4\pi\varepsilon_0} \sum_{i\neq q} \frac{Ze^2}{|r_i - r_q|} \qquad (1.2)$$

式中,R_p,R_q 为原子核的位矢;r_i,r_j 为电子的位矢;M_p,m 分别为原子核和电子的质量。式(1.2)中包括离子和电子的动能项,也包括离子之间、电子之间和离子 – 电子之间的相互作用项。这样复杂的系统,必须采用合理的简化和近似才能处理。

经过简化处理,式(1.2)中前两项可以舍去,式中最后一项,即电子与离子相互作用项,可以用晶格势场 $\sum_i V(r_i)$ 来代替。于是得到电子系统的哈密顿量简化形式为

$$\hat{H} = -\sum_i \nabla_i^2 + \sum_i V(r_i) + \frac{1}{2} \sum_{i,j} \frac{1}{|r_i - r_j|} \qquad (1.3)$$

这里已采用原子单位。

式(1.3)所对应的薛定谔方程中电子–电子之间和电子–核(离子)之间的库仑相互作用项很难求解。系统的状态应该在库仑相互作用能和动能两方面取得均衡,使总能量最小。

进一步可以通过哈特利–福克(Hartree-Fock)自洽场近似将多电子的薛定谔方程简化为单电子的有效势方程。在哈特利–福克近似中,包含了电子与电子的交换能。它考虑了费密全同粒子的交换反对称性,即系统总波函数相对于任意交换一对电子应是反对称的。电子系统的真实总能量与哈特利–福克总能量的差值称为关联能。交换能

及关联能处理起来较为棘手。

（1）密度泛函理论　密度泛函理论是 1964 年由 Hobenberg 和 Kohn 提出的一个定理开始出现的[12]。自从密度泛函理论（DFT）建立并在局域密度近似（LDA）下导出著名的 Kohn Sham（KS）方程以来，DFT 一直是凝聚态物理领域计算电子结构及其特性最有力的工具。DFT 同分子动力学方法相结合，在材料设计、合成、模拟计算和评价诸多方面有明显的进展，成为计算材料科学的重要基础和核心技术。近年来，用 DFT 的工作以指数律增加，现在已经大大超过用 HF 方法研究的工作。W. Kohn 因提出 DFT 而获得 1998 年诺贝尔化学奖，表明 DFT 在计算量子化学领域的核心作用和应用的广泛性。DFT 适应大量不同类型的应用，因为电子基态能量与原子核位置之间的关系可以用来确定分子或晶体的结构，而当原子不处在它的平衡位置时，DFT 可以给出作用在原子核位置上的力。因此，DFT 可以解决原子分子物理中的许多问题，如电离势的计算，振动谱研究，化学反应问题，生物分子的结构，催化活性位置的特性等等。在凝聚态物理中，如材料电子结构和几何结构、固体和液态金属中的相变等。DFT 的另一个优点是，它提供了第一性原理或从头算的计算框架。在这个框架下可以发展各式各样的能带计算方法。

DFT 理论认为粒子所有的基态性质全都是密度 ρ 的函数，是研究多粒子系统基态的重要方法。总能量 E_t 可以表示为

$$E_t[\rho] = T[\rho] + U[\rho] + E_{xc}[\rho] \tag{1.4}$$

式中，$T[\rho]$ 是一组密度为 ρ 的而又没有相互作用的粒子的动能；$U[\rho]$ 是根据 Coulombic 相互作用得到的传统静电能；$E_{xc}[\rho]$ 包含了所有多体系统对总能量的贡献，特别是交换能和关联能。公式强调了这些性质

对密度 ρ 的依赖关系。

DFT 理论的基本要点如下：

处在外势场 $V(r)$ 中的相互作用的多电子系统，电子密度分布函数 $\rho(r)$ 是决定该系统基态物理性质的基本变量。

系统的能量泛函可写作

$$E[\rho'(r)] = \int V(r)\rho'(r)\mathrm{d}r + T[\rho'(r)] +$$

$$\frac{e^2}{2}\int \frac{\rho'(r)\rho'(r')}{|r-r'|}\mathrm{d}r\mathrm{d}r' + E_{xc}[\rho'(r)] \tag{1.5}$$

式中，右边第一项为电子在外势场的势能；第二项为动能；第三项为电子间库仑作用能；第四项为交换 – 关联能。DFT 证明，当 $\rho'(r)$ 为基态的电子密度分布 $\rho(r)$ 时，能量泛函 $E[\rho'(r)]$ 达到极小值，且等于基态能量。

将系统的电子密度分布写为 $\rho(r) = \sum\limits_{i=1}^{N} |\psi_i(r)|^2$，其中 $\psi_i(r)$ 为单电子波函数。将 $\psi_i(r)$ 代入式 (1.5) 求变分极小值，可导出 Kohn – Sham 方程

$$\{-\nabla^2 + V_{KS}[\rho(r)]\}\psi_i(r) = E_i\psi_i(r)$$

其中

$$V_{KS} = V(r) + \int \frac{\rho(r')}{|r-r'|}\mathrm{d}r' + \frac{\delta E_{xc}[\rho]}{\delta\rho(r)} \tag{1.6}$$

这里的问题是交换–关联能量泛函 $E_{xc}[\rho]$ 到底取什么形式，这是非常重要的。在具体计算中，常用所谓局域密度近似，简称 LDA（Local Density Approximation）。局域密度近似是建立在对均匀电子气的交换–关联能已知的基础上的。一些研究人员已经给出了它的解析表达

式。这种局域密度近似认为在原子尺度范围内电荷密度变化很慢（例如，每个分子区域看上去就像一团电子气）。总的交换-关联作用能可以通过对均匀电子气结果的积分来求得，即

$$\varepsilon_{xc}[\rho] \approx \int \rho(r) \varepsilon_{xc}[\rho(r)] dr \tag{1.7}$$

式中，$E_{xc}[\rho]$ 是均匀电子气中每个粒子内的交换 - 关联作用能；ρ 是粒子的密度。

LDA 一直是常用的富有实效的 E_{xc} 近似，在 LDA 框架下，可以给出 $E_{xc}[\rho]$ 的具体形式，然后对式(1.5)和(1.6)进行自洽计算。然而，使用 LDA 计算分子时会高估分子之间的键能。在过去的 10 年里，一种对 LDA 的修正逐渐发展起来，它可以大大的修正在低电荷密度区域的指数公式形式。通常是引入了电荷梯度的相关性，这一类新的交换相干泛函修正被称为广义梯度近似（GGA）。所谓广义梯度近似（GGA）函数不仅依赖于 ρ 而且还依赖于 $d\rho/dr$。这种方法对预测能量和结构方面准确性有显著提高。

总之，密度泛函理论认为，固体的基态性质是由其电子密度惟一地确定的。在局域密度近似（LDA）下，可从求解一组单粒子在有效势场中运动的方程而得到此电子密度分布，在此基础上计算固体的有关特性。它比哈特利-福克自洽场近似更为严格、更为精确，因此，LDA 是研究固体能带、表面、界面、超晶格材料和低维材料的强有力工具。对于许多半导体和一些金属的基态物理性质，如晶格常数、结合能、晶体力学性质等都能给出与实验值符合得相当好的结果。对大部分半导体和金属也能给出与实验符合良好的价带。但也遇到了一些困难，LDA 对金属的 d 带宽度以及对半导体禁带宽度的计算结果与实验值相差

35% ~ 50%。特别是用 LDA 计算 Ge 的能隙时，得出能隙 $E_g^{LDA} < 0$，从而错认为 Ge 是半金属。LDA 计算给出不合理结果的例子还有一些，说明这个方法依然存在缺点，有待修正和发展。

局域密度泛函理论取得了相当大的成功，但也遇到了一些困难。LDA 计算半导体能隙偏小，而计算金属价带宽度偏大。Kohn-Sham 方程的描述虽是严格的，但多粒子系统的全部复杂性仍然包含在交换-关联能泛函中，而它是未知的。再者，LDA 计算可确定系统基态的能量、波函数和有关物理量算符期待值等，但一般认为局域密度泛函理论不能给出系统激发态的正确信息。

早先在 DFT 的实际应用中，几乎都采用局域密度近似（LDA），这是一种不能控制精度的近似，因而 DFT 方法的有效性在很大程度上要看其结果与实验相一致的能力。人们没有任何直接的方法可以改善 LDA 的精度。然而 DFT 允许发展别的方法作为补充，在这个方向上，已提出了广义梯度近似（GGA）等方法，把密度分布 $\rho(r)$ 的空间变化包括在方法之中，实现了可较大幅度减少 LDA 误差的目的。DFT 对于原子及小分子，可以提供比 Thomas Fermi 模型好得多的结果，它甚至在许多方面超过更为复杂的 Hartree Fock（HF）方法。一般说来，DFT 可以处理数百个原子的体系，而 CI 方法仅限于计算几个原子的体系。凝聚态物理是 DFT 明显成功的应用领域，例如对于简单晶体，在 LDA 下可以得到误差仅为 1% 的晶格常数。由此可以相当精确地计算材料的电子结构及相应的许多物理性质。

赝势的引入：由于电子-离子相互作用的全 Coulomb 势替换中能量降低得很慢，以至于能准确地由很小量 Fourier 组成来表达，那么赝势的概念对平面波总能量是很关键的。

观察问题的另一种方法是分析波函数,让我们把固体看做是价电子和离子实来考虑。离子实包括原子核和紧束缚芯电子。价电子的波函数与芯电子的波函数是正交的。全电子 DFT 方法处理芯电子和价电子的出发点是相同的。在赝势法中认为离子实是静态的。这就意味着对分子或固体的性质的计算是建立在认为离子实是不包含在化学键中的基础上的,而且作为结构校正的结果,它不会发生变化。

价电子的全电子波函数在芯区为了满足正交要求而表现出高振荡性。由于使用平面波代表这种函数时的基元是禁止的,所以不能在实际中应用。赝势近似法用一个较弱的计算波函数的赝势代替心电子和强 Coulomb 势。这个势只能由很少几个 Fourier 系数来表示。理想的赝波函数在芯区应该没有节点,因此只需要很少的基元数。众所周知,平面波方法与赝势概念的结合对化学键的描述是很有用的。传统上认为,建立赝势是为了重新建立全离子势的分散性质。由离子实产生的相变换对价电子波函数的每个角动量组成来说都是不同的。因此,由赝势法产生的分散性必须依赖于角动量。最常见的赝势的形式是

$$V_{NL} = \sum \mid l_m > V_l < l_m \mid \qquad (1.8)$$

式中, $\mid l_m >$ 是球谐部分; V_l 是角动量 l 的赝势。对每一个角动量轨道都使用相同势能的赝势称为局域赝势。局域赝势与非局域赝势计算起来有更高的效率。但是,只有很少几种元素可以用局域赝势来描述。

在赝势应用中一个重要的概念是一个赝势的硬度等级。当对一个赝势进行精确描述时所需的 Fourier 组成少时称其为软的,其他的为硬的。精确正则守恒势的早期发展很快表明:过渡金属和第一周期元素(O,C,N 等)的势是非常硬的。为了改善正则守恒势的收敛性,人们提出了各种方案。CASTEP 中的守恒势是由 Lin 等和 Lee 发展的动能

优化方法产生的。

Vanderbilt 提出了一种更基本的方法——超软赝势方法（USP），赝波函数在芯区足够软，所以可以显著降低截断能。超软势除了可以更软以外，与正则守恒势相比，还有很多优点。由此产生的算法在预先明确的能量范围保留了很好的分散性。这导致了赝势更好的传递性和准确性。USP 通常也可以通过在每个角动量轨道包含多种占据的状态，来把表面的芯电子态作为价电子来处理。虽然这以计算效率为代价，但是这也增强了势能的准确性和可传递性。可传递性是赝势技术优于所有电子密度泛函理论工具的重要方面。赝势是建立在一个孤立原子或离子的混合物电子构型上的。因此它们重新产生在那种特殊的构型下的原子核的分散性能。它们也可用于其他任何原子构型或取决于其自身产生途径的固态环境，并且它在相当宽的能量范围内保持了分散性能的正确性。在很多结构和化学环境中达到正确性的例子由 Milman 等提供。

非局域赝势：即使使用它们本身最有效的、可分开的表达方式，但仍然占用了赝势总能量计算中的大部分时间。而且，在倒易空间中应用非局域赝势的消耗会随着原子数的增加而增加。因此，在很多系统中它都是其中的主要的操作之一。然而，赝势的非局域性只占据了原子的芯部。由于芯部区域很小。特别是当系统中含有很多孔洞时，在这种情况下在实空间中应用赝势法更有效。用这种方法进行计算所花费的时间随原子数呈平方增长。所以对大系统更具有优势。CASTEP 采用的是为正则守恒势最初发展的方法（King-Smith 等，1991）结果在超软赝势中得以推广。

把电子分为芯电子和价电子使得在处理交换-关联势问题中遇到

了困难。在原子核的芯部两个系统互相重叠使在它的振荡过程中很难显示其赝势。在势能算符中惟一不与电子密度成线性关系的项是交换–关联能,Louie 等于 1982 年指出可以用一个非常简明的项来处理芯电子与价电子密度之间的非线性交换–关联能,这种方法显著改善了势的可传递性。特别是自旋–极化计算变得更加准确。当半芯态没作为价电子时,非线性芯电子校正项(NLCC)就非常重要。

正则守恒赝势(NCP):对赝势法的主要要求是它重新构造了与化学键相关的价电荷密度,如 Hamman[22] 等 1979 年所指出的,若要使赝波函数和全电子波函数相同,除了芯区半径 R_c 之外,有必要使两个函数中距离平方的积分相同(这就相当于要求赝波函数正则守恒,例如,它们必须针对相同的电子)。这样就保证赝势的分散性质可以正确得出。

(2)准粒子方程　GW 近似局域密度泛函理论取得了相当大的成功,但也遇到了一些困难。LDA 计算半导体能隙偏小,而计算金属价带宽度偏大。Kohn-Sham 方程的描述虽是严格的,但多粒子系统的全部复杂性仍然包含在交换–关联能泛函 $E_{xc}[\rho]$ 中,而它是未知的。再者,LDA 计算可确定系统基态的能量、波函数和有关物理量算符期待值等,但一般认为局域密度泛函理论不能给出系统激发态的正确信息。

为了克服这些困难,人们利用理论物理中的一些成果,以寻求新的办法。在 20 世纪 50 年代,Landau 在研究费密液体时引入了准粒子概念。20 世纪 60 年代,Hedin 提出从多粒子系统格林函数出发,计算各种复杂多体效应对准粒子能量贡献的方法,称为自能方法。Hybertsen 和 Louie 借助准粒子概念和由单粒子格林函数求自能的方法,提出了准粒子近似。

（3）Car-Parrinello 方法　在原子水平的计算机模拟计算中，分子动力学（Molecula-Dynamics，简写为 MD）是十分有效的方法。其特点是利用原子间相互作用势（经验的或从理论导出的），模拟计算系统的平衡态和非平衡态的物理性质，包括原子团簇、非晶态物质和液体等。对于惰性元素组成的系统，原子简势可用 Lennard-jones 势；对于金属体系，近年来提出了原子嵌入媒质的模型势；对于共价晶体，可用 Stillinger-Weber 势。在固体电子结构计算中，局域密度函数理论取得了很大成功。如何将 LDA 和 MD 这两种方法结合起来，是人们所追求的。1985 年 Car 和 Parrinello 成功地将两种方法有机的联系起来了。

以上介绍了三种有代表性的计算方法，可分别应用于研究系统基态、激发态和动力学过程。这些方法的进展，表明固体理论已能用于阐明和预报实际材料的性能。当然固体量子理论还有其他一些方法，如紧束缚（TB）方法、赝势方法、有效质量理论等，它们在对实际材料的理论计算中都有重要应用。

1.5.2　碳氮化合物的理论预测[1,9~12]

碳氮材料研究源于 1989 年美国加州大学的 Marvin. L. Cohen 教授等在《科学》杂志上发表的一篇题为《Prediction of New Low Compressibility Solids》的论文。而 C_3N_4 概念确是由台湾工业技术研究所材料研究实验室的 Chien-Min Sung 首先提出的，他表示 1984 年在一封信中首次提出了可能具有 Si_3N_4 的 α 或 β 结构的 C_3N_4 化合物的概念，并估计它可能比金刚石还硬，并随后与美国加州大学的 M. L. Cohen 联系，要求计算 C_3N_4 化合物的体模量。Cohen 曾提出了以 Pillips-Van Vechten 体系为基础的一系列计算共价固体体弹性模量的理论和半经

验公式,在比较 C-N 晶体与金刚石的体模量时,应用了如下经验公式,即

$$B_0/\text{GPa} = \frac{1\,971 - 220\lambda}{d^{3.5}} \cdot \frac{N_c}{4}$$

式中,B_0 为体弹性模量;d 表示共价键键长,nm;λ 为共价键的离子性(ionocity)参数;N_c 为配位数。体弹性模量正比于非极性平均能隙与电子云重叠体积的比值,对于由单元素构成的共价固体,计算结果为体弹性模量正比于 $d^{3.5}$。对于极性共价键,如闪锌矿结构,由于离子性对成键电荷密度的影响,将使固体的体弹性模量降低,故引入了离子性参数 λ。对于由Ⅳ主族元素构成的非极性键固体,λ 取 0,在Ⅲ～Ⅴ族元素和Ⅱ～Ⅵ族元素之间形成的共价固体中,λ 分别取 1 和 2。20 世纪 90 年代初,Liu 和 Cohen 对 $\beta\text{-}C_3N_4$ 的体弹性模量进行了计算。研究中并未采用金刚石型结构,而是以 $\beta\text{-}Si_3N_4$ 为原形结构,用 C 代替 $\beta\text{-}Si_3N_4$ 中的 Si,以使 C、N 元素构成的共价晶体满足 8—N 规则。他们认为结构中碳原子以 sp^3 杂化方式与 4 个氮原子构成四面体,而氮原子以 sp^2 杂化方式与 3 个碳原子构成近似平面三角形结构。$\beta\text{-}C_3N_4$ 晶体 a-b 面结构如图 1.20 所示,以这样一个半数原子位于 $c/4$ 面上,另外的半数原子位于 $-c/4$ 面上的层状结构为一个单元,沿 c 轴重复堆垛即构成完整的 $\beta\text{-}C_3N_4$ 结构,$\beta\text{-}C_3N_4$ 单胞由两个单元所组成,层与层之间由 C—N 键相连,$\beta\text{-}C_3N_4$ 单胞中包含 14 个原子。在此基础上,Liu 和 Cohen 又采用第一原理的方法对 $\beta\text{-}C_3N_4$ 的 C—N 键的长度和离子性进行了计算。结果表明在平衡体积下 C—N 键键长为 0.147 nm,与碳、氮原子构成四面体的半径相吻合;离化性如图 1.21 和 1.22 所示,图中可明显看出电荷分布偏向氮离子附近,图 1.22 中的比较说明

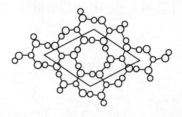

○ — C ;　○ — N

图 1.20　β-C_3N_4 结构中的 a-b 原子面

β-C_3N_4 中的 C—N 键的极性介于金刚石与立方 BN 之间。

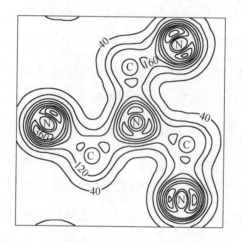

图 1.21　β-C_3N_4(0001) 面上的价电子

密度分布

　　金刚石结构中 λ 为 0,而在立方 BN 中 λ 取 1,因而在 β-C_3N_4 中 λ 应取 1/2。以上述的 C—N 键长和 λ 值代入以上公式中,计算得到 β-C_3N_4 的体弹性模量为 (427 ± 15) GPa。该值大于立方 BN 的体模 370 GPa,小于金刚石的体模 440 GPa,表明其硬度也可能介于立方 BN 和金刚石之间。给出 β-C_3N_4 的晶格常数为 0.644 nm、c/a = 0.382 7, 计算所得的平衡体积下共价键能为 81 eV/单位晶胞,如此大的共价键 能预示着 β-C_3N_4 相至少是亚稳的,并有可能实现人工合成。1993 年,

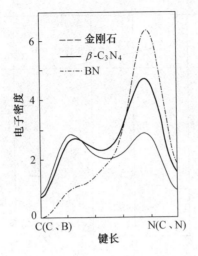

图 1.22　金刚石、β-C_3N_4、立方氮化硼中

沿键长方向的价电子密度分布

Cohen 研究小组又给出了 β-C_3N_4 的平面波局域密度近似的能带结构
（图 1.23），带隙计算中采用了 Hybertsen 和 Louie 提出的准粒子近似方
法，其自能算符用单粒子格林函数 G 和动力学屏蔽库仑相互作用 W 表
示（GW 近似），使计算精度达到 0.1 eV。计算结果显示 β-C_3N_4 的间
接带隙为6.4 eV，最小直接带隙为 6.75 eV，位于点 Γ 处，预言该材料
可能具有高温宽带隙特性。如果能够合成该材料，它可作为优质高温
宽带隙半导体材料，也可用于制作蓝紫光、紫外发光器件和蓝紫光半导
体激光器。1996 年华盛顿 Camegie 研究所高压中心地球物理实验室的
Teter 等人采用最小能量赝势法对可能形成的 C–N 化合物进行了新的
计算，计算中采用共轭梯度法使电子自由度达到最小；采用周期函数的
边界条件和将电子波函数以平面波展开，并使用了扩展标准守恒和硬
度守恒赝势。他们认为 C_3N_4 可能存在 5 种亚稳结构，分别为 α、β、立
方、赝立方和类石墨结构，它们的晶体空间群分别为 $P31c$（159），

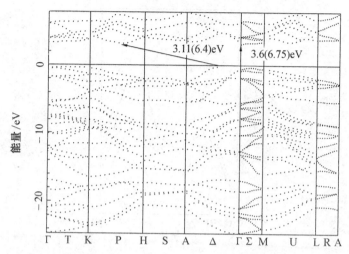

图 1.23　定域密度近似法计算的 β-C_3N_4 能带结构及准粒子带隙

$P3(143)$，$I\bar{4}3d(220)$，$P\bar{6}m2(187)$ 和 $P\bar{4}2m(111)$。表 1.14 为 5 种 C-N 晶体的结构参数、体模量和能量。

表 1.14　理论预言的五种 C-N 晶体的结构参数、体模量 K_0 和总能量 E_0

	α-C_3N_4	α-C_3N_4	立方-C_3N_4	赝立方-C_3N_4	石墨-C_3N_4
空间群	$P31c(159)$	$P3(143)$	$I\bar{4}3d$	$P\bar{4}2m(111)$	$P\bar{6}m2(187)$
Z	4	2	4	1	2
a/nm	0.646 65	0.640 17	0.539 73	0.342 32	0.474 20
c/nm	0.470 97	0.240 41	—	—	0.672 05
K_0/GPa	425	451	496	448	—
E_0/eV	-1 598.669	-1 598.403	-1 597.388	-1 597.225	-1 598.71

　　理论估计立方 C_3N_4 的体模量为 492 GPa，超过金刚石的体模量，并预言高压下石墨结构 C_3N_4 可能转变成立方 C_3N_4，其所需压力仅为

12 GPa。1998 年,南非维瓦特斯兰(Witwatersrand)大学的 Lowther 详细地计算了立方相 C_3N_4 结构中氮原子位置缺陷结构和非晶结构存在的可能性,发现尽管某些 C_3N_4 缺陷结构和非晶结构仍为亚稳结构,但随 N 空位增加,体模量减小,非晶的体模量大幅度下降。理论上预言的碳氮晶体有十几种,图 1.24 是部分预言的碳氮晶体结构。理论研究结果揭示碳氮化合物可能有多种亚稳相,这激发了人们的热情,人们开始寻求不同的合成方法。

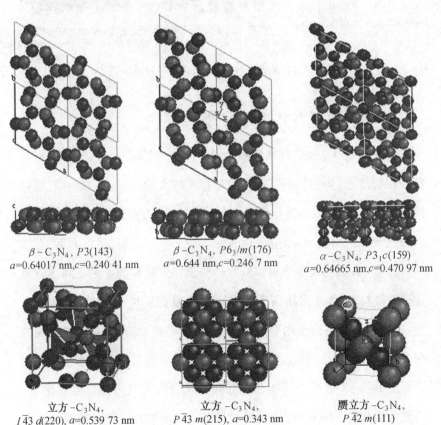

$\beta - C_3N_4$, $P3(143)$
$a=0.64017$ nm,$c=0.240\,41$ nm

$\beta - C_3N_4$, $P6_3/m(176)$
$a=0.644$ nm,$c=0.246\,7$ nm

$\alpha - C_3N_4$, $P3_1c(159)$
$a=0.64665$ nm,$c=0.470\,97$ nm

立方 $-C_3N_4$,
$I\overline{4}3d(220)$, $a=0.539\,73$ nm

立方 $-C_3N_4$,
$P\overline{4}3m(215)$, $a=0.343$ nm

赝立方 $-C_3N_4$,
$P\overline{4}2m(111)$

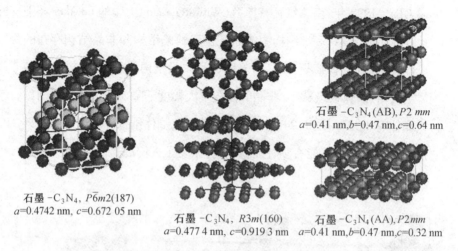

石墨 $-C_3N_4$, $P\bar{6}m2(187)$
a=0.4742 nm, c=0.672 05 nm

石墨 $-C_3N_4$, $R3m(160)$
a=0.477 4 nm, c=0.919 3 nm

石墨 $-C_3N_4$ (AB), $P2\ mm$
a=0.41 nm,b=0.47 nm,c=0.64 nm

石墨 $-C_3N_4$ (AA), $P2mm$
a=0.41 nm,b=0.47 nm,c=0.32 nm

图 1.24　预测的各种 C_3N_4 晶体的各种结构[10]

1.5.3　硼碳氮化合物的理论预测[13~18]

　　由于石墨(C)和六方氮化硼(h-BN)具有相似的晶体结构、晶格参数和相变规律,而它们的某些性质却存在极大的差异,一方面,石墨是黑色的半金属,而六方氮化硼是白色的绝缘体,人们设想这两种材料形成三元 B-C-N 化合物后应该是一种新型半导体材料;另一方面,石墨和六方 BN 在高温高压下可以分别转变成立方结构的金刚石和立方氮化硼超硬材料,如果采用高压合成能够得到立方 B-C-N,其性能应介于二者之间,既具有金刚石的高硬度、高耐磨性,又具有立方氮化硼的耐高温氧化及化学惰性。在此基础上,人们探索采用第一性原理预测三原子 B-C-N 体系中可能亚稳存在的化合物及其可能的晶体结构、价键结构和电子结构等,期望通过调节 B-C-N 的成分和结构可以获得能隙可调的半导体材料及超硬材料,使其具有特殊的光学、热学、力学、电学等物理特性,在发光材料、半导体器件、传感器、光能转换材料等方面找到相应的应用领域。

近年来,B-C-N 新材料的合成与性能表征成为当前国际新材料研究最活跃的领域之一,科学工作者应用化学气相沉积(CVD)和物理气相沉积(PVD)、高温高压、冲击等现代科学技术和方法制备了各种 B-C-N 薄膜、纳米管及粉体,大部分研究集中在成分为 $BC_xN(x=2\sim4,$ $C:N=1$)型高碳含量的化合物上,尤其是对 BN 和 C_2 混合形成的 BC_2N 化合物的理论和实验研究颇为广泛,研究结果表明各种 B-C-N 化合物均属于亚稳相,甚至在高温高压条件下 BCN 化合物也是亚稳相,易分离为金刚石和立方氮化硼。理论研究提出三元 B-C-N 化合物的模型仅限于六方相、立方相和纳米管结构,而实验合成的产物大部分是 BCN 薄膜,其结构主要是非晶或乱层石墨结构。到目前为止,对 B-C-N 三元系的理论和实验研究还不充分。从已发表的文献中可以看出,人们在合成 B-C-N 化合物的实验中一方面追求与理论预言的一致性,期望所合成的类石墨结构或类金刚石结构的 B-C-N 化合物能够成为理论预言的有利佐证;另一方面,人们渴望制备出具有特殊功能性质的新型 B-C-N 功能材料,研究并表征其功能性质,试图加以利用。但是,在 B-C-N 三元系中除理论预言的几种可能的 B-C-N 晶体外,是否存在其他结构的 B-C-N 亚稳相? 当成分偏离 BC_xN 时,例如含 B 或 N 量高的 BCN 化合物会存在哪些结构的亚稳相? 这些亚稳相具有什么物理化学性质? 这类问题没有理论预言,而在所合成的 B-C-N化合物中却发现了一些新的亚稳相,例如,Yao 等人采用机械合金化法制备出非晶 BCN 化合物,再经高温高压处理后获得一种四方结构的 BCN 化合物;文献采用化学法合成了一种六方 B-C-N 亚稳相,其晶格参数为 $a=0.251$ nm、$c=0.666$ nm,成分为 $(B_{0.82}C_{0.18})N$,说明 B-C-

N 三元系内存在多种亚稳相。因此,尽管近十几年人们对 B-C-N 三元系进行了大量的研究,发表了数百篇文章,但是由于 B-C-N 三元化合物的组成与结构千变万化,合成产物大部分为乱层石墨结构,很少给出 B-C-N 亚稳相的 X 射线衍射结果和晶体学参数,致使 B-C-N 亚稳相的一些基本科学问题还没有搞清楚。探索 B-C-N 亚稳相的形成规律,进一步研究各种 B-C-N 亚稳相具有哪些物理与化学特性,揭示各种 B-C-N 亚稳相所具有的晶体结构与物理化学特性的关系,这是化学、物理和材料科学领域中一个值得广泛、深入研究的基础性课题,为 B-C-N 新型功能材料的开发与应用提供科学依据。

1. 六方 B-C-N 的结构模型

Cohen 研究小组 1989 年采用第一性原理赝势法进行理论计算,提出 3 种可能的 BC_2N 平面原子排列结构模型(图 1.25),对这 3 种模型的电子结构进行了研究,揭示了对称性和导电特性之间的密切关系,指出反演对称结构的 BC_2N 具有金属特性(图 1.25(a));而具有最高内聚能的 BC_2N 没有反演对称结构(图1.25(b)、(c)),呈现半导体特性,采用局域密度近似(LDA)法计算其能隙约为1.6 eV。Nozaki 和 Itoh 研究了 5 种晶体结构 BC_2N 的晶格动力学,论述了单层 BC_2N 体系的晶格振动特性和层内原子排列之间的关系,为采用喇曼光谱、红外光谱、非弹性中子散射测试并确定 BC_2N 声子谱的类型提供了理论依据。

Saalfrank 和 Rmler 等人采用量子化学从头计算法研究了石墨和六方氮化硼通过 BN 和 C_2 层间交替和层内置换形成 BNC_2,$BNC_{3.33}$,BNC_6 和 BNC_{14} 化合物的电子结构,提出了 3 种不同结构交替层 BNC_2 化合物的二层模型(图 1.26),着重研究了包括层间反应在内的总能量,认为从能量的角度来说更有利于形成 II 型结构的 BNC_2。从热力学上看,交

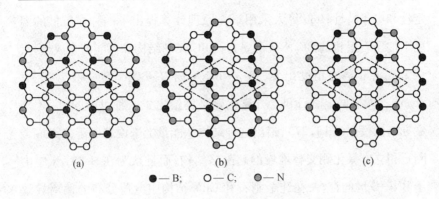

● — B;　○ — C;　● — N

图 1.25　BC_2N 单层结构模型

替层状 BNC_2 化合物比层内置换形成的 BNC_2 更稳定。对层内置换 BNC_2 化合物则重点探讨了其基本能隙的大小,结果表明,可以用改变 BN 与 C 之比来调节能隙的大小。

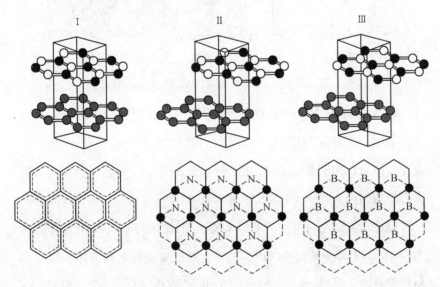

图 1.26　3 种不同结构交替层 BNC_2 化合物的二层模型及相应的俯视图

2. 立方 B–C–N 的结构模型

许多研究小组建立了立方 B–C–N 的结构模型,并计算了结构稳定性和电子特性,Itoh 等人采用第一原理计算提出了一种在较低的温度下加压石墨相的 BC_2N 获得立方相 BC_2N 的结构和可能的合成途径,认为从能量学的角度出发,由 g-BC_2N 向 β-BC_2N 转变最为有利;Zhang 等人根据金刚石和立方氮化硼结构给出了一种可能的 β-BC_2N 立方结构模型(图 1.27),指出这种结构从能量上来说趋向于分离成金刚石和立方氮化硼交替堆垛的超晶格结构,而且认为在 β-BC_2N 中由于 BN—C 键的存在,在纯金刚石和 CBN 结构中电荷分布的偏离导致合成这种相的难度。

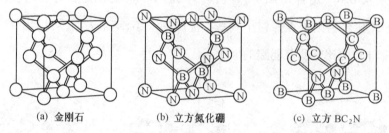

(a) 金刚石　　　　(b) 立方氮化硼　　　　(c) 立方 BC_2N

图 1.27　金刚石、立方氮化硼、立方 BC_2N 的晶体结构

最近,法国的 Mattesini 和 Mater 采用第一原理赝势法进一步探索三元金刚石型 BC_2N 相存在的可能性,提出了两种结构模型,一种是在立方金刚石结构的基础上提出的,命名为 β-BC_2N,其晶体结构为接近立方结构的正交相:$a=0.355\,36$ nm,$b=0.359\,86$ nm,$c=0.355\,28$ nm。一种是在六方金刚石结构的基础上提出的,命名为 Φ-BC_2N,晶格参数为:$a=0.249\,55$ nm,$c=0.419\,23$ nm。通过对两种新相的体积模量和剪切模量的计算,从理论上估算了 Λ-BC_2N 和 Φ-BC_2N 的弹性模量,Λ-BC_2N 和 Φ-BC_2N 相的体积模量分别为459.41 GPa 和 420.13 GPa,均介于金刚石和立方氮化硼的体积模量之间,说明这两种新相都是超硬材料。文章中还指出,尽管 Λ 相的体积模量比 Φ 相大,但 Φ 相的相对

稳定性比 Λ 相高,因此,六方结构的 Φ-BC_2N 材料将是替代金刚石和立方氮化硼最好的候选材料。

最近,Cohen 小组的 Sun 等人采用从头计算赝势密度泛函理论计算了所有可能的立方 BC_2N 结构,指出在拓扑学上 420 种可能的构型中只有 7 种是独立的(图 1.28),其中 I 和 II 型 BC_2N 最稳定,其弹性模量比立方氮化硼略高。然而,经计算发现这些立方 BC_2N 化合物具有正的形成能,说明立方 BC_2N 难于合成,即使在高温高压下立方 BC_2N 也趋向于分解为金刚石和立方氮化硼。

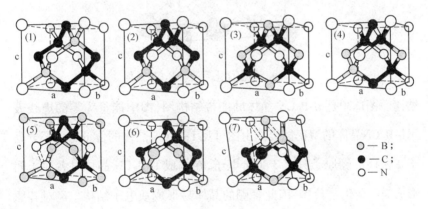

图 1.28　立方 BC_2N 的 7 种结构形式

我们将上述立方 BC_2N 中的硼和碳原子交换,构造出 7 种独立的立方 B_2CN 结构,采用 CASTEP 软件对立方 B_2CN 进行了理论计算,由于三种原子的相对数量不同,使得两类结构最有利的成键规律有所不同,在立方 BC_2N 晶体中,形成 C—C、B—N 键使体系的总能量最低,而 C—B 键的产生会提高体系的能量,不能有 B—B 或 N—N 键产生,而在立方 B_2CN 晶体中,形成 B—C、B—N 键较为有利,因为一个晶胞中只有两个碳原子,C—C 键的形成会破坏晶体的对称性、使晶格发生畸变。同样,B—B 或 N—N 键的产生也会使立方 B_2CN 晶体的总能量升高。计算结果表明,与 III–BC$_2$N 对应的 I–B$_2$CN 经结构优化后成为总能量最低的正方 B$_2$CN 结构(图1.29),其晶格参数为 $a = 0.354\ 2$ nm;$c = 0.389\ 3$ nm,其他结构的立方 B$_2$CN 在结构优化后变为单斜或三斜

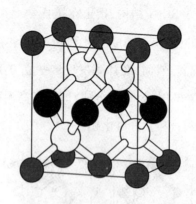

图 1.29　结构优化后的 I–B$_2$CN 晶体

结构。图1.30是 I–B$_2$CN 晶体的能带结构图,图中能量为零的虚线表示I–B$_2$CN晶体的费密能级。由图可见 I–B$_2$CN 晶体的价带有一部分高于费密面。硼原子只有 3 个价电子,在构成 I–B$_2$CN 晶体时各原子间形成 sp^3 杂化共价键,因此含硼的晶体易形成缺电子结构。经对各原子的 PDOS 进行分析发现,高于费密面的价带主要是晶胞中的 4 个硼

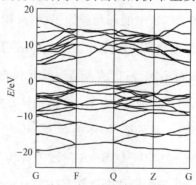

图 1.30　I–B$_2$CN 晶体的能带结构

原子不仅获得两个氮原子多余的两个价电子,而且夺取了两个碳原子的两个 p 电子,使得两个碳原子的 p 轨道各产生了 1/3 的空轨道所致。由于 I–B_2CN 晶体中碳原子相距较远,没有 C—C 键形成,因此,空的价带局域在碳原子周围,说明这种晶体具有金属特性。

1.5.4 极性共价固体硬度的微观理论[19]

超硬材料在现代科学和工程技术领域一直发挥着巨大作用,因此寻找硬度与金刚石相当或超过金刚石的新型超硬材料已经成为先进材料研究领域中的一个重要的、相当活跃的分支,而 B–C–N 三元系已成为人们关注的焦点。硬度是个复杂的物理量,目前还难以用第一性原理计算。在过去的二十多年里,寻找新型超硬材料的研究可归结为预测+合成。传统的理论预测方法有两个途径:一是寻找高体弹性模量的化合物,二是寻找高剪切弹性模量的化合物。体弹性模量和剪切弹性模量均可从第一性原理直接计算出来。但是,材料的硬度是一个特殊的、独立的宏观物理量,它既不同于体弹性模量也不同于剪切弹性模量,和这两个物理量之间不存在一一对应关系。因而这两种方法是不可靠的、有局限性的。目前,迫切需要建立一个正确的理论,从微观尺度上认清硬度的本质。

1. 纯共价晶体的硬度

我们知道,与离子键和金属键不同,共价化合物的键合是高度方向性的。因而,共价晶体的硬度是本征的。硬度试验中,当压头压入晶体时,必然伴随着电子对所构成的共价键的断裂。因此,我们假设共价晶体的硬度等于单位面积上所有键对压头的抵抗力之和。

破坏一个电子对所构成的共价键意味着将两个电子由价带激发到

导带,需要的能量就是价带和导带之间能隙能量的两倍。也就是说键对压头的抵抗力可以用能隙来表征。因而纯共价晶体的硬度可表示为

$$H/\mathrm{GPa} = A N_a E_g \tag{1.9}$$

其中,A 为比例系数;E_g 为能隙;N_a 为单位面积上的共价键数。N_a 可表示为

$$N_a = \left[\sum_i n_i Z_i / (2V)\right]^{2/3} = (N_e/2)^{2/3} \tag{1.10}$$

式中,n_i 是第 i 个原子在晶胞中的个数;Z_i 是第 i 个原子的价电子数;V 是晶胞体积;N_e 是价电子密度。

2. 极性共价晶体的硬度

公式(1.9)只适用于纯的共价晶体。对于极性共价晶体,化学键仍以共价成分为主,但是部分离子成键特性也必须考虑。离子键是由长程静电作用力造成的,它不影响硬度。最近的工作表明在极性共价晶体中滑移激活能正比于 Phillips 同极共价能隙 E_h,同时指出 E_h 能够表征共价键的强度。因而我们在计算极性共价晶体硬度时,应该从总能隙 E_g 中扣除掉由离子成键贡献的异极能隙 C,而只留下同极共价能隙 E_h 来表征极性共价晶体的硬度。另一方面,部分离子成键也会导致共价键电荷的损失。与纯共价晶体相比,极性共价晶体单位面积上的共价键数$(N_a)^*$ 较小。为了考虑这种影响,我们对纯共价晶体单位面积共价键数 N_a 作一修正,引入一指数修正因子 $e^{-\alpha f_i}$,其中 f_i 是离子性,即极性共价晶体的单位面积共价键数$(N_a)^* = N_a e^{-\alpha f_i}$。于是,极性共价晶体的硬度为

$$\mathrm{HV/GPa} = A(N_a e^{-\alpha f_i}) E_h = 14(N_a e^{-1.191 f_i}) E_h \tag{1.11}$$

为了更清楚地理解离子性对硬度的影响,我们选择了一些典型晶体,离子性与硬度的关系如图 1.31 所示,不难看出它们之间近似满足

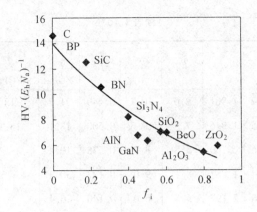

图 1.31　硬度和离子性的关系

指数关系。通过回归分析得出待定参数 A 和 α 的值分别为 14 和 1.191。公式(1.11)进一步可表达为

$$\text{HV/GPa} = 556\,\frac{N_a \text{e}^{-1.191 f_i}}{d^{2.5}} = 350\,\frac{(N_e)^{2/3}\text{e}^{-1.191 f_i}}{d^{2.5}} \tag{1.12}$$

式中,d 是键长。

　　我们计算了典型共价晶体和极性共价晶体的硬度,并与实验硬度值(Vickers 或 Knoop 硬度)进行比较,见表 1.15。从表中看出,计算结果与实验值是一致的。

表 1.15　典型共价晶体和极性共价晶体的硬度

结晶体	N_a	d	E_h	E_g	f_i	HV_{calc} /GPa	HV_{exp}* /GPa	HK_{exp} /GPa
金刚石	0.499	1.554	13.2	13.2	0	93.6	96±5	90
Si	0.215	2.351	4.7	4.7	0	13.6	12	14
Ge	0.198	2.449			0	11.7		
BP	0.308	1.966	7.3	7.4	0.006	31.2	33±2	32
c-BN	0.486	1.568	12.9	15.0	0.256	64.5	66,63±5	48
β-Si$_3$N$_4$	0.363	1.734	10.0	13.0	0.4	30.3	30±2	21

续表 1.15

结晶体	N_a	d	E_h	E_g	f_i	HV_{calc} /GPa	HV_{exp} * /GPa	HK_{exp} /GPa
AlN	0.332	1.901	8.0	10.7	0.449	21.7	18	
GaN	0.315	1.946	7.5	10.6	0.500	18.1	15.1	
InN	0.256	2.160	5.8	8.9	0.578	10.4		
β-SiC	0.334	1.887	8.1	9.0	0.177	30.3	34, 26±2	
WC	0.386	2.197	5.5	6.0	0.140	26.4		30,24
stishovite	0.490	1.770	9.5	14.5	0.57	30.4	33±2	
Al_2O_3	0.461	1.900	8.0	17.7	0.796	20.6	20±2	21
RuO_2	0.495	1.990	7.1	12.7	0.687	20.6		20
SnO_2	0.399	2.010	6.9	14.8	0.78	13.8		
BeO	0.163	1.648	10.8	17.1	0.602	12.7	13	12.5
ZrO_2	0.396	2.200	5.5	15.4	0.870	10.8	13	11.6
HfO_2	0.385	2.215	5.4	14.1	0.850	9.8		9.9
Y_2O_3	0.296	2.284	5.0	12.7	0.843	7.7		7.5
AlP	0.214	2.365	4.6	5.5	0.307	9.6		9.4
AlAs	0.198	2.442	4.3	5.0	0.274	8.5		5.0
AlSb	0.169	2.646	3.5	3.8	0.426	4.9		4.0
GaP	0.214	2.359	4.6	5.9	0.374	8.9		9.5
GaAs	0.198	2.456	4.2	5.1	0.31	8.0		7.5
GaSb	0.171	2.650	3.5	4.0	0.261	6.0		4.4
InP	0.184	2.542	3.9	5.1	0.421	6.0		5.4
InAs	0.173	2.619	3.6	4.5	0.357	5.7		3.8
InSb	0.151	2.806	3.0	3.7	0.321	4.3		2.2

* HV_{exp} 和 HK_{exp} 分别为实验测得的 Vickers 和 Knoop 硬度。

3. 多元复杂晶体的硬度

大多数功能材料都是多元复杂晶体,因而预测复杂晶体的硬度具有重要的科学意义和实用价值。实际上,多元晶体的硬度可表达为晶体中所有二元系硬度的平均值。这里我们从复杂晶体的化学键理论出发,可合理地将多元晶体分解为二元键子式,这些由 μ 类型键组成的二元晶体的硬度可表示为

$$HV_v^\mu = 350(N_e^\mu)^{2/3} e^{-1.191 f_i^\mu}/(d^\mu)^{2.5} \tag{1.13}$$

这里 N_e^μ 是任一类键的有效价电子密度;f_i^μ 是晶体中任一类键的离子性;d^μ 是键长。因而多元晶体的硬度可表示为所有二元键子式硬度的几何平均,即

$$HV = \left[\prod^\mu (HV^\mu)^{n^\mu} \right]^{1/\sum n^\mu} \tag{1.14}$$

式中,n^μ 是在实际晶体中 μ 键的数目。

作为例子,我们计算了 β-BC_2N 的硬度。三元 B-C-N 化合物被认为是潜在的超硬材料,立方 BC_2N 已经被合成,但是其详细晶体结构还没有测得。从第一性原理出发可以预测其晶体结构。利用密度泛函理论中 GGA 近似计算出详细的晶体结构数据见表 1.16。进而利用上述方法预测其硬度。根据布居分析结果确定出 β-BC_2N 的成键类型,并分解为二元键子式如下

$$\beta\text{-}BC_2N = BC(1)C(2)N =$$

$$1/2BN + 1/2BC(2) + 1/2C(1)C(2) + 1/2C(1)N$$

然后利用复杂晶体化学键理论计算其化学键参数,利用上述公式计算出硬度,结果列于表 1.17,从表中看出,对 β-BC_2N 而言,Vickers 硬度的计算值与实验值相当一致。

表 1.16 计算出的 $\beta\text{-BC}_2\text{N}$ 晶体结构参数

Z	2
a/nm	0.357 57
b/nm	0.357 57
c/nm	0.360 78
$\alpha,\beta,\gamma/(°)$	90.0, 90.0, 89.4
原子位置 (x,y,z)	B(0.000 0, 0.000 0, 0.002 3)
	B(0.500 0, 0.500 0, 0.002 3)
	C(0.000 0, 0.500 0, 0.492 9)
	C(0.500 0, 0.000 0, 0.492 9)
	C(0.250 0, 0.250 0, 0.259 1)
	C(0.750 0, 0.750 0, 0.259 1)
	N(0.750 0, 0.250 0, 0.745 7)
	N(0.250 0, 0.750 0, 0.745 7)

表 1.17 $\beta\text{-BC}_2\text{N}$ 的化学键参数和硬度

相	键型	d^{μ}	N_e^{μ}	E_h^{μ}	C^{μ}	f_i^{μ}	H_v^{μ}	HV_{calc} /GPa	HV_{expt} /GPa
$\beta\text{-BC}_2\text{N}$	BN	1.562	0.680	13.2	15.0	0.227	66.9	78	76±4
	BC(2)	1.573	0.498	12.9	12.9	0.000	70.7		
	C(1)C(2)	1.515	0.930	14.2	14.2	0.000	118.1		
	C(1)N	1.564	0.679	13.1	14.9	0.228	66.5		

1.6 硼-碳-氮三元系中新型化合物的实验合成

1.6.1 碳氮新材料的实验合成[20~24]

Sekine 等人在 1 400℃、5 GPa 条件下获得了类石墨结构的 $C_{4.66}N$ 物质,N 的摩尔分数由 40% 降为 17.7%,这使人们意识到 N 逸出导致产物中 N 含量不足有可能是高温高压合成 CN 化合物的关键。Alves 等人也获得了类石墨型结构的 CN 粉末,N/C 最高可达 1.55,但硬度较低。Martin-Gil 制备了一种立方闪锌矿结构的碳氮化合物,$a_0 = (0.352 \pm 0.005)$ nm,空间群为 $P\bar{4}3m$,性能测试结果表明化合物具有高的弹性模量和硬度。田永君等人在 CN_x/TiN_y 多层膜中发现了立方 C_3N_4 在 Ti_2N 上发生的外延生长现象,其取向关系为 $(1\,1\,2)c$-C_3N_4 // $(1\,1\,13)$ Ti_2N,$[4\,2\,\bar{3}]$ cubic-C_3N_4 // $[1\,\bar{1}\,0]Ti_2N$。王恩哥研究小组在所制备的硬质 CN 薄膜中发现,除 α、β-C_3N_4 相以外,还存在晶格参数为 $a = 0.565$ nm、$c = 0.275$ nm 的四方相 CN 化合物和参数为 $a = 0.506\,5$ nm、$b = 0.115$ nm、$c = 0.280\,1$ nm,$\beta = 96°$ 的单斜结构 CN 化合物,同时他们也对薄膜中各种晶相的选择性生长现象进行了大量的研究。Sharma 和 Zhang 得到了 N 的摩尔分数为 35% ~ 50% 的 CN 薄膜,膜中除 α、β-C_3N_4 相以外,还存在一种 C_2N 相,并且薄膜具有较高的电阻和热传导性,热稳定性也好于类金刚石膜(DLC)。另外 Sjøstrøm 获得了乱层石墨结构和 Fullerence 结构的 CN 相,Terrones 等人获得了直径为 200 nm 的 C_xN_y 纳米纤维。

1. 碳氮材料的性能

从理论上讲,碳氮晶体有可能成为一种新型超硬材料,因此 CN 材料的研究受到人们的极大关注。但是,到目前为止人们还没有获得尺寸足够大的单晶体来进行宏观性能测试,主要是对非晶或多晶 CN 薄膜或粉体的性能进行了研究。

(1) 碳氮材料的力学性能[25,26]

有关碳氮材料力学性质的研究主要集中在硬度和弹性方面。日本学者 Fujimoto 对他们用离子辅助动态混合法(IVD)制备的 CN 薄膜进行了测试,硬度达 65 GPa,这是目前文献所报道的最高硬度,同时他们也提出薄膜的硬度与 N 的摩尔分数有关,N 的摩尔分数为 50% 时硬度最大,N 含量过大或过小硬度都会降低。人们也发现 CN 薄膜的硬度与沉积过程中 N 分压密切相关,N 分压增大,薄膜的硬度变小。薄膜中 C≡N 键对硬度影响最明显,主要原因是 C≡N 三键可饱和氮原子的所有共价电子,使之产生键合连接的端点。

在研究硬度的同时,人们注意到 CN 薄膜的弹性恢复能力很强,如何把薄膜的硬度和弹性能力做合理的分析呢? 瑞典的 Sjøstrøm 等对这方面进行了较为深入的研究。他们通过进行纳米压痕测试,分析了薄膜、基片的弹塑性和硬度以及它们之间的相互关系,CN 薄膜的弹性恢复率为 85%,硬度估计在 40~60 GPa。Martin-Gil 等对化学转化法制得的含有立方闪锌矿型碳氮化合物样品进行了研究,也得出了碳氮化合物具有高弹性恢复率和高硬度的结论。碳氮的高温高压合成产物一般硬度都不高,可能与其类石墨型结构有关。

(2) 碳氮材料的摩擦磨损性能

一些实验结果显示 CN 薄膜具有非常好的摩擦和耐磨性能。如果对 CN_x 薄膜与高速钢、ZrO_2 和超大分子聚乙烯之间的摩擦性能进行评价,在干式条件下与高速钢的摩擦系数为 0.22~0.26,而在润滑条件

下与 ZrO_2 和聚乙烯的摩擦系数为 0.18。在类金刚石薄膜表面注入氮离子后,摩擦系数从 0.2 降低到 0.17。比较 CN 膜与用于磁盘保护膜的 C 膜的摩擦磨损性能,以 Si_3N_4 为摩擦副,在 0.02 N 载荷下,C 膜的摩擦系数为 0.28 ~ 0.3,而 CN 膜的摩擦系数仅为 0.12 ~ 0.14,CN 膜的磨损率也仅为 C 膜的 1/10。

(3) 碳氮材料的光、电及热学性能

预言的 CN 晶体不仅是超硬材料,还可能具有特殊的光学和电学性能。目前研究发现,随 N 含量的增加,薄膜的电阻、热传导性和热稳定性明显增大,光学带隙加宽。究其原因普遍认为是由于 N 含量增加使薄膜中 sp^2—C 明显增多,使结构由三维网状向二维层状或一维链状发展所至。在不同条件下制备的 CN 薄膜电阻率可由 10^{-2} $\Omega \cdot cm$ 到 10^4 $\Omega \cdot cm$,热导率可达 0.8 ~ 1.3 W/(m·K)。

2. 碳氮材料合成中普遍存在的问题

作为理论预言的新材料 β-C_3N_4 及相关结构碳氮材料的制备及研究,无论从应用研究还是从基础研究角度来看,它都具有十分重要的意义。然而,从大量的研究结果来看,各种沉积技术制备的碳氮薄膜中晶体含量很少,且晶体尺寸基本上在纳米尺度,无法精确地确定其晶体学参数和机械、物理性能;而高温高压法制备的碳氮材料中,由于氮的溢出导致合成产物中氮含量普遍偏低;化学合成法获取的碳氮材料多为乱层石墨结构,且由于产物中存在较多的杂质导致材料的硬度较低。因此,从严格的科学意义上来讲,人们还没有制备出尺寸足够大的碳氮单晶体,也无法准确回答"碳氮晶体能否人工合成"这样一个严肃的问题,导致学术界对碳氮化合物的看法产生分歧。其中心问题主要有以下几个方面:①由于所制备出的碳氮晶体尺寸太小,从而导致轻元素的成分测量误差较大,不能精确地确定合成的晶体是 C_3N_4 的化学配比;②由于合成的碳氮晶体太小,精确测定其晶体结构和原子位置也成为难以解决的问题;③同样是由于碳氮晶体尺寸太小,难于测定其相关的理化性能。科学界普遍认为,C_3N_4 的预言是近年来理论预测新材料的成功典范,但是,鉴于上述存在的问题,人们还没有真正从实验上验证碳氮晶体理论预言的正确性。

1.6.2 新型 B-C 化合物的制备[27]

1. 石墨结构的新型材料——六方 BC_3

当温度达到 2 350℃时,B 在石墨中的摩尔分数为 2.35%,采用 BCl_3 和 C_6H_6 在 800℃反应合成了六方 BC_3 化合物,反应式为

$$2BCl_3 + C_6H_6 \longrightarrow 2BC_3 + 6HCl$$

用四探针法测得 BC_3 的导电率比石墨导电率大 10%。这种化合物可能的单层结构如图 1.32 所示。进一步采用高分辨电子能量损失谱证实了这种 BC_3 结构的存在。由于采用化学气相沉积法制备的 BC_3 薄膜容易呈乱层石墨结构,所以只有制备出纯 BC_3 晶体才能准确地表征 BC_3 晶体的各种特性。另外,这种化合物在高温高压和触媒的作用下是否也能像石墨转变成金刚石一样得到类金刚石结构的立方 BC_3 晶体,是值得人们探索的重要课题。

2. 富 C 的 B-C 化合物的制备

从碳化硼的原子结构来看,$B_{13}C_2$ 和 B_4C 是 B-C 化合物中两种稳定的化合物,$B_{13}C_2$ 的晶体结构很清晰,它是在菱方晶格中坐落在每个顶点的 B_{12} 二十面体与菱方晶胞最长对角线上的 C-B-C 链共价结合而组成。B_4C 是 B-C 化合物中含碳量最高的化合物,事实上,在 B-C 化

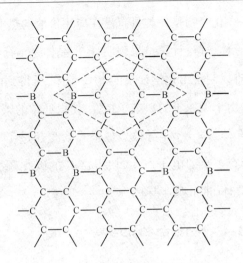

图 1.32　BC_3 化合物单层结构模型

合物中很难得到 B_4C 化学计量比的化合物,我们通常所说的 B_4C 是含碳量在 8% ~20% 范围的固溶体,碳化硼晶体的含碳量极限是 20%。

将硼和石墨的混合物从 1 700 K 加热到 2 500 K 的过程中,用质谱仪发现在 2 300 K 的气相中有 BC、BC_2 和 B_2C 小分子存在,说明在B-C二元化合物中有可能有含碳量高的亚稳化合物存在。实验发现如果在石墨坩埚中加热乱层石墨结构的 B_2CN 化合物,当化合物熔融后与石墨反应,氮以 N_2 气体形式放出,将样品迅速冷却至室温,可获得碳化硼与石墨的共晶产物。经研究发现所得到的碳化硼晶体中碳含量高于 B_4C 的含碳量,用 EELS 测定出这种碳化硼晶体的含碳量在很宽的范围变化,即使在同一片碳化硼单晶中测得的碳含量也可以处在 10% ~ 60% 之间。这说明在非平衡条件下,碳原子很容易置换碳化硼中的硼原子而保持碳化硼的菱方结构不变。然而,由于碳原子比硼原子最外层多一个电子,因此,这种置换必然引起化学键、能带结构及电子密度等发生变化,导致材料的力学性质、电学性质等亦发生相应的变化。

富 B 的 B-C 化合物是一类具有潜在应用价值的热电材料,还是一种高温 p 型半导体,理论计算结果表明,B_4C 晶体是本征半导体,然而,采用常规方法难以制备出化学计量的 B_4C 晶体,所得到的均是富 B 的碳化硼。因此,由于硼原子的缺电子特性,使得通常的碳化硼晶体相当于受主掺杂半导体,即 p 型半导体。如果 C 含量超过了 B_4C 晶体的化学计量比,则会有多余的电子产生,使得富 C 的碳化硼晶体成为相当于施主掺杂半导体,即 n 型半导体。

1.6.3 B-C-N 化合物的实验合成

出于对新型 B-C-N 亚稳相的浓厚兴趣,人们试图采用各种方法制备这种材料。化学气相沉积是合成 B-C-N 材料中最为广泛采用的工艺方法。早在 1972 年,Badzian 等人首次用化学气相沉积法合成了 B-C-N 材料[28]。方法是把 BCl_3,CCl_4,N_2,H_2 四种气体混合,再加热到高温进行化学反应,反应式为

$$BCl_3(g) + CCl_4(g) + N_2(g) + H_2(g) \xrightarrow{2\,000\text{℃}} B\text{-}C\text{-}N(s) + HCl(g)$$

在温度达到 2 000 ℃ 以上时,这种 B-C-N 材料会分解成 $B_{12}C_3$、石墨和 N_2。为降低 CVD 法的合成温度,Kaner 等采用 $BCl_3(g) + C_2H_2(g) + NH_3(g)$ 在 400 ℃,700 ℃ 下反应分别制备出 $B_{0.485}C_{0.02}N_{0.485}$ 和 $B_{0.35}C_{0.3}N_{0.35}$ 化合物。

物理气相沉积也是制备 B-C-N 材料的常用方法。如果用脉冲激光沉积法合成 B-C-N 薄膜,实验中采用由两个半圆盘构成的靶材,一个是 h-BN,另一个是石墨。用这种方法可以制备出含有 c-BCN 和 h-BCN 相的薄膜,薄膜成分是 $(BN)_{0.26}C_{0.74}$,接近于 BNC_2。使用等离子体离子氮化法也可以合成含有类 c-BN 结构相的 B-C-N 薄膜。

化学法是制备 B-C-N 粉体的主要方法。用高温氮化 B_4C，在 1 900~2 100℃得到了乱层石墨结构的 B-C-N 相。用含有 B，C，N 和 H 的对二氮己环硼烷（$BH_3 \cdot C_4H_{10}N_2$）和胺硼烷络合物 $BH_3 \cdot C_5H_5N$ 单源前驱物，在 Ar 中加热至 1 050℃热解，去除前驱物中的 H 后分别制备出 BC_2N 和 BC_4N 化合物。在熔融尿素的同时氮化硼酸和碳化蔗糖，通过控制 3 种原材料的比例，经高温处理去除 H、O 后制备出 BC_4N 粉末。然而采用化学法很难得到化学计量的 B-C-N 化合物。

大量实验结果表明，采用化学气相沉积、物理气相沉积、化学裂解法和机械合金化法的合成产物大部分为乱层状石墨结构或微晶结构。

机械合金化法是制备化学计量的 B-C-N 化合物的重要方法之一，制备出的化合物呈非晶态。为了获得晶态 B-C-N 化合物，Yao 等人采用机械合金化法制备出非晶 BC_2N 化合物[29]，将这种非晶 BC_2N 化合物再经 4 GPa，1 170 K 高温高压处理后，获得一种四方结构的 BCN 化合物，晶格参数为 $a = 1.685$ nm，$c = 0.573$ nm；Komatsu 和 Samedima 采用冲击法在 3 000~10 000℃和 50 GPa 的动态高温高压下合成了立方 B-C-N，合成产物是由纳米晶（平均尺寸为 10 nm）组成的多晶。

而采用炭黑和六方氮化硼研磨混合后，用冲击法合成出一种白色针状类石墨结构的（$BN_{0.33}$）$C_{0.67}$ 化合物，晶格参数为 $a = 0.247\ 5$ nm，$c = 0.676$ nm。

采用化学法研究原材料种类、原材料配比、处理温度对 B-C-N 化合物晶化影响时发现：碳含量对 B-C-N 化合物晶化影响较大，只有当产物的含碳量较低时才能得到晶态 B-C-N 化合物。如果采用三聚氰胺和硼酸热解的方法制备 B-C-N 化合物[30]，当含碳量降低到 10% 以下时可以获得 B—C—N 晶态化合物,所得 BCN 晶体的 EELS 谱定量分析结果表明产物的化学成分为$B_{0.41}C_{0.09}N_{0.5}$,即 B+C 原子的含量等于氮原子含量,这说明碳原子可能取代了六方 BN 中硼原子的位置而形成了一种具有六方 BN 结构的六方(BC)N 固溶体,其化学式可以表示为$(B_{0.82}C_{0.18})N$。

与石墨在高温高压条件下可以转变为金刚石相类似,六方 B—C—N 化合物有可能在高温高压下转变成立方 B—C—N 晶体。这方面的报道很少,只有几个小组进行过合成立方 BCN 化合物的努力。Badzian 率先使用化学气相沉积法制备出六方 BN—C,然后在 14 GPa 和 3 300°K 条件下得到了c—BN 和金刚石混晶[27]。为降低合成立方 B—C—N 的温度和压力,Sasaki 等使用BC_2N前驱物和 Co 触媒,在压力 5.5 GPa、温度 1 400 ~1 600 ℃下进行高温高压实验,发现合成产物转变为金刚石和立方氮化硼[31]。而采用合成立方氮化硼的Mg_3BN_3触媒时,在 6 GPa,1 600 ℃条件下,发现BC_2N未发生变化。由于采用触媒使BC_2N发生相分离,人们放弃了使用触媒的做法。用乱层石墨结构的BC_2N于7.7 GPa,2 000 ~2 400℃直接进行高温高压实验,得到了几种类金刚石结构的立方相,在温度高于 2 150 ℃时也发生相分离,转变成c—BN 和金刚石以及立方 B—C—N。随着温度进一步升高到 2 400 ℃,立方B—C—N化合物分解,完全转变成c—BN 和金刚石。Knittle 等报道了在压力高于 30 GPa、温度 1 227 ℃以上合成了立方$C_x(BN)_{1-x}$固溶体($x=0.3 \sim 0.33,0.5,0.6$)[32],发现合成产物的单胞体积比金刚石和立方 BN 的理想固溶体大 1%,而体积模量比理论值小。最近,Solozhenko 等人用金刚石压砧技术在 25.8 GPa 和 2 500 K 的高温高压条件下合成了类金刚石结构的立方BC_2N[33],其晶格参数为$a=0.364 2$ nm,大于金刚石和立方氮化硼的晶格常数,其体模量为 282 GPa,低于金刚石和立方氮化硼的体模量,其硬度高于立方 BN 的硬度,仅次于金刚石的硬度。

采用三聚氰胺和硼酸为原料,用化学法制备出具有乱层石墨结构的 B_2CN 化合物。进一步采用 B_2CN 作为前驱物,在不同的温度和压力下进行高温高压实验,探索在工业生产许可的条件(1 600 ℃,6 GPa 以下)下合成立方 B-C-N 的可能性及触媒的作用。这种乱层石墨结构的 B_2CN 化合物经 1 600 ℃,6 GPa 高温高压处理后转变为以六方相为主的晶态化合物,但伴随有杂相的形成。用 Ni、Fe 等作为触媒,在 1 600 ℃,6 GPa 高温高压下可以使乱层石墨结构的 B_2CN 转变为六方相,没有立方相形成,用 Ni 作为触媒合成的六方 BCN 晶体如图 1.33(a)所示,其形貌大多为圆片形晶体。$Ca_3B_2N_4$ 是合成立方 BN 的触媒之一,在空气中 $Ca_3B_2N_4$ 易潮解,使用在空气中潮解的 $Ca_3B_2N_4$ 触媒在高温高压作用下难以获得立方结构的 B_2CN 晶体,但却得到一种与六方结构相近的正交结构的 B_2CN 晶体(图 1.33(b)),其形貌为有棱角的片状晶体,其晶格参数为 $a = 0.477\ 6$ nm,$b = 0.458\ 5$ nm 和 $c = 0.362\ 9$ nm。

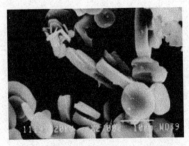 

(a) 六方 BCN 晶体的形貌(Ni 触媒)　　(b) 正交 BCN 晶体的形貌($Ca_3B_2N_4$ 触媒)

图 1.33　高温高压合成 BCN 晶体的形貌[34,35]

使用 $Ca_3B_2N_4$ 作为触媒,在混料、预压成型、组装过程中注意采用惰性气体保护,使样品与空气隔绝,再进行高温高压处理,可以获得立方相的 BCN 晶体。在不同的温度和压力下进行高温高压实验,得到的 BCN 晶体在 $Ca_3B_2N_4$ 触媒作用下的温度-压力(p-T)相图如图 1.34 所示。从图中可看出,在所施加的高温高压(800~1 600 ℃,3~6 GPa)下,当压力小于等于 5 GPa 时,乱层石墨结构的 BCN 化合物转变为晶态的六方 BCN 晶体,没有立方 BCN 晶体生成;当压力升高到 5.5 GPa 后,在温度为 1200 ℃时,开始有立方 BCN 晶体生成;压力升高到 6 GPa 后,开始生成立方 BCN 晶体的温度降低到 1 100 ℃。高温高压合成的六方 BCN 和立方 BCN 晶体的形貌如图 1.35 所示,其中六方 BCN 晶体的形貌为圆片状图 1.35(a),而立方 BCN 晶体为棱角分明的棱锥形图 1.35(b)。

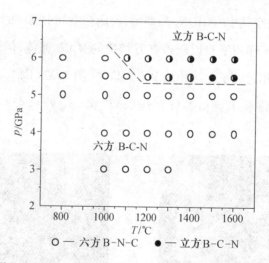

图 1.34 在 $Ca_3B_2N_4$ 触媒下 B-C-N 化合物的 p-T 相图

(a) 六方 BCN   (b) 立方 BCN

图 1.35 采用化学法合成的 B_2CN 为原料，$Ca_3B_2N_4$ 作为触媒，经高温高压合成的

六方 BCN 和立方 BCN 晶体的形貌

1.6.4 B-C-N 材料的物理化学性质

（1）B-C-N 材料的导电特性

如果在绝缘体 BN 上沉积组成为 $B_{0.35}C_{0.30}N_{0.35}$ 的薄膜，其室温电导率可以达到 $6×10^{-4}$ S/cm。前驱物热解反应合成的 BC_2N 比用 CVD 反应制得的 BC_2N 在室温下具有更低的电导率（$5.5×10^{-4}$ S/cm）和较高的激活能（0.11 eV）。二者之间的不同可能不仅是因为层内不同的原子排列，而且也受晶粒尺寸的影响。B-C-N 材料的导电特性十分复杂，不仅与材料的成分、晶体结构有关，而且与 B、C、N 三种原子的排列方式有密切的关系，因此，如何控制这三种原子的排列方式是使这种新材料获得应用的重要课题之一。

（2）B-C-N 材料的发光特性

CVD 法制备的 BN(C,H) 有光致发光特性。从 BN(C,H) 薄膜室温下的光致发光光谱看到，发光范围较宽（300～500 nm），其中在 375 nm 处有一高峰（3.3 eV），激发光的波长在 310 nm 附近（4.0 eV）。高温高压合成的 B_2CN 也具有较强的发光特性[34]，激发光的波长为

302 nm,发光光谱峰值为 374 nm,但发光范围较窄(350~450 nm),与纤锌结构的 GaN 的发光光谱接近。

实验测得 BC_2N 化合物半导体的能隙为 2 eV。由 X 射线光电子谱测出价带边的能量比费密面低 0.95 eV。采用高分辨电子能量损失谱研究 BC_2N 的能隙时,测试结果表明,尽管这种材料能发出可见的荧光,其能带为间接能隙结构,能隙为 2.1 eV,实验结果与扫描隧道显微镜和荧光测试结果一致。这一特性使 BC_2N 在快速光电子器件上具有广阔的应用前景,B-C-N 的这种发光特性有望在未来的光致发光、电致发光和发光二极管领域获得广泛应用。

(3) B-C-N 材料的插层化学性质[36]

众所周知,各种酸和碱能插入到石墨层间形成化合物(GICs),另一方面,h-BN 仅能被强氧化剂如 $S_2O_6F_2$(一种 SO_3 原子团源)插入。Kaner 等得到的层状 B-C-N 化合物同时具有氧化性插入和还原性插入特性[37];$B_{0.35}C_{0.30}N_{0.35}$ 被液体 $S_2O_6F_2$ 氧化插入产生了层间距约为 0.81 nm 的插层化合物[扩张(0.47 nm)+原料层间距(0.34 nm)= 0.81 nm];$B_{0.35}C_{0.30}N_{0.35}$ 的 Na 还原插入是采用在四氢呋喃中溶有 0.5 mol 钠萘基金属的溶液中进行的,得到的化合物层间距 0.52 nm[扩张(0.18 nm)+原料层间距(0.34 nm)= 0.52 nm]。

Li 插入到 B-C-N 材料中可能应用到 Li 蓄电池。最近,人们密切关注在有机介质中 C 材料的 Li 插入/非插入的电化学,因为它有大插入容量且可靠性很高。Li 蓄电池的"摇椅链"或"羽毛球"型已经被用作实际的电池。可是,效率(放电量/蓄电量)尤其是第一次循环,不如预料的高。现在还不能简单地说明低效率的原因,推测可能是因为结构的改变阻碍了 Li 物质出入层状结构的通道。如果层状材料可以发展成多孔的,Li 物质就能很容易地通过它,从而提高 Li 出入层状结构的能力。

（4）B-C-N 材料的硬度

Solozhenko 采用不同的方法测试了高温高压合成的立方 BC_2N 的硬度[33],如表 1.18 所示,尽管这种立方相的晶格参数大于立方 BN,且其体积弹性模量小于立方 BN,而其硬度却高于立方 BN。

表 1.18　立方 BC_2N 晶体的晶格参数和力学性质

	晶格参数 /nm	体积弹性模量 /GPa	Vickers 硬度 /GPa	Knoop 硬度 /GPa	Nano 硬度 /GPa
金刚石	0.356 7	442	115	63	
c-BN	0.361 5	369	62	44	55
c-BC_2N	0.364 2	282	76	55	75

（5）B-C-N 材料的耐热性

Komatsu 等人研究了爆炸法合成的 $BC_{2.5}N$ 化合物的耐热性[38]。如图 1.36 所示,六方 $BC_{2.5}N$ 化合物的耐热性与石墨接近,而立方 $BC_{2.5}N$ 化合物的耐热性比金刚石好,在 700～900 ℃产生失重,发现在这个阶段立方 $BC_{2.5}N$ 化合物的表面被氧化,形成了熔融的 B_2O_3,进一步加热到 1 300 ℃,这层熔融的 B_2O_3 对立方 $BC_{2.5}N$ 化合物起保护作用,阻止其进一步氧化。

综合国际上对 B-C-N 亚稳相的研究,有以下基本科学问题亟待解决:

①人们普遍认为 B-C-N 化合物是由石墨和氮化硼化合而成,导致人们对 BC_xN 型化合物进行了大量研究,而理论计算结果表明,立方 BC_xN 体系的能量高于金刚石和立方 BN 的能量之和,即立方 BC_xN 在

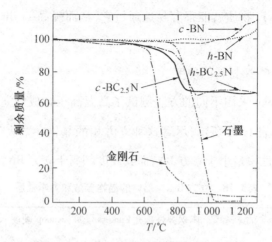

图 1.36　$BC_{2.5}N$ 及其相关材料的热重曲线

高温高压下容易发生相分离。因此,人们应该重视其他成分 BCN 化合物的探索。

②在 B-C-N 成分区内(例如含 B 量较高的 B_2CN 化合物)存在哪些结构的亚稳相? 其性能如何? 这些问题尚未进行过系统研究。

③合成的 B-C-N 单晶尺寸通常处在纳米量级到微米量级,难以进行结构和物理化学性质的精确测定,大尺寸 B-C-N 单晶体的合成技术是国际上有待突破的重要技术难点。

④为什么采用不同触媒时会出现多种晶体结构的亚稳相?

⑤是否能够找到合成立方 BCN 的专用触媒。对这些问题的深入理解是全面利用 BCN 化合物的基础。

参 考 文 献

[1]　LIU A Y, COHEN M L. Prediction of New Low Compressibility
　　　Solids[J]. Science, 1989,245:841.

［2］　龚毅生. 无机化学丛书：2 卷. 硼［M］. 北京：科学出版社，1998.

［3］　AMBERGER E, STUMPF B W, BUSCHBEAK K C. Gmelin Handbook of Inorganic Chemistry, 8th ed［R］. Berlin：Springer-Verlag，1981.

［4］　麦松威，周公度，李伟基. 高等无机结构化学［M］. 北京：北京大学出版社. 香港：香港中文大学出版社，2001.

［5］　龚毅生. 无机化学丛书：第三卷　碳［M］. 北京：科学出版社，1998.

［6］　龚毅生. 无机化学丛书：第四卷　氮［M］. 北京：科学出版社，1998.

［7］　MAURI F, VAST N, PICKARD C J. Atomic Structure of Icosahedral B_4C Boron Carbide from a First Principles Analysis of NMR Spectra［J］. Phys. Rev. Lett. ，2001，87：085506.

［8］　熊家炯. 材料设计［M］. 天津：天津大学出版社，2000.

［9］　MARVIN L C. Calculation of bulk moduli of diamond and zinc-blende solids［J］. Phys. Rev. ，1985，B32(12)：7 988.

［10］　JENNIFER L C, MARVIN L C. Calculated quasiparticle band gap of $\beta-C_3N_4$［J］. Phys. Rev. ，1993，B48：7 622.

［11］　AMY Y LIU, MARVIN L C. Structural properties and electronic structure of low-compressibility materials：$\beta-Si_3N_4$ and hypothetical $\beta-C_3N_4$［J］. Phys. Rev. ，1990，B41：10 727.

［12］　DAVID M T, RUSSELL J. Hemley. Low-Compressibility Carbon Nitrides［J］. Science，1996，271：53.

［13］　LIU A Y, WENTZOVITCH R M, COHEN M L. Atomic

arrangement and electronic structure of BC_2N[J]. Phys. Rev. , 1989,B39:1 760.

[14] TATEYAMA Y, OGITSU T, KUSAKABE K, et al. Lattice dynamics of BC_2N[J]. Phys. Rev. ,1997,B55:10 161.

[15] ZHANG R Q, CHAN K S, CHEUNG H F, et al. Energetics of segregation in $\beta-C_2BN$[J]. Appl. Phys. Lett. , 1999,75:2 259.

[16] LAMBRECHT W R L,SEGALL B. Anomalous band−gap behavior and phase stability of c – BN – diamond alloys[J]. Phys. Rev. , 1993,B47:9 289.

[17] MATTESINI M,MATAR S F. First−principles characterization of new ternary heterodiamond BC_2N phases[J]. Comput. Mater. Sci. , 2001,20:107.

[18] SUN H, JHI S H, ROUNDY D, et al. Structural forms of cubic BC_2N[J]. Phys. Rev. ,2001,B64:094108.

[19] FAMING GAO, JULONG HE, ERDONG WU, et al. Hardness of covalent crystals[J]. Rev. Lett. ,2003,91:015 502.

[20] SEKINE T, KANDA H, BANDO Y, et al. J. Mater[J]. Sci. Lett. ,1990,9:1 376.

[21] TIAN Y J, YU D L, HE J L, et al. Experimental observation of the local heteroepitaxy between cubic$-C_3N_4$ and Ti_2N in the CN_x/TiN_y bilayers prepared by ion beam sputtering[J]. Journal of Crystal Growth,2001,225:67.

[22] YU D L, TIAN Y J, HE J L, et al. Preparation of CN_x/TiN_y multilayers by ion beam sputtering[J]. Journal of Crystal Growth,

2001,233:303.

[23] Wang T S, Yu D L, Tian Y J, et al. Cubic $-C_3N_4$ nanoparticles synthesized in CN_x/TiN_x multilayer films[J]. Chem. Phys. Lett. , 2001,334:7.

[24] GUO L P, CHEN Y, WANG E G, et al. Identification of a new tetragonal C-N phase[J]. Journal of Crystal Growth, 1997,168:26.

[25] FUJIMOTO F, OGATA K. Formation of Carbon Nitrde films by Means of Ion Assisted Dynamic Mixing(IVD) Method[J]. Jpn. J. Appl. Phys. ,1993,32:L420.

[26] DONG L, CHUNG Y W, WONG M S. Nano-indentation studies of ultrahigh strength carbon nitride thin films[J]. J. Appl. Phys. , 1993,74:219.

[27] KOUVETAKIS J, KANER R B, SATTLER M L, et al. A novel graphite-like material of composition BC_3, and nitrogen-carbon graphites[J]. Chem. Sco. Comm. , 1986.

[28] BADZIAN A R, APPENHEIMER S, NIEMYSKI T, et al. Proceedings of the Third International Conference on CVD[J]. Salt lake City, UT. April 24 ~ 27,1972. Edited by F. A. Glaski. American Nuclear Society, La Grange Park, IL,1972.

[29] YAO B, LIU L, SU W H. Formation, characterization, and properties of a new boron-caron-nitrogen crystal[J]. J. Appl. Phys. , 1999,86:2 464.

[30] KNITTLE E, KANER R B, JEANLOZ R, et al. High-pressure synthesis, characterization, and equation of state of cubic C-BN

solid solutions[J]. Phys. Rev. ,1995,B51:12 149.

[31] SASAKI T, AKAISHI M, YAMAOKA S, et al. Simultaneous crystallization of diamond and cubic boron nitride from the graphite relative BC_2N under high pressure/high temperature conditions[J]. Chem. Mater. ,1993,5:695.

[32] SOLOZHENKO V L, ANDRAULT D, FIQUET G, et al. Synthesis of superhard cubic BC_2N[J]. Appl. Phys. Lett. ,2001,78:1 385.

[33] HE J L, TIAN Y J, YU D L, et al. Chemical synthesis of crystalline hexagonal $B-C-N$ compound[J]. J. Mater. Sci. Lett. ,2000,19:2 061.

[34] HE J L, TIAN Y J, YU D L, et al. Orthorhombic B_2CN crystal synthesized by high pressure and temperature[J]. Chem. Phys. Lett. ,2001,340:431.

[35] HE J L, TIAN Y J, YU D L, et al. B_2CN compounds prepared by high pressure and temperature[J]. POLZUNOV Bull. ,2002,48.

[36] KAWAGUCHI M. B/C/N materials based on the graphite network [J]. Adv. Mater. ,1997,8:615.

[37] KANER R B, KOUVETAKIS J, WARBLE C E. Boron-carbon-nitrogen materials of graphite-like structure[J]. Mater. Res. Bull. ,1987,22:399.

[38] KOMATSU T, SAMEDIMA M, AWANO T, et al. Synthesis and characterization of a shock-synthesized cubic $B-C-N$ solid solution of composition $BC_{2.5}N$[J]. J. Mater. Pro. Technol. ,1999,85:69.

第2章　纳米碳管

已经证实,纳米碳管是富勒烯的一个变种,它的发现与 C_{60} 的研究密切相关。C_{60} 是球形的,而 C_{70} 与 C_{60} 相比,已经在球形的基础上稍稍拉长了。早在 1991 年,一篇理论性的文章就预言了纳米碳管的存在并计算了其电子结构[1]。令人遗憾的是,当时的研究者们认为在短时间内很难获得这种结构,论文没能马上发表[2]。几乎在同一时期,Iijima 在研究电弧放电法制备的 C_{60} 样品时,意外地发现了阳极上形成了圆柱状平行排列的中空管状物[3],其直径为纳米尺度,是由同轴的 2~50 层高度石墨化的石墨层围成的管状结构,故被称为纳米碳管。由此引发了长达十余年的纳米碳管的研究热潮。到目前为止,纳米碳管研究仍呈现出方兴未艾的势头。

1983 年,美国 Michigan 大学物理系通用电机研究室的 Tibbetts 就曾观察到直径为十至几百纳米的管状碳,其制备方法与现代纳米碳管的生长方法基本一致,即来自于过渡族金属 Fe、Ni、Co 催化剂颗粒表面的 VSL 生长。有关这一发现的文章于 1984 年公开发表在《Journal of Crystal Growth》第 66 卷 632 页上,题目为 "Why are carbon filaments tubular?"。在这篇文章中,Tibbetts 明确指出:有关管状碳的表面、直径及其稳定性的其他研究工作,可以进一步追溯发现管状碳的时间[4]。现在来看,纳米碳管的研究应起始于 20 世纪 50 年代末[5]。人类首次观察到的纳米碳管,在当时也被称为纳米级的空心碳纤维[6]。但是,直到 1991 年,Iijima 再次发现和研究这种特殊结构的碳纤维时,这种材料才被重新认识并引起科学家们的极大关注。其原因有以下两个方面:

(1)C_{60}的发现 C_{60}奇特的性质引起人们对它的极大兴趣,而纳米碳管实际上是 C_{60} 的一个比较特异的变种。

(2)纳米碳管的特殊性质 如极高的强度,与螺旋度相关的导电能力,可能的超高导热性及其在未来的微电子、贮氢等方面的潜在应用价值。

从目前研究现状分析,虽然纳米碳管的研究热潮已持续了数年,好像也达到了最高潮,但是,由于其特殊的结构和十分诱人的应用前景,人们对他的研究兴趣依然没有减弱的迹象,估计这种趋势还会持续相当长的时间。

2.1 纳米碳管的制备方法

2.1.1 电弧放电法

电弧放电法是制备纳米碳管最原始的方法,也是最重要的方法之一。该方法也可用于制备其他一维纳米材料。图 2.1 给出了直流电弧放电法制备纳米碳管设备示意图[5]。在一个充有一定压力的惰性气体反应室中,装有一大一小两根石墨棒,其中面积较大的为阴极,较小的为阳极,两极间距为 1 mm。在放电电压为 20 ~ 40 V,电流为 60 ~ 200 A 条件下,在阴极顶端可得到纳米碳管。

通过改变条件,Ebbesen 课题组首先意外地得到了克量级的纳米碳管。放电所得的沉积产物,是一种直径 6 mm 的圆柱体,外面是不含

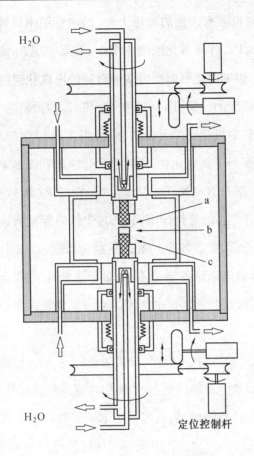

图 2.1　电弧法制备纳米碳管设备示意图

纳米碳管的灰色硬壳,里面则为含有大量纳米碳管和纳米碳颗粒的软纤维芯。由于这种方法制备的纳米碳管含有较多缺陷,对这种放电设备进行了改造,用水冷铜板为基底的石墨电极代替原来的大石墨阴极,得到了长度达 40 μm 的纳米碳管。

　　Iijima 课题组在阴极上打洞,再于洞中加入 Fe 粉,在反应室中充入 1 333.22 Pa 的甲烷和 405 332.88 Pa 的氩气。结果发现在阴极上粘附有含铁的 SiC 颗粒以及放电产物——烟灰,在烟灰中虽然也有多壁纳米碳管,但同时也含有大量的直径 1 nm 的单壁纳米碳管[6]。Serphin 等人研究了 Ni,Pa,Pt 等催化剂的作用[7],结果发现 Ni 能促进单壁纳米碳管的生长,但同时也可能产生结构奇特的串珠状碳结构。Pt 能增加产物中纳米碳管的比例,Pa 可改变 C_{60} 和 C_{70} 的比例。实验还发现,有少量纳米碳管中填充有少量金属,但采用 Y 作催化剂时,填充到纳米碳管中的主要是 Y 的碳化物,同时也含有纯 Y 和 Y 的氧化物。从目前的研究分析,在 Fe,Co,Ni,Cu,Mg,Ti,La,Y,Si,Pa 和 Pt 中,Fe,Co,Ni 对单壁纳米碳管生长的催化作用明显,其中铁的存在明显催化螺旋管和环状管的生长,而直管较少。就这三种金属而言,由于实验装置不同,金属配比和放电条件各异,其结果亦不尽相同,寻找合适的实验条件来获得尺寸分布和形状均一的结构对纳米碳管的实际应用具有重要的意义。

一般来说,电弧放电法的产物分为两部分,一部分以烟尘的形式沉积到被冷却的真空容器的器壁上,产物中含有富勒烯和单壁纳米碳管;另一部分沉积于阴极表面,大量多壁纳米碳管就存在于此。这主要是由于器壁和电极表面的电场、温度和气体浓度梯度的差异所造成的。事实上,惰性气体压力、纳米碳管生长速度、电极几何形状、冷却速度、电弧等离子体稳定性、催化剂特性以及很多其他很难确定的因素,都对纳米碳管的最终结构形式有重要影响。

Journet 课题组利用双激光烧蚀技术制备了大量的单壁纳米碳管[8],其产率可达 70% ~90%,直径为 1.4 nm。其工艺条件如下:电流 100 mA;放电电压30 V;66 000 Pa 氦气。图2.2 为所合成的纳米碳管的高分辨透射电镜照片,在一束中含有大约 20 根单壁纳米碳管。Qin 等人利用电弧放电法制备了直径为0.4 nm 的纳米碳管[9]。其工艺条件特点是在无催化剂的作用下,石墨棒在氢气气氛下放电而生成纳米碳管。图 2.3 为所合成的 18 层纳米碳管的高分辨透射电镜图。图中,黑线代表圆柱形纳米碳管的外壁,0.4 nm 的纳米碳管位于中间,在图中已标出。其中的插图为所形成的纳米碳管的结构模型。

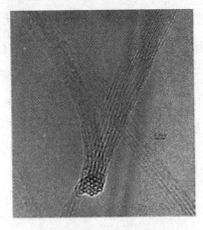

图 2.2　纳米碳管的高分辨透射电镜照片

图 2.3　18 层纳米碳管的高分辨透射电镜图

需要指出的是,由于电弧法是在 3 000 ℃ 以上的高温下制备的,故纳米碳管的石墨化程度很高,显然这对比较碳管性能的理论值与实验值非常重要,因为理论计算全部采用完整的石墨化结构为基础。同时,电弧放电法产量较大,这为纳米碳管的研究带来很大的便利。虽然电弧法产物中,大量的是石墨颗粒、C_{60}、非晶碳,但除非晶碳之外,其他杂质比较容易去除,而非晶碳目前也可采用氧化法消除,其方法如下:在1 000 K 温度的空气中加热氧化,由于杂质颗粒氧化速度快,最后就余下纯净的纳米碳管。因此,电弧放电法依然是目前最为流行的纳米碳管制备方法之一,大部分性能数据都来自于电弧法所制备的纳米碳管,同时,提高产出率和纯度的探索依然是目前研究电弧法制备纳米碳管的主题之一。

2.1.2 化学气相沉积法

化学气相沉积法(CVD)通常是指反应物经过化学反应和凝结过程而生成特定产物的方法。采用该方法生长纳米线和纳米碳管时,一般遵循 VLS 生长机制,特别是在有催化剂作用的情况下,气体反应物(也可以是由 H_2 或惰性气体带入反应室的液体反应物)在反应室通过裂解反应生成一维纳米材料的情况。

将含碳化合物,如 C_2H_2,CO,CH_4,C_6H_6 等,在金属催化剂 Fe,Ni,Co 或合金催化剂的作用下,通过裂解反应来制备纳米碳管。除普通的高温分解之外,还有等离子体 CVD、微波增强热丝 CVD、微波 CVD 等方法。由于可长时间控制反应条件(气体种类、流量、压力、温度等),所以能够制备满足要求的纳米碳管。CVD 法产物的纯度高,制造成本低,现已成为纳米碳管最流行的制备方法。

采用 CVD 方法,解思深课题组率先研究生长出了定向排列的纳米碳管[10]。他们采用 sol - gel 方法制备含有 Fe 纳米颗粒的 SiO_2 胶体,经干燥、煅烧和还原得到了含有良好催化性能的 Fe 纳米颗粒的基板,这种基板在含有 9% C_2H_2/H_2、流量为 110 cm^3/s、温度为 700 ℃的气氛中,生长出了如图 2.4 所示的排列均匀的纳米碳管,碳管之间的距离为 100 nm 左右。

(a)　低倍 SEM 像

(b)　高倍 SEM 像

图 2.4　纳米碳管阵列的形貌

范守善课题组首先采用电化学刻蚀法在 P 掺杂的 n 型 Si(100)上制备多孔硅,这种多孔硅上有一层很薄的纳米孔,然后采用掩模有选择地蒸发 Fe,形成 10 ~ 250 μm 高的 Fe 格栅,相互之间距离为 50 ~ 200 μm。经过 300 ℃退火氧化,放入石英管中,在 N_2 保护下加热到 700 ℃,通入 C_2H_2,流量为 1 000 cm^3/s,时间为 15 ~ 60 min,炉冷至室温,就可得到定向排列良好的纳米碳管,制备工艺过程如图 2.5 所示[11]。

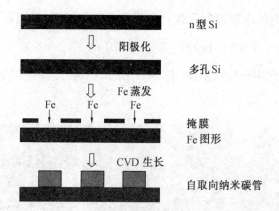

图 2.5 定向排列纳米碳管的生长示意图

Ren 课题组采用等离子体增强热丝 CVD 设备,在玻璃片上沉积催化剂颗粒的方法制备纳米碳管阵列[12],主要过程是将玻璃片放在沉积室中,首先抽真空至 799.932×10^{-6} Pa,然后通入压力为 $1\,999.83 \sim 7\,999.32$ Pa 的 NH_3,先沉积 $15 \sim 60$ nm 厚的 Ni 层。由于 NH_3 的作用,在一定的条件下,可得到定向排列的纳米碳管。这些纳米碳管高度均匀且垂直于玻璃片表面。

Chen 课题组的思路与 Ren 课题组相似,使用直流等离子体增强热丝 CVD 设备,采用 Ni(100)单晶或抛光的多晶 Ni 片来制备纳米碳管阵列[13]。所不同的是,基底温度较高,一般为 $800 \sim 900$ ℃,气源为 C_2H_2 和 N_2,$C_2H_2/(C_2H_2+N_2)$ 的体积分数为 3%,由于没有 NH_3 的作用,他们先采用较高强度的等离子体使基底表面上产生小的 Ni 颗粒催化剂,然后用较低强度的等离子体来制备纳米碳管,其定向排列较好。

1996 年,国内外研究者开始采用 CVD 方法制备单壁纳米碳管。Hafner 等人采用附着于较大的 Al_2O_3 颗粒($10 \sim 20$ nm)上的纳米金属颗粒 Fe 或 Fe/Mo(9:1)作催化剂来合成单壁纳米碳管[14],该实验的反应条件和产物特点如表2.1所示。

表 2.1 制备单壁纳米碳管(SWNTs)的条件及产物特点

催化剂	气源及流量	反应温度/℃	反应时间/min	产物特点	文献
Fe_2O_3/Al_2O_3	CH_4,125 kPa,6 150 cm^3/s	1 000	10	大量 SWNTs,一些 bundles,偶尔有 MWNTs,直径 0.5 ~ 6 nm	[14]
分解尖晶石	18% CH_4/H_2,250 cm^3/s	1 070	6	以 SWNTs bundles 为主,直径 0.8 ~ 5 nm	[15]
Mo/Al_2O_3 和 $Fe_{0.9}Mo_{0.1}$ /Al_2O_3	CO,119.97 kPa,1 200 cm^3/s	850	0 ~ 1 400	直径 0.8 ~ 0.9 nm SWNTs 和 0.5 ~ 3 nm 之 SWNTs 及其一些 MWNTs	[16]
$Fe_{0.9}Mo_{0.1}/$ Al_2O_3	1 000 cm^3/s Ar +0.33 cm^3/s H_2 +0.66 cm^3/s C_2H_2	700 ~ 850	0 ~ 600	M 升高,MWNTs 增加,SWNTs 直径 0.5 ~ 3 nm	[16]
Ferrocene 加少量 thiophene	H_2 流过含有摩尔分数为 0.5% ~ 5% thiophene 的苯液体,流量为 70 ~ 90,150 ~ 225 cm^3/s	1 100 ~ 1 200	1 ~ 30	大量 SWNTs bundles 生产	[17]

Hong 等人详细研究了支持基底材料、催化剂种类对单壁纳米碳管生长形态的影响[15]。如表 2.2 所示,用 Fe_2O_3/Al_2O_3 可以生成大量分立的单壁纳米碳管。由于催化剂颗粒的大小对生成单壁纳米碳管至关重要,Flahaut 等人采用分解含有 Fe,Co,Ni 的尖晶石的方法来制备催化剂[16],因为此时可得到纳米级的金属催化颗粒。所用尖晶石为 $Mg_{0.8}M_yM'_zAl_2O_4$,其中 M 和 M′为 Fe、Co 和 Ni,$y+z$ 等于 0.2,y 或 z 等于

0.05,0.10 或 0.15。结果发现 $Fe_{0.5}Co_{0.5}$ 和 $Fe_{0.75}Co_{0.25}$ 合金对单壁纳米碳管的催化作用最好。分解含有 Fe 的金属有机物也可得到纳米级的金属催化颗粒[17]。

表 2.2   使用有支持基底的金属氧化物催化剂分解 CH_4 的
CVD 方法所制备产物的特点

催化剂	支持材料	合成材料的特点
Fe_2O_3	Al_2O_3	大量分立 SWNTs，一些 bundles，少量 MWNTs
Fe_2O_3	SiO_2	大量 SWNTs bundles
CoO	Al_2O_3	一些 SWNTs bundles，一些分立 SWNTs
CoO	SiO_2	无管状物
NiO	Al_2O_3	主要是有缺陷的 MWNTs，部分有金属填充
NiO	SiO_2	无管状物
NiO/CoO	Al_2O_3	无管状物
NiO/CoO	SiO_2	一些 SWNTs bundles

　　Kong 课题组采用 CVD 法合成了单壁纳米碳管[18]。其工艺流程如图 2.6 所示。首先在硅片上沉积由催化剂形成的小岛，岛的尺寸为 3 μm 或 5 μm，岛间距为 10 μm，采用电子束刻蚀技术将催化剂 $Fe(NO_3)_{3.9}H_2O$ 和 Al 纳米颗粒从液体中沉积到小岛中。然后，将硅片放在管式炉中，在 Ar 气氛下加热到 1 000 ℃，再充甲烷代替 Ar 气，于 1 000 ℃保持 10 min 后，再充 Ar 气代替甲烷气，将温度降到室温。扫描电镜以及透射电镜观察发现，在小岛之间有 10 μm 长的线状连接物存在，经分析为单壁纳米碳管，图 2.7 为所观察到的单壁纳米碳管的扫描电镜照片。

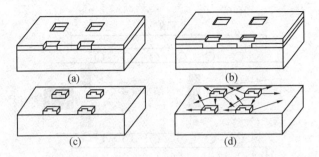

图 2.6 制备单壁纳米碳管工艺流程示意图

图 2.7 单壁纳米碳管的 SEM 照片

2.1.3 激光蒸发法

激光蒸发法也是制备一维纳米材料的重要方法。如图 2.8 所示，该方法所用的设备由激光源、聚光镜、靶材、管式炉、冷却环、真空系统等几个部分组成。激光蒸发法也是最早用于制备纳米碳管的方法之一，也可用于制备其他纳米线材料，如 BN 纳米管、Si 等半导体纳米线，甚至还可用来制备超导材料纳米线。

激光蒸发法制备单壁纳米碳管的典型工艺如下[19]：在水平石英管中放入摩尔分数约 1.0% 的 Ni 和 Co 的石墨靶，在靶的前后，各放置一个 Ni 收集环。石英管中通有流量为 300 cm³/s、压力为 6.666×10^3 Pa 的氩气。当炉温升到 1 200 ℃之后，采用 Nd-YAG 脉冲激光束轰击石墨靶，每个脉冲宽度为 8 ns（8×10^{-9} s），所用功率为 3 J/cm²，这样就可得到大量的单壁纳米碳管束。需要指出的是，采用激光蒸发法所得到的纳米

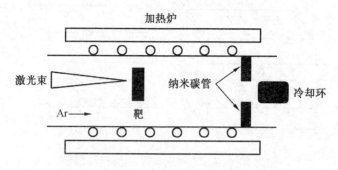

图 2.8　激光蒸发法制备纳米碳管装置示意图

碳管一般都是单壁纳米碳管。Witanachchi 等人又对该工艺进行了改进,单壁纳米碳管的总产量大于 70%,所采用的主要工艺与上述工艺相似:炉温 1 200 ℃,靶材中含有摩尔分数为 1.2% 的 Co 和 Ni,Co 与 Ni 的比例为 1∶1,氩气压为 6.666 1×10^4 Pa,流量为 300 cm^3/s。在真空下 1 000 ℃热处理一段时间以去掉 C_{60} 及相关产物。所不同的是采用两束脉冲激光交替轰击石墨靶:先用光斑直径为 5 mm、波长为532 nm、能量为 250 mJ、频率为 10 Hz 的激光束轰击靶材 50 ns,然后以直径为 7 mm、波长为 1 064 nm、能量为 300 mJ 的另一束激光同轴轰击靶材 50 ns,这样可以使靶材蒸发更加均匀,所得产物的质量较好。

　　目前,对激光蒸发法的工作原理还不是特别清楚,但已有一些基础性的研究工作。当用高能量密度激光轰击靶材表面时,可将靶材中的原子或原子基团从靶材表面激发出来。在惰性气体中,这些原子或原子基团将相互碰撞而形成微小粒子。在一定温度和压力的流动气体中,经特定催化剂的催化,就可形成纳米线或纳米碳管。

2.2　纳米碳管的形成机制

　　纳米管或纳米线的成核阶段大部分符合气–液–固(简称 VLS)生

长机制,有些符合气-固(简称 VS)生长机制,其中最重要的是 VLS 机制。VLS 机制是由 Wagner 和 Ellis 于 1964 年为了解释包含杂质的晶须定向生长而提出的[20]。后来发现 VLS 机制在薄膜和晶体生长中也占有很重要的位置。以硅纳米线的形成过程为例:首先在硅衬底上沉积一层金膜,然后将其加热至 950℃,膜中的金原子与衬底表面的硅原子发生反应,形成 Au-Si 合金小液滴。由 $SiCl_4$ 气体中裂解出的硅原子从一侧不断地溶入合金小液滴,并在液滴内部扩散,造成硅在合金小液滴中的过饱和,然后过饱和硅再从合金小液滴的另一侧析出,这种溶解-扩散-析出的过程导致了硅线的生长。采用 CVD 方法制备纳米管时,一般是按照 VLS 机制生长,特别是在有催化剂作用下,气体反应物在反应室通过裂解反应生成一维纳米管的过程就是按照 VLS 机制生长。VS 生长机制是生长纤维和纳米线的另外一种重要的生长机制,其特点是生成物气体在过饱和状态下凝结为固体时,如果有一个合适的择优取向,从形核处就会沿一定的方向生长而成为一维形态的纤维或纳米线。事实上,通过 VS 机制产生纤维或纳米线的原因很复杂,因为生成物气体在过饱和状态下凝结为固体时更容易生成颗粒。在纳米线的合成中,都使用了 N_2 或 Ar 作为流动载气,这些气体本身并不一定参与反应,但流动的载气明显对纤维或纳米线的生长有利。许多研究者认为,较低的生成物气体分压有利于一维线状材料的生成。N_2 或 Ar 作为流动的载气带走了部分气态的生成物,在一定的区域内使生成物有较低的分压,如果有合适的沉积基底和合适的生长条件,就可能生成纤维、纳米管或纳米线。

纳米碳管的生长有其特殊性,许多问题难以用传统的晶体生长理论来解释。如碳的同素异构体很多,在什么条件下可生长出纳米碳管,为何有的是单壁管而有的是多壁管,为何多层纳米碳管会封口等,这些都涉及纳米碳管的生长机理,只有清楚地了解其生长机理,才能够在制备过程中有目的地控制纳米碳管的结构和性能。目前,对纳米碳管的生长机理的研究取得了很大进展,但尚有待完善,下面结合不同制备工艺方法所表现出的特点加以讨论。

2.2.1 实验现象

尽管纳米碳管的研究在制备技术上已经取得了令人瞩目的进展,但是在理论上对单壁和多壁纳米碳管的生长机理的理解还相对滞后。要制备单壁纳米碳管必须使用过渡族金属催化剂,而制备多壁纳米碳管时并不需要,这说明单壁纳米碳管和多壁纳米碳管的生长机制是不同的。在每种合成方法中,碳源在过渡族金属催化剂 Co,Ni,Y 等中的富集触发单壁纳米碳管的形成。实验结果表明:碳管的直径分布取决于催化剂的成分、生长温度和其他生长条件。电弧法和激光蒸发法所得的碳管样品非常类似,因此,对单壁纳米碳管的生长来说,其生长机制是相同的。生长机制不应该强烈地依赖于实验细节,而应更多地取决于非平衡条件下碳的析出动力学。在没有催化剂作用下就不能生长出单壁纳米碳管,因此,对合成单壁纳米碳管来说,催化剂是必需的。但是,有关催化剂如何促进单壁纳米碳管生长的准确机理仍是目前争论的焦点。

用催化剂法生长碳纤维的研究表明:纤维的生长始于催化剂粒子表面的碳析出,而终止于杂质或稳定的碳化物形成所引起的催化剂中毒。从能量角度来考虑,在纤维的生长过程中,所形成的新表面倾向于在石墨能量较低的基面析出,而不是在能量较高的棱面析出,这就是碳纤维形成管状特征的原因所在。但是,石墨层的弯曲在成核和生长的自由能等式中引入了附加的弹性能项,导致了碳纤维直径的最小值约为 10 nm。纳米碳管的直径比该阈值小得多,这说明碳纤维的生长机制不能够完全解释纳米碳管的形成,我们必须考虑新的机制。应该注意到,多壁纳米碳管与碳纤维的生长有显著不同。在多壁纳米碳管生长过程中,无催化剂颗粒或任何外部介质的作用。另外,与碳纤维的开口端或金属颗粒的终止端相比,多壁纳米碳管的头部常常是封闭的。一个重要的问题自然而然地被提出来了,那就是在生长过程中碳管是一直保持开口还是一直保持闭口。

2.2.2　多壁纳米碳管的生长机理

1. 开口与闭口生长

假设碳管在生长过程中始终保持闭口,那么通过碳原子簇 C_2 的连续吸附实现了碳管的轴向生长。碳管的闭口是由端部形成五边形环造成的。在碳管端部的五边形缺陷有助于这些碳原子簇的吸附,为了重构头部的帽形拓扑结构,构成五边形的键必须重新断开。该模型解释了低温下碳管的生长过程。在低温范围内,由于在开口生长机制中起重要作用的悬键变得不稳定,所以此时碳管更利于闭口生长。但对于合成温度可以达到 4 000℃的电弧法来说,很难用该模型解释所观察到的碳管结构。例如,该模型不能解释为什么在多壁纳米碳管的生长过程中内层的长度与外层不同。此外,在如此高的温度下,碳管沿径向和轴向同时生长,所有的同轴碳管将瞬时形成,表明这种生长更倾向开口生长。

开口生长模型认为碳管在生长过程中始终保持开口。碳原子加入到其开口端而导致其生长,如果纳米碳管是手性的,如图2.9所示,则在活性悬键边缘吸附C_2原子簇,并将在开口端增加一个六边形环。C_2原子簇的连续吸附将导致手性碳管的连续生长。然而,在非手性边缘,要形成六边形环而不是五边形环,就必须引入C_3原子簇。五边形环的加入将导致纳米碳管的正向弯曲,这样就形成了碳管帽,如图2.10所示,从而终止了碳管生长。从图2.10中我们也可看到,七边形环的加入将导致纳米碳管在尺寸和取向上的改变,而五边形环-七边形环对的加入将导致不同的管结构,大家常在实验中观察到这种现象。

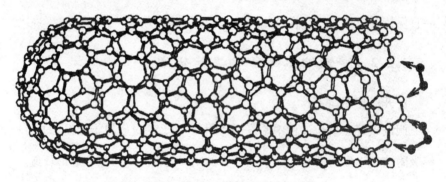

图2.9　纳米碳管的生长机理示意图

在开口端分别吸入C_2和C_3(黑)原子簇

这一模型可以简单描述为:如果管的所有生长层在生长过程中都一直保持开口,则碳原子簇沿轴向增长到开口端,形成六边形环。层的闭合是由五边形环的形成导致局部生长条件的扰动,或者是不同稳定结构竞争的结果。管的轴向生长发生在层数已固定的内层模板上,层数进一步增加,在有悬键的高能开口端和未反应的基面上的生长速率差异很大,如图2.11(a)所示,从而导致碳管生长的强烈各向异性。图2.11(c)总结了所观察到的多壁纳米碳管头部帽形形貌生长的各种可能性。如图2.11(a)所示,开口端是成核的起始点。而在管柱边缘上

(a) 五边形环的引入造成六边形
网格的正向弯曲

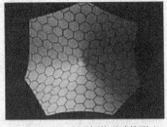

(b) 五边形环/七边形环对的引入
造成六边形网格的负向弯曲

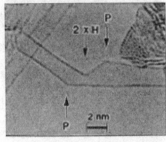

(c) 弯曲的单壁纳米碳管及模型
P—五边形环的位置；
H—七边形环的位置

(d) 手杖形纳米碳管及模型

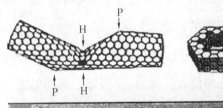
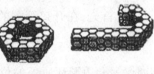

(e) 带有鸟嘴形端部多壁纳米碳管的电镜照片
A 和 B 处产生正弯曲和负弯曲

图 2.10　纳米碳管生长机理示意图

六边形环的不断供应则导致管长度方向上的生长,如图 2.11(b)所示。当引入六个五边形环而形成一个多边形帽时,碳管就被封闭了,如图 2.11(c)所示。图中圆圈代表五边形环的位置。一旦碳管被封闭,就停止生长。第二根碳管可在第一根碳管侧壁上成核,如图 2.11(c)的 d、e 和 f 所示,最终覆盖住甚至超过第一根管。如果在管周围有一个独立的五边形环,将促使管的形状由筒状变成圆锥状,如图 2.11(c)中的 g 所示。同理,在管周围引入七边形环也将使管的形状变成圆锥状,如图 2.11(c)中的 h 图所示。后续的生长由于生长形态的改变而立刻终止,因为碳管周边的扩大将消耗更多的自由能才能稳定所产生的悬键。

这里强调:控制五边形环和七边形环的形成是控制纳米碳管生长的关键。碳管形貌的各种变种都与半螺旋状端口有关。通过五边形环和七边形环的连接可以表征这种生长机制。从拓扑学上讲,在六边形网格中引入五边形环/七边形环对根本不存在什么影响。为了实现这种生长过程,首先,在开口管端的边缘上形成一系列的六个七边形环,如图 2.11(c)中 i 所示。然后圆形边缘在箭头所指方向上向外延展。实心圆圈代表七边形环所处的位置。然后,在圆形边缘处形成一系列六个五边形环,从而使圆形边缘旋转了 180°,如图 2.11(c)中 j 所示。一种完全相反的结构如图 2.11(c)中 k 所示,这种结构实际上并未观察到。最后,应该强调,开口碳管的生长可以选择各种途径或者它们的组合。图 2.11(c)中 l 给出了一个例子,第一层为正常生长的碳管,而第二层管具有半螺旋状管端的情况。

尽管开口管仅仅在电弧法所得产物中被偶尔发现,如图 2.12 所示,开口管被看成是生长迅速终止时的结构,是开口生长模型的有利证据。在端口区,经常有一些薄的粒状物,可能是无定形碳。观察结果表

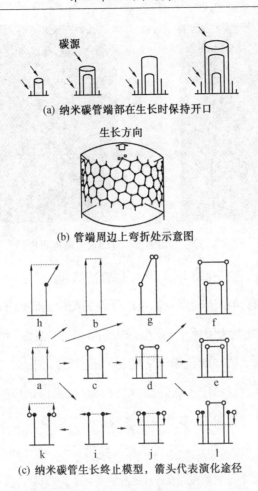

(a) 纳米碳管端部在生长时保持开口

(b) 管端周边上弯折处示意图

(c) 纳米碳管生长终止模型，箭头代表演化途径

图 2.11　纳米碳管开口生长模型

明,可以通过碳原子的重组来稳定纳米碳管开口端周边的碳原子悬键。

很少看到开口管,这个事实说明,在正常的生长条件下,碳管封口迅速。

2."边缘–边缘"交互作用模型

考虑到多壁纳米碳管开口生长边缘的稳定化,人们又提出了"边缘–边缘"交互作用模型,即外来的碳原子(点焊)将多层结构的管壁间的悬键连接起来。对于多壁纳米碳管,外层的出现很有可能是为了稳

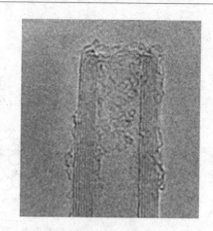

图 2.12　开口纳米碳管的透射电镜照片

定最内层管壁,使其保持开口,从而碳管能够连续生长。如图 2.13 所示,多层中仅有两层清晰可见。白球代表三配位的碳原子,而低配位的碳原子(悬键及其成键原子)用黑球表示。几个"点焊"的吸附原子占据相邻层边缘上的二配位原子之间,并与这两个二配位原子成键。这些吸附原子的点焊稳定了碳管的开口构形,从而保证碳管的生长。静态紧束缚键合计算表明,多壁纳米碳管的生长边缘由于吸附碳原子的成键而稳定下来,说明这一生长机制能够延长开口结构的存在时间,从而延长纳米碳管的生长期。

量子力学的分子动力学模拟也被用来推测多壁纳米碳管的生长过程。如图 2.14 所示,考虑一个双壁(10,0)@(18,0)纳米碳管,记号(10,0)@(18,0)的意思是:该双壁纳米碳管由(10,0)纳米管和(18,0)纳米管构成,内层管直径为 0.8 nm,外层管直径为 1.4 nm,层间距为 0.33 nm,与典型的实验值一致。如图 2.14(a)所示,模型中由336 个碳原子(大白球)和 28 个氢原子(小黑球)组成。其中顶部低配位数的碳原子形成悬键,用大黑球表示,氢原子是用于钝化底部悬键

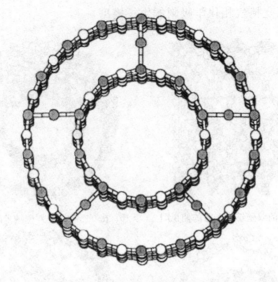

图 2.13　具有锯齿形边缘结构多壁纳米碳管的俯视示意图

的。图 2.14(b)是图 2.14(a)的俯视图。在 300 K,如图 2.14(c)所示,双层管内层和外层最顶端原子(悬键)迅速地相互靠近,在相邻边缘之间形成了 10 个层间共价键和 3 个层内共价键(三角),这些共价键将两层连接起来,最终只留下了两个悬键。在典型的实验生长温度 3 000 K 下,这种边缘−边缘交互作用使开口双层结构稳定,能够阻止内层管圆顶的自动闭合。但是模拟结果最惊人的特征是:在 C—C 键伸缩振动模式的时间尺度,连接内外管的键桥在高温时连续地断开和形成。边缘结构的这种"涨落型悬键"使碳管边缘处于高度化学活性状态。在短时间间隔期间(1.5 ps),也能观察到碳管边缘原子的分离交换过程,这说明扩散势垒很低。图 2.14(d)为 3 000 K 下碳管端部瞬间的典型构形,图中双壁管边缘有 12 个悬键、两个并排的五边形环和一个四配位的原子,纳米碳管的边缘呈现亚稳状态。计算也表明,这种端口形貌的高度化学活性,容易接纳进入的碳原子簇。分子动力学的模拟结果支持气相化学吸附的生长模型。

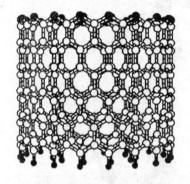 

(a) 在 0 K 构造的双壁纳米碳管的侧视图　　(b) 在 0 K 构造的双壁纳米碳管的俯视图

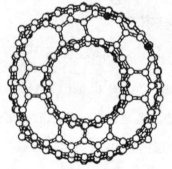 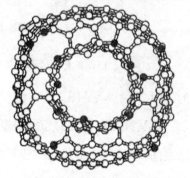

(c) 在 300 K 双壁纳米碳管开口端　　　　(d) 3 000 K 温度下双层管的瞬间涨落型边缘
　　　边缘-边缘交互作用的稳定化

图 2.14　双壁纳米碳管开口端边缘-边缘交互作用的分子动力学模拟

　　在边缘-边缘交互作用模型中,从头计算也发现,在能量上利于形成连接相邻管壁暴露边缘的强共价键。后来的研究表明,边缘-边缘交互作用稳定了碳管开口端的生长,包括碳键的重排,从而导致碳管生长边缘形貌的显著变化。但是通过调节内外壁间的原子传输以利于碳管封口,这样就减弱了边缘-边缘交互作用。这个例子说明,要想在涨落的悬键网格中模拟量子效应,就需要非常精确的从头计算技术,因为在多壁纳米碳管开口的生长边缘很可能存在这种涨落的悬键网格。

多壁纳米碳管的成功合成带来一个问题,为什么生长这种管状结构经常能够阻止比它们更稳定的球形富勒稀的生长。而且,令人惊奇的是:这些碳管非常长,很大程度上无缺陷,在无金属催化剂存在的情况下总是多壁的。在多壁纳米碳管生长边缘出现涨落型的悬键网格将有利于拓扑型缺陷的愈合,生长出低缺陷密度的碳管。只有在两个五边形环缺陷在两个相邻层的生长边缘同时出现时,才能导致两层圆顶的封闭,但是这种情况发生的可能性非常低,所以纳米碳管倾向于轴向生长,长径比可以达到 $10^3 \sim 10^4$ 量级,甚至更大。

2.2.3　单壁纳米碳管的生长机理

实验表明单壁纳米碳管与多壁纳米碳管生长的主要区别在于其生长必须有催化剂存在。但单壁纳米碳管的生长过程不同于催化剂法生长碳纤维的过程,这是因为在单壁纳米碳管的顶端并未观察到催化剂粒子的存在,通常其顶端被半个富勒稀球封闭。

单壁纳米碳管生长机理的研究较为深入,其中包括用经典的、半经典的和量子力学的分子动力学模拟等方法来阐述其生长过程。这些研究的重点是试图找到决定单壁纳米碳管开口生长的动力学因素以及决定其区域能量相对稳定性的原因,其中包括网格中的六、五、七边形环。经典分子动力学模拟表明:初始开口的大直径管能够持续竖立生长,并保持六边形结构。然而其直径小于 3 nm 左右时,很容易弯曲,五边形环结构增加碳管封口的几率,从而阻止管的生长。

下面详细介绍采用从头计算进行的分子动力学模拟,以期对单壁纳米碳管生长的微观过程有个全面的了解。

在模拟中,构建的管状单壁纳米碳管的生长端为开口,另一端采用氢原子来钝化悬键。考虑两个 120 个碳原子系统。一个是(10,0)锯齿状开口的单壁纳米碳管,如图 2.15(a)和(b)所示,管的直径为 0.8 nm,大空心球代表三配位的碳原子,这些碳原子之间通过 sp^2 杂化

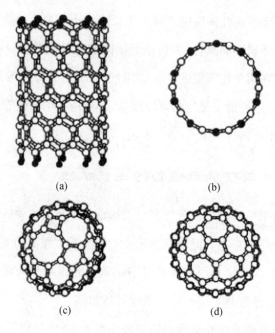

(a)   (b)

(c)   (d)

图 2.15　锯齿状开口单壁纳米碳管的封口过程

成键,配位数低于 3 的碳原子用实心球表示,它们是以 sp^1 杂化成键的原子和悬键原子;另一个是(5,5)扶手状开口的单壁纳米碳管,如图 2.16(a)和(b)所示,管的直径为 0.7 nm。在逐渐加热到 3 500 K 之前,通过等温模拟将碳管开口端开始先弛豫到平衡形状。在(10,0)单壁纳米碳管情况下,在 300 K 首先观察到结构重排:通过形成三角形进行管头边缘的重构。该过程使纳米碳管边缘的大部分悬键消失,并且造成纳米碳管边缘开始向内弯曲。在约 1 500 K 温度下,从最上部的一个六边形环产生第一个五边形环,导致更大的向内弯曲。悬挂在管

边缘的碳原子移向最近邻的三角键从而形成四边形。在温度低于 2 500 K的温度下,可以观察到两个以上的五边形。

在约 3 000 K 温度下,碳管端部整个都发生了重构,碳管边缘完全闭合成如图 2.15(c)所示的结构,此时管的端部已无悬键。与开口端的初始形状相比,形成这种封闭结构所需的能量约为 18 eV。采用如图 2.15(d)所示的理想的 C_{60} 半球形封口的话,只需要六边形和分立的五边形就可完成,此时所需的能量比图 2.15(c)所示的封口结构还要低 4.6 eV。

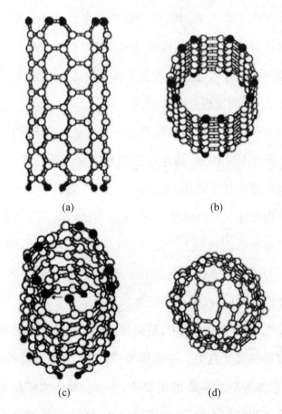

(a)　　　　　　　　　　(b)

(c)　　　　　　　　　　(d)

图 2.16　扶手状开口的单壁纳米碳管的封口过程

同样,模拟(5,5)扶手状开口单壁纳米碳管的封口过程如图 2.16 所示。在这种情况下,纳米碳管的开口边缘是由图 2.16(a)和(b)所示的双原子对构成的,不是像图 2.15(a)和(b)所示的单个原子构成的情况,这样一来,其化学活性相对较低。大概正是这个原因,在约 3 000 K 温度下才观察到原子的重排现象,如图 2.16(c)所示,结果形成了一个五边形加一个悬键原子。由于扶手型的对称性与锯齿型不同,没有形成四边形。另外,如图 2.16(c)所示,第二个五边形常常由一个悬键碳原子和一个邻近的双原子对相连而成。这样,纳米碳管的自我封闭就变成了半个 C_{60} 帽,所增加的能量约为 15 eV。应注意到,与开口纳米碳管相比,封口纳米碳管的反应活性大大降低。因此,单壁纳米碳管靠封口端连续地吸入碳原子来生长是不可能的。这一点与碳原子不能吸入 C_{60} 的发现是一致的。

经典和量子力学模拟可以解释为什么单壁纳米碳管在没有催化剂情况下就不能生长。但是,很难直接观察到金属原子在单壁纳米碳管生长过程中究竟起什么作用,关于这一问题一直存在争议。目前,单壁纳米碳管的催化生长机理还不清楚,但是合理的解释可能是:金属原子最初在开口富勒稀的悬键上产生修饰作用,阻止富勒稀的闭合。当更多的碳原子与这个金属修饰后的开口碳簇碰撞时,就插入到金属和管壁已有的碳原子之间,从而使碳管生长。

在单壁纳米碳管的生长中,平面聚炔烃环被认为起成核作用,单壁管的直径与环的尺寸有关。在该模型中,生长纳米碳管的初始原材料是单环碳,它作为纳米碳管的前驱物,Co_mC_n 则作为催化剂。Co 碳化物团簇的成分和结构不确定,但团簇应能与 C_n 成键,或将 C_n 加入到生长的碳管中。单壁纳米碳管的螺旋角是由生长初期第一环带中顺式和反式的比例来决定的。当在 Co 催化剂中加入 S、B 或 Pb 时,可形成大直径的单壁纳米碳管,该模型可以解释这一现象。因为这些生长促进剂改善了碳管成核阶段的生长状况,稳定了较大的单环,从而提供了生长大直径碳管所需的晶核。

过渡族金属在富勒稀表面的修饰作用很强,因此吸附于 C_{60} 表面的一层 Ni/Co 原子也为形成直径均匀的单壁纳米碳管提供一种可能的模板。在这种情况下,覆盖于 C_{60} 表面上的金属原子充当圆柱体内的初始模板,如图 2.17 所示。碳管一旦开始生长,其扩展可在无催化剂粒子的情况下进行。纳米碳管的最佳直径可用富勒稀直径(0.7 nm)与 2 倍金属环距离[$2\times(0.3\sim0.35)$ nm]之和来预测,预测结果与 1.4 nm 的观测值很接近。另一种可能性是一个或几个金属原子位于前驱物富

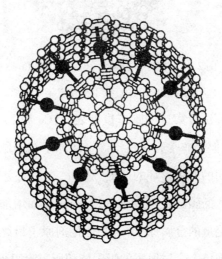

图 2.17　开口的(10,10)单壁纳米碳管内过渡族金

属表面修饰的 C_{60} 结构示意图

在 C_{60} 表面吸附的 Ni 和 Co 原子(大黑球)成为

直径均匀单壁纳米碳管生成的媒介

勒稀团簇的开口端,这将决定管的平均直径(最佳直径是由石墨片层弯曲产生的应变能与开口边缘的悬键能的竞争来决定的)。金属催化剂的作用是通过在生长边缘的快速移动来阻止碳五边形环的形成,如图2.18所示。

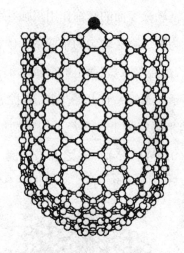

图2.18　在开口边缘化学吸附 Ni 和 Co 原子

(大黑球)的(10,10)扶手型单壁纳米碳管

用从头计算法考察这种跑车模型表明:Co 和 Ni 原子被强烈地束缚在生长边缘,但仍非常容易移动。金属原子在局域范围内能够阻止导致屋顶型封闭的五边形环的形成。另外,在协同交换机制中,金属催化剂有助于吸入的碳原子形成碳六边形环,从而增加碳管长度。只要在气氛中有一定量的金属原子,一些催化剂原子最终将偏聚在碳管边缘并粗化。发现单个金属原子的吸附能随所吸附团簇尺寸的增加而降低。金属团簇愈合缺陷的能力也随尺寸的增加而减小,因为这些团簇将逐渐失去活性和移动性。最终,当金属团簇达到某个临界尺寸（与碳管直径有关）时,团簇的吸附能将减小到团簇可从管边缘脱离的水

平。在碳管边缘无催化剂的情况下,缺陷不能被有效地愈合,从而导致碳管封口。这一机理与实验结果一致,即在生长的单壁碳管上未见留下的金属粒子。这也说明特别高的金属催化剂浓度是长纳米碳管生长的决定性因素。

尽管人们开始是采用静态从头计算来研究这种跑车模型,但是为了研究考虑动力学效应情况下的单壁纳米碳管的生长,也进行了第一性原理分子动力学模拟,此时允许系统在实验温度无约束情况下进行计算。在 1 500 K 模拟时,发现金属催化剂原子有助于单壁碳管开口端封闭成石墨网,如图 2.19 所示,石墨网吸纳了催化剂原子。但是,在实验温度下,Co—C 化学键不断打开和再成键,为碳原子的吸入提供了必要的通道,从而导致了闭口催化生长机制。

该模型与前面讨论的单壁纳米碳管的非催化生长机制明显不同,催化模型中 Co 和 Ni 催化剂在管的生长边缘保持着高度的化学活性。图 2.19 所示的模型支持气相化学吸附生长模型。化学吸附生长模型是一个很早以前提出的碳纤维生长模型,它吸纳了解释 Si 晶须生长的气-液-固模型的概念。在气-液-固模型中,碳原子从气相中优先吸附

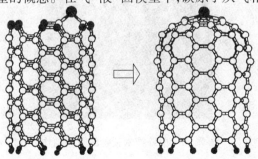

图 2.19　(6,6)扶手型单壁纳米碳管的催化生长

并进入催化剂液滴中,生长是通过在纤维顶端的过饱和催化剂液滴中发生析出而实现的。

2.3　纳米碳管的微结构表征

目前,有关纳米碳管结构的表征研究,主要采用高分辨电镜、扫描电镜、扫描隧道显微镜等技术进行观测,同时利用 X 射线衍射、X 光电子谱、拉曼谱等多种谱学技术从不同角度进行协同表征。

2.3.1　纳米碳管的微结构表征基础

至今为止,已有不少有关纳米碳管结构模型的报道。其中以 Iijima 给出的模型最具有代表性[3],即认为纳米碳管是由碳原子组成的层面卷成筒状后形成的管状纤维。层面内的碳原子之间以 sp^2 键结合,每个碳原子连接三个碳原子形成一系列连续的六边形,简称六边形环。图 2.20 给出了纳米碳管空间结构示意,图 2.21 给出了典型的单壁和多壁纳米碳管的高分辨像[21]。

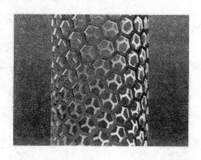

图 2.20　单壁纳米碳管的空间结构

形象地讲,单壁纳米碳管由一层碳原子六边形环卷曲而成。多壁纳米碳管则由多层碳原子六边形环卷曲成的圆筒套装在一起,圆筒之

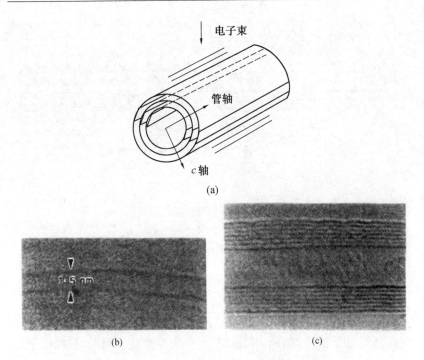

图 2.21　单壁与多壁纳米碳管高分辨像的比较

间的间距与石墨中碳原子层面间距相等,为 0.34 nm。此外,纳米碳管的弯曲和变形是由非六边形环介入所致。应该指出,Iijima 给出的模型只反映了纳米碳管的基本结构。实际上,在碳原子六边形环卷曲生长过程中,纳米碳管会产生许多畸变,从而出现形态各异的纳米碳管。

　　纳米碳管可以看成是一张石墨层按石墨六角形格点上等同位置卷起来所形成的圆柱结构,位置矢量 c,可用两个整数(n,m)表示,$c=na_1+ma_2$,其中 a_1 和 a_2 是两个石墨格子的单位矢量。如果 $m=n$,则称之为"扶手"型的纳米碳管;若 $m=0$,则称之为"锯齿"型的纳米碳管;其余情况则称之为"螺旋"型的纳米碳管,其螺旋角 $0<\varphi<30°$,如图 2.22所示。

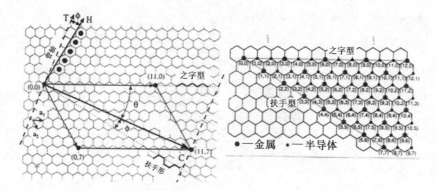

图 2.22　纳米碳管的螺旋角与石墨六边形网格的关系

2.3.2　典型纳米碳管的表征

纳米碳管的实验表征比较困难,给我们提出了新的挑战。由于单根纳米碳管直径较小,在 X 射线和电子衍射中的散射面积很小。另外,在高能电子辐照下纳米碳管结构可能发生变化。目前,扫描电子显微镜、透射电子显微镜和扫描隧道电子显微镜仍是纳米碳管实验表征的主要手段。扫描电子显微镜可分辨出约 5 nm 物体的表面形貌,高分辨电子显微镜的分辨率已达 0.19 nm,对纳米碳管的结构可进行直接观察,扫描隧道电子显微镜具有原子级分辨率,可直接观察到纳米碳管表面的碳原子,了解碳原子的排布方式,结合隧道谱可判断纳米碳管的导电属性。

图 2.23 是单壁纳米碳管的一组比较完整的高分辨像和扫描隧道显微镜图像[21]。其中图 2.23(a)和图 2.23(b)分别为多束和单束的单壁纳米碳管的高分辨像。可以看出,单壁纳米碳管的特征十分鲜明,扫描隧道显微镜研究发现,在观察到的单壁纳米碳管中,既有扶手型也有锯齿型和螺旋型的。单壁纳米碳管结构的另一个重要参数是螺旋角。纳米碳管中存在螺旋的概念首先是由 Iijima 最早提出的,随后得

到了证实。图 2.23(c)是扫描隧道显微镜观察到的单壁纳米碳管的格子结构,可清晰地看到纳米碳管中的螺旋结构。结构中邻近碳原子间的距离约为(0.14±0.02) nm,和石墨中的碳原子之间的距离基本相当。通过大量的扫描隧道显微镜观察发现,螺旋型的单壁纳米碳管居多,少数是锯齿型和扶手型的。

(a) 多束单壁纳米碳管的高分辨像   (b) 单束单壁纳米碳管的高分辨像

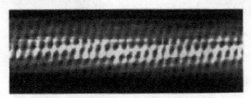

(c) 单壁纳米碳管的扫描隧道显微镜图像

图 2.23 单壁纳米碳管的高分辨像和扫描隧道显微镜图像

多壁纳米碳管层间距比石墨层间距略大,一般在 0.34 ~ 0.40 nm 左右,而且层数越少其层间距越大。Lee 等人[22]采用 CVD 技术在 SiO 基片上生长的多壁纳米碳管阵列的透射和高分辨电镜的测试结果如图 2.24 所示。从单根的高分辨图像中可以看出,多壁纳米碳管的外径约为 72 nm,中空部分的直径约为 36 nm,管壁生长良好,层间清晰,并且可以分辨出存在 40 层管壁,每层间距约为 0.4 nm。

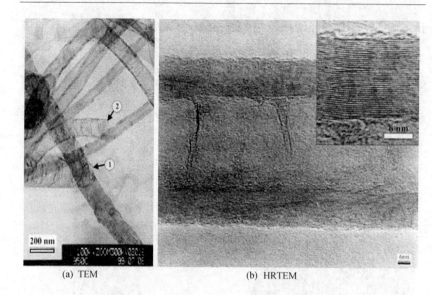

(a) TEM　　　　　　　　　　(b) HRTEM

图 2.24　多壁碳纳米管的 TEM 和 HRTEM 像

2.4　纳米碳管的性质

2.4.1　电学性质

纳米碳管的电学性能包括导电性能和超导特性两个部分,其中前一部分研究得最多。理论与实验均证实纳米碳管的导电性质与其微结构有着密切的关系。早期的实验发现,一些纳米碳管应是金属或窄能隙的半导体[23]。1996 年,Langer 等人[24]开始用两电极法研究单根多壁纳米碳管的输运特性,而 Ebbesen 等人[25]为了避免样品的不良电接触,改用四电极法测量了单根多壁纳米碳管的电学特性。从单根多壁纳米碳管的电阻 R 来看,它们的差别确实很大,有些纳米碳管属于金属,而另一些属于半导体,详见表 2.3。一些研究组的实验显示,纳米碳管的电学性能与螺旋度有密切关联[26,27]。

理论计算预测[28]，扶手型纳米碳管($n=m$)具有金属性质，锯齿型和螺旋型的纳米碳管则分为两种情况：当 $n-m=3l$(l 为整数)时，纳米碳管具有金属性；当 $n-m\neq3l$ 时，纳米碳管具有半导体性质。其能隙约为 0.5 eV，且能隙仅依赖于纳米碳管的管径，即 $E_g=2\gamma_0 a_{C-C}/d$，其中 γ_0 代表 C—C 紧束缚态重叠能，a_{C-C} 是最邻近 C—C 间距(0.142 nm)，d 是纳米碳管的管径。但也有人对纳米碳管电学性质的理论预测与此有所不同[29,30]。他们认为对于锯齿型纳米碳管，当 $n/3$ 为整数时具有金属性质，否则具有半导体性质；螺旋型纳米碳管与锯齿型纳米碳管相类似，当($2n+m$)/3 为整数时具有金属性，否则具有半导体性质；扶手型纳米碳管一般具有金属性质。

表2.3　室温下四电极法测量的不同纳米碳管的电阻

No.	直径/nm	长度/μm	电阻/Ω	电阻率/($\Omega\cdot$cm)
1	5.0	1.0	$\geq10^8$	≥0.8
2	10.2	0.3	10.8×10^3	1.2×10^{-4}
3	3.0	0.35	10.5×10^3	7.5×10^{-5}
4	6.3	0.5	2.4×10^8	≥5.8
5	3.6	0.9	$\geq10^6$	4×10^{-3}
6	9.1	1.0	2.0×10^2	5.1×10^{-6}
7	6.1	0.5	4.3×10^4	9.8×10^{-4}
8	7.4	0.5	6.0×10^3	2.0×10^{-4}

由于纳米碳管的导电性质与其结构有关,如果能够实现不同结构纳米碳管的联结,就有可能实现如晶体管那样的 p-n 结,从而制备出纳米级的电子元件。人们在这方面进行了初步的尝试。Yao 等人[31]对一根单壁纳米碳管进行了处理,引入了五边形环和七边形环,实现了纳米碳管的纳米连接,结果发现,该金属/半导体纳米结呈现出非线性的整流二极管特性,而金属/金属纳米结的导电性被极大地压制,表现出电压与温度之间的幂次方关系。而 Fuhrer 等人[32]实现了单层纳米碳管的交叉联结。对于金属性(M)和半导体性(S)的单壁纳米碳管,采用四电极法对单壁纳米碳管的 SS、MS 和 MM 联结进行了研究,结果发现 SS、MM 联结具有良好的导电性,导电率大致在 $0.1\ e^2/h(e$ 和 h 分别为电荷和普郎克常数)。而 MS 联结,半导体性(S)的单壁纳米碳管在联结处与金属性(M)的单壁纳米碳管生成耗尽层,形成反射性的肖特基阻挡层。

Wildor 课题组[26]采用扫描隧道显微镜对纳米碳管电学性质与微结构之间的关系进行了研究。结果发现纳米碳管的电学性质实际上与螺旋角有密切的依赖关系。图 2.25 给出了纳米碳管的扫描隧道显微电镜的原子级分辨图像。其中黑色虚箭头代表纳米碳管的管轴,实箭头代表最近邻的六边形排列的方向:No. 10、No. 11 和 No. 1 是螺旋型纳米碳管,No. 7 和 No. 8 是锯齿型纳米碳管;No. 10 的螺旋角为 7°,管径为 1.3 nm,其矢量 $c=(11,7)$。为了有效地研究纳米碳管的电学性质,Wildor 等人对 20 多个纳米碳管进行了系统的扫描隧道显微镜观察,重点研究了单个的纳米碳管,给出了不同类型纳米碳管的扫描隧道谱。在隧道谱中,记录的电流 I 为加在样品上的偏差电压 V 的函数,微分电导率系数 dI/dV 可以认为与被检测的纳米碳管态密度成比例关系。

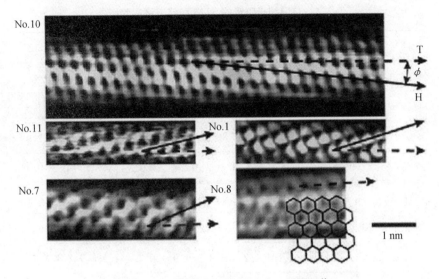

图 2.25　纳米碳管的扫描隧道显微镜图像

图 2.26(a)为不同类型纳米碳管的 I-V 曲线,大多数曲线在低电压下具有低的电导率,而在高电压下曲线出现弯曲。从图 2.26(b)和表 2.4 中可以看出螺旋型纳米碳管分成明显不同的两种情况:一种情况能隙值约为 $0.5 \sim 0.6$ eV;另一种情况能隙值约为 $1.7 \sim 2.0$ eV。第一种情况的能隙值与理论预测值相吻合。图 2.26(c)给出了纳米碳管能隙与管径的关系,其中 $\gamma_0 = (2.7 \pm 0.1)$ eV 与相关文献所预测的理论值 $\gamma_0 = 2.5$ eV 相符合[54]。第二种情况的能隙值 $1.7 \sim 2.0$ eV 与一维金属性纳米碳管(直径为约为 1.4 nm)的能隙值 $1.6 \sim 1.9$ eV 也相符合。因此,在不同条件下螺旋型纳米碳管可以表现出金属性和半导体性两种不同的导电性质。

表 2.4　单壁纳米碳管的 STM 和隧道谱实验结果

管序号	1	2	3	4	5	6	7	8	9	10	11	12	13
螺旋角 Φ/K	25	4	7	24	9	14	30	0		7	14	7	
直径 d/nm	1.4	1.4	2.0	1.2	1.7	1.3	1.1	1.3	1.3	1.3	1.3	1.5	1.5
E_{gap}/eV	0.55	0.60	0.50	0.65	1.7	1.8	1.9		0.65			1.8	2.0
$\delta E/\text{eV}$	0.25	0.3	0.25	0.3	0.3	0.3	0.2	0.2		0.3		0.3	0.4

管序号	14	15	16	17	18	19	20	21	22	23	24	25	26	27
螺旋角 Φ/K	16		4	9	16	6	29	16	18	9	7	28	27	6
直径 d/nm	1.4	1.4	1.4	1.4	1.2	1.3	1.3	1.9	1.0	1.4	1.5	1.7	1.4	1.4
E_{gap}/eV	1.9	0.60	0.5	0.55	0.6	0.6	0.5	0.4						
$\delta E/\text{eV}$	0.3	0.3	0.2	0.3	0.3	0.3	0.2	-0.2						

Odom 课题组[33]采用同样的方法研究了纳米碳管的电学性质与原子结构之间的关系,其结论是:纳米碳管的电学性质与管径和螺旋度有密切的关系。图 2.27 为金属性单壁纳米碳管扫描隧道显微镜的原子像与隧道谱。据此可计算出图 2.27(a)的单壁纳米碳管的结构特征:$c_{\text{h}} = (11,2)$,螺旋角/管径 $= -8.2°/0.95$ nm 或 $c_{\text{h}} = (12,2)$,螺旋角/管径 $= -7.6°/1.03$ nm;而图 2.27(b)中的单壁纳米碳管的结构特征为:$c_{\text{h}} = (12,3)$,螺旋角/管径 $= \pm10.9°/1.08$ nm。再根据能态密度的测量结果可知,图 2.27(a)与(b)中的纳米碳管均表现为金属性,因此可以确定图 2.27(a)中的纳米碳管的结构特征为 $c_{\text{h}} = (11,2)$,而非 $c_{\text{h}} = (12,2)$。另外,他们还研究了半导体性质的纳米碳管,图 2.28 为半导体性质单壁纳米碳管的扫描隧道显微镜的原子像与隧道谱。采用同样的手段可知,该单壁纳米碳管的结构特征为 $c_{\text{h}} = (14,-3)$,螺旋角/管

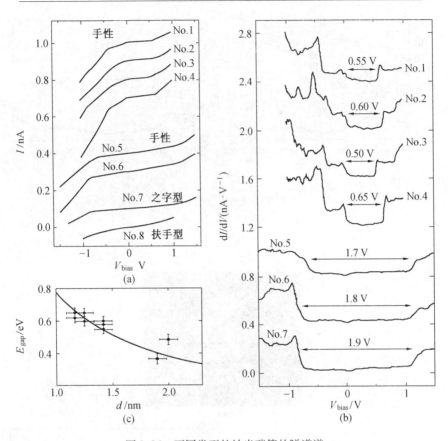

图 2.26　不同类型的纳米碳管的隧道谱

径=11.7°/1.0 nm。

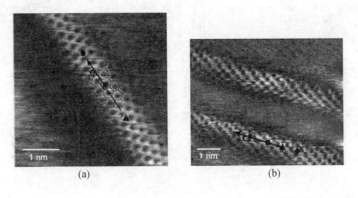

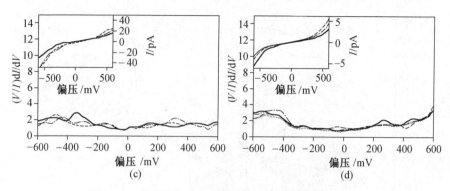

图 2.27　金属性单壁纳米碳管的 STM 原子像与隧道谱

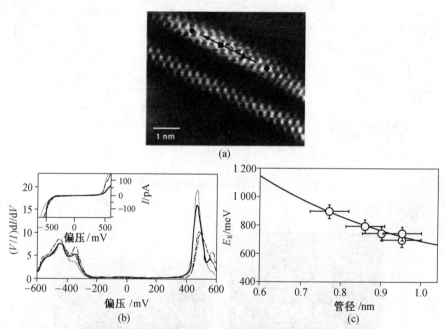

图 2.28　半导体性质单壁纳米碳管的 STM 原子像与隧道谱

最近,研究人员发现,单壁纳米碳管的导电性除与结构有关外,还与其所处的环境有关。Dai 课题组[34]发现:当外界环境中含有 NO_2,NH_3 等气体时,单壁纳米碳管的导电能力发生了几个数量级的变化。据此,可以利用单壁纳米碳管的这个性质来制作有毒气体的监测器。采用与钾和溴的气相反应,可以在单壁纳米碳管的体材料上加入少量的 K 和 Br。实验证明,在 300 K 温度下,这种掺杂 K 或 Br 的单壁纳米碳管所轧成的块体材料的电阻率可以降低 30 倍,并且可使其正电阻温度系数区域扩大(金属的电阻温度性能),说明这种材料已具有金属的性质[35]。Zettl 课题组[36]则发现:O_2 能极大地影响单壁纳米碳管的导电能力、热电势和电子态密度,这说明单壁纳米碳管可用做气体监视器,在大气中测量单壁纳米碳管的电性质可能会发生较大的偏差,也可能丢失一些重要的信息。Dai 课题组[37]还发现:当对单壁纳米碳管施加一定作用力使之变形时,则单壁纳米碳管的导电性质就会发生较大的变化,而当该作用力去掉后,单壁纳米碳管的导电性质也随之恢复。

像很多材料一样,在很低的温度下,纳米碳管也表现出超导特性。Kasumov 等人发现:当温度低于 1 K 时,直径为 1 nm 的单壁纳米碳管和含有约 100 根单壁纳米碳管束都表现出超导特性。在该实验中,样品支撑在超导电极上,当纳米碳管与其接触在一起的接触电阻率足够小时,该系统就变为超导体,并能通过极高的电流。

2.4.2　场发射特性

将 CVD 方法制成的纳米碳管沉积在钼针尖上,测试了这种材料的场发射特性。结果表明这种材料可作为一种新型高效的场发射体。将纳米碳管与纯钼针的场发射特性进行比较,证实了该项实验具有很好的应用前景。同类研究结果还表明,通过采用传统的网版漏印工艺和低熔点玻璃焊料封接技术,可以实现场发射显示器真空平板封装。这种封装稳定可靠且成本低廉。同时,配套的弹性阴极装配技术,可以方便地对不同材料的阴极进行组装,形成二极管结构的场发射平板显示器。弹性装配技术还具有通过拼接得到大面积阴极的潜力。采用这套技术,已经研制出纳米碳管阴极场发射显示器样品。

用多孔阳极氧化铝模板进行化学气相沉积成功地制备出了一种大面积高度取向、分立有序的由表面碳膜固定保持的纳米碳管阵列膜。直接将它作为场发射体,发现它同样具有良好的场发射特性。初步研究结果表明,这种由纳米碳管自组装形成的有序阵列膜开启电场的阈值为 $2 \sim 4$ V/μm,最大发射电流可达12 mA/cm^2,在发射电流密度 $j \leqslant$ 1 mA/cm^{2}时,可稳定发射,有很长的耐久性。实验结果的拟合曲线符合 Fowler-Nordheim 模型,场发射增强因子为1 100 ~ 7 500。典型纳米碳管阵列的场发射电流密度测量曲线如图 2.29 所示[22]。该阵列是采用 CVD 技术,以 Co-Ni 为催化剂,在 SiO 基片上生长的高度取向阵列。这种原料来源丰富、制备方法简便、成本低廉的场发射材料,对平板显示技术来说具有良好的应用潜力。

2.4.3　热学性质

纳米碳管最令人瞩目的热学性能是导热系数。理论预测纳米碳管的导热系数很可能大于金刚石而成为世界上导热率最高的材料。不过,测量单根纳米碳管的导热系数是一件很困难的事情,目前还没有获得突破。将电弧法制备的单壁纳米碳管轧成相对密度为70%、尺寸为 5 mm×2 mm×2 mm 的方块,Hone[38]测得了室温下未经处理的纳米碳

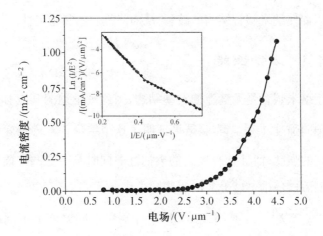

图 2.29 纳米碳管阵列的场发射电流密度测量曲线

管块材的导热率为 35 W/(m · K),该值远小于理论预测值。显然,纳米碳管块材中的空隙和纳米碳管之间的接触都将极大地减小纳米碳管块材的导热率。而且,与石墨相类似,纳米碳管沿轴方向与垂直于轴向方向的导热能力应有很大的不同。因此,该结果不能代表纳米碳管的实际导热率。正如单根纳米碳管的电导率是纳米碳管体材料的电导率的50 ~ 150倍一样[39],如果单根纳米碳管的热导率也是如此,那么纳米碳管的导热率应为 1 750 ~ 5 800 W/(m · K)。通过测量纳米碳管块材的导热率与温度的关系曲线可以推断,纳米碳管的导热是由声子决定的,并就此估计出纳米碳管中声子的平均自由程约为 0.5 ~ 1.5 μm。

利用 X 射线衍射和透射电子显微镜研究纳米碳管在 5.5 GPa 下的热稳定性也取得了重要进展。根据以往的研究,在常压真空条件下纳米碳管的热稳定性非常好,其结构在 2 800 ℃ 以下可能并不发生变化。实验发现,在5.5 GPa压力下,虽然纳米碳管的微结构在低温时没有发生明显的改变,但在 950 ℃ 即开始发生变化,转变成类巴基葱和类条带结构,而在 1 150 ℃ 时转变成石墨结构。高压是这种转变的主要原因,高压可以促使纳米碳管结构的破裂,从而降低它的热稳定性。

2.4.4　力学性能

由于纳米碳管是无缝隙的石墨结构,因此理论预测其应有很高的刚性和轴向强度[40~42]。实验结果证明了这个结论并发现纳米碳管不但有极高的强度,而且具有极高的柔韧性。同时具有这两方面的性能对材料的应用提供了极大的可能。

Treacy 等人[43]发现,采用 CCD 附件测量不同温度下不同纳米碳管的振幅,建立热振动与单根纳米碳管弹性模量的关系,可以测定单根纳米碳管的弹性模量。这是最早的测量单根纳米碳管力学性能的实验,其结果见表2.5。由表可知,单根纳米碳管的弹性模量在 TPa 数量级,与理论预测结果相近。

表 2.5　分立纳米碳管的杨氏模量

编号	长度/μm	外径/nm	内径/nm	杨氏模量/TPa
1	1.17	5.6	2.3	1.06
2	3.11	7.3	2.0	0.91
3	5.81	24.8	6.6	0.59
4	2.65	11.9	2.0	1.06
5	1.73	7.0	2.3	2.58
6	1.53	6.6	2.3	3.11
7	2.04	7.0	3.0	1.91
8	1.43	6.6	3.3	4.15
9	0.66	7.0	3.3	0.42
10	1.32	9.9	3.0	0.40
11	5.10	8.4	1.0	3.70

Lieber 课题组[44]采用原子力显微镜测量力与位移(F–d)的关系，得到了纳米碳管和 SiC 纳米线的力学性能。他们不但发现它们有极高的强度，而且也具有极高的柔韧性。Salvetat 等人将单层纳米碳管束放在磨光的 Al_2O_3 滤板上，用原子力显微镜针尖对单纳米碳管束施加一载荷，测量力与位移的关系，结果发现，当分立的单层纳米碳管束的直径从 20 nm 减少到 3 nm 时，它们的弹性模量从不足 100 GPa 增加到 1 TPa，该实验还测得单壁纳米碳管束的内剪切模量只有 1 GPa。Yu 等人[45]采用放在扫描电镜中实现了纳米碳管的拉伸实验与原位观察，发现纳米碳管的拉伸强度为 11～63 GPa，而杨氏模量为 270～950 GPa。

2.5　纳米碳管的应用基础研究

由于具有独特的结构和优异的性能，因此，纳米碳管及其应用的研究正在世界范围内掀起一股热潮，并在电学领域取得了很大进展，被誉为"新世纪科技革命的转折点"。目前研究的主要方向是纳米碳管的批量生产和纳米碳管基电子器件的研制，如纳米碳管作极板的双层高能电容器、纳米碳管作吸氢材料的高效燃料电池、纳米碳管作发射电极的场发射器件等。下面简要介绍几个应用领域的研究现状。

2.5.1　纳米碳管超级电容器

纳米碳管电极具有独特的孔隙结构和高比表面积利用率，纳米碳管表面可以形成丰富的官能团，具有较好的吸附特性。可以预料，纳米碳管在电容器领域将得到广泛应用。然而，在应用之前，必须将纳米碳管进行排列和组装成薄膜[10]。

Guangli 等人[46]在这一方面进行了研究，阐述了纳米碳管在该领域中应用的可能性。采用 CVD 模板法合成的由纳米碳管排列组成的薄膜如图 2.30(a)所示。该薄膜厚度为 60 μm，孔隙为 60%，每个孔隙中含有一根纳米碳管，这些管的端口已经被打开。图 2.30(b)是从该薄膜中分离出来的单根纳米碳管的透射电镜照片，从中可以看到纳米碳管的管壁很薄，也可以清楚地看到包含在纳米碳管中的催化剂颗粒 Pt/Ru。图 2.30(c)为由模板法合成的弯曲的石墨管状物。为研究纳米碳管在锂电池中的应用效果，他们将纳米碳管薄膜浸入到 1 mol · L^{-1} LiClO$_4$的乙烯碳酸和二乙基碳酸(体积比为 30∶70)的溶液

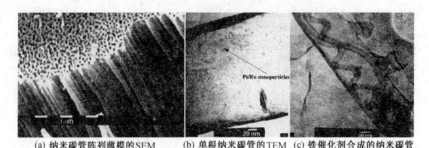

(a) 纳米碳管阵列薄模的SEM　　(b) 单根纳米碳管的TEM　(c) 铁催化剂合成的纳米碳管

图 2.30　薄膜与纳米碳管的 TEM

中,采用周期伏安法来研究 Li$^+$的可逆添加量。图 2.31 是其伏安特性曲线,该曲线显示纳米碳管薄膜的确可以可逆地添加 Li$^+$,而含铁催化剂的纳米碳管薄膜的电容量可以提高 2 倍多。从图 2.31 中还可以看出,模板法合成的纳米碳管薄膜的添加电容量为 490 mA · h/g,如以体积为单位,管中管薄膜的电容量至少可以提高2 倍。此外,他们还研究了承载 Pt 和 Pt/Ru 纳米颗粒的纳米碳管薄膜的电催化性能,其结果表明,Pt 和 Pt/Ru 纳米颗粒的纳米碳管薄膜具有良好的电催化性能。图 2.32 为在无氧气存在的情况下,纳米碳管薄膜在沉积 Pt 之前和之后的周期伏安特性对比。在沉积 Pt 之前,只有基线电流,见图 2.32(a)。

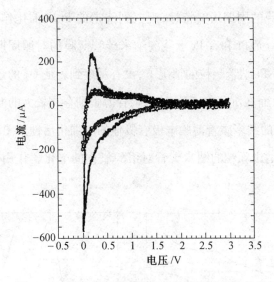

图 2.31 纳米碳管薄膜在 Li 电池应用的周期伏安

特性曲线

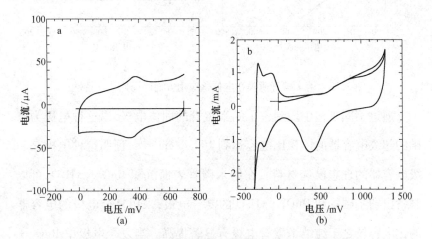

图 2.32 模板法合成的纳米碳管薄膜的周期伏安特性

其中,上面的曲线为纳米碳管薄膜电极的基线电流,在相同的几何面积
下比下面的曲线(为玻璃电极的基线电流)高出很多,表明纳米碳管薄
膜有较高的电化学催化活性。图 2.32(b)为沉积了 Pt 纳米颗粒后的

纳米碳管薄膜的周期伏安特性,观察到清晰的 Pt 电催化作用的曲线。图2.33(a)为无 Pt 和有 Pt 承载的纳米碳管薄膜的对照周期伏安特性曲线,在没有 Pt 纳米颗粒的情况下,没有观察到表征 O_2 的还原势能窗口(曲线 B),而在沉积 Pt 后的纳米碳管薄膜则存在较大的 O_2 的还原,表明沉积 Pt 的纳米碳管薄膜电极有极佳的电催化活性。图2.33(b)显示了 Pt/Ru 纳米颗粒的纳米碳管对甲醇氧化的电化学作用,其结果与前面相同。

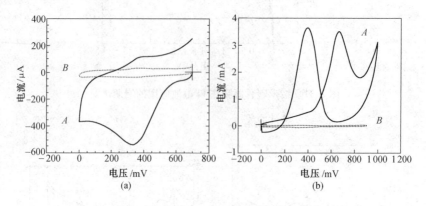

图 2.33　纳米碳管薄膜在电催化应用方面的周期伏安特性

通过不同工艺手段制备了纳米碳管的固体电极,以这种电极为基础的超级电容器的体积比电容达到 107 F/cm^3 [47],证明这种电极是超级电容器的理想候选材料。在纳米碳管表面沉积 $RuO_2 \cdot xH_2O$,可以制备出纳米碳管和 $RuO_2 \cdot xH_2O$ 的复合电极,采用复合电极的电容器的比电容较之于纯纳米碳管电极有显著提高。当复合电极中 $RuO_2 \cdot xH_2O$ 的质量分数为 75% 时,比电容达到 600 F/g,基于这种复合电极的电容器同时具有高能量和高功率密度的特点。

近年来,基于纳米碳管的法拉级双电层电容器极板的制备已有报道,使用纳米碳管和酚醛树脂混合成型作为极板的双电层电容器获得了 15 ~ 25 F/g 的容量[48]。通过测试所制电容器的主要电性能参数与传统的活性炭极板对比,表明具有高的比表面积和良好晶化程度的纳米碳管用以制备双电层电容器极板具有潜在的优势。

2.5.2　纳米碳管异质结构

具有良好晶界的异质结构对于电子器件来说十分重要。由于单壁纳米碳管尺寸小、具有独特的电子性质,因此其制造的异质结构引起了特别的兴趣。碳化物在电子工业中扮演着重要的角色,例如,SiC 是一种有用的宽带隙的半导体材料。在高温、高频、高功率场合得到了广泛应用。过渡族金属碳化物,如 NbC 是很好的高熔点、低扩散系数的金属导体,非常适合在超大规模的集成电路中应用。将这些材料与单壁纳米碳管结合在一起将会产生新的器件,如单电子管[49]、场效应管[50]。研究者已经利用基于纳米棒和 SiC 过渡族金属碳化物之间的异质结构。通过高分辨透射电子显微镜和电子衍射观察表明,该异质结构的晶界良好。单壁纳米碳管和碳化物之间的界面尺寸处在纳米量级,基本由纳米碳管的截面积决定,纳米碳管可以得到最小的异质结,在未来的混合纳米器件中将扮演重要的角色。

Lieber 课题组[51]在这方面进行了开创性的研究工作。他们采用两种途径实现了纳米碳管与纳米线结的制备,如图 2.34 所示。异质结的制备是在此基础上完成的[52],即在催化剂的作用下直接控制纳米线与纳米碳管的生长。他们使用 Fe 或 Fe/Au 作为催化剂,首先合成出硅纳米线,而催化剂在合成出硅纳米线后自然留在了硅纳米线的末端,因此又可以作为纳米碳管生长的催化剂,如图 2.34(a)所示。合成的硅纳米线为单晶,平均直径为 10 nm, 如图 2.35(a)所示。透射电镜及

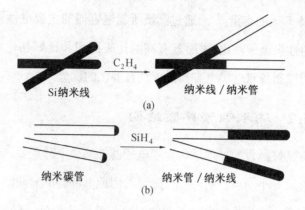

图2.34 纳米碳管/硅纳米线异质结合成过程示意图

能谱分析进一步证实硅纳米线的末端含有 Fe/Au 纳米团束。纳米管在硅纳米线上的生长是以 C_2H_4 作为反应物,在 600 ℃ 下完成的。透射电镜结果表明以此方式合成的产物中含有大量硅纳米线/纳米碳管的纳米结,如图2.35(b)和图2.35(c)所示。图中显示纳米碳管具有中

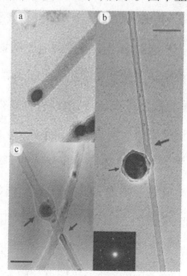

图2.35 以硅纳米线合成纳米碳管/硅

纳米线异质结的透射电镜像

空结构,而硅纳米线则是实心的。电子衍射(图2.35(b))及高分辨证明:硅纳米线在与纳米碳管形成纳米结时仍保留催化剂成分,纳米碳管为高度有序的多壁纳米碳管,而纳米碳管/硅纳米线的纳米结为典型的金属-半导体结。

他们还采用了另一种方式合成了纳米碳管/硅纳米线的纳米结,如图2.34(b)所示。首先合成末端含有催化剂纳米团束的纳米碳管,如图2.36(a)所示,其中的插图为高分辨像。然后采用硅烷作为反应物合成纳米碳管/硅纳米线的纳米结。典型的场发射扫描电镜图像如图2.36(b)所示。图中显示纳米碳管/硅纳米线纳米结的长度为5 μm,在中心附近形成纳米结。

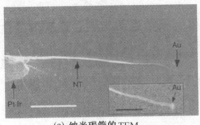 

(a) 纳米碳管的 TEM   (b) 纳米碳管/纳米线异质结的透射电镜像

图 2.36　以纳米碳管合成纳米碳管/纳米线异质结的 TEM 像

Luo 等人[53]采用模板法制备了取向良好的异质结阵列,该阵列的生长模板为多孔阳极氧化铝。制作方法为:首先在多孔阳极 Al_2O_3 一边黏附金属电极,然后采用电化学沉积法生长金属 Ni 纳米线阵列,再以 Ni 纳米线为新鲜的催化点生长纳米碳管阵列,这样就形成了如图 2.37所示的 Ni/纳米碳管阵列。

2.5.3 场效应管

单分子功能电子器件的实现目前仍然存在着许多挑战,主要原因

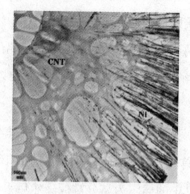

图 2.37 Ni/纳米碳管阵列的 TEM 像

在于实现单分子与电极的连接存在着很大的技术上的问题。近年来纳米技术的发展为单分子电子器件的测量提供了可能,同时为实现单分子器件提供了条件。

Tans[50,54] 在这方面做了尝试。由一根单层纳米碳管连接两个金属电极形成三端转换的单分子器件——场效应管。图 2.38(a) 为一根纳米碳管连接三个 Pt 电极(1,2,3)的原子力显微像,半导体 Si 包覆一层 SiO_2 作为栅极,如图 2.38(b) 所示。通过对 20 多个这样的场效应管的测试研究表明,室温下这种器件表现出两种典型的行为:金属性的纳米碳管表现为线性电流-电压曲线,不依赖于栅电压(V_g);而另一种则相反。后者可以应用到微电子领域。

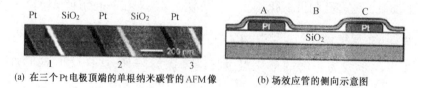

(a) 在三个 Pt 电极顶端的单根纳米碳管的 AFM 像　　(b) 场效应管的侧向示意图

图 2.38 场效应管连接原理

2.5.4 生物与扫描探针

多层纳米碳管经过处理,改变了它们的几何形状,可以作为生物或扫描探针。Cumings 等人[55]采用一种简单、可靠的方法对多层纳米碳管进行了处理,该方法可以使一般的纳米碳管很容易地转变为理想的适于扫描探针、场发射、生物医学针的几何形状。其中包括电驱动蒸发多层纳米碳管的管壁,纳米碳管一端的外层被除去,使中心的纳米碳管可见,从多层纳米碳管中突出出来。该过程可以连续进行,直到最里层的纳米碳管突出出来,形成一个具有单层纳米碳管半径的针尖。图 2.39 为该工艺条件下不同处理阶段的透射电镜照片。图中纳米碳管的左端连接一个固定的零电势的 Au 电极,右端连接一个较大的纳米碳管作为成型电极:它连接一个操作器,其电压是外部可控的。图 2.39(a)为原始管,图 2.39(b)为用电压 2.4 V、电流 170 μA 处理后的纳米碳管,但未发现其处理端变细,图 2.39(c)为用电压 2.9 V、电流 200 μA 处理后的纳米碳管,发现大部分的处理端被削尖,图 2.39(d)为重复处理后的图像,此时的碳管可以成为理想的探针。

2.5.5 纳米碳管的其他应用研究[56]

最近的研究表明,纳米碳管也可能适合作为储氢材料。由于纳米碳管具有独特的纳米级尺寸和空心结构,理论上有较大的比表面积,比常用的活性炭有更大的氢气吸附能力。碳纳米管的表面特性决定着与氢之间的相互作用。为获得良好的吸附表面,使用浓 HNO_3 和 $NaOH$ 溶液对碳纳米管进行表面处理,改善了比表面积和表面活性,在室温和 10 MPa 的条件下氢吸附率达到了 5%,实验结果稳定且可重复。将纳米碳管部分掺入石墨材料中用作锂离子电池电极材料,二者形成许多

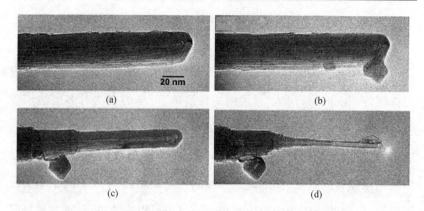

图 2.39　纳米碳管在不同处理阶段的高分辨透射电镜照片

纳米级微孔,为锂离子提供了更多的嵌入脱出空间,使可逆电容量得以提高。而且纳米碳管可以起到桥梁的作用,增强了材料的导电性,避免了石墨在充放电过程中产生的孤岛效应。结果表明,这种掺杂材料的首次可逆电容量为 341.8 mA·h/g,循环 10 次后可逆电容量保持率为 94.5%。

对不同基底上定向生长的纳米碳管薄膜的电磁波吸收特性的实验研究表明,纳米碳管薄膜对红光及红外激光有极强的吸收能力。对于 10 GHz 的微波,Si 基底上的纳米碳管薄膜基本无吸收作用,但 Cu 基底上的纳米碳管薄膜表现出一定的吸收能力。在 8～18 GHz 波段范围内,厚度为 0.97 mm 的纳米碳管吸波涂层的最大吸收峰在 11.4 GHz, $R<-10$ dB 的频宽为 3.0 GHz, $R<-5$ dB 的频宽为 4.7 GHz。在相同厚度下,镀镍碳纳米管吸波涂层的最大吸收峰在 14 GHz ($R=-11.85$ dB), $R<-10$ dB 的频宽为 2.23 GHz, $R<-5$ dB 的频宽为 4.6 GHz。纳米碳管表面镀镍后虽然吸收峰值变小,但吸收峰有宽化的趋势,这种趋势对提高材料的吸波性能是有利的。

纳米碳管具有非常高的力学性能,其抗拉强度是钢的 100 倍,而密度仅为钢的 1/7,且耐强酸、强碱,在 973 K 温度以下的空气中基本不氧化。因此,若将纳米碳管与其他工程材料复合来制备纳米碳管复合材料,可对基体起到强化作用。故关于纳米碳管复合材料的研究也成为纳米碳管应用研究的一个重要领域。采用纳米碳管制作复合材料的研究,首先在金属基复合材料领域开展起来,如:纳米碳管/铁、纳米碳管/铝、纳米碳管/镍、纳米碳管/铜等纳米碳管的金属基复合材料。这些纳米碳管增强的金属基复合材料的研究虽然取得一定的成果,但在改善基体材料的力学性能方面进展得相当缓慢。因为纳米碳管与金属在高温复合过程中已发生化学反应,并形成脆性界面,削弱了两者之间的复合效果,因此还需要对界面的形成过程进行有效控制。也有人尝试采用高温热压法将纳米碳管与纳米 SiC 陶瓷复合起来。实际上,在纳米碳管与高分子材料的复合研究方面取得的进展较大,特别是在提高高分子材料的导电性能方面效果显著。在提高纳米碳管/高分子复合材料抗拉强度方面的研究也正逐步开展起来,并取得了一定的进展。

参 考 文 献

[1]　MINTMIRA J M, DUNLAP B I, WHITA C T. Are fullerence tubules metallic[J]. Phys. Rev. Lett. ,1992,68:631-634.

[2]　COLBERT P T,ZHANG J,MCCLURE S M. Growth and sintering of fullerence nanotubes[J]. Science,1994,266:1 218-1 222.

[3]　IIJIMA S. Helical microtubles of graphic carbon[J]. Nature, 1991, 354: 56-58.

[4]　GRAY G, TIBBETTS. Why are carbon filaments tubular[J]. J. Crystal Growth,1984,66:632-638.

［5］ EBBESEN T W, AJAYAN P M. Large-scale synthesis of carbon nanotubes[J]. Nature, 1992, 358: 220-222.

［6］ IIJIMA S, ICHIHASHI T. Single-shell carbon nanotubes of 1 nm diameters[J]. Nature, 1993, 363: 603-605.

［7］ SUPAPAN, SELAPHIN, DAN ZHOU, et al. Catalytic role of nickel, palladium and platinum in the formation of carbon nanotubes[J]. Chem. Phys. Lett. , 1994, 217(3): 191-198.

［8］ JOURNET C, MASER W K, BERNLER P, et al. Large-scale production of single-walled carbon nanotubes by the electric-arc technique[J]. Nature, 1997, 388:756-758.

［9］ QIN L C, ZHAO X L, HIRAHARA K, et al. The smallest carbon nanotube[J]. Nature, 2000, 408: 50.

［10］ LI W Z, XIE S S, QIAN L X, et al. , Larger-scale synthesis of aligned carbon nanotubes[J]. Science, 1996, 274: 1701-1703.

［11］ FAN S S, CHAPLINE M G, FRANKLIN N R, et al. Self-oriented regular arrays of carbon nanotubes and their field emission properties[J]. Science, 1999, 283: 512-514.

［12］ REN Z F, HUANG Z P, XU J W, et al. Synthesis of larger arrays of wall-aligned carbon nanotubes on glass [J]. Science, 1998, 282: 1 105-1 107.

［13］ CHEN Y, WANG Z L, YIN J S, et al. Wall-aligned graphitic nanofibers synthesized bu plasma-assisted chemical vapor deposition[J]. Chem. Phys. Lett. , 1997, 272: 178-182.

［14］ HAFNER J H, BRONIKOWSKI M J, AZAMIAN B R, et al. Cata-

lytic growth of single – walled carbon nanotubes from metal parti-
cles. Chem[J]. Phys. Lett. , 1998, 296: 195–202.

[15]　FLAHAUT E, GOVINDARAJ A, PEIGNEY A, et al. Synthesis of
single–walled carbon nanotubes using binary (Fe, Co, Ni) alloy
nanoparticles prepared in situ by the reduction of oxide solid solu-
tions[J]. Chem. Phys. Lett. , 1999,300:236–242.

[16]　JING KONG, ALAN M CASSELL, HONGJIE DAI. Chemical va-
por deposition of methane for single–walled carbon nanotubes[J].
Chem. Phys. Lett. , 1998, 292: 567–574.

[17]　CHENG H M, LI F, DU G, et al. Larger–scale and low–cost syn-
thesis of single–walled carbon nanotubes by the catalytic paralysis
of hydrocarbons[J]. Appl. Phys. Lett. , 1998, 72(25): 3 282–
3 284.

[18]　KONG J, SOH H T, CASSELL A M, et al. Synthesis of individual
single–walled carbon nanotubes on patterned silicon wafers[J].
Nature, 1998, 395: 878–881.

[19]　THESS A, LEE R, NIKOLAEV P, et al. Crystalline ropes of me-
tallic carbon nanotubes[J]. Science, 1996, 273: 483–487.

[20]　WAGNER R S, ELLIS W C. Vapor–liquid–solid mechanism of
single crystal growth[J]. Appl. Phy. Lett. , 1964, 4(5): 89–
90.

[21]　HARI SINGH NALWA. Handbook of nanostructured materials and
nanotechnology (5)[M]. Academic Press, 1998.

[22]　LEE, CHEOL JIN, PARK, JEUNGHEE, et al. Growth of well–

aligned carbon nanotubes on a large area of Co－Ni Co－deposited silicon oxide ubstrate by thermal chemical vapor deposition［J］. Chemical Physics Letters, 2000,323(5-6): 554-559.

[23] KOSAKA M, EBBESEN T W, HIURA H, et al. Annealing effect on carbon nanotubes［J］. Chem. Phys. Lett. , 1995, 233: 47-51.

[24] LAUGER L, BAYOT V, GRIVEI E, et al. Quantum transport in a multiwalled carbon nanotubes［J］. Phys. Rev. Lett. , 1996, 76: 479-482.

[25] EBBESEN T W, LEZEC H J, HIURA H, et al. Atomic structure and electronic properties of single－walled carbon nanotubes［J］. Nature, 1996, 382: 54-56.

[26] JEROEN W G, WILDER J W G, VENEMA L C, et al. Electronic structure of atomically resolved carbon nanotubes［J］. Nature, 1998, 391:59-62.

[27] ODOM T W, HUANG J L, KIM P, et al. Electrical conductivity of individual carbon nanotubes［J］. Nature, 1998, 391: 62-64.

[28] DRESSELHAUS M S, DRESSELHAUS G, EKLUND P C, et al. Sicence of fullerenes and carbon nanotubes Academic［J］. San Diego, 1996.

[29] HAMADA N, SAWADA S, OSHIYAMA A. New one-dimensional conductors: graphitic microtubules［J］. Phys. Rev. Lett. , 1992, 68: 1 579-1 581.

[30] SAITO R, FUJITA M, DRESSELHAUS G, et al. Electronic struc-

ture of charal graphene tubules[J]. Appl. Phys. Lett. , 1992, 60: 2 204–2 207.

[31] YAO Z, CH POSTMA H W, DEKKER L. Carbon nanotubes intramolecular junctions[J]. Nature, 1999, 402: 273–276.

[32] FUHRER M S, NYGARD J, SHIH L, et al. Crossed nanotube junctions[J]. Science, 2000, 288: 494–497.

[33] ODOM T W, HUANG J L, KIM P, et al. Atomic structure properties of single–walled carbon nanotubes[J]. Nature, 1998,39: 62–64.

[34] KONG J, FRANKLIN N R, ZHOU C M, et al. Nanotube molecular wires as chemical sensors[J]. Science, 2000, 287: 622–625.

[35] LEE R S, KIM H J, FISCHER J E, et al. Conductivity enhancement in single–walled carbon nanotubes bundles doped with K and Br[J]. Nature, 1997, 388: 255–257.

[36] PHILIP, COLLINS G, BRADLEY K, et al. Extreme oxygen sensitivity of electronic properties of carbon nanotubes [J]. Science, 2000, 287: 1 801–1 804.

[37] TOMBLER T W, ZHOU C M, ALEXSEYEV A, et al. Reversible electromechanical characteristics of carbon nanotubes under local–probe manipulation[J]. Nature, 2000, 405: 769–772.

[38] HONE J, WHITNEY M, PISKOTI C, et al. Thermal conductivity of single – walled carbon nanotubes [J]. Phys. Rev. , 1999, 59(4): 2 514–2 516.

[39] FISCHER J E, DAI H, THESS A, et al. Metallic resistivity in

crystalline ropes of single – walled carbon nanotubes[J]. Phys. Rev. , 1997, 55:4 921–4 924.

[40] ROBERTSON O H, BRENNER D W, MINTMIRE J W. Energy of nanoscale graphitic tubules[J]. Phys. Rev. , 1992, B45:12 592– 12 595.

[41] CALVERT P. Strength in disunity[J]. Nature, 1992, 357:365– 366.

[42] YAO N, LORDI V. Young's modulus of single – walled carbon nanotubes[J]. J. Appl. Phys. ,1998, 84: 1 939–1 943.

[43] TREACY M M F, EBBESEN T W, GIBSON J M. Exceptionally high Young's modulus observed for individual carbon nanotubes [J]. Nature, 1996, 381: 678–680.

[44] PONCHARAL P, WANG Z L, UGARTE D, et al. Electrostatic deflections and electromechanical resonances of carbon nanotubes [J]. Science, 1999, 283: 1 513–1 516.

[45] YU M F, LOURIE O, DYER M J, et al. Strength and breaking mechanism of multiwalled carbon nanotubes under tensile load[J]. Science, 2000, 287: 637–640.

[46] GUANGLI CHE, BRINDA B, LAKSHMI, et al. Carbon naotubule membranes for electrochemical energy storage and production[J]. Nature, 1998,393: 346–349.

[47] 马仁志,魏秉庆,徐才录,等.基于碳纳米管的超级电容器[J].中国科学E辑,2000(2):112–116.

[48] 陈军峰,吴军,徐才录,等.串联碳纳米管双电层电容器电容特

性的研究[J].炭素技术,2000(4):8-11.

[49]　DEVORET M H, ESTEVE D, URBINA C. Single-electron transfer in metallic nanostructure[J]. Nature, 1992, 360: 547-553.

[50]　TANS S J, VERSCHUEREN A R M, DEKKER C. Room-temperature transistor based on a single carbon nanotube[J]. Nature, 1998, 383: 49-51.

[51]　HU J T, OUYANG M, PELDONG Y, LIEBER C M. Controlled growth and electrical properties of heterojunctions of carbon nanotubes and silicon nanowires[J]. Nature, 1999, 399: 48-51.

[52]　MORALES A, LIEBER C M. A laser ablation method for the synthesis of crystalline semiconductor nanowires[J]. Science, 1998, 279: 208-211.

[53]　LUO J, ZHANG L, ZHANG Y J, et al. Controlled growth of one-dimensional metal-semiconductor and metal-carbon nanotube heterojunctions, adv[J]. mater., 2002, 14 (19): 1 413-1 414.

[54]　TANS S J. Individual single wall carbon nanotubes as quantum wires[J]. Nature, 1997, 386:474-477.

[55]　CUMINGS J, COLLINS P G, ZETTL A. Peeling and sharpening multiwall nanotubes[J]. Nature, 200,406:586.

[56]　曹茂盛,曹传宝,徐甲强. 纳米材料学[M].哈尔滨:哈尔滨工程大学出版社,2001.

第3章 大块非晶合金

3.1 概　述

非晶态合金是指原子排列不具有长程有序的合金。它们也被称为玻璃态合金或金属玻璃。在过去几千年里,人类所使用的金属都是晶态材料。历史上第一次报道制备出非晶态合金的是 Kramer。其制备工艺为蒸发沉积法。此后不久,Brenner 等声称用电沉积法制备出了 Ni-P 非晶态合金[1]。50 年代末期,哈佛大学著名材料学家 Turnbull 教授首次提出利用熔体快速冷却的方法制备非晶态合金的设想。1960 年 Duwez 及其同事们发明直接将熔融金属急冷制备出非晶态合金的实验方法,成功地获得了 Au-Si 非晶态合金薄片[2]。从此,利用快速冷却方法制备非晶态合金的研究广泛开展起来。从 1960 年到 1989 年的近 30 年的时间里,受制于冷却速度的限制(大于 10^5 K/s 或更高),此间所制备的非晶态合金只能以薄带、薄片、细丝和粉末等形态出现。80 年代末期,日本东北大学的 Inoue 首次突破冷却速度的限制成功地制备出 Ln 基多组元大块非晶合金,稍后美国加州理工大学的 Johnson 又成功地发展出了含 Be 的 Zr 基大块非晶合金[3~5]。此二人对大块非晶合金制备的突出贡献,掀起了世界范围内大块非晶合金的研究热潮。

与传统晶态合金材料相比,大块非晶合金材料在多项使用性能方面具有十分明显的优势,主要表现在:

（1）具有优异的力学性能　目前世界上已开发出的 Zr 基非晶合金的断裂韧性可达 60 MPa·m$^{1/2}$，且在高速载荷作用下具有非常高的动态断裂韧性，在侵彻金属时具有自锐性，是目前世界上已发现的最为优异的穿甲弹芯材料之一。

（2）具有良好的加工性能　在非晶转变温度附近，La-Al-Ni 非晶合金在非晶转变温度附近延伸率可轻易达到 15 000%，其他一些大块非晶合金材料在塑性变形过程中亦显示出了不同程度的超塑性，因此在实际中可针对不同的用途对大块非晶合金材料方便地进行各种塑性变形加工，甚至进行超塑性加工。

（3）具有优良的抗腐蚀能力　已有研究结果显示，现有的各种大块非晶合金材料与同类晶态合金材料相比，其抗多种介质腐蚀能力均有显著的提高，因此可在一些更为恶劣的环境下长期使用。

（4）具有优良的化学活性，是极好的化学反应催化和光催化材料。

（5）具有优良的软磁、硬磁以及独特的膨胀特性等物理性能　研究发现，当一些大块非晶合金材料在经过后续热处理成为纳米晶合金材料后，显示出了极为优异的软磁和硬磁性能，可作为传统磁性材料的优秀替代品。

3.2　大块非晶合金的形成能力

对自然界中的各种物质，如果人们不以宏观性质为标准，而直接考虑组成物质的原子模型，就可根据不同的物理状态将物质分为两大类，一类称为有序结构，另一类称为无序结构。晶体为典型的有序结构。而气体、液体和诸如非晶态固体都属于无序结构，气体相当于物质的稀释状态，液体和非晶固体相当于凝聚态。

  非晶态材料包括非晶态合金、非晶态半导体、非晶态超导体及非晶态聚合物。本部分内容仅限于讨论大块非晶合金,在文献中有时也称由液态金属连续冷却而得的大块非晶合金为大块金属玻璃。

  关于大块非晶合金的形成,可以从结构特点、结晶动力学和热力学等三个方面加以考虑。大块非晶合金在热力学上属于非平衡的亚稳态,其自由能比相应的晶态合金高,并在一定条件下,有转变成为晶体的可能,但是,这种转变要克服一定的势垒。从动力学的观点来看,非晶态形成的关键问题不是材料从液态冷却时是否会形成非晶态,而是需要确定为避免发生可察觉的结晶要以多快的速率从液态冷却下来的问题。上述三个方面不是彼此孤立的,因为结构模型与热力学模型常常和动力学的考虑密切相关,而动力学的考虑也往往要利用结构和热力学模型所得到的概念。影响大块非晶合金形成的热力学因素包括熔点 T_m、蒸发热 ΔH_v、转变过程中的熔融相、稳定或亚稳合金相的自由能。动力学参数包括熔体的粘滞系数 η、非晶态转变温度 T_g、均匀形核率 I,当然它们与键的强度及取向有关。工艺参数包括冷却速度 dT/dt、过冷度 $\Delta T_g = T_m - T_g$ 及非均匀成核率。

  与晶态合金相比,非晶态合金的一个基本特征是其构成的原子在很大程度上是混乱排列的,体系的自由能比对应的晶态合金要高。基于这样的特点,制备大块非晶合金必须要解决下述两个关键问题。

  (1)必须形成原子混乱排列的状态。

  (2)将这种热力学上的亚稳态在一定的温度范围内保存下来,使之不向晶态转变。通常,表征大块非晶合金形成能力的重要参数有 R_c(临界冷却速率)、ΔT_x(过冷液相区宽度)及 T_{rg}(约化玻璃转变温度)。其中,$T_{rg} = T_g/T_m$ 作为一个重要的参数直接影响临界冷却速度的大小,是大块非晶合金形成能力的重要标志。已有研究表明:$T_{rg} \geqslant 2/3$ 时,合金晶体的均质形核速度已很小,显然有利于形成非晶态。而非晶态的形成倾向与稳定性通常用 $\Delta T_g = T_m - T_g$ 或 $\Delta T_x = T_x - T_g$ 来描述,对已知非晶态合金,熔点 T_m 高于非晶转变温度 T_g,而 T_x 接近 T_g。因此,当 ΔT_x 越大时,非晶形成能力越强;而 ΔT_g 减小时,获得非晶态的几率增加。所以,提高非晶转变温度 T_g 或降低熔点 T_m 都有利于非晶态的形成。

3.2.1　晶体成核及非晶形成理论

1. 晶体成核理论

Volmer 和 Weber 首先阐述了过饱和蒸汽的成核现象,后来 Becke 和 Doering 又发展了这一理论,提出了成核动力学。Turnbull 和 Fisher 又将这一理论扩展到液 - 固相变的范围。

(1) 晶核与成核功　　液态金属由于能量涨落的原因,可能存在一些由少数几个原子碰撞而成的原子团簇。这些原子团簇有继续成长为晶体的可能,亦有拆散而重新成为液体的可能。这些原子团簇内原子间距完全可与固体原子间距相比拟,因而被称为晶体胚团。当液体过冷到 $\Delta T = T_m - T$ 时,固相的自由能就会降低 ΔG_v,因而能促使结晶进行。但另一方面,由于胚团与液相之间形成了界面,因而产生界面能 σ。σ 始终是正值,它是阻碍结晶的一个势垒。对于球形胚团,总的自由能 ΔG 可以表示为

$$\Delta G = \frac{4}{3}\pi r^3 \Delta G_v + 4\pi r^2 \sigma \qquad (3.1)$$

图 3.1 为这一函数的曲线,分别表示体积贡献和表面贡献。ΔG^* 表示临界半径 r^* 时 ΔG 的最大值,即成核功。半径小于 r^* 的胚团,其

表面贡献比体积贡献要大,并且随半径增加。这种胚团不稳定,且会自发消散。半径大于 r^* 的胚团即形成晶核,在生长过程中其自由能降低。当晶核半径超过 $r_0 = 3/2\, r^*$ 时,则生成的该体系是稳态的,稳态体系能促使结晶进行。对式(3.1)进行微分,得到晶核的临界半径 r^* 为

$$r^* = \frac{2\sigma}{\Delta G_v} \tag{3.2}$$

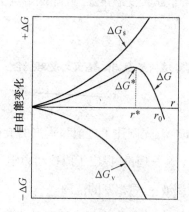

图 3.1　胚团的自由能变化 ΔG
与半径 r 的关系

形成临界尺寸 r^* 的晶核所需克服的成核功为

$$\Delta G^* = \frac{16}{3}\pi\frac{\sigma^3}{\Delta G_v^2} \tag{3.3}$$

在一级近似下,可以假定表面张力在所考虑的过冷范围内与温度无关。Turnbull 曾提出了一个计算体自由能的线性公式

$$\Delta G_v = (\Delta H_f \Delta T)/T_m \tag{3.4}$$

式中,ΔH_f 为熔化潜热;ΔT 为过冷度;T_m 为熔点。将式(3.4)代入式(3.2)和式(3.3)中,可以得到

$$r^* = \frac{2\sigma T_m}{\Delta H_f \Delta T} \tag{3.5}$$

$$\Delta G^* = \frac{16\pi\sigma^3 T_{\mathrm{m}}^2}{3(\Delta H)^2 \Delta T^2} \tag{3.6}$$

由此可见,过冷度 ΔT 小时, r^* 就大; ΔT 大时, r^* 就小,即容易形成晶核。但是,当 ΔT 为极大值时,这种简单的推论方法就不适宜了,因为宏观体系的热力学不能处理仅有几十个原子的晶核。

（2）均匀成核　　根据玻尔兹曼统计,液体中具有球形半径 r 的原子胚团的数目为

$$N_r = N_{\mathrm{v}} \exp(-\Delta G_r / k_{\mathrm{B}} T) \tag{3.7}$$

N_{v} 是系统中的总原子数。对于高于 T_{m} 的温区,这一式子适用于所有的 r 值,而对于低于 T_{m} 的温度,这一式子只适用于 $r < r^*$ 的原子胚团。因为对于大于 r^* 原子胚团已形成稳定的晶核,已不再为液体的一部分了。由于 ΔG_r 随 r 的增加而增加,因此由式(3.6)可以看出 N_r 随 r 的增加而急剧减小。例如,铜在其熔点时每立方毫米约含有 10^{20} 个原子,约含有半径为 0.3 nm(约 10 个原子)的原子胚团 10^{14} 个,但仅含有半径为 0.6 nm 的原子胚团约 10 个。可见原子胚团的数目强烈依赖其半径的大小。另外,可以存在的最大原子胚团包含大约 100 个原子。随着温度的降低,过冷度增大,相变驱动势 ΔG_r 的作用增加,固态变得较为稳定,与此同时可以存在的最大原子胚团半径 r_{max} 也增加。图 3.2 示意了临界半径 r^* 随过冷度 ΔT 变化的关系。图 3.3 是最大晶胚尺寸 r_{max} 和临界半径 r^* 随过冷度的变化。由图 3.3 可以看出晶体半径 r^* 随过冷度的增加而下降,这样, r_{max} 和 r^* 两条曲线将相交于 ΔT_N。液体的过冷度达到 ΔT_N 时,其内部的最大原子胚团可以成核而稳定地长大,结晶得以发生。因此, ΔT_N 是在均匀成核情形下系统所能达到的过冷度。由式(3.7)可以得到液相中具有临界尺寸 r^* 的晶核 N^* 可以用下

式来表示

$$N = N_v \exp(- \Delta G^* / k_B T) \qquad (3.8)$$

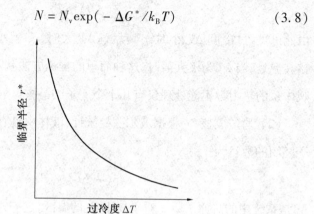

图 3.2   临界半径随过冷度的变化

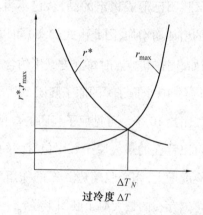

图 3.3   最大晶胚尺寸 r_{max} 和临界

半径 r^* 随过冷度的变化

假设晶核通过碰撞增加一个原子之后就会稳定地长大,成核速率可由下式表达

$$I = N^* \frac{\mathrm{d}N}{\mathrm{d}t} \qquad (3.9)$$

$\mathrm{d}N/\mathrm{d}t$ 是单位时间内附着到晶核上的原子数。这一过程可由受控扩散

来表示

$$\frac{\mathrm{d}N}{\mathrm{d}t} = \frac{D_0}{a_0^2}\exp\left(-\Delta G_A/k_B T\right) \tag{3.10}$$

式中，D_0 为扩散常数；a_0 为原子间距；ΔG_A 为扩散激活能，即液态原子要穿过固液界面加入到晶核中所要克服的势垒，因而成核速率应为两项之积。

$$I = \frac{D_0 N_v}{a_0^2}\exp\left(-\Delta G_A/k_B T\right)\exp\left(-\Delta G^*/k_B T\right) \tag{3.11}$$

由式(3.11)可知，第一项随温度的下降而单调下降，因为粘度的增加使液相中的迁移越来越受阻。又由于 ΔG^* 随过冷度的增大而迅速下降，成核速率随过冷温度的变化将形成一钟形曲线，如图3.4所示。

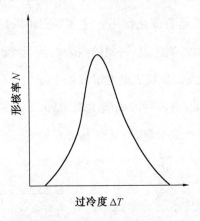

图 3.4　形核率与过冷度的关系

下式因为耗度的增加使得液相中的迁移越来越受阻。成核速率随过冷温度的增大而迅速下降，由式(3.6)给出的 ΔG^* 可知，成核速率又可以表示为

$$I = \frac{D_0 N_v}{a_0^2}\exp\left(-\frac{A}{\Delta T^2}\right) \tag{3.12}$$

$$A = \frac{16\pi\sigma^3 T_m^2}{3(\Delta H_f)^2 \Delta T^2} \tag{3.13}$$

式(3.12)给出了成核速率随过冷度的变化。其变化可如图3.3所示。因子$(\Delta T)^2$的存在使得成核速率在ΔT_N处的一段很窄的温度范围内由零猛增好几个数量级,这就是说成核发生的临界过冷度为ΔT_N也即图3.3所示的ΔT_N。通过图3.3可以看出,在至ΔT_N前的很长温度范围内实际上没有成核发生,直到ΔT_N达到时,晶核就会爆炸式的剧增。

（3）非均匀成核　非均质形核是相对于均质形核而言的,所谓均质形核是晶核在整个体系中任意地均匀分布,所以又叫均匀形核。而晶核在体系中某些区域,择优地不均匀地形成,则称为非均质形核,又叫不均匀形核。这些不均匀形核的某些区域就是在液相中存在的现成界面,它们对形核起着催化作用。这种界面可以是悬浮于液体中的夹杂颗粒、金属表面的氧化膜、铸型的内表面甚至气泡等等。

假定晶胚在夹杂颗粒表面上形成一个球剖体（球形帽状晶核）,如图3.5所示。因此,有三种界面能出现,即σ_{LS}（液－固）、σ_{LC}（液－夹）、σ_{SC}（固－夹）,当达到平衡时,具有下式关系

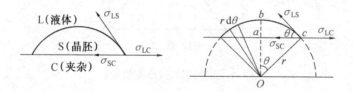

图3.5　非均质形核示意图

$$\sigma_{LC} = \sigma_{SC} + \sigma_{LS} \cdot \cos\theta \tag{3.14}$$

式中,θ为润湿角。令

$$m = \cos\theta = \frac{\sigma_{LC} - \sigma_{SC}}{\sigma_{LS}} \tag{3.15}$$

m 为衡量晶体在夹杂颗粒表面上扩展倾向的一个量度, 与液体润湿固体表面的情况相类似。它对非均质形核功将起很大作用。

为计算非均质形核功, 必须首先计算出晶核球割体的体积(V), 以及晶核与夹杂的接触面积(A_1)和晶核与液体的接触面积(A_2)。在图 3.5 中, A_1 为半径是 $r \cdot \sin\theta$ 的圆面积, 即

$$A_1 = \pi(r \cdot \sin\theta)^2 \tag{3.16}$$

求 A_2 时需要积分, 用圆周 $2\pi(r \cdot \sin\theta)$ 乘以圆宽($r \cdot d\theta$), 获得微分面积, 然后积分。

$$A_2 = \int_0^\theta (2\pi r \cdot \sin\theta)(r \cdot d\theta) = \int_0^\theta 2\pi r^2 \cdot \sin\theta d\theta =$$

$$[-2\pi r^2 \cos\theta] = 2\pi r^2(1 - \cos\theta) \tag{3.17}$$

求 V 时也需要积分, 用圆面积 $\pi(r \cdot \sin\theta)^2$ 乘以厚度 $d[r - (r \cdot \cos\theta)]$, 获得积分体积表达式, 然后积分

$$V = \int_0^\theta [\pi(r \cdot \sin\theta)^2]d[r - (r \cdot \cos\theta)] =$$

$$\int_0^\theta \pi r^2 \sin^2\theta[dr - d(r \cdot \cos\theta)] =$$

$$\pi r^3 \left[\frac{2 - 3\cos\theta + \cos^3\theta}{3}\right] \tag{3.18}$$

下面计算形成晶核前后的界面能变化。晶核形成前, 液体与夹杂界面 C 接触, 其界面能为

$$\sigma_{LC} \cdot A_1 = \sigma_{LC} \cdot \pi r^2 \sin^2\theta \tag{3.19}$$

晶核形成后界面能为

$$\sigma_{LS} \cdot A_2 + \sigma_{SC} \cdot A_1 = \sigma_{LS}2\pi r^2(1 - \cos\theta) + \sigma_{SC}\pi r^2 \sin\theta \tag{3.20}$$

晶核形成前后的界面能变化 ΔG_S 为

$$\Delta G_S = \sigma_{LS}A_2 + \sigma_{SC}A_1 - \sigma_{LC}A_1 =$$

$$2\pi r^2 \sigma_{LS}(1 - \cos\theta) + \pi r^2 \sin^2\theta(\sigma_{SC} - \sigma_{LC}) \quad (3.21)$$

将 $\sigma_{LC} - \sigma_{LS} = \sigma_{LS}\cos\theta$ 代入上式得

$$\Delta G_S = 2\pi r^2 \sigma_{LS}(1 - \cos\theta) + \pi r^2 \sin^2\theta(\sigma_{LS}\cos\theta) =$$

$$\pi r^2 \sigma_{LS}[2 - 3\cos\theta + \cos^3\theta] \quad (3.22)$$

晶核形成前后体积自由能的变化

$$\frac{V}{V_S} \cdot \Delta G_v = \pi r^2 \left(\frac{2 - 3\cos\theta + \cos^3\theta}{3}\right)\frac{\Delta G_v}{V_S} \quad (3.23)$$

因此,在形核时总的自由能变化应为两者之和,即

$$\Delta G_{he} = -\frac{V}{V_S}\Delta G_v + \Delta G_S =$$

$$-\pi r^3 \left(\frac{2 - 3\cos\theta + \cos^3\theta}{3}\right)\frac{\Delta G_v}{V_S} + \pi r^2 \sigma_{LS}(2 - 3\cos\theta + \cos^3\theta) =$$

$$\left[-\left(\frac{4\pi r^3}{3}\right)\frac{\Delta G_v}{V_S} + 4\pi r^2 \sigma_{LS}\right]\left(\frac{2 - 3\cos\theta + \cos^3\theta}{4}\right) \quad (3.24)$$

为求非均质形核的临界半径 r_{he}^* 及其形核功 ΔG_{he}^*,首先求 ΔG_{he} 对 r 的微分并令其等于 0,即

$$r_{he}^* = \frac{2\sigma_{LS}}{\Delta G_v}V_S \quad (3.25)$$

该式和均质形核一样。将 r_{he}^* 代入 ΔG_{he} 中则得

$$\Delta G_{he}^* = \left(\frac{16\pi\sigma_{LS}^3}{3\Delta G_v^2}\right)\left(\frac{2 - 3\cos\theta + \cos^3\theta}{4}\right) =$$

$$\Delta G_{ho}^*\left(\frac{2 - 3\cos\theta + \cos^3\theta}{4}\right) \quad (3.26)$$

该值即为非均质形核功,它与均质形核功 ΔG_{ho} 的比值为 $\frac{1}{4}(2 - 3\cos\theta + \cos^3\theta)$。

当 $\theta = 0°$ 时, 则 $\Delta G_{he}^* / \Delta G_o^* = 0$, 此时在无过冷的情况下即可形核;

当 $\theta = 180°$ 时, 这 $\Delta G_{he}^* / \Delta G_o^* = 1$, 此时非均质形核不起作用。

非均质形核功与均质形核功的比值示于图 3.6 中, 这里可以看出接触角 θ 的大小直接影响着非均质形核的难易。接触角与形核功成正比。尽管接触角在非均质形核中有着重要作用, 但用实验的办法测定接触角是困难的, 因为在形核过程中, 只有几十个原子参与形核过程。当在夹杂表面形成晶胚球割体时, 在球割体体积一定的情况下, 接触角愈小, 球面的曲率半径将愈大。这样, 在较小的过冷度下便可出现达到临界半径条件的晶胚, 所以, 接触角愈小, 夹杂界面的形核能力愈高。图 3.7 为不同接触角其过冷度与曲率半径 r^* 的关系。过冷度 ΔT 愈大, 晶胚尺寸愈大, 其曲率半径愈大。但在相同的过冷度下, 接触角小的晶胚, 在折合成同体积的情况下, 其曲率半径要大。它们与临界半径 r^* 和 ΔT 的关系曲线的交点即为该 θ 角相应的形核过冷度。从图中可知, θ 角愈小, 形核过冷度愈小, 即其形核能力愈强。上述情况必须有几个先决条件, 首先是接触角和温度无关, 其次是夹杂的基底面积要大

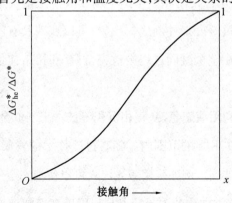

图 3.6 接触角对非均质形核的影响

于晶胚接触所需要的面积,最后是晶胚和夹杂的接触底面为平面。

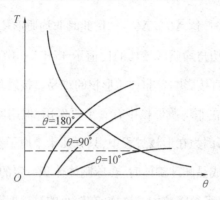

图 3.7 　非均质形核的形核过冷度与接

触角的关系

基于上述成核及非晶形成理论的讨论可知,一种物质若要形成玻璃态,就要避免晶体的成核与长大。与成核过程密切相关的是过冷。当一个晶核从熔体中形成时,其固 - 液界面张力将阻碍结晶的发展;然而,当体系具有过冷度 $\Delta T = T_m - T$(T_m 为熔点) 时,固相的自由能就将降低。固 - 液自由能之差为负值,因而能促使晶核发展。过冷是一个非稳定过程,可以使得相图中的平衡相线产生偏离平衡的移动或延伸。通过控制过冷度来控制成核现象,可以获得具有不同特性的亚稳材料。当成核在整个凝固过程中被完全避免时,熔体便被冻结到玻璃态。

通常人们利用液态急冷、气相沉积等技术来制取金属玻璃,其冷却速率在 $10^4 \sim 10^7$ K/s 的范围内。随着过冷技术的发展,已发明多种方法来制取金属玻璃。例如采用激光淬火可以使液态金属的冷却速率高达 10^{12} K/s。这类方法的主要特点是利用极高冷却速率来避免平衡相的成核与长大,从而使熔体过冷到玻璃态。但是这类方法由于受到热传导的限制,很难制备出块状金属玻璃,因而大大限制了金属玻璃的应用。

另一类研究方法也是从晶体的成核理论入手,不同的是以消除晶体杂质成核为依据,从而使得合金熔体在冷却过程中,以较低冷却速率避免非均匀成核达到深过冷。在某些情况下,甚至可以得到大块非晶。这类研究自 80 年代以来已有了很大发展,目前已有了多种消除成核过冷技术,并已取得许多令人瞩目的成果。

成核理论考虑了两种截然不同的过程,即均匀成核与非均匀成核。均匀成核以其体系本身的成分为成核中心,是一种物理的过程。非均匀成核通常发生在坩埚器壁、熔体内部杂质以及表面氧化层上。从原理上讲,非均匀成核可以通过适当的实验方法加以消除。

3.2.2　大块非晶合金玻璃化转变的热力学与动力学特点

1. 玻璃转变

玻璃转变与液体结构和高温超导等问题被认为是 21 世纪有待解决的几个物理难题。诺贝尔物理奖获得者 Anderson 教授也认为玻璃转变是固体物理学中最深和最重要的问题之一。到底玻璃转变是热力学现象还是动力学行为是人们研究的焦点。一方面,许多玻璃形成体系的热力学性能在发生玻璃转变时表现出异常行为,如焓、熵和体积;另一方面,这一转变过程反应了液态模式的"冻结",因此是与变慢的动力学相关的。

一种物质要形成玻璃,就要避免凝固过程中晶体的形核与长大。与成核过程密切相关的是过冷。1951 年,美国物理学家 Turnbull 教授通过水银的过冷实验,提出液态金属可以过冷到远离平衡熔点以下而不产生成核。

根据他的理论,在一定条件下,液态金属可以冷却到玻璃态。当晶体在熔体中形成时,固相体积自由能将小于液相自由能,固相有析出的倾向。然而固相的析出将产生固-液界面,新界面的形成将附加界面能,这会阻碍晶核的形成。可见,固相的析出需要一定的驱动力来克服界面能引起的阻力。因此成核必然导致过冷现象的产生。过冷是一个非稳定的平衡过程,通过控制过冷度来控制成核,可以获得具有不同特性的新的亚稳材料。当成核在整个凝固过程中被完全避免时,液态金属便被冻结到玻璃态。

液态固化通常有两种路径,一种为缓慢冷却导致体积不连续的改变到晶化态,一种为快速冷却体积连续变化得到玻璃态。液体在冷却过程中,粘度不断增加,原子迁移动力学过程变慢,如果晶化过程被避免,便可形成玻璃态。玻璃形成的过程可由图3.8来描述。

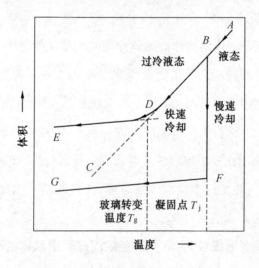

图3.8 液态固化的两种路径示意图

B 点为样品的熔点温度,于是,AB 阶段表示正常的液态,BC 阶段表示亚稳的过冷液态,D 则表示玻璃转变点。显然,冷却速度越快,体系偏离亚稳的过冷液态线的温度越高,导致高的玻璃转变温度。在发生晶化之前,随温度的降低,过冷液体沿着亚稳平衡线进行。理论上讲,如果避免了晶化过程,过冷液态可以一直沿着亚稳平衡曲线运动。但随着温度的降低,熔体中原子的重排速度以指数的方式减小。在某一温度下,当熔体内部原子排列速度小于冷却速度,体系将偏离亚稳平衡。因此,只有在极端慢速的冷却条件下,才能沿点 D 向点 C 方向接近,但在实际冷却过程中,DC 的长度是有限的。BFG 则表示合金熔体在某一过冷温度下的结晶过程。

过冷液体的动力学研究表明,液态金属合金在连续地冷却过程中,液态中的原子位形结构在不断地向亚稳平衡态或平衡态接近。位形结构改变的过程最终要决定于液态原子的迁移速度。尽管体系的能量在稳定平衡态-晶化态上处于最稳定状态,但稳定平衡态的建立需要熔体中组分原子的长程扩散,由于在高粘度的过冷熔体中原子长程迁移很困难,亚稳的原子排列方式便有机会在一定的时间内存在。在从过冷液态向固态转变的相变过程中,液态金属中原子位形结构的变化涉及两种速度:弛豫速度和晶化速度。弛豫过程一般只涉及原子的短程排列,而晶化过程则需要原子的长程扩散,因此,液态合金中结构弛豫的速度要远高于晶化的速度。对于不同组分的合金熔体弛豫速度和晶化速度可能将有很大的不同。也正是由于这两种速度的存在,才有可能获得亚稳态或玻璃态。玻璃形成是过冷熔体中结构弛豫速度和晶化速度与实验中的冷却速度三者之间竞争的结果。随着熔体被冷却,当冷却速度>弛豫速度>晶化速度时,过冷液态中的原子或原子团由于来不及在短程和长程上进行结构的重排而被冻结,转变为玻璃态。一般认为,在玻璃转变点上,弛豫时间在 100 s 的数量范围内。当弛豫速度>冷却速度>晶化速度,液态中原子和原子团有时间进行短程的结构重排,但原子的长程重排被抑制,这样合金将处于亚稳的过冷液态中,既不晶化也不转变为玻璃态,在图3.8中沿BC运动。当弛豫速度>晶化速度>冷却速度时,在实验可控制的范围内,过冷液态原子和原子团能够进行长程的扩散和重排,这样过冷熔体晶化。因此,为获得金属玻璃,要求至少实验中的冷却速度高于弛豫速度。对于多组元的合金体系来说,其界面动力学过程受原子扩散过程的支配,合金熔体中结构变化的弛豫速度和晶化速度比较低,有利于玻璃的形成。相反,对于纯金属和简单合金而言,其界面动力学过程受碰撞过程的支配,在这种金属合金中,液态中原子和原子团具有很高的弛豫和晶化速度,玻璃的形成要求极高的冷却速度,一般实验水平是很难达到的。过冷液体中的弛豫和晶化速度随温度的降低而快速减慢,于是可通过降低合金的熔点的方法,在较低温度范围内获得过冷液体,这样有机会制备金属玻璃。另外,应用高压技术来抑制熔体中原子的运动,在动力学上也有利于金属玻璃的制备。

2. 玻璃转变的热力学特征

玻璃转变的动力学和热力学特征已通过不同的手段被广泛研究。图3.9展示了液态和晶态的熵差作为表征参量的玻璃转变热力学特征。一般来讲,从液相向固相变化的过程中,熵变可表示为

$$\Delta S = \Delta S_{conf} + \Delta S_{vib} + \Delta S_{el} \tag{3.27}$$

式中,ΔS 表示熵变;ΔS_{conf}、ΔS_{vib}、ΔS_{el} 分别表示位形熵、振动熵和电子熵的变化。对于大多数材料而言,电子熵可被忽略。

Adam – Gibbs 的位形熵理论可表示为

$$\tau = \tau_0 \exp\left(\frac{C}{S_C(T)T}\right) \tag{3.28}$$

式中,τ 为弛豫时间;τ_0 为达到过冷液体的极限温度时的弛豫时间;T 为温度;$S_C(T)$ 是温度为 T 时的位形熵;C 为实验常数。最近的研究表明,液态中的振动熵随温度的变化基本上呈线性关系,因此,整个熵变中的非线性特征将由位形熵的变化控制。位形熵的大小直接反应了非晶态中原子的位形排列,因此对于位形熵的研究将可能提供液体和玻璃态结构的本质。在图3.9中出现了一个特征温度 T_k(Kauzmann 温度),在这个温度下,液态和晶态之间的熵差为 0,T_c 是指按照 Mode-Coupling 理论,随温度降低,过冷液体从 α 弛豫向 β 弛豫转变的温度。由于液态或非晶态与晶态相比保留了过剩的位形熵,T_k 的出现表明玻璃转变不能在低于这个温度下发生,换句话说,玻璃转变的发生是熵危机的必然结果。

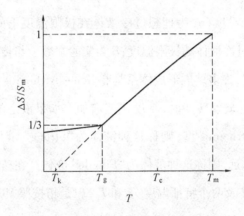

图 3.9　玻璃转变热力学特征(熵变描
述)S_m 为熵的评价值

3. 玻璃转变的动力学特征

弛豫时间和粘度作为最基本的参量常用来研究玻璃转变动力学。图 3.10 给出了典型的合金系统玻璃转变的粘度 – 温度关系。在玻璃转变温度上粘度出现不连续的变化。液体粘度 – 温度关系可通过

Vogel – Fulcher – Tammann(VFT) 方程来描述

$$\eta = \eta_0 \exp\left[\frac{B}{T - T_0}\right] \tag{3.29}$$

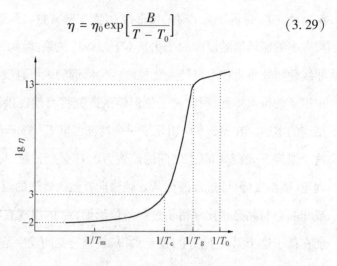

图 3.10　玻璃转变动力学特征(粘度描述)

式中,η 为液体粘度;η_0 为理想过冷液体在极限温度下的粘度;T 为温度;T_0 为理想过冷液体的极限温度;B 为实验常数。与传统的氧化物玻璃如 SiO_2 不同,许多玻璃形成体系具有 Non – Arrhenius 型的粘度 – 温度关系,在接近玻璃转变时,粘度快速增加。如果液态的粘度 – 温度关系接近于 Arrhenius 型,则称这种液体为"Strong"液体,否则,偏离 Arrhenius 型越远,则称这种液体为"Fragile"液体。在玻璃转变动力学研究中,常常涉及两个特征温度 T_c 和 T_0,T_c 是指按照 Mode – Coupling 理论,随温度降低,过冷液体从 α 弛豫向 β 弛豫转变的温度;T_0 是方程(3.29)中的特征温度,表示理想过冷液体的极限温度。

　　研究玻璃转变的方法很多,其中通过测量热容变化来研究热力学参数的改变是一个基本的常见方法,示差扫描量热分析(DSC)测量可以直观地给出玻璃转变是热容的突变。但是,玻璃转变往往包含可逆和不可逆两个过程,由于不可逆热流的影响,测量得到的热容结果仅仅是表观热容,并不能反映出热容的真实值。在升温测量过程中经常可以看到,发生玻璃转变时,在热容陡升的同时,有一个异常"突起峰",在短时间内快速平衡到过冷液体的稳定值;然而,一般来说,在降温测量的过程中,在从过冷液态向非玻璃态转变时,很少能看到这种热容变化的"峰"。因此,这种"峰"的出现实际上是由于不可逆熵的影响造成的。这种不可逆熵是由于结构弛豫造成的,通过玻璃转变时的熵恢复过程表现出来,因此不可逆熵的大小能直接反映出熵恢复发生前结构弛豫的程度。新型的差热分析方法——温度调制差示扫描量热计(TMDSC)的发展,使玻璃转变得到了更广泛的研究。这种技术虽然基于传统的 DSC 方法,但在功能上不仅包含了传统 DSC 的优点,还具有以下两方面突出的特点:一是从总的热流可分离出不可逆热流和可逆热流;二是从可逆热流中可精确地获得玻璃态和过冷液态的真实热容。很显然,这种技术为研究非晶态的结构弛豫和玻璃转变提供了非常有力的工具。

以往对于玻璃转变的研究主要集中于无机玻璃,如氧化物玻璃和聚合物玻璃。相比之下,由于一方面传统的金属合金玻璃形成能力弱,不容易制备,另一方面这些金属玻璃的热稳定性差,在接近于玻璃转变温度时很容易结晶而失去非晶形态,因此对于金属玻璃转变的研究也相对较少。最近出现的 Pd 基、Zr 基大块金属玻璃由于具有高的玻璃形成能力和宽的过冷液相区,为研究金属系统在过冷液态的热力学和动力学以及玻璃转变行为提供了极好的物质基础。与无机玻璃的网络结构或大分子结构相比,金属玻璃具有最简单的结构,因此,基于金属玻璃来研究玻璃转变有可能获得意想不到的结果。

最近,Angell 研究组在玻璃转变的动力学和热力学的研究中取得了一系列的成果,认为玻璃转变时动力学的变化是由于其热力学上的改变而引起的,并得到完全一致的热力学温度 T_k 与动力学温度 T_0。

3.2.3　大块非晶合金形成条件及体系

上述对非晶态合金形成能力的讨论是在非晶薄带、片、丝的基础上形成的,还难以判断大块非晶合金的形成能力。事实上,能形成非晶态合金并不一定能形成大块非晶合金。若想要获得大块非晶合金,有三个因子起支配作用,即粘滞系数 η、α 因子和 β 因子,其中 $\alpha = (N_0 V)1/3\sigma/\Delta H$,$\beta = \Delta S/R$。式中 N_0 为阿伏加德罗常数,V 为特征体积,σ 为固 - 液相界面能,ΔH 为焓变,ΔS 为熵变,R 为气体常数。玻璃形成能力随 η、α 和 β 的增大而增强。而 η 随 T_g/T_m(T_g 为玻璃转变温度,T_m 为熔点),α 和 β 随 $\Delta T_x = T_x - T_g$(其中 T_x 为晶化温度)的增大而增大。因此,得到强玻璃形成能力的主要因素有两个:① 高 T_g/T_m;② 大 ΔT_x。从图 3.11、图 3.12 临界冷却速率 R_c 和最大厚度 t_{max} 与 T_g/T_m 和 ΔT_x 的关系可以说明这一点。

大块非晶合金的成分特征,上面提到的具有强玻璃形成能力的多元合金系有以下三个共同特征:

(1) 合金系由三个以上组元组成。由热力学可知,增加合金中的组元数可以有效地提高熵变 ΔS,进而提高均匀形核和长大的 β 因子的值,玻璃形成能力(GFA)也随之增强。另外,添加合金元素对合金的热稳定性也有影响。V、Ti、Hf、W、Mn 等使 ΔT_x 减小,Mo、Nb、Co、Cr 等使 ΔT_x 增大。因而适当添加 Nb、Mo、Cr(质量分数一般小于 6%)等可以提高合金的玻璃形成能力。

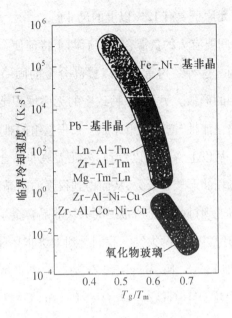

图 3.11　非晶合金的临界冷却速度与其约化温度 T_g/T_m 的比较图

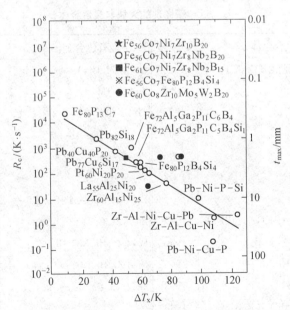

图 3.12　非晶合金的玻璃化临界冷却速度 R_c 和最大厚度 L_{max} 与 ΔT_x 的关系

（2）主要组元原子要有12%以上的尺寸差。

（3）各元素间要有大的负混合热。后两个特征使合金形成更致密的无序堆积结构。这种结构首先可以提高合金的固-液相界面能,从而抑制了晶态相的形核。另外,这种致密的无序堆积结构使合金在过冷液态有很大的粘滞性,增大了组元原子长程重组的难度,从而抑制了晶态相的长大。从以上特征可以看到,多元大块非晶合金是靠成分的调制来抑制晶态相的形核和长大,从而得到很强的非晶形成能力。

表3.1总结了到目前为止所报道的大块非晶合金系。这些合金系分为有色金属和黑色金属两大类。我们看到大块非晶合金可由重要工程合金系制得,如Fe、Co、Ni、Mg、Ti和Zr基。大块非晶合金的最大直径按下列顺序递增:Pd>Cu>Zr>Ln>Mg>Fe>Ni>Co>Ti系,最大值是$Pd_{40}Cu_{30}Ni_{10}P_{20}$的80 mm,如图3.13所示。

表3.1　近年新发现的大块非晶合金体系

有色合金体系	发现年代	有色合金体系	发现年代
Mg-Ln-M(Ln=镧系金属;M=Ni,Cu,Zn)	1988	Ln-Al-TM(TM=Ⅵ-Ⅷ族过渡金属)	1989
Ln-Ga-TM	1989	Zr-Al-TM	1990
Zr-Nb-Al-TM	1990	Ti-Zr-TM	1993
Zr-Ti-TM-Be	1993	Zr-(Ti,Pd)-Al-TM	1995
Pd-Cu-Ni-P	1996	Pd-Ni-Fe-P	1996
Pd-Cu-B-Si	1997	Ti-Ni-Cu-Sn	1998
铁合金体系		Fe-(Al,Ga)-(P,C,Si,Ge)	1995
Fe-(Nb,Mo)-(Al,Ga)-(P,B,Si)	1995	Co-(Al,Ga)-(P,B,Si)	1995
Co-(Al,Ga)-(P,B,Si)	1996	Fe-(Zr,Hf,Nb)-B	1996
Co-Fe-(Zr,Hf,Nb)-B	1996	Ni-(Zr,Hf,Nb)-(Cr,Mo)-B	1996
Fe-Co-Ln-B	1998	Fe-(Nb,Gr,Mo)-(P,C,B)	1999
Ni-(Nb,Gr,Mo)-(P,B,Si)	1999		

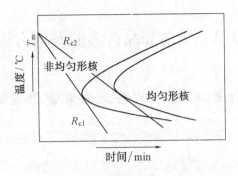

图 3.13　金属熔体凝固的 C 曲线示意图

　　这里需要指出的是,表 3.1 中的合金的过冷液相玻璃组织的稳定性具有非常简单的实验规律。曾有研究报道,具有这三个实验规律的合金能形成一种新的液相结构,具有高度的随机排列,新的局部原子构造和引力相互作用下的长程均匀性,尽管其细微结构特征分为三类:金属-金属,金属-类金属,Pd-类金属。具有该结构特征的液相具有可抑制晶核形成的高的液固界面能,以及可提高粘度和 T_g 的低的原子扩散系数。而且新的局部原子构造需要长程原子重排以利于三种以上晶相的协作生长。因此,我们可以得到高稳定性的过冷液及其高的玻璃相形成能力,其成分符合三个实验规律。而且根据三个实验规律的原则,应用更多量化参数如基于硬球模型的不匹配熵和基于常规溶解模型的混合焓,我们提出了一种包括不匹配熵 S_σ 和混合焓 ΔH 的新的关系来估计玻璃相形成能力,它可被应用于目前的多组分非晶合金。Pd-Cu-Ni-P,La-Al-Ni,Zr-Al-Ni-Cu,Fe-Co-Ni-Zr-B 等系的 R_c 的计算值与实验数据基本相同,而 Mg-Cu-Y 系不同。Mg-系合金的这种明显的特殊性可能是由 ΔH 的低的负值引起,此值由 Miedema 及其合作者提供的数据估计得到。

3.3 大块非晶合金的制备方法

3.3.1 由液相直接制备大块非晶合金原理

要得到大块非晶体,即在较低的冷却速度下也能获得非晶状态,就要设法降低熔体的临界冷却速度,亦即将熔体结晶的 C 曲线右移。从图 3.13 可以看出,设法将 C 曲线右移,则可有效降低临界冷速 R_c,更容易获得非晶相。这就要求从热力学、动力学和结构的角度寻找提高材料非晶形成能力、降低临界冷却速度的方法。

1. 降低熔体的熔点

使合金成分处于共晶点附近,由热力学原理

$$\Delta G = \Delta H - T\Delta S \tag{3.30}$$

式中,ΔG 为相变自由能差;ΔH 和 ΔS 分别为焓变与熵变。在熔点处(即 $T = T_m$),有 $\Delta G = 0$,因此

$$T_m = \Delta H / \Delta S \tag{3.31}$$

可见,要得到低熔点,就要减小焓变 ΔH、提高熵变 ΔS。而增加合金中的组元数量可有效提高 ΔS 又降低熔点 T_m,即多元合金比二元合金更容易形成非晶态。

2. 提高合金的玻璃化温度

在某些材料的热容 – 温度曲线上,随着温度的升高热容值有一急剧增大点,该点的温度称为玻璃化温度 T_g,表现在 DSC 曲线上则是曲线在 T_g 处向吸热方向移动。由于过冷金属熔液的结晶是在 T_m 与 T_g 之间发生的。因此若提高了 T_g(或约化玻璃温度 $T_{rg} = T_g / T_m$)则合金更容易直接过冷到 T_g 以下而不结晶。

3. 合理的原子尺寸配合

当合金中各组元的原子半径差超过 12% 时,可以构成更加紧密的无序堆积,导致更小的自由体积、更小的流动性,使玻璃形成能力显著增强。

4. 增加熔体的粘度以增大原子移动激活能

提高液态合金的粘滞性,可使合金中组元的长程扩散困难,从而抑制晶态相的长大。

5. 抑制非均匀形核

通过对熔体进行纯化(减少杂质)和无容器凝固可以减少非均匀形核核心,使非晶形成能力增强。目前已有多种抑制非均匀形核的工艺方法,如:电磁悬浮熔炼;静电悬浮熔炼;落管技术;低熔点氧化物包裹等。

3.3.2　熔体直接制备大块非晶合金

根据上述原理,人们主要从两个方面对大块非晶合金的制备方法进行了研究:

(1)合金成分的合理选择;

(2)控制非均匀形核。

1. 具有极低临界冷速的合金成分

如上所述,要得到较低的临界冷速,合金成分应满足低熔点、高玻璃化温度和合理的原子尺寸配合。如表 3.2 所示,可以看出,过渡金属-类金属型合金的临界冷速均高于 10^4 K/s,而 Zr 基和 Mg 基合金具有极低的临界冷速(小于100 K/s)。应该指出,表3.2 中的数据都是通过实验得到的,而实验条件不可能完全相同,因此即使对同一材料,不同作者的结果也可能相差很大。目前研究较多的具有极低临界冷速的合金系主要有:锆基(ZrAlTM,ZrTiTM,TM 为过渡族元素)、铝基(AlLn-Ni,Ln 为镧系元素)、镁基(MgLnTM)、钯基(PdNiP,PdNiCuP,PdCuSi)等。对于这些合金系,往往用常规的凝固工艺即可获得大块非晶体。

表 3.2　一些非晶合金的 R_c 和 T_g(或约化玻璃转变温度 $T_{rg} = T_g/T_m$)

w(合金成分)/%	$R_c/(℃ \cdot s^{-1})$	$T_g(T_g/T_m)/K$
$Fe_{82}B_{18}$	10^6	710
$Fe_{40}Ni_{40}P_{14}B_6$	8 000	670(0.57)
$Pd_{40}Ni_{40}P_{20}$	$0.75 \sim 1$	590
$Pd_{82}Si_{18}$	$1.1 \sim 8.581\ 0^4$	617
$Pd_{77.5}Cu_6Si_{16.5}$	221	620
$MgY(Ni,Cu)$	$87 \sim 115$	$398 \sim 568(>0.6)$
$ZrAlCuNi$	$87 \sim 115$	(>0.6)
$Zr_{65-x}Al_{7.5}Cu_{17.5}Ni_{10}Be_x$	1.5	650
$Zr_{60}Al_{20}Ni_{10}$	150	

2. 避免非均匀形核的工艺方法

(1) 磁悬浮熔炼　当导体处于漏斗状的线圈中时,线圈中的高频梯度电磁场将使导体中产生与外部电磁场方向相反的感生电动势,该感生电动势与外部电磁场之间的斥力与重力相抵消,使导体样品悬浮在线圈中。同时,样品中的涡流使样品加热熔化。向样品中吹入惰性气体,样品便冷却、凝固。样品的温度可用非接触法测量。磁悬浮方法的基本原理以及悬浮线圈的设计可参考有关文献。由于磁悬浮熔炼时样品周围没有容器壁,避免了器壁引起的非均匀形核,因而临界冷速更低。该方法目前不仅用来研究大块非晶合金的形成,而且广泛用来研究金属熔体的非平衡凝固过程中的热力学及动力学参数,如研究合金溶液的过冷、利用枝晶间距来推算冷却速度、均匀形核率及晶体长大速率等。

（2）静电悬浮熔炼　将样品置于水平放置的负电极板上，上面加一个同样水平放置的正电极板。然后在正负电极板之间加上直流高压，两电极板间产生一梯度电场（中央具有最大电场强度），同时样品也被充上负电荷。当电极板间的电压足够高时，带负电荷的样品在电场作用下将悬浮于两电极板之间。用激光照射样品，便可将样品加热熔化。停止照射，样品便冷却。该方法的优点在于样品的悬浮和加热系统是分开的，因而样品的冷却速度可以很快。而在磁悬浮时，样品的悬浮与加热是同时通过样品中的涡流实现的，样品在冷却时也必须处于悬浮状态，所以样品在冷却时还必须克服悬浮涡流给样品带来的热量，冷却速度不可能很快。

（3）落管技术　在真空落管中将样品装在下部开有小孔的石英坩埚中，当样品熔化时，在石英管顶部通以惰性气体，在惰性气体压力的作用下，金属液从小孔流出自由下落（不与管壁接触），并在下落中完成凝固过程。与悬浮法相似，落管法能实现无器壁凝固，可用来研究非晶相的形成动力学、过冷金属熔体的非平衡凝固过程等。

（4）低熔点氧化物包裹　将样品用低熔点的氧化物（如 B_2O_3）包裹起来，然后置于容器中熔炼。氧化物的包裹起到两个作用：一是用来吸取合金熔体中的杂质颗粒，使合金纯化，这类似于炼钢时的造渣；二是将合金熔体与器壁隔离开，由于包覆物的熔点低于合金熔体，因而合金凝固时包覆物仍处于熔化状态，不能作为合金非均匀形核的核心。这样，经过熔炼、纯化后冷却，可以最大限度地避免非均匀形核。

3.3.3 大块非晶合金的几种常用的制备方法

由于受非晶形成能力的限制,长期以来非晶合金主要以粉末、细丝、薄带等低维材料的形式使用。大块非晶合金材料的出现是非晶合金材料制备技术的巨大进步,大块非晶合金材料常用的具体的制备方法有以下几种。

1. 氩弧炉熔炼法

将各组分混合后利用氩弧炉直接炼制非晶样品。此法只能炼制尺寸较小的非晶样品,且非晶样品的形状一般为纽扣状,不易加工成型。另外此法对合金体系的非晶形成能力要求高,否则样品或样品的心部不能形成非晶,样品和坩埚直接接触的底部有时未完全熔化,可成为结晶相现成的核心,也易出现结晶相。氩弧炉的熔炼温度很高,经常用于炼制前的混料过程,即首先用氩弧炉炼制出易形成非晶的合金,然后用其他快冷方法得到大块非晶合金。图 3.14 是氩弧炉熔炼和其他快冷方法结合制备的大块非晶合金。

2. 石英管水淬法

将大块非晶合金的配料密封在抽成真空的石英管中,加热后水淬冷却,获得大块非晶合金。如果合金中含有高熔点组分,可先在氩弧炉中混料制成合金后再封装到石英管中。此法的优点是设备投资小,封装石英管的部门很容易找到,且易得到尺寸较大的圆柱形大块非晶棒。缺点是每制备一次非晶样品均须封一次石英管,且淬火时石英管要被破坏。石英管水淬法在非晶合金的科学研究中常用。为提高淬火时的冷却能力,也可将试样封在不锈钢管中水淬,用这种方法也可制备出异型样品。

图 3.14　氩弧炉熔炼和其他快冷方法结合制备的大块非晶合金

3. 铜模铸造法

此法是在加热装置的下方设置一水冷铜模,非晶合金组分熔化后靠吸铸或其他方法进入水冷铜模冷却形成非晶。此法虽然要求有专门的设备,但由于冷速较高能制备较大尺寸的非晶样品,而且可用不同的模具制备出不同形状的非晶样品,也可制备形状复杂的非晶样品。铜模铸造法,尤其是带有吸铸装置的,由于有这些优点而被广泛应用。图3.15 是采用铜模吸铸得到的长径比为 25∶1 的大块非晶合金棒。

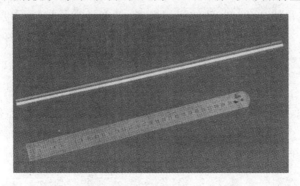

图 3.15　铜模吸铸制备的长径比为 25∶1 的大块非晶合金棒

4.定向区域熔炼法

定向区域熔炼法的冷却速度可由固液界面的移动速度和炉内的温度梯度的乘积来确定。这种方法要求用于制备非晶合金的原始材料在成分上是均匀的,且非晶形成能力较强。能够用这种方法制备大块非晶合金意味着可以用连续的方法制备出大尺寸异形的非晶样品。此外,高压技术也可应用于大块非晶合金的制备。压力是影响合金状态的一个重要的热力学参数,高压下有些合金的凝固点降低,可通过快速卸载的方法使合金获得大的过冷度而产生非晶。

3.4 大块非晶合金的各种性能

3.4.1 大块非晶合金的力学性能

通过选择上述大块非晶合金系,其可由下列不同固化方法得到:铜模铸造、水淬、高压铸造、真空铸造和单向固化等。这些大块非晶合金的应用有助于我们搞清三维非晶合金的机械性能。图 3.16 表示出大块非晶合金抗拉强度与杨氏模量之间的关系[6],与其对照的是常规合金。大块非晶合金有非凡的机械性能,具有较高的抗拉强度与较低的杨氏模量,与常规合金相比差距可达三倍。对于 Zr-Al-Ni-Cu、Zr-Al-Ni-Cu-Ti 大块非晶合金夏氏冲击断裂能在 100 ~ 135 kJ 之间。在 JIS 判据范围内的 V 型切口样本测得断裂强度在 60 ~ 70 MPa·m$^{1/2}$ 之间。然而,V 型切口的锋利程度即使在预破裂区也不足以制止塑性变形。此结果表明评估断裂强度必须用带有足够锋利预破裂口的 V 型切口样本。已有资料介绍,将 Zr-Al-Ni-Cu 大块非晶合金与低强度碳钢、高强度合金钢和 Ni-Si-B 非晶合金带进行对照研究了疲劳断口生长速

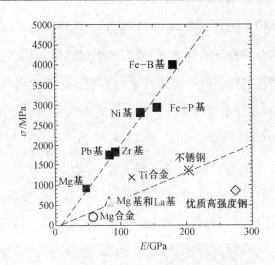

图 3.16　各种体系大块非晶合金与某些晶态
合金的力学性能力学性能

度与标准化应力强度因子($\Delta K/E$)之间的关系,数据表明断裂强度在 12 ~ 14 MPa·$m^{1/2}$之间,与硬铝合金相当。而且,疲劳断口的生长速度与低强度碳钢相当,明显低于高强度合金钢。因此可以推定,大块非晶合金与具有同等抗拉强度的钢相比对疲劳断口具有更强的抵抗性。疲劳极限由一个比率定义,即经 10 000 000 个工作循环不断裂的最大工作载荷比上拉伸断裂强度。已有实验表明对于直径10 mm,长 100 mm 的 Pd–Cu–Ni–P 棒状样品经过室温下的旋转梁弯曲疲劳实验,其疲劳极限在 0.20 ~ 0.25 之间,与常规有色金属晶态合金相当。

3.4.2　大块非晶合金的物理性能

1. 磁性能

据报道,用铜模铸工艺可生产直径为 2 mm 的片状和棒状 Fe 基大块非晶合金。最近,日本东北大学的井上明久研究室又制备出厚

1 mm、外径 10 mm、内径 6 mm 的环状 $Fe_{70}Al_5Ga_2P_{9.65}C_{5.75}B_{4.6}Si_3$ 非晶合金[1]。它具有光滑的外表面,漂亮的金属光泽,没有明显的晶相衍射峰。其热稳定性与离心铸造合金带相当。此环状合金展示出高达 1.2 T 的饱和磁通密度和低达 2.2 A/m 的矫顽力。尤其是极高的初始磁导率(110 000),是离心铸造非晶带制厚 20 μm 环状试样初始磁导率(27 000)的四倍。在软磁性能上的该突破源于其独一无二的按圆周方向完美排列的磁畴结构,如图 3.17 所示[6]。在另一方面,环形片状试样的磁畴结构是按径向排列的。这种明显的差异是由铸造环状合金与

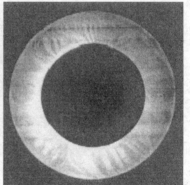

(a) 块状环形样品   (b) 片状环形样品

图 3.17　环状 $Fe_{70}Al_5Ga_2P_{9.65}C_{5.75}B_{4.6}Si_3$ 大块非晶合金

离心铸造非晶带的残余应力不同所造成的。总之,对磁畴结构的排列进行控制,是未来 Fe 基和 Co 基大块非晶实用软磁材料研究进展的一个方向。在一个完全不同的 $(Fe, Co, Ni)_{62}Nb_8B_{30}$ 合金系中,得到超过 80 K 的更大的过冷区,成分区间摩尔分数为 12% ~ 45% Co 和 0 ~ 12% Ni。对 $Fe_{52}Co_{10}Nb_8B_{30}$ 而言,最大过冷液区可达87 K。含高浓度 B 的 Fe 基和 Co 基非晶合金展现出完美的高频磁导特性,在1 MHz 下磁导率高达 8 000 (H/m),比常规 Fe 基和 Co 基非晶合金高出 4 ~

10 倍,如图 3.18[6] 所示。高频磁导特性的这一显著提高可能是源于由高的 B 含量和长程均匀的原子结构共同导致的高达 $220 \sim 240 \ \mu\Omega \cdot cm$ 的

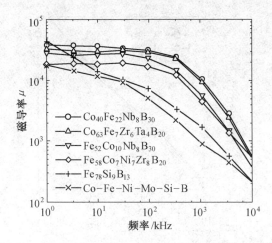

图 3.18 铁基和钴基大块非晶合金的磁导率
与频率的关系

电阻率。与常规 Fe 基和 Co 基非晶合金的软磁性能相比,我们可以说,目前多成分的 Fe 基和 Co 基非晶合金在很宽的频率范围内具有更低的矫顽力、更高的磁导率,这可能是由于其短程和长程原子结构及合金成分的不同造成的。这个结果也预示着一种新的具有超过 1.5 T 的高饱和磁通密度的多成分非晶合金的发现,将导致更低矫顽力、更高磁导率的软磁性能研究的进展,即使所制造的样品只有离心薄膜的形状。

2. 大块非晶合金的热膨胀性能

图 3.19 给出了测得的 $Zr_{41}Ti_{14}Cu_{12.5}Ni_{14}Be_{22.5}$ 成分非晶合金多次加热的热膨胀曲线[7]。从图中的热膨胀曲线可看出,第一次加热时低温段和高温段的热膨胀系数有明显差异,$0 \sim 200 \ ℃$ 温度范围内,试样的热膨胀曲线大致为直线,热膨胀基本系数保持不变,为 $9.268 \times 10^{-6}/℃$。温度超过 200 ℃ 后热膨胀曲线斜率明显变小,热膨胀系数降

低。200～300 ℃温度区间的平均热膨胀系数为$7.398×10^{-6}$/℃,比 0～200 ℃温度范围内的平均热膨胀系数低20.2%。

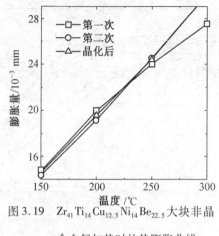

图3.19　$Zr_{41}Ti_{14}Cu_{12.5}Ni_{14}Be_{22.5}$大块非晶
合金复加热时的热膨胀曲线

从图3.19的热膨胀曲线可以看出,第二次热膨胀时高温区和低温区具有相近的热膨胀行为,在0～300 ℃温度范围内的平均热膨胀系数为$9.108×10^{-6}$/℃,与第一次加热时0～200 ℃温度范围内的平均热膨胀系数$9.268×10^{-6}$/℃几乎相同。由于第一次加热过程中非晶试样没有晶化过程发生,可以认为加热过程中非晶试样膨胀行为的改变是由其结构弛豫引起的。第二次重复加热时,由于非晶合金试样已经过高温结构弛豫过程,再加热过程中没有进一步的结构弛豫现象的发生,所以整个加热过程中试样表现出相近的热膨胀行为,高温区和低温区具有相近的热膨胀系数。同样,晶化以后的试样由于不存在结构弛豫现象,其热膨胀行为与第二次重复加热时非晶试样的热膨胀行为类似,在0～300 ℃温度范围内的热膨胀系数为$9.268×10^{-6}$/℃,与第一次加热时0～200 ℃温度范围内的平均热膨胀系数$9.268×10^{-6}$/℃相同,且各温度区间内热膨胀系数无明显变化,热膨胀曲线近似为直线。这也进一步证明了非晶试样第一次加热时高温区热膨胀系数降低的现象是由非晶合金结构弛豫所引起的。

为考查非晶合金试样在不同温度结构弛豫过程中热膨胀行为的变化,分别做了200 ℃保温2.5 h 和300 ℃保温2.5 h 条件下结构弛豫过程中热膨胀行为的试验,结果如图 3.20 所示[7]。从图中可以看出200 ℃加热过程中,其膨胀曲线基本保持为直线,保温过程中试样长度基本保持不变。而在300 ℃保温过程中,其膨胀曲线不是直线,保温的过程中试样长度有所收缩。由此可以看出,非晶试样的低温结构弛豫过程基本不引起试样长度的变化,而较高温度下的结构弛豫过程则导致试样长度的收缩。上述第一次热膨胀过程中在 200 ~ 300 ℃温度区间,热膨胀系数降低的原因是由于这一温度阶段加热过程中同时存在热膨胀和结构弛豫引起的试样长度的收缩两种现象。而在 200 ℃以下,结构弛豫基本不能引起试样长度的收缩,所以其热膨胀系数较大,而且热膨胀曲线线性较好。

如果在 300 ℃保温之前先在 200 ℃保温,从图 3.20 给出的200 ℃、2.5 h 和300 ℃、2.5 h 加热试样在 300 ℃保温过程中的收缩曲线可见,试样仅在保温开始阶段产生少量收缩,然后很快趋于稳定,收缩量小于直接在 300 ℃加热试样的收缩量。用经室温放置 220 d 的大块非晶试样重复做图 3.20 的实验,加热过程中试样的收缩量也小于图3.19 试样的收缩量,而且在 250 ℃以下不产生收缩,仅在 300 ℃左右产生很少量的收缩(图 3.21)。由此可见,预先的低温结构弛豫可减弱高温弛豫的效果,且室温放置也有低温弛豫效应。

与淬火后的钢铁材料类似,淬态大块非晶材料处于高能亚稳态,具有向其他低能态转变的趋势,而这种结构转变有可能引起合金某些性

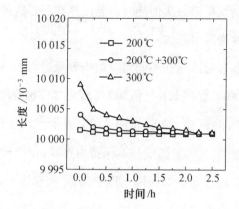

图 3.20　$Zr_{41}Ti_{14}Cu_{12.5}Ni_{14}Be_{22.5}$ 大块非晶合金恒温

加热时试样的长度变化

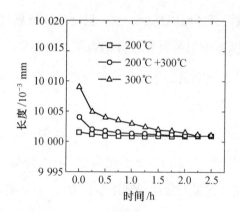

图 3.21　$Zr_{41}Ti_{14}Cu_{12.5}Ni_{14}Be_{22.5}$ 大块非晶合金室温

放置 220 d 试样重复加热的热膨胀曲线

能的转变,使在实际使用过程中材料的性能发生改变。由此可见,对尺寸和组织结构稳定性要求高的大块非晶合金材料,进行回火处理是必要的,且回火温度不应低于其使用温度。

金属在晶态为密排结构,而液态金属结构中原子配位数低于晶态结构,即原子排列的紧密程度小于晶态金属。一般认为尽管其原子的间距比液态时减小,非晶态固体的原子排列结构基本保持液相的结构。文献显示$Zr_{55}Cu_{30}Al_{10}Ni_5$合金在晶态、淬后非晶态和充分弛豫非晶态的密度分别为6.85,6.82 和6.83 Mg/m^3。非晶制备的快冷过程中必然引入大量的自由体积,结构弛豫过程中通过扩散进行自由体积的湮灭。不难理解非晶合金发生结构弛豫时,其结构偏离了淬态的结构,包括其体积长度等性能会相对于淬态发生改变。经过低温弛豫后的非晶合金试样,其结构发生某种改变,自由能状态有所降低,这就降低了高温结构弛豫的热力学驱动力,使高温结构弛豫不易发生。

3.4.3　大块非晶合金的压缩行为及结构弛豫

合金的压缩状态与其压缩率有关,压力对不同非晶合金表现出不同的影响效果。由于高压下相稳定性的相对变化,压力下的变态过程,可能与常压下不同,优先形成的相也不是常压下的相,因此研究压力对非晶合金变态的影响,可以探讨高压下原子迁移的机制和高压变态的一般规律,这也是国内外高压研究工作的一个热点问题。可压缩物质的状态方程(Equation Of State,EOS),即压力-体积关系,在凝聚态物理和地质科学等领域起到很重要的作用,通过对物质状态方程和压缩性的研究,能进一步了解凝聚态物质的本质和特性。

结构弛豫是从不稳态向亚稳态或由高能的亚稳态向低能的亚稳态的过渡,总是与原子重排相联系。材料高压退火过程中原子的重新排列会导致自由能降低,而发生结构弛豫。在弛豫的过程中随着体系能量的降低,部分过剩的能量被逐渐地释放。尽管弛豫过程与晶化过程相比,结构上的改变很小,只限于原子的短程有序排列,但对性能的改变却很大。许多对局域原子结构敏感的物理性能,如原子扩散、粘度、延展性以及磁性异向等都会受到结构弛豫的影响。因此,物理性质的变化,可以反过来表征结构的改变。除了能量散射 X 射线衍射(EDXD)及示差扫描量热分析(DSC)等传统的研究方法,超声测量和力学性能测试也用于研究金属玻璃的结构弛豫。尤其是近几年大尺寸金属玻璃的获得,使非晶合金的超声研究和力学性能测试变得异常活跃。超声测试是研究物质结构的重要手段,可以使我们获得有关物质的结构和振动特性,而且与传统金属玻璃相比,大块金属玻璃的大几何尺寸更适合弹性波传播的测量。

新型的多组元 $Zr_{41}Ti_{14}Cu_{12.5}Ni_{10}Be_{22.5}$ 大块非晶合金具有许多其他材料无法比拟的优异性能,然而高压方面的研究工作还做的很少。材料的压缩性依赖于原子间的作用势和材料内部原子的排列方式。利用同步辐射装置,通过研究 $Zr_{41}Ti_{14}Cu_{12.5}Ni_{10}Be_{22.5}$ 大块金属玻璃的压缩行为,可以使我们获得其结构和原子构型随压力变化的信息,希望给出在不同压力条件下该大块金属玻璃的结构演化规律;通过与淬态及晶化态大块金属玻璃力学性能、声学参数的对比,利用X 射线衍射及高分辨电子显微镜研究了该大块金属玻璃在 3 GPa,573 K 退火后的结构弛豫,并对压力诱发非晶结构弛豫而导致显微结构变化进行了探讨。

1. 压缩行为

图 3.22 为 $Zr_{41}Ti_{14}Cu_{12.5}Ni_{10}Be_{22.5}$ 大块非晶合金的同步辐射 X 射线衍射谱(SR-XRD),图中的最大压力为 24 GPa。较锐的峰是用于标压的 Pt 的衍射峰,非晶峰用点线表示,其峰位的中心位于能量 $E = 20.814\ eV$ 的位置,这里对应的晶面间距 d 值大约为 2.370 nm。通过比较各压力下同步辐射 X 射线衍射谱可见,随压力的增加,试验材料

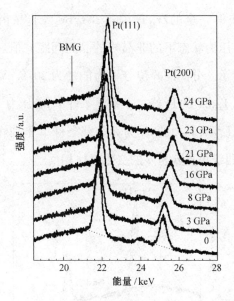

图 3.22　高压下 $Zr_{41}Ti_{14}Cu\,12.5Ni_{10}Be_{22.5}$

大块金属玻璃同步辐射 X-射线

衍射图谱

的晶面间距随压力的增加而减少,根据式(3.28)

$$E_{hkl} \cdot d_{hkl}/keV \cdot nm = 0.619\,93/\sin\theta \qquad (3.32)$$

在本试验条件下,衍射角 θ 值大约为 7.218 1°。虽然在 24 GPa 以下的压力作用下没有发生相变,但是其结构已经与初始状态有明显的不同。根据各压力下的非晶峰的位置关系,可以推导出其体积变化的状态方程[8]。

通过测定各状态下非晶的峰位值,可以计算出对应非晶峰位置的晶面间距 d 值,由于非晶材料缺乏三维周期点阵,波数 q 值应该比 d 值更精确、严格。然而 d 值的变化能够反应非晶合金的压缩行为,因此仍然可以用 d 来表征非晶的压缩特性。首先将各压力状态下的原位 X 射线衍射谱,通过数学处理,进行谱峰分离,去除标样 Pt 的峰和衍射峰背底的影响,获得完全的 $Zr_{41}Ti_{14}Cu_{12.5}Ni_{10}Be_{22.5}$ 非晶衍射峰。根据式 3.28,计算出各压力状态下的非晶峰的晶面间距 d 值。其谱峰分离过程如图 3.23 所示。分离的峰位分别为能量为 20.8 eV 的非晶峰和分别为 21.8 和 25.1 keV 的 Pt 峰。在室温条件下,各压力下 d、q 值的相对变化如图 3.24 所示,其中的 d_0 为无负载条件下非晶峰所对应的晶面间距值。根据曲线可见 q 与 d 的变化规律相反。

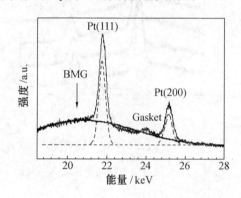

图 3.23 $Zr_{41}Ti_{14}Cu_{12.5}Ni_{10}Be_{22.5}$ 大块金属玻璃同步

X 射线衍射图谱峰分离

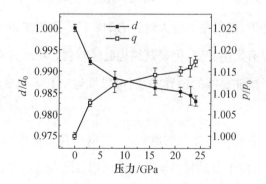

图 3.24 波数 q 和 d 值随压力变化关系曲线

对该大块金属玻璃的 X 射线衍射谱做傅里叶变换,可以得到结构因子 RDF 的曲线。其结构因子随压力的变化关系如图 3.25 所示。原始淬态大块金属玻璃 $Zr_{41}Ti_{14}Cu_{12.5}Ni_{10}Be_{22.5}$ 样品的结构因子 RDF 曲线示于图 3.25 内部,可见在 0.298 nm 处是一个较强较宽的峰,它表征了

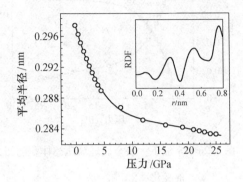

图 3.25　常温下大块金属玻璃的结构因子 RDF

大块非晶合金在平均半径为 r 处的最近邻原子数目,如果把这个半径为 r 的球看做是大块非晶合金的最基本的结构单元,那么这个球的体积的变化($V \propto r^3$)实质也能够表征整个非晶合金的体积变化。平均半径 r 及体积 V 随压力的变化关系如图 3.26 所示。V_0 为 0 压力时的体积。在 $0 \sim 24$ GPa 的范围内,V/V_0 的变化趋势可以分为两个阶段:当外加压力小于 7 GPa 时,随外加压力的逐渐增加,V/V_0 的变化特别显著,表明大块非晶合金的可压缩性对外加压力特别敏感。在 V/V_0 随压力变化的第二阶段(7 GPa$<p<24$ GPa),可以明显地观察到 V/V_0 的变化随压力的增加而不敏感。

　　我们知道,高压使平均原子间距缩短。对于非晶材料,过剩自由体积局域分布的不均匀和存在的密度起伏,会引起压力下大块金属玻璃的局域压力的不均匀,并进一步引起原子或原子团通过不同的热力学可达到的构型向亚稳平衡态移动,从而导致结构弛豫。在某一压力范围内(根据本实验结果可知为 $0 \sim 7$ GPa),结构弛豫是可逆的。体积变化 V/V_0 大,表明了开始阶段,该大块金属玻璃易于压缩。在 7 GPa$<p<$

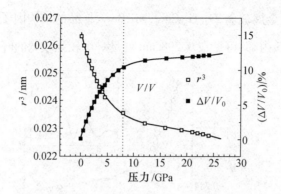

图 3.26 常温下大块金属玻璃压缩体积随压力
的变化

24 GPa 范围内,体积变化随压力增加的不敏感,与大块金属玻璃高的体弹性模量有关:体弹模量反映物体所受外应力强度和这一外应力引起的相对形变的比值,该值的增加,表明物体内原子之间的相互作用增加。在 Pd 系金属玻璃中也发现了压力诱发体弹性模量的增加。即在该金属玻璃中,建立了相对更稳定的反抗压力变化的原子构型,这种原子构型更致密。因此,在开始阶段的结构弛豫后,该金属玻璃转变为更致密的结构,使体积变化困难,产生结构强化。

对大块非晶合金的体积变化率随压力变化的规律进行数学拟合,就可以得到这种材料的状态方程为

$$-\Delta V/V_0 = 2.7P - 0.256P^2 + 0.012P^3 - 2.928P^4 + 2.807P^5 \quad (3.33)$$

2. 压致结构弛豫

图 3.27 是 $Zr_{41}Ti_{14}Cu_{12.5}Ni_{10}Be_{22.5}$ 合金样品在淬火态(合金 A),573 K,3 GPa 等温退火的弛豫态(合金 B)及 673 K 常压退火的晶化态(合金 C)的 X 射线衍射图[9]。

高压退火样品的 X 射线衍射图与淬火态合金 A 的衍射图类似,呈

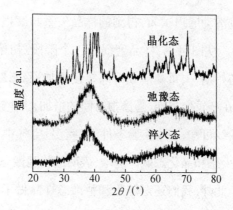

图 3.27　样品 X 射线衍射图

现出明显的非晶特性,表明 573 K,3 GPa 高压退火未使样品晶化,而真空 673 K 退火样品的衍射图出现晶化峰。

为研究结构弛豫对显微结构的影响,同时对这三个状态的样品进行抗压及滑动磨损测试,应力-应变曲线示于图 3.28。合金 A 和 B 分别展现 1% 和 3% 的塑性变形,而合金 B 无明显塑性变形。对比这三条曲线可知,弛豫态合金 B 同时具有较高的延性和抗压强度。试样的

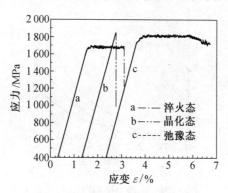

图 3.28　应力-应变曲线

a—合金 A;b—合金 C;c—合金 B

抗磨损能力通过滑动磨损试验,得到的样品失重与磨损时间关系曲线给出,见图 3.29。从图可见,样品磨损呈三个阶段:初始期、稳态期及严重磨损期。初始期,失重随磨损时间缓慢增加;稳态期,失重大体保持一个常数;而在严重磨损期,随磨损时间的增加,失重迅速增加。

从这三条曲线可知,在本实验条件下(室温、空气中干磨),样品失重按弛豫态、淬火态和晶化态顺序递增,表明结构弛豫态样品具有优良的抗磨损能力。此外,我们还对淬态和弛豫态样品做了示差扫描量热分析(DSC),如图 3.30 所示,发现这两种非晶态在本实验条件下,磨损前后的 DSC 曲线未发生变化,表明磨损后,两种非晶均未晶化[9]。

通过以上实验现象可见,合金 B 与合金 A 具有相似的 X 射线衍射方式,然而力学性能存在很大差异,弛豫态样品(合金 B)具有优良的力学性能。为探讨这一差异,对样品的声速、显微硬度及密度等显微结构敏感参数进行了测试,结果列于表 3.3,作为对比,晶化态样品(合金 C)的各项数值也列于其中。

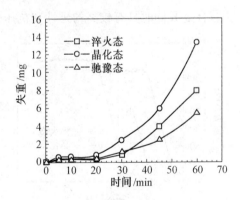

图 3.29　失重与磨损时间关系曲线

(50 N,200 r/min)

从表 3.3 中可知,对于高压弛豫的样品,其声速、弹性模量、德拜温

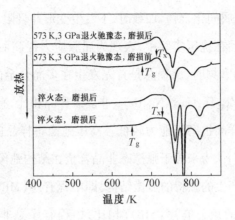

图 3.30　磨损前后样品 DSC 曲线

度与淬火态样品的相应值存在很大差异,而与晶化态样品的值极为接近。尤其是横波及纵波速度值远大于淬火态非晶,声传播速度的增加表明有序化程度的提高,而对比淬火态非晶的密度,高压弛豫态样品的相对密度变化只有 0.36%,远小于晶化态样品相对密度变化值 1.2%,这表明,高压弛豫后,性能的改变主要来自化学有序,而不是拓扑有序。力学性能测试及超声结果均证实高压诱发 $Zr_{41}Ti_{14}Cu_{12.5}Ni_{10}Be_{22.5}$ 大块非晶显微结构变化。

表 3.3　$Zr_{41}Ti_{14}Cu_{12.5}Ni_{10}Be_{22.5}$ 样品在淬火态(合金 A),弛豫态 573 K 3 GPa

退火 2 h (合金 B) 及晶化态 673 K 真空退火 2 h (合金 C) 的性能参数

样品	H_v /GPa	E /GPa	ρ /(g·cm⁻³)	$\Delta\rho/\rho$ /%	ν_l /(km·s⁻¹)	ν_s /(km·s⁻¹)	θ_D /K	σ /MPa	ε /%
合金 A	5.94	101.2	6.125	0.36	5.17	2.47	326.8	1 658	1
合金 B	6.24	113.7	6.157	1.2	5.30	2.65	350.7	180	3
合金 C	7.03	124.2	6.201		5.33	2.75	364.2	1 846	0

我们知道,$Zr_{41}Ti_{14}Cu_{12.5}Ni_{10}Be_{22.5}$ 大块非晶的晶化相通常是硬度

高,脆性大的金属间化合物,加载时,不发生变形并且阻止剪切带移动,因此晶化态样品在抗压实验中,表现为屈服应力提高而延性降低。同样,在发生滑动磨损时,磨损总是首先发生在多晶合金的晶界处,因而与没有晶界的 $Zr_{41}Ti_{14}Cu_{12.5}Ni_{10}Be_{22.5}$ 非晶态样品相比,有金属间化合物生成的晶化态样品抗磨损能力较低。高压弛豫态样品的高强度,延性好,抗磨损,我们认为来源于弛豫态非晶合金在结构弛豫过程中原子构型发生变化所产生的独特的显微结构,即中程有序(MRO)。与淬火态大块金属玻璃的短程有序(SRO)相比,中程有序是非晶相中 $0.5 \sim 2$ nm 的有序构型,该尺寸大于临界晶核尺寸但在 X 射线衍射或其他衍射方式中并不产生晶化特征。图3.31 是高压弛豫样品的高分辨照片,图中 $1 \sim 2$ nm 的小晶核清晰可见。当结构尺寸降低到纳米范围时,由高的界面/体积比引起的界面效应会对材料的显微结构和性能起主导作用。非晶相中直径2 nm 以内的有序构型,具有很高的界面/体积比 $(3 \ mm^2/mm^3)$,从而导致弛豫态样品明显不同于淬火态和晶化态样品的力学及物理性能变化。

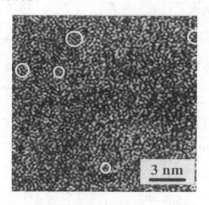

图3.31　大块非晶样品 573 K,3 GPa退火 2 h
的高分辨照片

3.4.4　大块非晶合金的超塑性

Zr 基大块非晶合金虽然具有很高的强度和硬度,但其室温下的塑性却不好,不能承受明显的塑性变形。一些研究者发现在 Zr 基大块非晶合金基底中加入强化相,如钨纤维或钽、铌颗粒等形成非晶合金基底复合材料可提高其塑性,但这仍然不足以使大块非晶合金材料在常温相进行塑性成型。大块非晶合金材料在其晶化温度 T_x 以下具有超塑性。但其超塑性温度范围很窄,超出这一温度范围大块非晶合金材料表现出很低的塑性,在进行塑性变形时会由于开裂而变成碎块。所以其超塑性变形温度需严格加以控制。由图 3.32 所示热膨胀试验结果可确定 $Zr_{41}Ti_{14}Cu_{12.5}Ni_{10}Be_{22.5}$ 大块非晶合金适合的超塑性变形温度范围。图中在点 a 温度以前,试样受热均匀膨胀,但在 ab 两点之间膨胀值突然大幅度下降,点 b 温度以后试样又随温度上升均匀膨胀。ab 两点的温度分别为 360 ℃ 和 445 ℃。显然温度超过点 a 后试样进入过冷液相区,热膨胀行为发生变化。在 ab 温度区间进行超塑性变形后的

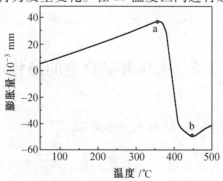

图 3.32　$Zr_{41}Ti_{14}Cu_{12.5}Ni_{10}Be_{22.5}$ 大块非晶

合金的热膨胀曲线

$Zr_{41}Ti_{14}Cu_{12.5}Ni_{10}Be_{22.5}$大块非晶合金试样如图 3.33 所示[10]。试样由直径为8 mm的圆柱被压成直径为 21 mm 的圆饼。超塑性变形前试样被放置在表面有特殊图案的镍板上,超塑性变形期间试样和镍板的温度被控制在适合的温度范围之内。由图可见镍板上的图案被清晰地印在了变形后的试样表面。变形后的试样经 100 倍放大镜检查表面未发现裂纹,X 射线衍射结果表明试样超塑性变形后仍保持非晶状态。

图 3.33　由 8 mm 直径超塑性变形至 21 mm 直径的

$Zr_{41}Ti_{14}Cu_{12.5}Ni_{10}Be_{22.5}$非晶样品

3.5　大块非晶合金的晶化

3.5.1　非晶合金晶化的类型

非晶态本质上是亚稳态,所以在一定条件下会向更稳定的晶态相转变。例如,当把金属玻璃加热到一定温度以上时,就会发生晶化而得到晶态产物,这一温度称为晶化温度 T_x。金属玻璃的晶化类似于熔体稍低于熔点时的成核和长大过程。

非晶合金的晶化是一个形核和长大的过程,其相变驱动力来自于非晶相与晶相之间的自由能差。晶化产物及其形态决定于晶化方式。Køster 根据非晶合金晶化产物的不同将晶化过程分为三种类型,即多晶型、共晶型和初晶型[11]。

1. 多晶型晶化

非晶相晶化成与之成分相同的过饱和合金或晶化相(亚稳态或稳态)。这种类型的晶化只能发生在单质或合金靠近相图中金属间化合物成分附近。所形成的过饱和相会通过随后的析出反应而分解,亚稳的晶化相也会发生相变而成为稳态的平衡相。多晶型晶化的最终晶化产物是金属间化合物或固溶体。$Ni_{33}Zr_{67}$,$Fe_{33}Zr_{67}$,$Co_{33}Zr_{67}$,$Zr_{50}Co_{50}$ 等非晶态合金和非晶态 Ge、非晶态 Si 膜的晶化都是典型的多晶型晶化。此类非晶合金中的形核通常为无规形核并长大到彼此互相接触而合并,其晶核的长大速率 u 可以表示为

$$u = u_0 \cdot \exp\left(\frac{-Q_g}{RT}\right)\left[1 - \exp\left(\frac{-\Delta G}{RT}\right)\right] \tag{3.34}$$

式中,u_0 是数量级在 10^3 m/s 的前置因子;Q_g 是一个原子脱离非晶基体并附着于晶体的激活能;ΔG 是两相间的摩尔自由能差;R 是气体常数;T 是绝对温度。

2. 共晶型晶化

非晶相晶化成为两种晶体相。这种晶化类型的相变驱动力最大,可发生在固溶体和金属间化合物之间的整个成分区间内。晶化产物的结构呈层状,晶化产物的平均成分与非晶一样。$Ni_{80}P_{20}$ 金属玻璃的晶化就是典型的共晶型。共晶型晶化与多晶型晶化一样为非连续反应,晶体与非晶基体的总成分相同,而且非晶基体一直保持不变,当晶体/

非晶体界面扫过它时,其晶核的长大速率可用与方程(3.34)相似的方程来描述。但是与多晶型不同的是共晶型晶化,是通过长程扩散来调整两个晶体相中的溶质分布,在较大的过冷度下,当扩散发生在晶化前沿的非晶相中,即为体扩散时,其晶核长大速率可表示为

$$u = \frac{2\pi aD}{\lambda} \qquad (3.35)$$

当扩散发生在非晶/晶相的界面处,即为界面扩散时,其晶核长大速率可表示为

$$u = \frac{4\pi a\delta D}{\lambda^2} \qquad (3.36)$$

式中,a(不独立于λ)是描绘界面处的基体和晶态相的成分的无量纲项;δ是界面层的厚度;λ是两晶化相相间的间距;D是扩散系数。

3. 初晶型晶化

如果非晶相的成分既不在多晶型晶化的成分附近,也不在共晶型晶化的成分范围内,那么会首先在非晶基体上析出一个初晶相。初晶相可以是过饱和固溶体,也可以是金属间化合物,这要依靠晶相的成分而定。剩余的非晶相还可以再次晶化,再次晶化可以是以上三种晶化类型之一,弥散的初晶相可能会成为剩余非晶相晶化的优先形核位置。在非晶的初晶型晶化过程中,会在晶化界面前沿产生浓度梯度,所以在晶化反应中长程扩散会起很大作用,其晶核的生长速率随时间而减小,如果生长是由体扩散控制的,则其生长速率可用下式表示

$$u = a_f(D/t)^{1/2} \qquad (3.37)$$

式中,a_f为无量纲参数,可通过样品浓度和初晶相界面的深度确定;D为体扩散系数;t为时间。在初晶相和剩余非晶相达到亚稳平衡以后,进一步的生长会通过 Ostwald 熟化以很低的生长速度进行,在剩余非

晶相再次晶化之前,其晶化相的体积不会发生变化。

金属玻璃晶化伴随着 1% 左右的体积收缩,大约相当于其熔化潜热一半的热量释放,以及其他几乎所有物理性质的显著变化。这些在晶化过程中发生显著变化的物理性质都可以用来监测晶化过程,确定其动力学参数,如晶化温度、结晶速率、激活能等。在材料研究中普遍使用示差扫描量热分析仪(DSC)。通过等温 DSC 和变温 DSC 可分析计算晶化过程的激活能等动力学参数。由于非晶合金的晶化是形核和长大的过程,所以转变的总速率将反映形核和长大对时间和温度的关系。一般来说,非晶合金的晶化动力学可用描述固态转变的形核和长大过程的 Johnson-Mehl-Avrami(JMA)方程来表征

$$\chi(t) = 1 - \exp\left[-k_T(t-t_0)^n\right] \tag{3.38}$$

式中,$\chi(t)$ 是 t 时间后的转变分数;t_0 是孕育时间;k_T 是温度 T 的速率常数;n 为指数(不一定是整数),通过 n 值的大小可以预测其转变方式。对一般非晶研究的结果显示:指数 n 通常在 1.5 到 4 之间,它可以写为 $n = n_n + n_g$,n_n 描述形核率对时间的依赖性($0 \geqslant n_n \geqslant 1$),$n_g$ 为长大率和时间的关系($1.5 \geqslant n_g \geqslant 4$)。通过等温实验,即可得到非晶合金在不同温度下晶化的 JMA 方程。总的结晶过程的激活能 E_x 可从速率常数对温度的依赖性,用下面的公式求得

$$k_T = k_0 \exp\left(E_x/RT\right) \tag{3.39}$$

式中,k_0 为频率因子;E_x 反映的是形核激活能(E_n)和长大激活能(E_g),分别确定它们将会更有意义。Ranganathan 和 Von Heimendahl 已证明它们有如下关系

$$E = (n_n E_n + n_g E_g)/n \tag{3.40}$$

金属玻璃的晶化动力学研究还可以利用连续加热实验(连续

DSC)通过 Kissinger 方法得到,其总的晶化激活能、频率因子等可由下式计算得到

$$\ln \frac{\theta^2}{\phi} = \frac{E}{k_B \theta} + \ln \frac{E}{k_B v_0}$$ (3.41)

式中,θ 为 T_g 或 T_{pi};ϕ 为 DSC 的加热速度;k_B 为 Boltzman 常数。可由 $\ln(\theta^2/\phi)$ 对 $1/\theta$ 的斜率计算得到表观激活能,由斜率和截距可得到频率因子。

由于大块金属玻璃包括多种组元,其晶化行为与传统非晶合金明显不同,具有高形核速率和低生长速率的特点,表现为多级晶化,其晶化行为要比传统的非晶合金复杂得多。又由于它具有较宽的过冷液相区和较强的抗晶化能力,因此可用于研究过冷熔体中的形核和长大问题。一般来说,大块金属玻璃的成分与其晶化相有很大差别,因此多为初晶晶化型。研究表明:当大块金属玻璃在过冷液相区内退火时,在发生初晶晶化前先分解成两个不同成分的非晶相,即发生相分离,这种相分离可能会对其随后的晶化产生影响。大块非晶合金中的杂质元素,尤其是氧,对其晶化有很大影响。在制备过程中的保温温度及冷却速率等也对其晶化行为有很大作用。通过控制晶化条件在大块金属玻璃中还可以形成准晶或得到纳米晶。另一方面,纳米晶合金由于其独特的物理力学性能而备受材料学家和物理学家的关注,但是目前很难得到性能优异的大块纳米晶材料。大块金属玻璃的发现为制得大块纳米晶合金提供了可行的条件,也就是说,可以通过大块非晶合金的控制晶化而得到微观结构和性能满足要求的大块纳米晶,大块金属玻璃晶化特性的研究为实现这一目的提供了实验依据。

3.5.2　非晶合金亚稳相的高压暴露

亚稳相的形成,需要把气态、液态、高温相和高压相等高能态的结构"冻结"。在此意义上,亚稳相的形成依赖于冻结技术的发展。金属、合金的动力学过程比较快,但是高速淬火过程难以控制,另外冻结的速度越快,获得的亚稳相的种类并不一定越多,因此要暴露特定的亚稳相,还要有适合它的速度区间。高温相的能态,应介于平衡相与液相之间,高压相也常如此。因此通过液相过冷不仅会形成高温相,还能获得高压相,高压技术能够对这些亚稳相起到暴露作用。

固体受压可以使原子间距变小,导致原子排列发生改变,产生结构相变,其相变总是倾向于体积减小的方向进行,这将使体系的吉布斯自由能减少,从而形成亚稳相,更重要的是可以获得在常规条件下得不到的新结构、新物质。非晶态能量与液态相近,非晶晶化时,经亚稳态达到稳定平衡态,是一个比较快的过程。

压力作为热力学参量,同温度比较起来,在压力不太高时,对相变的影响很弱,因此常被忽略,但当压力足够高时,对非晶态的稳定性有很大影响。金属玻璃的原子做无规密堆排列,其密度一般低于晶态合金,压力使形核功降低,有利于形核,有助于高密度相的形成,可以促进晶化过程。然而金属玻璃的晶化还受原子扩散支配,由于形核率与原子扩散系数成正比,扩散将受到压力的制约,故压力又有抑制形核的作用;晶体长大要受原子的长程扩散支配,扩散需要一定的激活体积,而外加压力使体积收缩,所以又能抑制晶化的进行。

压力使体积收缩,使亚稳相转变的速度放慢,对暴露亚稳相是有效的。由于一般亚稳相具有单胞小、对称性高及原子填充率大的特点,在高压下容易生核,而且外加压力可能对原子扩散起抑制作用,从而妨碍了结构演化的进行,使亚稳相更容易暴露出来。金属无序过饱和固溶体则因为结构和成分的偏离,处于较高能态,一般在晶化的初期出现。

不论是形核过程还是晶体长大的过程,都涉及组分原子的迁移,依靠原子的扩散来完成,压力对扩散的影响可以用下式来表示

$$D = D_0 \exp(-p\Delta V/RT) \tag{3.42}$$

式中,D 为扩散系数;D_0 为常数;p 为压力;ΔV 为激活体积,大小与具体的扩散机制有关。该式指出,当压力 p 增加时,指数项减小,D 值下降。高压下晶化温度的提高可以看做是原子扩散受到抑制的结果。

将上式对压力求偏导可得

$$\left(\frac{\partial \ln D}{\partial P}\right)_T = -\frac{\Delta V^*}{RT} \tag{3.43}$$

激活体积 ΔV^* 能够表示为 $\Delta V^* = V_f + \Delta V_m^*$,其中 ΔV_f 表示空位形成体积,ΔV_m^* 表示迁移体积。迁移体积始终为正值,而空位形成体积则可为正也可为负,对于以空穴扩散为主的,$\Delta V_f > 0$,以间隙扩散为主的,$\Delta V_f < 0$。由此可见,当 $\Delta V^* > 0$ 时,压力使扩散系数降低。这个方程对于研究金属玻璃中的扩散行为是非常重要的,已成为研究非晶中扩散机制的有效工具。目前,两种热激活扩散机制被认为存在于金属玻璃相变过程中,即单原子扩散和集体迁移。在单原子跃迁扩散机制作用下,扩散激活体积近似等于一个扩散原子的体积;而在集体迁移扩散机制的作用下,扩散系数随压力的变化很小,利用此方程求得的激活体积很小,接近于零。

应该指出,合金的压缩不是在所有情况下都使晶化温度提高,晶化温度随压力的变化,与非晶合金晶化的类型有关。图 3.34 为非晶合金

在不同压力下变态的模式图,对于金属–类金属的二元系非晶合金的晶化研究表明:在常压及较低压力下,晶化是分解型的,平衡态由母金属及金属间化合物相组成;高压下原子的长距离迁移受到抑制,在足够

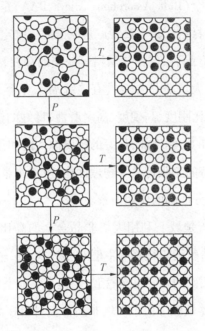

图 3.34　非晶合金在不同压力下变态的模式

高的压力下,晶化变态由分解型过渡为非分解型,形成单相金属间化合物,而且其原子排列与非晶态的局域原子结构相关,这类变态伴随着原子的有序化排列。以上两类晶化都是原子扩散速率、晶化温度随压力增加而增加,在极高压力下,晶化过程不仅不发生分解,而且不伴随有原子的有序化排列,非晶态直接转变为过饱和固溶体,这时晶化温度随压力的变化与上述两类变态有所不同,可能会下降,原因在于其晶化是非扩散速率过程,加压有利于晶化。

3.6 大块非晶合金的应用

大块非晶合金(Bulk Amorphous Alloys,BAA)是近十年来新出现的一种先进的金属材料。其主要特点是原子的三维空间呈拓扑无序状的排列,结构上没有晶界、位错与层错等缺陷的存在,并以金属键作为其结构特征。因此大块非晶合金具有传统晶态合金无法比拟的优异性能:高比强度、高比刚度、高硬度、高耐磨性、良好的塑性(甚至超塑性)变形能力等优异的力学性能;良好的抗腐蚀性能和化学活性;优良的软磁、硬磁以及独特的膨胀特性等物理性能,使大块非晶合金在以下的众多领域中具有十分广阔的应用前景。

(1)航空航天领域 利用大块非晶合金的高比强度、比刚度的优异力学性能,制造航天飞行器的主框架、结构珩架,轴承、反射镜支架等结构材料,可大比例的减轻重量,相当于提高了航空发动机的推力比。

(2)军事兵器领域 由于大块非晶合金材料在高速载荷作用下具有非常高的动态断裂韧性、在侵彻金属时具有良好的自锐性,是穿甲弹芯的首选材料之一。国外目前开发研制的 Zr 基非晶合金的断裂韧性可达 $60\ \mathrm{MPa\cdot m^{1/2}}$,是已发现的最为优异的穿甲弹芯材料之一。同时利用大块非晶合金的高硬度特性还可以成为穿甲防护材料,如装甲、防弹背心等。

(3)精密机械及汽车工业 利用非晶结构的特点可以加工出高精度无缺陷的微型齿轮传动机构;利用其高硬度、高耐磨性能可制造汽车发动机中的液压油缸、活塞等耐磨零部件,可大幅度提高其使用寿命。

(4)化学工业 利用其抗多种介质腐蚀的特性,可采用大块非晶合金材料制备耐腐蚀零部件,以保证在一些更为恶劣的环境下长期使用。

（5）医疗与体育器材　大块非晶合金的耐腐蚀性能可成为固定骨折夹板和钉的首选材料；优良的比刚度、比强度和高的硬度是高级体育竞赛如单杠、双杠和撑杆跳支撑杆的最好材料。在高尔夫球杆头的击球面，大块非晶合金材料已得到成功的应用。

（6）其他方面　利用其优良的化学活性可生产出极好的化学反应催化和光催化材料，利用其优良的软磁、硬磁特性可作为传统磁性材料的升级替代品，利用其独特的膨胀特性等物理性能可用于制造具有更高灵敏度的各种精密零部件和热双金属器件。此外利用其在特定温度下的超塑性可实现超塑性变形和加工。

综上所述的优良性能，使大块非晶合金材料不仅在航空航天和军事领域引起了世界各军事强国的极大重视，而且在民用方面也受到了广泛的关注。特别是进入 20 世纪 90 年代以来，世界上各主要工业强国竞相投入了大量的人力、物力进行各种大块非晶合金材料的研究与开发应用，一些产品已在西方发达国家重要的军事装备和工业场合中获得了实际应用。以美国为例，其军方为满足未来反坦克作战的需要，投巨资开发以 Zr 基非晶合金穿甲弹芯为核心的新一代动能穿甲弹产品。另外，世界上各主要工业强国在舰船用高强耐蚀大块非晶合金、大块非晶合金催化电极的开发和应用方面也已取得了多项重大进展。上述成果为这些国家军事装备技术水平和工业生产技术水平的提高起到了十分重要的作用。在民用领域，主要是利用其优良独特的机械性能，高的抗蚀性，好的工作性能，好的软磁性能和有用的化学性能。大块非晶合金和纳米晶合金的这些有用的特点在电极和体育用品方面已经得到商业化应用。许多公司正在测试其作为机械结构材料、模具、切削刀具、写入用具及软磁材料等方面的应用。我们相信在不远的将来,这些以大块非晶合金,纳米晶和纳米准晶相组成的先进的合金作为基础科学和工程材料将发挥巨大的作用。

表3.4总结了大块非晶和纳米晶合金的基本的性能和应用领域。

表3.4 大块非晶合金的基本性能和应用领域

基本性能	应用领域
高强度	机械结构材料
高硬度	光学精密材料
高断裂韧性	冲模材料
高的冲击断裂能	工具材料
高疲劳强度	切削材料
高弹性能	电极材料
高耐腐蚀性能	耐蚀材料
高耐磨性能	装饰材料
高粘滞性	储氢材料
高反射率	复合材料
良好的软磁性能	记忆材料
高磁弹性	耦合材料
有效电极	软磁材料
高储氢性	高磁致伸缩材料

参 考 文 献

[1] 卢博斯基 F E.非晶态金属合金[M].柯成,等译. 北京:冶金工业出版社,1989.

[2] KLEMENT W, WILLENS R, DUWEZ P. The $Au_{75}Si_{25}$ amorphous alloy[J]. Nature, 1960,187:869.

［3］　INOUE A，TAO ZHANG，MASUMOTO T. Al－La－Ni amorphous alloy with a wide super cooled liquid region［J］. Mater. trans. JIM,1989, 30: 965-972.

［4］　INOUE A，TAO ZHANG，MASUMOTO T. Zr－Al－Ni amorphous alloy with high glass transition temperature and significant super-cooles liquid region［J］. Mater. Trans. JIM, 1990, 31(3):177-183.

［5］　PEKER A，JOHNSON W L. A highly process able metallic glass: $Zr_{41.2}Ti_{13.8}Cu_{12.5}Ni_{10.0}Be_{22.5}$［J］. Appl. Phys. Lett. 1993, 63(17): 2 342-2 344.

［6］　AKIHISA INOUE. Bulk amorphous and nanocrystalline alloys with high functional properties［J］. Materials Science and Engineering, 2001,304A:1-10.

［7］　JING Q，LIU R P，LI G，et al. Thermal expansion behavior and structure relaxation of ZrTiCuNiBe bulk amorphous alloy［J］. Scripta Materialia,2003,49:111-115.

［8］　李工. 极端条件下 ZrTiCuNiBe 大块金属玻璃结构演化［D］. 北京:中国科学院物理研究所,2002.

［9］　GONG LI，WANG Y Q，MIN WANG LI，et al. Wear behavior of bulk $Zr_{41}Ti_{14}Cu_{12.5}Ni_{10}Be_{22.5}$ metallic glasses［J］. J. Mater. Res, 2002,17(8):1 877-1 880.

［10］　JING Q，LIU R P，SHAO G J，et al. Preparation and the properties stability of Zr－based bulk amorphous Alloy［J］. Materials Science and Engineering,2003,259A:402-404.

［11］　王一禾,杨膺善. 非晶态合金［M］. 北京: 冶金工业出版社,1989.

第4章　纳米晶复合永磁材料

4.1　永磁材料基础[1]

4.1.1　永磁材料及应用概述

材料是人类社会文明的柱石和里程碑。家庭磁性材料的平均使用量已成为衡量一个国家文明与发达程度的标志之一。所谓磁性材料就是指可以用于制造磁功能器件的材料,它包括硬磁材料、软磁材料、半硬磁材料、磁致伸缩材料、磁性薄膜、磁性微粉、磁性液体、磁致冷材料以及磁蓄冷材料等,其中用量最大和用途最广的是硬磁材料和软磁材料。硬磁材料和软磁材料的主要区别在于硬磁材料的各向异性场高、矫顽力高、磁滞回线面积大、磁化到技术饱和所需要的磁化场大。现代硬磁材料的矫顽力一般均大于 4 000 kA/m,而软磁材料的矫顽力一般小于 80 A/m,最低可达 0.08 A/m 左右。由于软磁材料的矫顽力低,技术磁化到饱和并去掉外磁场以后,它非常容易退磁。而硬磁材料由于矫顽力高,经技术磁化到饱和并去掉外磁场后,它仍然能保持很强的磁性,因此,硬磁材料又被称为永磁材料。

将永磁材料放在外磁场中磁化时,外磁场对永磁体所做的功被称为磁化功。对于闭路永磁体而言,磁化功以磁能积 *BH* 的形式贮存于材料的内部。对于开路永磁体来说,磁化功一部分贮存于永磁材料内部,另一部分以磁场的形式贮存于两磁极附近的空间。永磁体在气隙中贮存的磁场能和永磁体的磁能积成正比。永磁体是一个贮能器。利用永磁体磁极的相互作用和气隙中的磁场可以实现机械能或声能与电磁能之间的相互转换,可以制成各式各样的功能器件。例如,利用磁场与运动导线的相互作用将机械能或声能转化为电能或电信号来制造发电机、话筒和传感器;利用磁场与载流导线的相互作用将电能或电信息转变为机械能、声能或非电信息来制成诸如音圈电机、步进电机以及扬声器、耳机等各种永磁电机;利用磁场之间的相互作用力可以实现磁传动、磁悬浮、磁起重和磁分离等;利用磁场与荷电离子的相互作用可以做成各种微波功率器件,如微波通讯之中的行波管、返波管及环行器等;利用磁场对物质作用所产生的各种物理效应,如核磁共振效应、磁化学效应、磁生物效应、磁光效应和磁霍耳效应等,来制造核磁共振成像仪,或利用宏观物质(包括固态、液态及气态)的磁化改变其内部结构或键合力的性质与状态,来制造磁水器和磁疗器件等。这些永磁材料功能器件的优点是节能、效率高、与系统兼容、便于操作和可靠性高。

4.1.2　永磁材料的种类及发展

现代工业与科学技术中广泛应用的永磁材料可以简单地分为铸造永磁材料、铁氧体永磁材料、稀土永磁材料和其他永磁材料四大类别,它们的主要型号和磁性能列于表 4.1 中。表 4.2 是近几年来世界永磁材料产量的增长趋势。由表 4.1、表 4.2 可见,铸造 AlNiCo 永磁材料的居里温度 T_c 高,温度稳定性好,磁感温度系数低,$\alpha_B \approx -0.03\%$。但是,它含有较多的战略金属——钴和镍。在 20 世纪 60 年代稀土永磁材料出现之前,它的产量曾经一度高达 23 000 t/年。到 1995 年,全球

表 4.1　永磁材料的型号与主要性能

类别		型号	磁 性 能			
			B_r/T	$H_c/(\text{kA}\cdot\text{m}^{-1})$	$(BH)_{max}/(\text{kJ}\cdot\text{m}^{-3})$	T_c/K
铸造永磁材料		AlNiCo5 系	0.1 ~ 1.32	40 ~ 60	9 ~ 56	1 163
		AlNiCo8 系	0.8 ~ 1.05	110 ~ 160	40 ~ 60	1 133
铁氧体永磁材料		Ba 铁氧体 Sr 铁氧体 粘结铁氧体	0.3 ~ 0.44	250 ~ 350	25 ~ 36	723
稀土永磁材料	稀土钴系永磁材料	1∶5 型 Sm-Co	0.9 ~ 1.0	1 100 ~ 1 540	117 ~ 179	993
		2∶17 型 Sm-Co	1.0 ~ 1.30	500 ~ 600	230 ~ 240	1 073
		粘结 Sm-Co	1.0 ~ 1.07	800 ~ 1 400	160 ~ 204	1 083
	稀土铁系永磁材料	烧结 Nd-Fe-B 系	1.1 ~ 1.4	800 ~ 2 400	240 ~ 400	310 ~ 510
		粘结 Nd-Fe-B 系	0.6 ~ 1.1	800 ~ 2 100	56 ~ 160	310
		2∶17 与 1∶12 型间隙化合物永磁	0.6 ~ 1.1	600 ~ 2 000	56 ~ 160	583 ~ 873
		纳米复合型	1.0 ~ 1.3	240 ~ 640	80 ~ 160	
		热变形永磁	1.2 ~ 1.35	440 ~ 1 100	240 ~ 360	
其他永磁材料		Fe-Cr-Co 系永磁	1.29	70.4	64.2	773 ~ 873
		Fe-Ni-Cu 系	1.30	4.8	50 ~ 60	
		Pt-Co 系	0.79	320 ~ 400	40 ~ 50	
		Fe-Pt 系	1.08	340	154	793 ~ 803

表 4.2　近几年世界永磁材料产量增长趋势/kt

材　　料	1994 年	1995 年	1996 年	2000 年
铁氧体永磁材料	420	460	500	约 680
Sm-Co 永磁材料	0.7	0.66	0.62	
烧结 Nd-Fe-B 永磁材料	3.4	4.5	6.05	13.5
粘结 Nd-Fe-B 永磁材料	0.86	1.1	1.37	约 5.5
AlNiCo		8.0	5.0~7.0	2.0~3.0
总产值/亿美元	33		50	约 90~100

铸造永磁材料的产量已经回落到约 8 000 t/年,今后还有逐年降低的趋势。铁氧体永磁材料的主要特点是原材料资源丰富、价格低。虽然磁性能不太高,但仍在汽车工业、音响、通讯、家用电器、办公自动化设备中得到了广泛应用,其产量持续增长,平均年增长率约为 10% 左右。Sm-Co 系永磁材料的居里点高,温度稳定性好,但金属 Co 和 Sm 的含量较高。由于 Sm 在稀土矿中的含量较少,自然价格就高,因此 Sm-Co 系永磁材料的应用受到了限制,1994 年以来其产量逐年降低。稀土铁系永磁材料,如 Nd-Fe-B 系永磁(包括烧结和粘结永磁)材料的磁性能高,不含战略金属钴和镍,价格相对较低,因而得到了广泛应用,平均年增长率高达 20% ~30% 。

　　永磁材料的应用主要是利用它在气隙中产生的磁场强度 H_g,而 H_g 的大小与永磁材料的最大磁能积 $(BH)_{max}$ 的平方成正比,因此可以用 $(BH)_{max}$ 的不断提高来说明永磁材料的发展趋势。图 4.1 是 20 世纪近百年内永磁材料最大磁能积 $(BH)_{max}$ 的进展情况。由此可见,在此期间每隔 10 年左右,$(BH)_{max}$ 就出现一次跳跃式的发展。$(BH)_{max}$ 从 20 世纪初的 15 kJ/m³ 提高到 20 世纪 90 年代的 400 kJ/m³,平均每 10 年提高 40 kJ/m³,其中最近两次 $(BH)_{max}$ 的跳跃增量最大:20 世纪 70 年代,从约 100 kJ/m³ 提高到 260 kJ/m³;而 80 年代又从约 260 kJ/m³ 提高到 400 kJ/m³,两次在 10 年内都提高了约 150 kJ/m³。人们现在关心的是,从 20 世纪末到 21 世纪初的 10 ~ 20 年内,$(BH)_{max}$ 能否从 400 kJ/m³ 提高到 500 ~ 600 kJ/m³ 呢?一些学者认为这种可能性很小,其理由是一种材料的磁能积提高到一定程度后就饱和了,或者说达到了一个平台,要想有一个新的飞跃,就要等待新材料的出现。

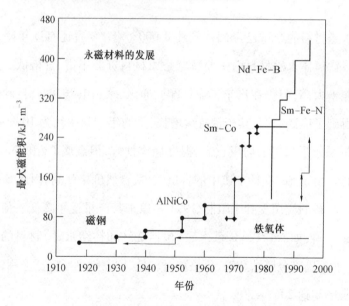

图 4.1 20 世纪永磁材料磁能积的进展

4.1.3 永磁材料的技术磁参量

永磁材料的技术磁参量可以分为非结构敏感磁参量(即内禀磁参量),如饱和磁化强度 M_s、居里温度 T_c 等,以及结构敏感磁参量,如剩

磁 M_r 或 B_r、矫顽力 H_{ci} 或 H_{cb}、磁能积 $(BH)_{max}$ 等。前者主要由材料的化学成分和晶体结构来决定,而后者除了与内禀量有关外,还与晶粒尺寸、晶粒取向、晶体缺陷、掺杂物等因素有关。

1. 饱和磁化强度 M_s

饱和磁化强度 M_s 是永磁材料极其重要的磁参量。永磁材料均要求 M_s 越高越好。饱和磁化强度决定于组成材料的磁性原子数、原子磁矩以及温度。当合金含有两个铁磁性相时,合金的饱和磁化强度 M_s 与两个铁磁性相的饱和磁化强度 M_{s1} 和 M_{s2} 之间存在如下关系

$$M_s V = M_{s1} V_1 + M_{s2} V_2 \qquad (4.1)$$

如果第二相是非铁磁性相($M_{s2} = 0$),则

$$M_s = M_{s1}\left(1 - \frac{V_2}{V}\right) \qquad (4.2)$$

式中,V_1 和 V_2 分别为合金样品中两个相的体积分数。上式说明,减少合金中非铁磁性相有利于提高合金的饱和磁化强度。

2. 居里温度 T_c

铁磁体由铁磁性或亚铁磁性转变为顺磁性的临界温度称为居里温度或居里点 T_c。T_c 是磁性材料的重要参数,T_c 高的材料其工作温度可以提高,也有利于提高磁性材料的温度稳定性。T_c 是材料的 $M - T$ 热磁曲线上 $M \rightarrow 0$ 时所对应的温度,或者说是交流磁化率 χ 与 T 关系曲线上 χ 峰值所对应的温度。

3. 各向异性场 H_A

H_A 是永磁材料的重要磁参量,它是内禀磁参量,是矫顽力的极限值。可以用多种方法来测定各向异性场,其中较为常用的有两种方法,即磁化曲线交点法和奇点探测法。

4. 剩磁 B_r

铁磁体磁化到饱和后去掉外磁场时,在磁化方向上保留的 M_r 或 B_r 简称为剩磁。M_r 称为剩余磁化强度,B_r 称为剩余磁感应强度。M_r 是由 M_s 到 M_r 的反磁化过程来决定的。对多晶体而言,其剩余磁化强度为

$$M_r = \frac{1}{V} \sum_i M_s V_i \cos \theta_i \tag{4.3}$$

式中,V_i 代表第 i 个晶粒的体积;θ_i 代表第 i 个晶粒的 M_s 方向(即靠近外磁场方向的易磁化方向)和外磁场之间的夹角;V 为样品的总体积。如果是单晶体,则其剩磁为

$$M_r = M_s \cos \theta \tag{4.4}$$

当沿着晶体的易磁化轴方向磁化时,则有 $M_r = M_s$,$B_r = \mu_0 M_r = \mu_0 M_s$,这说明 B_r 的极限值是 $\mu_0 M_s$。

5. 矫顽力

铁磁体磁化到饱和以后,使它的磁化强度 M 或磁感应强度 B 降低到零所需要的反向磁场称为矫顽力,分别记作 H_{ci} 和 H_{cb},前者称为内禀矫顽力,后者称为磁感矫顽力。矫顽力与铁磁体由 M_r 到 $M = 0$ 的反磁化过程的难易程度有关。磁体的反磁化过程包括畴壁位移和磁矩转动两个基本的方式。

6. 最大磁能积 $(BH)_{max}$

永磁材料用作磁场源或磁力源,主要是利用它在空气隙之中产生的磁场。开路(即有缺口)永磁体的退磁曲线上的各点的磁能积随 B 的变化如图4.2所示。其中 $B_d \cdot H_d = (BH)_{max}$ 称为最大磁能积,如果在设计永磁材料时,使其在 D 点工作,则永磁材料在气隙之中将产生最大的磁场强度。最大磁能积越大,在气隙中产生的磁场就会越大,因此要

求永磁材料的最大磁能积越大越好。

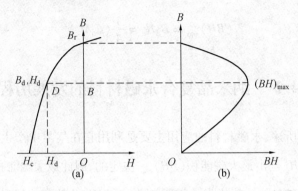

图 4.2　永磁材料的最大磁能积

如果测出了退磁曲线,可以用作图法近似地求出永磁材料的最大磁能积。做图的方法如下:由 B_r 点做纵轴的垂线,再由 H_{cb} 点做横轴的垂线,两条直线交于 S 点。坐标原点 O 和 S 的连线 OS 与退磁曲线相交于 D 点。与 D 点相对应的 B_d 和 H_d 的乘积就是最大磁能积,即

$$(BH)_{max} = B_d H_d \tag{4.5}$$

$(BH)_{max}/(B_r H_{cb}) = \gamma$ 称为退磁曲线的隆起度,所以磁能积还可表示为

$$(BH)_{max} = \gamma B_r H_{cb} \tag{4.6}$$

我们知道 B_r 的极限值是 $\mu_0 M_s$,H_{cb} 的极限值是 $\mu_0 M_r = \mu_0 M_s$,则理想退磁曲线(直线)方程可以表示为

$$B = H + \mu_0 M_s$$

上式两边点乘 H,变为

$$BH = (H + \mu_0 M_s)H$$

由 $\dfrac{\mathrm{d}(BH)}{\mathrm{d}H} = 0$ 条件,可以求出理想退磁曲线上 (BH) 为极大值的 B_d 和 H_d 值。由此可得

$$B_d = \frac{\mu_0 M_s}{2} \quad H_d = \frac{\mu_0 M_s}{2}$$

所以最大磁能积$(BH)_{max}$的理论值为

$$(BH)_{max} = B_d H_d = \frac{1}{4}(\mu_0 M_s)^2 \tag{4.7}$$

4.2　纳米晶复合永磁材料的发展历程

如前所述,永磁材料的应用主要是利用它在气隙中产生的磁场强度H_g,而H_g是由最大磁能积$(BH)_{max}$决定的,因此最大磁能积$(BH)_{max}$是衡量永磁材料性能优劣的重要参数。$(BH)_{max}$越高就越有利于永磁器件的小型化和轻量化。在理想的情况下,当$M_r = M_s$时,永磁材料磁能积的理论值$(BH)_{max} = \frac{1}{4}(\mu_0 M_s)^2$。实际上,工业中生产的永磁材料总是$M_r < M_s$。因此要想使实际永磁材料的磁能积达到理论值,其前提条件是要使得其内禀矫顽力H_{ci}大于或等于B_r。而铸造 AlNiCo 系永磁材料的$B_r(1.2 \sim 1.4T)$远大于$H_{ci}(0.1 \sim 0.3T)$,为此提高铸造AlNiCo 系永磁材料$(BH)_{max}$的关键是如何提高H_{ci}。自从稀土永磁材料出现以来,由于稀土元素与金属间化合物的各向异性特别高,各向异性场也特别大,往往其$H_{ci} > B_r$。因此对于稀土金属间化合物永磁材料来说,如何提高$(BH)_{max}$的关键又转到如何提高B_r上。幸好不论是Co 基稀土永磁材料(1∶5 型和2∶17 型)还是 Fe 基稀土永磁材料(主要是 $Nd_2Fe_{14}B$ 系、$Sm_2Fe_{17}N_x$、$R(Fe,M)_{12}N_x$ 系等),它们都具有单轴各向异性。可采用粉末冶金法制造各向异性永磁体,把其 M_r 提高到$0.9 \sim 0.98 M_s$,从而有可能将 Nd – Fe – B 系永磁材料的$(BH)_{max}$提高到 4.29 MJ/m^3,以达到理论磁能积$(BH)_{max}(4.39 MJ/m^3)$的 97%。但是,对于采用粉末冶金法来说,要实现磁场取向就必须增加生产工艺环节与设备,提高了材料的成本。在烧结 Nd – Fe – B 永磁材料发现的同时,也发现了快淬 Nd – Fe – B 系永磁材料。用熔体快淬法将 Nd – Fe – B 系合金制成非晶态薄带、鳞片或粉末,然后在真空下进行晶化处理,可得到具有细小晶粒的高矫顽力的 Nd – Fe – B 粉末。这种粉末的晶粒是混乱取向的,可将它制成粘结各向同性的永磁体。按照 Stoner – Wohlfarth 模型,各向同性永磁体的 $M_r = 0.5M_s$,因此,各向同性粘结 Nd – Fe – B 系永磁体的磁能积理论值 $(BH)_{max} = \frac{1}{16}(\mu_0 M_s)^2$,仅为各向异性 Nd – Fe – B 系永磁体 $(BH)_{max}$ 理论值的 25.0%。那么能否将各向同性的稀土永磁材料的 M_r 提高到大于 $0.5M_s$ 呢? 这是一个问题。其次,由于稀土金属 $4f$ 电子与过渡族金属 $3d$ 电子的自旋是共线反向(或反平行)的,因此,稀土金属间化合物的 M_s(例如 $SmCo_5$ 的 $M_s = 0.91$ MA/m,$Nd_2Fe_{14}B$ 的 $M_s = 1.29$ MA/m) 一般要远低于 α – Fe 的 $M_s(1.71$ MA/m)。由于稀土金属间化合物的 H_{ci} 已大于 $\mu_0 M_r \approx \mu_0 M_s$,所以进一步提高稀土金属间化合物 $(BH)_{max}$ 的关键又转化为如何提高 $\mu_0 M_s$。人们自然会想到,如果能将具有高 M_s 的 α – Fe 和各向异性的稀土金属间化合物复合起来制成永磁体的话,那么将有可能得到高性能的永磁材料。

　　20 世纪 50 年代人们发现,永磁材料矫顽力与永磁相尺寸的关系曲线如图 4.3 所示,它是推动纳米晶永磁材料发展的根本原因。根据该曲线,永磁体的矫顽力随晶粒尺寸的减小而增大,当晶粒尺寸小到永磁体的单畴尺寸时,矫顽力达到最大值,然后由于纳米粒子热效应的影响,矫顽力开始减小,最后永磁体进入超顺磁状态时矫顽力为零。对于具有较高饱和磁化强度的高各向异性材料来说,其单畴尺寸小于

1 μm(表4.3)[2]。因此,当这些材料的晶粒尺寸被减小到低于微米量级时材料的矫顽力就得到提高。

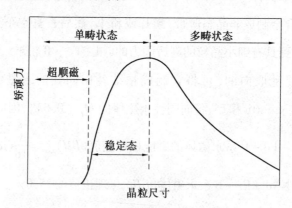

图4.3　晶粒尺寸与矫顽力之间的关系

表4.3　纳米晶磁体的磁性能

磁体种类	M_s/(MA·m^{-1})	H_A/(MA·m^{-1})	D_c/μm	T_c/K	H_c/(MA·m^{-1})
$Nd_2Fe_{14}B$	16.0	5.33	0.25	588	1.19
$Pr_2Fe_{14}B$	15.6	6.92		565	0.95
$Tb_2Fe_{14}B$	6.64	17.51	1.69	629	7.64
$Dy_2Fe_{14}B$	7.12	11.94		593	5.09
$Pr_2Co_{14}B$	9.75	7.96		990	1.99
$Sm_1Fe_{11}Ti_1$	11.7	8.36		584	0.29
$Sm_1Fe_{10}V_2$	8.0	4.30		610	0.80
$Sm_2Fe_{17}N_{2.3}$	15.4	11.14	0.36	743	2.39
$Sm_2Fe_{17}C_{2.2}$		>7.96		673	1.83
Sm_2Co_{17}	12.5	4.14		1 193	0.72
$SmCo_5$	11.4	17.51~30.00	0.71~0.96	1 000	3.98

通常制备的纳米晶永磁材料均为各向同性,其剩磁 $M_r = 0.5M_s$,进一步提高其剩磁对发展高磁能积永磁材料具有重要意义。研究工作发现[2],含有一定量 Si 和 Al 的各向同性纳米晶 Nd-Fe-B 磁体的剩磁大

于 $0.5M_s$。这是人们在各向同性单相纳米晶永磁材料中首次观察到剩磁增强的实验结果。起初,人们认为剩磁的提高源于 Si 和 Al 的添加细化了 $Nd_2Fe_{14}B$ 纳米晶尺寸(约为18 nm),导致了均匀、细小的纳米晶结构所致。后续的研究工作表明,Si 和 Al 的存在对于合金剩磁的提高不是必须的,合金剩磁的提高是由于晶粒间的磁耦合导致了各晶粒的一致性磁化。

纳米晶复合永磁材料中的剩磁增强现象是1988年荷兰菲利浦公司研究所的 Coehoorn 等人[3]首先报道的。他们用快淬法将成分为 $Nd_4Fe_{77}B_{18.5}$ 的合金制备成非晶态薄带,然后在 670℃进行 30 min 晶化处理,得到了各向同性的纳米晶粉体,获得了较高的剩磁 $M_r = 0.8M_s$,其磁性能 $\mu_0M_s = 1.6T$, $\mu_0M_r = 1.2T$, $\mu_0H_{ci} = 0.3T$。采用 Mössbauer 谱分析发现,该合金经晶化后,相组成和各相的体积分数分别为:Fe_3B 相占 73%,$Nd_2Fe_{14}B$ 相占 15%,α-Fe 相占 12%。Fe_3B 相具有四角晶体结构,具有单轴各向异性,但各向异性很低($K_1 = 200$ kJ/m³,$H_A = 640$ kA/m),与 α-Fe 的各向异性($K_1 = 47$ kJ/m³,$H_A = 850$ kA/m)相当,Fe_3B 和 α-Fe 均是软磁相。但是 Fe_3B 具有较高的 $H_{ci}(0.3T)$,并且还有显著的剩磁增强效应,即 $M_r = 0.75M_s$。透射电镜观察发现,该合金晶化后,Fe_3B 晶粒尺寸约为 30 nm,$Nd_2Fe_{14}B$ 相平均晶粒尺寸约为 10 nm,并且两相晶粒是混乱取向的。这一实验结果表明,由具有纳米级晶粒的软磁相与硬磁相组成的各向同性合金,具有很强的剩磁增强效应和相当高的矫顽力。

1991年德国鲁尔大学的 Kneller 和 Hawig 两人[4]用快淬法制备了 $Nd_{3.8}Fe_{77.2}B_{19}$ 和 $Nd_{3.8}Fe_{73.3}B_{18}Si_{1.0}V_{3.9}$ 纳米晶合金,得到了与 Coehoorn 大体相同的结果。他们提出了磁交换耦合磁硬化原理来解释这类各向同性纳米晶复合永磁体所体现出的剩磁增强效应,并指出这是一种新的磁硬化理论。

Manaf 等人[5]用快淬法将成分为 $Nd_8Fe_{86}B_6$ 和 $Nd_8Fe_{86}B_5$ 的合金做成非晶态薄带,经晶化处理后,合金的磁性能达到 $B_r = 1.12$ T, $H_{ci} =$ 458 kA/m 和 $(BH)_{max} = 157$ kJ/m^3。透射电镜观察表明,该合金由基体相 $Nd_2Fe_{14}B$ 和第二相 α-Fe 组成。基体相的晶粒尺寸小于 30 nm, α-Fe 的晶粒尺寸小于 10 nm。合金样品是各向同性的,它的第二象限退磁曲线具有单一铁磁性相的特征,并且 $M_r > 0.5M_s$。它的磁硬化也源于相邻两相 $Nd_2Fe_{14}B$ 和 α-Fe 相界面的磁交换耦合作用。同年,西澳大利亚大学 Ding 等人[6]采用机械合金化技术将 0.45 mm(40 目)的 Sm 粉和 0.15 mm(100 目)的 α-Fe 粉按 Sm_2Fe_9 成分混合后进行高能球磨 48 h。球磨粉由不知成分的 Sm-Fe 非晶态与 5 nm 的 α-Fe 晶粒组成。球磨粉在真空环境中经 600℃晶化处理 2 h,然后进行氮化处理,获得 Sm-Fe-N 粉末样品。其磁性能为: $M_r = 0.11$ T, $H_{ci} = 312$ kA/m, $(BH)_{max} = 204.8$ kJ/m^3。透射电镜观察表明,该合金由 70% $Sm_2Fe_{17}N_x$ 和 30% α-Fe 组成。 α-Fe 晶粒尺寸为 20 nm。虽然样品是各向同性的,但是其 $M_r = 0.8M_s$,纳米晶复合粉体具有很强的剩磁增强效应,且其第二象限退磁曲线具有典型的单一铁磁性特征。该粉体的磁硬化也是起源于两相界面之间的磁交换耦合。

以上结果表明,这种以软磁性相为主相的复合材料呈现出了优良的永磁特性,这是传统的永磁理论无法理解的。从矫顽力的形成机制来看,这是一种崭新的永磁材料,它很可能成为永磁材料发展史上的一个重要的里程碑。在这类材料中晶粒的大小与畴壁的厚度相近,晶粒之间存在强烈的交换耦合作用,这对于高剩磁的获得以及矫顽力的形成起着关键性的作用。纳米晶复合永磁材料的出现给了研究者们重要的启示,即把具有高磁晶各向异性的硬磁性相与具有高饱和磁化强度的软磁性相以某种特殊的形式复合在一起,使它们之间通过交换耦合作用可形成既具有高剩磁又能保持必要的矫顽力的高性能永磁材料。

　　纳米晶复合永磁材料的基体相可以是软磁性相,也可以是硬磁性相,两相的数量可以连续地过渡,如图 4.4 所示。在 A 区,基体相是硬磁性相,第二相是软磁性相。B 区的基体相是软磁性相,硬磁性相是第二相。在 C 区硬磁性相与软磁性相在数量上大体相当,两相均高度弥散地均匀分布,彼此在纳米级范围内复合。为获得较高的永磁性能,要求硬磁相有尽可能高的磁晶各向异性,而软磁相则要有尽可能高的饱和磁化强度,在两相界面处存在磁交换耦合作用。虽然两相的磁晶各向异性常数相差非常大,但是在磁交换耦合的作用下,当有外磁场作用时,软磁性相的磁矩要随硬磁性相的磁矩同步转动,因此这种磁体的磁化与反磁化具有单一铁磁性相的特征。在剩磁状态,软磁性相的磁矩将停留在硬磁性相磁矩的平均方向上,因此各向同性的永磁体具有剩

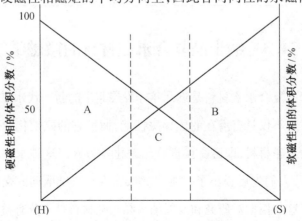

图 4.4　纳米晶复合永磁材料两相比例数示意图

磁增强效应。表 4.4 给出了典型的纳米晶复合永磁材料的磁性能。

表 4.4 纳米晶复合永磁体的磁性能

纳米晶复合永磁材料	硬/软磁相	$M_r/$ $(MA \cdot m^{-1})$	M_r/M_s	$H_c/$ $(kA \cdot m^{-1})$
$Nd_4Fe_{78}B_{18}$	$Nd_2Fe_{14}B/Fe_3B$	12.0	0.7	286.5
$Nd_6Fe_{87}Nb_1B_6$	$Nd_2Fe_{14}B/Fe$	10.4	0.67	302.4
$Tb_6Fe_{87}Nb_1B_6$	$Tb_2Fe_{14}B/Fe$	4.2	0.5	79.6
$Dy_6Fe_{87}Nb_1B_6$	$Dy_2Fe_{14}B/Fe$	4.3	0.5	79.6
$Pr_8Co_{83}Nb_1B_8$	$Pr_2Co_{14}B/Co$	9.0	0.6	342.2
$Pr_8Fe_{86}B_6$	$Pr_2Fe_{14}B/Fe$	14.2	0.68	389.9
$Pr_8(Fe_{0.94}Nb_{0.06})_{86}B_6$	$Pr_2Fe_{14}B/Fe$	12.2	0.69	716.2
$Pr_8((Fe_{0.5}Co_{0.5})_{0.94}Nb_{0.06})_{86}B_6$	$Pr_2(Fe,Co)_{14}B/(Fe,Co)$	13.8	0.67	167.1
$Pr_8((Fe_{0.5}Co_{0.5})_{0.94}Nb_{0.06})_{82}B_{10}$	$Pr_2(Fe,Co)_{14}B/(Fe,Co)$	11.2	0.71	517.3
$Sm_2Fe_{15}Cr_2C_2$	$Sm_2Fe_{17}C_x/Fe$	8.6	0.57	962.9
$Sm_2Fe_{11}Co_4Cr_2C_2$	$Sm_2(Fe,Co)_{17}C_x/(Fe,Co)$	8.5	0.63	771.9
$Sm_7Fe_{93}N_x$	$Sm_2Fe_{17}N_x/Fe$	14.0	0.79	310.4
$Sm_{10.5}Co_{49.5}Fe_{40}$	$Sm_2(Fe,Co)_7/(Fe,Co)$	15.3	0.78	310.4

4.3 纳米晶复合永磁材料的微磁学

纳米晶复合永磁材料是近几年才发展起来的新一代永磁材料。这种永磁材料不仅具有潜在的优异磁性能,而且它的磁硬化原理也不同于其他的永磁材料,即磁交换耦合磁硬化。为弄清这种永磁材料的磁硬化原理,人们先后提出了一维、二维、三维及三维取向的交换耦合模型。了解这些模型对研究和发展纳米晶永磁材料是十分有益的。

4.3.1　一维交换耦合模型[4]

Kneller 和 Hawig 采用一维交换耦合模型解释了纳米晶复合永磁材料的剩磁增强效应。模型假设:纳米晶复合永磁材料由具有高磁晶各向异性的硬磁性相(用 H 表示)和具有高的饱和磁化强度的软磁性相(用 S 表示)交替复合组成。两相界面在晶体学上是共格的,两相均是单易轴的,且其易轴沿 z 轴方向,与 x 轴垂直,如图4.5所示。图中 b_S 和 b_H 分别代表软磁性相区和硬磁性相区的宽度,b_{SC}、b_{HC} 分别代表两种相区的临界厚度,即实现不可逆磁化反转的尺寸。

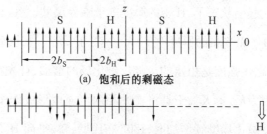

(a)　饱和后的剩磁态

(b)　在 S 相区厚度 b_S 为恒定,并且在 $b_S \geqslant b_{SC}$ 的情况下, 随磁化场的增加而反磁化的过程

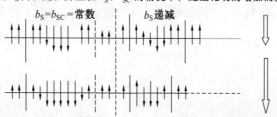

(c)　在 S 相区厚度 b_S 为恒定,并且在 $b_S \geqslant b_{SC}$ 的情况下,随磁化场的增加而反磁化的过程

(d)　在 b_S　b_{SC} 时的反磁化 (b_{SC} 是 S 相的临界厚度)

图4.5　交换耦合复合永磁体的微磁学与微结构一维模型示意图

假设 $k_s = 4K_s / \mu_0 M_s \ll 1$,$K_H / K_S \approx 10^2 \sim 10^3$,而其 M_{sS}^2 / M_{sH}^2 不超过10,即 H 相的磁晶各向异性常数 K_H 远大于 S 相的磁晶各向异性常数 K_s,M_{sS} 和 M_{sH} 分别为软磁性相和硬磁性相的饱和磁化强度。将微磁学

理论用于图 4.5 的系统,在反磁化场的作用下,若不考虑静磁能的变化,则系统的能量可表示为

$$E_\gamma = E_k + E_{ex} + \gamma_\omega$$

$$E_r = K_1 \sin^2 \Phi + A\left(\frac{\mathrm{d}\varphi}{\mathrm{d}x}\right)^2 + \delta_H + \delta_A\left(\frac{\pi}{\delta}\right)^2 \qquad (4.8)$$

式中,E_k 是磁晶各向异性能;K_1 是磁晶各向异性常数;Φ 是 M_s 与 z 轴的夹角;A 是交换积分常数;φ 是相邻原子磁矩的夹角;$\delta_H + \delta_A\left(\frac{\pi}{\delta}\right)^2$ 是 180° 布洛赫壁单位面积的畴壁能。

假定在起始状态下,H 相的厚度等于临界尺寸,它也正好等于 H 相的畴壁厚度,而 S 相的厚度 b_S 较大,并等于 $2b_{SC}$。在反磁化场的作用下,H 相的磁化强度是稳定的。随反磁化场的增加,首先在 S 相内实现反磁化。因为 $K_S \ll K_H$,于是将在 S 相内可逆地形成两个平衡的 180° 畴壁。当反磁化场继续增加时,180° 布氏壁将被推向 H 相边界。但由于 H 相的 K_H 较高,它的磁矩维持在剩磁态方向。由于界面的磁交换耦合作用,S 相内的畴壁能将升高,由此可导出 S 相区的临界厚度

$$b_{SC} = \pi\sqrt{\frac{A_S}{2K_H}} \qquad (4.9)$$

式中,A_S 是软磁性相的交换积分常数,取 $A_S = 10^{-11}$ J/m;K_H 为硬磁性相的交换积分常数,取 $K_H = 2 \times 10^6$ J/m³。那么由式(4.9)可得到 S 相的临界厚度 $b_{SC} = 5$ nm。因为 $K_H > K_S$,在反磁化场的作用下,S 相首先实现反磁化。S 相实现反磁化不可逆反转时所需要的反向磁场为临界场 H_0,此时 $H_0 = H_{ci}$。说明在磁交换耦合作用下,当 S 相区的厚度达到临界尺寸时,该材料具有最大矫顽力,即

$$H_{ci} = H_0 = \frac{K_H}{\mu_0 M_{sS}} \qquad (4.10)$$

如果取 $K_H = 2 \times 10^6 \, J/m^3$，$\mu_0 M_{sS} = 1.8 \, T$，那么交换耦合作用的矫顽力可达到 $10^4 \, kA/m$。如果软磁性相的厚度大于它的临界尺寸 b_{SC}，由于磁交换耦合作用，只能达到其畴壁厚度的尺寸范围，那么随 b_S 的增加，材料的矫顽力将与软磁性相区的厚度 b_S 有关，即

$$H_{ci} = \frac{A_s \cdot \pi^2}{2\mu_0 M_{sS}} \cdot \frac{1}{b_S^2} \qquad (4.11)$$

由于在 S 相与 H 相的相边界处存在磁交换耦合作用，在剩磁状态下，软磁性相的 M_r 与硬磁性相的 M_r 是同向平行的，从而导致剩磁增强效应，使单易轴磁体的 $M_r \gg 0.5 M_s$。但对于非取向的多晶样品来说，整个样品的剩磁 M_r 将与两相的相对体积分数、S 相的晶体对称性以及 H 相与 S 相的相界面的晶体学共格关系有关。准确地计算多晶非取向样品的剩磁是困难的，但对各向同性的样品来说，由于磁交换耦合作用，总会有剩磁增强效应，即样品的 $M_r > 0.5 M_s$。

根据以上分析，纳米晶交换耦合磁体区别于一般永磁体的一个重要特征是：在 $H < H_0$ 时，其磁化强度表现出很强的可逆性。因此，Kneller 和 Hawig 将这种交换耦合磁体又称为交换弹簧磁体。

4.3.2　二维和三维磁交换耦合模型[7]

Schrefl 等人建立了稀土铁基化合物与 $\alpha - Fe$ 纳米晶复合永磁体的二维和三维模型，并在此模型下，采用有限元法和微磁学计算了纳米晶复合永磁体的磁特性。该模型的基本物理思想如下：假设稀土化合物与 $\alpha - Fe$ 纳米晶复合永磁体是由如图4.6所示的64个形状不规则的晶粒组成的立方体，平均晶粒尺寸为 10 nm，硬磁性相与软磁性相微粒是

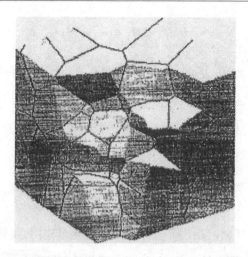

图 4.6　由 64 个不规则晶粒组成的正方形纳米晶复合永磁体的内部和
表面晶粒的示意图

非取向的。根据微磁学理论,图 4.6 所示样品的总吉布斯自由能为

$$E_T = \int \{A[(\nabla \theta)^2 + (\nabla \varphi)^2 \sin^2\theta] + K_1\sin^2\alpha + K_2\sin^4\alpha -$$

$$\frac{1}{2}J_sH_d - J_sH_{ext}\} d^3r \qquad (4.12)$$

这里忽略了磁弹性能与表面各向异性能。式中,第一项是交换能;θ 是
饱和磁化强度 J_s 的极角;φ 是 J_s 的方位角;K_1 和 K_2 是磁晶各向异性常
数;α 是 J_s 与易轴的夹角; $-1/2J_sH_d$ 是散(退)磁场能; $-J_sH_{ext}$ 是静
磁能。在稳定的磁状态时,E_T 应有最小值。由于计算散(退)磁场项的
能量是十分困难的,所以作者巧妙地引入了一个磁矢量势,将退磁场能
从整个吉布斯自由能中消去,从而使式(4.12) 的解变得简化,并且近
似地将此三维模型推广到一个含有 64 个六角形晶粒的二维系统中去,
也得到了颇为相似的结果。详细的数学运算请参见文献[7]。

表 4.5　计算纳米晶复合永磁材料退磁曲线所用的内禀磁参量

相	J_s/T	K_1/(kJ·m^{-1})	K_2/(kJ·m^{-1})	A/(J·m^{-1})	T_c/K
$Nd_2Fe_{14}B$	1.61	4 300	650	7.7×10^{-12}	588
$Sm_2(Fe_{0.8}Co_{0.2})_{17}N_{2.8}$	1.55	101 000	2 300	4.8×10^{-12}	842
$SmCo_5$	1.06	17 100	—	12.0×10^{-14}	1 243
$\alpha - Fe$	2.15	4 600	15	25×10^{-12}	1 043

这些研究结果表明:如果软磁相的晶粒足够小,那么在纳米结构复合永磁体中,由于软磁性相与硬磁性相之间的交换耦合,可以使磁体获得高矫顽力。进而他们用这种方法研究了纳米晶复合永磁体的微结构与磁性能之间的关系。研究发现:当平均晶粒尺寸 $d < 20$ nm 时,有明显的剩磁增强效应。根据表 4.5 所列出的材料的内禀参量,对 $Nd_2Fe_{14}B$、$Sm_2(Fe_{0.8}Co_{0.2})_{17}N_{2.8}$ 和 $SmCo_5$ 分别与 $\alpha - Fe$ 组成的复合磁体的计算结果表明,材料的微结构对磁体的剩磁、矫顽力及退磁曲线的矩形度都有较大的影响。对于具有最佳微结构的各向同性纳米晶复合磁体来说,其 $(BH)_{max}$ 可超过 400 kJ/m^3,这个数值大约是各向同性 $Nd - Fe - B$ 磁体的 3 倍。在式(4.12) 的基础上,进行微磁学运算即得到 $Nd_2Fe_{14}B/\alpha - Fe$ 纳米晶复合各向同性永磁体的退磁曲线。它表明纳米晶复合永磁材料的磁学性能随软磁 $\alpha - Fe$ 相的数量和晶粒尺寸而显著变化(图 4.7)。

纳米晶 $Nd_2Fe_{14}B/\alpha - Fe$ 复合永磁体的 B_r(或 J_r) 随 $\alpha - Fe$ 数量的增加而增加,是由于 $\alpha - Fe$ 的 J_s 比 $Nd_2Fe_{14}B$ 的 J_s 高。当然更为重要的是在 $Nd_2Fe_{14}B$ 与 $\alpha - Fe$ 相界处存在交换耦合作用,其结果使 $\alpha - Fe$ 的磁矩沿饱和磁化方向排列,因而可使各向同性磁体的 B_r 高达 0.79 J_s。J_r 随 $\alpha - Fe$ 的晶粒尺寸的增加而降低,其原因是软磁性相与硬磁性相

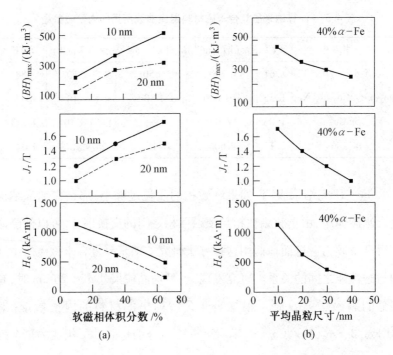

图 4.7 纳米晶 $Nd_2Fe_{14}B/\alpha - Fe$ 复合永磁材料的磁性能随软磁相

$\alpha - Fe$ 的体积分数和晶粒直径的变化

界面处的磁交换作用长度 $L \approx \pi[A(J_s/\mu_0)^2]^{1/2} \approx 10$ nm。当 $\alpha - Fe$ 晶粒尺寸长大后,在反向磁场的作用下,$\alpha - Fe$ 晶粒内部的磁矩首先反磁化,导致 J_r 降低。

4.3.3 各向异性纳米晶复合永磁材料交换耦合的三维模型[8]

为了研究在晶粒定向排列情况下纳米晶复合永磁材料的磁特性,Skomiski 和 Coey 提出了一个晶粒取向的各向异性模型。如图 4.8 所示,基体相是硬磁性相 2:17 型稀土铁氮化合物,它的易轴是取向的,软磁性相 $\alpha - Fe$ 为纳米级球状,高度弥散地分布于基体相中。他们应用微磁学理论分析并计算了该模型条件下的磁化与反磁化过程及其磁参

量。从亚微观的角度来看,他们假定该模型体系的磁矩是连续变化的,
该永磁系统的自由能为

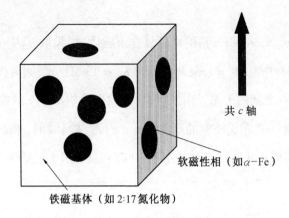

共 c 轴

软磁性相（如 α-Fe）

铁磁基体（如 2:17 氮化物）

图4.8　晶粒取向的硬磁性相(基本相)与球状弥散分布的软磁性相组
　　　成的纳米晶复合永磁体的交换耦合模型

$$F = \int [\eta_{ex}(r) + \eta_a(r) + \eta_H(r) + \eta_{ms}(r)] dr \qquad (4.13)$$

式中, $\eta_{ex}(r)$ 是交换能; $\eta_a(r)$ 是磁晶各向异性能; $\eta_H(r)$ 是静磁能;
$\eta_{ms}(r)$ 是散磁场能。这样代表各项具体能量的表达式便可以描述磁体
的磁化与反磁化过程。假定图4.8中的硬磁性相与软磁性相的交换积
分常数、磁晶各向异性常数和磁化强度分别为 A_h、A_s、K_h、K_s 和 M_{sh}、M_{ss},
参量的下标 h 和 s 分别代表硬磁性相与软磁性相。f_h 和 f_s 分别代表硬
磁性相和软磁性相的体积分数,并且它们之间满足如下关系: $f_h = 1 - f_s$。
假定该体系的磁化与反磁化由形核场 H_N 来控制。正如图4.8所示,软
磁性相呈球状,假定它的 $K_s \approx 0$。当以球坐标表示时,在特定的边界条
件之下便可以得到形核场 H_N 与球软磁性颗粒直径 D 之间的依赖关系

$$\frac{A_s}{A_h}\left\{\frac{D}{2}\sqrt{\frac{\mu_0 M_s H_N}{2A_s}}\cot\left[\frac{D}{2}\sqrt{\frac{\mu_0 M_s H_N}{2A_s}}\right]-1\right\}+1+\frac{D}{2}\sqrt{\frac{2K_h-\mu_0 M_h H_N}{2A_h}}=0$$

$$(4.14)$$

对于 $Sm_2Fe_{17}N_3/\alpha-Fe$ 系纳米晶复合永磁体,如果取 $\mu_0 M_s = 2.15$ T, $\mu_0 M_h = 1.55$ T, $A_s/A_h = 1.5$, $K_s \approx 0$ 和 $K_h \approx 12$ MJ/m³,则可得图4.9所示的 H_N 和 D 之间的关系。由此可见,当软磁性相 $\alpha-Fe$ 颗粒的直径等于硬磁性相180°布氏畴壁的厚度 $\delta_h = \pi \cdot (A_h/K_h)^{1/2}$ 时,永磁体的矫顽力便可达到图4.9所示平台的水平,此时它具有最大的矫顽力。

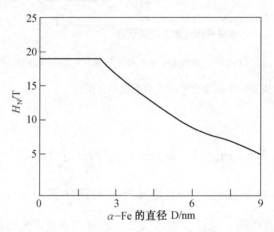

图4.9　$Sm_2Fe_{17}N_3/\alpha-Fe$ 纳米晶复合永磁体的形核场与球状软磁性

颗粒直径 D 之间的关系

处于平台处的形核场 H_N 可以表示为

$$H_N = 2\frac{f_s K_s + f_h K_h}{\mu_0(f_s M_s + f_h M_h)} \qquad (4.15)$$

由4.15式可知,该体系的矫顽力仅与 f_h, M_h, K_h 和 f_s, M_s, K_s 等有关,而与两相的形状并没有关系。因此,纳米晶复合永磁体两相的形状和分布也可如图4.10所示。

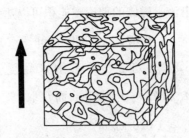

图 4.10 纳米晶复合各向异性永磁体两相的形状与分布,箭头为 c 轴取向方向

当球状软磁性颗粒的直径 $D = 3$ nm 时,它的 H_N 可以达到 20 T,此时相当于软磁性相与硬磁性相之间实现完全的磁交换耦合,也就是说磁交换耦合作用使软磁性相 $\alpha - Fe$ 的磁矩完全与相邻硬磁性相的磁矩相平行,并且在磁化与反磁化的过程中,它们的磁矩转动也完全同步。当 $\alpha - Fe$ 的颗粒尺寸大于 $D_c = \delta_h$ 时,那么永磁体的矫顽力 H_{ci} 将随 D 的增加按照 $1/D^2$ 的规律而下降。这也就是说,当 $\alpha - Fe$ 颗粒的直径 D 大于 D_c 时,$\alpha - Fe$ 颗粒内部的磁矩与硬磁性相的磁矩便失去了磁交换耦合作用。

当该体系的形核场 H_N,即 H_{ci} 可用式 4.15 表示时,它的磁滞回线 $J - H$ 是方形的,此时它的剩余磁化强度 M_r 为

$$M_r = f_s M_s + f_h M_h \tag{4.16}$$

表现出显著的剩磁增强效应,此时它的最大磁能积为

$$(BH)_{max} = \frac{1}{4}(\mu_0 M_s)^2 \left[1 - \frac{\mu_0(M_s - M_h)M_s}{2K_h} \right] \tag{4.17}$$

由于 K_h 很大,式(4.17)中括号内的第二项相当小,可以忽略不计,所以该体系的最大磁能积为 $1/4(\mu_0 M_s)^2$。

如果我们考虑 $Sm_2Fe_{17}N_3/\alpha - Fe$ 系纳米晶复合永磁体,并且有 $\mu_0 M_s = 2.15$ T,$\mu_0 M_h = 1.55$ T,$K_h = 12$ MJ/m^3,$f_h = 7\%$,那么由式

(4.17) 可以计算出该永磁体的理论磁能积可以达到

$$(BH)_{max} = 880 \text{ kJ/m}^3$$

如果考虑 $Sm_2Fe_{17}N_3/Fe_{65}Co_{35}$ 系纳米晶复合永磁体,并且取 $\mu_0 M_s = 2.43$ T,$\mu_0 M_h$ 和 K_h 与上例相同,而 f_h 取 9%,则该永磁体的磁能积将会达到 $(BH)_{max} = 1\ 090\ \text{kJ/m}^3$。

纳米晶复合永磁体中的两相也可以人工地制成如图 4.11 所示的交替多层膜结构。对于两相周期交替的复合纳米多层膜永磁体,其形核场 H_N 可以用一个隐函数来描述,即

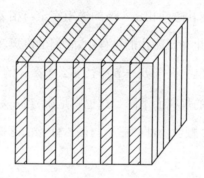

图 4.11　纳米晶两相复合多层膜永磁体

$$\sqrt{\frac{2K_h - \mu_0 M_h H_N}{2A_h}} \tanh\left[\frac{L_h}{2}\sqrt{\frac{2K_h - \mu_0 M_h H_N}{2A_h}}\right] =$$

$$\frac{A_s}{A_h}\sqrt{\frac{\mu_0 M_s H_N}{2A_s}} \tan\left[\frac{L_s}{2}\sqrt{\frac{\mu_0 M_s H_N}{2A_s}}\right] \qquad (4.18)$$

式中,L_h 和 L_s 分别代表硬磁性相和软磁性相薄膜的厚度。

由式(4.18)可以求出软磁性相薄膜的临界厚度 L_{sc}。若 $L_s > L_{sc}$,则在软磁性相区就会较容易地产生反磁化畴核。而当 $L_s \leqslant L_{sc}$ 时,由于磁交换耦合作用,多层膜内软磁性相与硬磁性相区将同时发生反磁化,它的形核场 H_N 就是多层膜永磁体的矫顽力。例如 $Sm_2Fe_{17}N_3/Fe_{65}Co_{35}$

多层膜,取 $A_s = 1.67 \times 10^{-11}$ J/m, $A_h = 1.07 \times 10^{-11}$ J/m, $J_r = 2.24$ T,矫顽力 $H_{ci} = 1.12$ T, $L_h = 2.4$ nm,则 $L_{sc} = 9.0$ nm。这时它的最大磁能积将达到 10^6 J/m³,即可以获得兆焦耳永磁体,这种永磁体将在微型机械、机器人和薄型电路中具有广阔的应用前景。

4.4　纳米晶复合永磁材料的实验研究

4.4.1　制备方法

1.非晶合金退火法

非晶合金退火工艺是制备纳米晶复合永磁材料的主要方法之一。基本过程如下:首先,通过合金熔体激冷的方法获得非晶合金,然后在一定温度下退火,使非晶合金晶化,从而制备出纳米晶复合材料。此方法所制备的纳米晶复合永磁材料的微结构极不均匀,且 α-Fe 软磁相的尺寸太大,以至于不能实现最佳耦合。合金的平均晶粒尺寸约为 $20 \sim 40$ nm,而 α-Fe 软磁相的尺寸一般为 $20 \sim 100$ nm。为了获得细小的 α-Fe 软磁相,人们通常采用添加合金元素 Nb、Zr 及 Cr 等来抑制非晶合金晶化过程中 α-Fe 相晶粒的长大。虽然这种方法可以在一定程度上改善合金的微结构,但是,还不能使合金的晶粒尺寸特别是软磁相的尺寸到达实现最佳耦合时的临界尺寸 $d \leqslant 10$ nm。

2.机械合金化法

机械合金化工艺是制备纳米晶复合永磁材料的又一条重要途径。它的基本过程是将所用合金粉体进行机械球磨,通过磨球与合金粉体之间的相互碰撞使粉体产生反复的变形和破碎。粉体的塑性变形是通过剪切带的形成而发生的。当在合金粉体中产生足够高的位错密度时,这些剪切带分解成由小角度晶界分割的亚晶粒。随着球磨过程的继续进行,亚晶粒尺寸不断减小,导致了纳米晶或非晶结构的形成。经过机械合金化后,粉体的微结构通常由 $\alpha-Fe$ 纳米晶和非晶组成。为了形成永磁相 $Nd_2Fe_{14}B$ 必须进行晶化处理,使 $Nd_2Fe_{14}B$ 从非晶中晶化出来,在这个过程中机械合金化所形成的 $\alpha-Fe$ 纳米晶将长大,如由原来的 3~5 nm 长大到超过 20 nm。因此,为了获得细小的纳米晶结构必须避免粉体晶化过程中 $\alpha-Fe$ 纳米晶的长大,人们通常是添加一些阻止晶粒长大的合金元素如 Si、Nb 等。但是,这并不能从根本上抑制住晶粒的长大过程。采用机械合金化法所制备的纳米晶复合永磁材料仍然存在着晶粒尺寸粗大和分布不均匀等缺点,它们制约着合金磁性能的进一步提高。另外,与激冷非晶条带相比,机械合金化所制备的粉体密度只有理论密度的 50%,如何提高它的密度也是一个重要问题。

3. 熔体快淬法

在熔体激冷过程中,如果控制冷却速度,在较低的冷速下可以直接制备出纳米晶复合永磁材料。过低的冷却速度将导致粗大的纳米晶结构,而过高的冷却速度又将导致非晶相的存在,在随后的晶化处理中又将促使已存在的 $\alpha-Fe$ 纳米晶的长大。与非晶合金退火法和机械合金化法相比,这种方法较简便,所制备出来的纳米晶复合永磁材料的晶粒尺寸要均匀、细小些,但是,仍然不能获得最佳耦合所需的临界尺寸 $d \leqslant 10$ nm。另外,受工艺条件的限制,用这种方法所制备出材料的微结构重现性差,激冷条带截面的微结构也存在不均匀的问题,并且不容易控制材料的微结构。

4. 多层膜法

采用这种方法可以人为地控制软、硬磁多层膜的厚度。目前,主要是采用磁控溅射工艺来制备交换耦合多层膜。其基本过程是：分别用高纯 Fe 靶和化学计量的 $Nd_2Fe_{14}B$ 合金靶作为阴极，用玻璃等材料作为基体。将磁控溅射室内的 Ar 气发生电离，形成 Ar 离子和电子组成的等离子体，其中 Ar 离子在高压电场作用下，高速轰击 Fe 靶或 $Nd_2Fe_{14}B$ 合金靶，使靶材溅射到基体上，从而在基体上交替形成 Fe 和 $Nd_2Fe_{14}B$ 的多层膜。通过控制溅射的时间即可控制各膜层的厚度。研究表明，这样制备的多层膜具有磁交换耦合特性。目前所制备的复合纳米晶多层膜是各向同性的，磁能积的实验值与理论值还有很大差距。另外，膜层间的界面结构也对材料的磁性能有重要影响，引起了人们的高度重视。

5. HDDR 法

HDDR 工艺是氢化—分解—脱氢—再结合工艺的简称，是最近几年发展起来的一种制备高性能稀土永磁材料的新方法。下面以制取 Nd-Fe-B 系粉末为例，简要说明 HDDR 的工艺过程。氢化是使 $Nd_2Fe_{14}B$ 合金粗粉，装入真空炉内，在一定温度下与氢发生歧化反应；分解是使氢化产物分解为 $NdH_2+Fe+Fe_2B$；脱氢是在一定氢气压下热处理，使 NdH_2 解离产生 Nd；再结合是使 Nd 与 Fe 和 Fe_2B 再结合。由此可得到具有高矫顽力的、晶粒细小的稀土永磁粉末。HDDR 法可以移植到纳米晶复合永磁材料的制备中，其基本工艺过程是：首先把电弧炉熔炼的母合金通过单辊激冷法制成合金薄带，再经 HDDR 处理后进行氮化，从而获得了由 $Sm_2Fe_{17}N_x$ 和 α-Fe 两相组成的纳米复合磁体。

4.4.2 合金体系的研究

目前所研究的纳米晶复合永磁材料体系主要包括以下合金：

$Nd_2Fe_{14}B/Fe_3B, R_2Fe_{14}B/\alpha-Fe, R_2Fe_{14}C/\alpha-Fe(R=Nd, Pr), Sm_2Fe_{17}N_x/$
$\alpha-Fe$ 和 $Sm_2(Fe, Si)_{17}C_x/\alpha-Fe$。表 4.6,4.7 和 4.8 对部分研究结果进行了总结。

表 4.6　$Nd_2Fe_{14}B/Fe_3B$ 纳米晶复合永磁材料的磁特性

成　　分	H_{ci} $/(MA \cdot m^{-1})$	B_r $/T$	$(BH)_{max}$ $/(kJ \cdot m^{-1})$	H_k $/(MA \cdot m^{-1})$
$Nd_4Fe_{77.5}B_{18.5}$	0.26	1.23	113.4	0.080
$Nd_5Fe_{76.5}B_{18.5}$	0.30	1.05	83.7	0.073
$Nd_3Dy_2Fe_{76.5}B_{18.5}$	0.41	0.96	80.4	0.072
$Nd_5Fe_{71.5}Co_5B_{18.5}$	0.33	1.02	90.3	0.080
$Nd_5Fe_{70.5}Co_5Al_1B_{18.5}$	0.33	1.15	110.2	0.094
$Nd_5Fe_{70.5}Co_5Si_1B_{18.5}$	0.32	1.19	118.5	0.097
$Nd_5Fe_{70.5}Co_5Cu_1B_{18.5}$	0.35	1.09	104.3	0.087
$Nd_5Fe_{70.5}Co_5Ga_1B_{18.5}$	0.34	1.18	121.0	1.100
$Nd_5Fe_{70.5}Co_5Ag_1B_{18.5}$	0.32	1.11	104.5	0.088
$Nd_5Fe_{70.5}Co_5Au_1B_{18.5}$	0.33	1.13	107.2	0.088
$Nd_3Dy_2Fe_{70.5}Co_5Ga_1B_{18.5}$	0.48	0.98	108.1	0.107
$Nd_{4.5}Fe_{77}B_{18.5}$	0.29	0.20	107.1	0.075
$Nd_{4.5}Fe_{76}V_1B_{18.5}$	0.32	1.10	90.7	0.064
$Nd_{4.5}Fe_{74}V_3B_{18.5}$	0.37	0.99	90.1	0.083
$Nd_{4.5}Fe_{72}V_5B_{18.5}$	0.39	0.88	71.4	0.074
$Nd_{4.5}Fe_{73}V_3Al_1B_{18.5}$	0.37	0.98	95.8	0.092
$Nd_{4.5}Fe_{73}V_3Si_1B_{18.5}$	0.38	1.05	108.8	0.109
$Nd_{4.5}Fe_{74}Cr_3B_{18.5}$	0.38	1.05	101.0	
$Nd_{4.5}Fe_{74}Cr_{20}B_{18.5}$	0.84	0.53	39.9	
$Nd_{3.5}Fe_{74.5}Cr_{0.5}Co_3B_{18.5}$	0.26	1.29	122.0	
$Nd_{4.5}Fe_{72}Cr_2Co_3B_{18.5}$	0.41	1.07	110.0	
$Nd_{5.5}Fe_{66}Cr_5Co_5B_{18.5}$	0.61	0.86	96.6	

表 4.7　$Nd_2Fe_{14}B/\alpha\text{-}Fe$ 纳米晶复合永磁材料的磁性能

成　　分	H_{ci} /(MA·m^{-1})	B_r /T	$(BH)_{max}$ /(kJ·m^{-1})	H_k /(MA·m^{-1})
$Nd_3Fe_{78.5}B_{18.5}$	0.19	1.31	108.4	0.084
$Nd_4Fe_{77.5}B_{18.5}$	0.26	1.23	113.4	0.080
$Nd_5Fe_{76.5}B_{18.5}$	0.30	1.05	83.7	0.073
$Nd_5Fe_{71.5}Co_5B_{18.5}$	0.33	1.02	90.3	0.080
$Nd_5Fe_{70.5}Co_5Cu_1B_{18.5}$	0.35	1.09	104.3	0.087
$Nd_5Fe_{70.5}Co_5Ga_1B_{18.5}$	0.34	1.18	121.0	0.100
$Nd_3Dy_2Fe_{76.5}B_{18.5}$	0.41	0.96	80.2	0.072
$Nd_3Fe_{70.5}Co_5Ga_1B_{18.5}$	0.48	0.98	108.1	0.107

表 4.8　$Nd_2Fe_{14}B/Fe_3B+\alpha\text{-}Fe$ 纳米晶复合永磁材料的磁性能

合金成分	B_r /T	H_{ci} /(kA·m^{-1})	$(BH)_{max}$ /(kJ·m^{-3})	软磁相尺寸 /nm
$Nd_9Fe_{85}B_6$	1.10	485	158	<30
$Nd_{12}Fe_{82}Ti_1B_5$	0.91	710	97	5～50
$Nd_{10}Fe_{84}Ti_1B_5$	0.94	390	82	5～50
$Nd_6Fe_{87}Nb_1B_6$	1.04	300	78	30～50
$Nd_{3.5}Fe_{87}Nb_2B_{3.5}$	1.45	220	116	30～50
$Nd_{9.5}Fe_{85.5}B_5$	1.07	552	136	<35
$(Nd_{0.95}La_{0.05})Fe_{85.5}B_5$	1.03	464	113.6	<25
$(Nd_{0.90}La_{0.10})Fe_{85.5}B_5$	0.96	504	123.2	<20
$(Nd_{0.85}La_{0.15})Fe_{85.5}B_5$	1.01	456	128	<20

目前,采用上述技术所获得的纳米晶复合永磁材料的晶粒尺寸一般为 20～100 nm,晶粒尺寸分布极不均匀。这与理论模型要求的微结

构有较大的差异。例如,理论要求最佳的晶粒尺寸(特别是 α-Fe 软磁相的尺寸)$d \leqslant 10$ nm,且尺寸分布均匀。这一矛盾导致了合金的磁能积较低。对于纳米晶复合永磁材料来说,要想获得均匀、细小的纳米晶结构尚存在一些实际困难。首先,由于软磁性相和永磁性相的形成温度相差较大,在永磁性相形成的较高晶化温度下,软磁相的晶粒尺寸极易长大,这必然造成晶粒粗大和晶粒尺寸分布的不均匀性。其次,目前人们对此类复合纳米晶的形成动力学尚缺乏深入的了解,所采用的合金化技术难以从根本上抑制纳米晶在晶化过程中的长大行为。为了细化纳米晶复合永磁材料的晶粒尺寸,提高其均匀性,人们需要对复合纳米晶的生长过程进行深入的研究。这些基础性科学问题的研究将有助于人们发展纳米晶复合永磁材料制备的特殊技术,以达到获得高磁能积永磁材料的最终目标。

4.5 纳米晶复合永磁材料的研究进展

现阶段所制备出的纳米晶复合永磁材料的磁性能远低于理论预言值。该领域的研究者们都已认识到产生这种状况的主要原因是材料的微结构与理论模型差异较大。例如,理论要求最佳的晶粒尺寸为 $d \leqslant$ 10 nm,而实际制备的复合纳米晶永磁材料的晶粒尺寸为 20~100 nm。由于对该类纳米晶材料微结构的形成机制缺乏全面的了解,所以到目前为止在晶粒细化技术方面仍然没有取得突破性的进展。

非晶合金的晶化是目前制备纳米晶复合永磁材料的一个主要途径。采用这种方法所制备的纳米晶复合永磁材料的微结构主要依赖于非晶合金的晶化过程。因此,深入研究非晶合金的晶化动力学,了解合金晶化过程中晶化相的成核和长大机制,有望从根本上来理解复合纳米晶结构的形成,揭示实际制备复合纳米晶永磁材料中晶粒粗大的原因。这对复合纳米晶结构的控制特别是细化晶粒尺寸具有重要意义。

对 $Nd_2Fe_{14}B/\alpha\text{-}Fe$ 和 $Sm_2(Fe,M)_{17}C_x/\alpha\text{-}Fe$ 类复合纳米晶的形成动力学研究表明[9],这些纳米晶在形成过程中具有较大的成核激活能和较小的生长激活能。这种难成核、易长大的行为最终导致了复合纳米晶的晶粒尺寸粗大,这是 $Nd_2Fe_{14}B/\alpha\text{-}Fe$ 及 $\alpha\text{-}Fe/Sm_2(Fe,Si)_{17}C_x$ 类纳米晶复合永磁材料晶粒粗大的根本原因。

显然,为了细化纳米晶复合永磁材料的晶粒尺寸必须降低纳米晶的成核激活能,提高其生长激活能,以达到促进纳米晶的成核,抑制其长大的目的,从而获得均匀细小的纳米晶结构。

4.5.1　纳米晶复合永磁材料制备的新技术

1. 非晶合金的高压退火工艺

压力作为一个重要的热力学参量,同温度一样对非晶合金晶化过程有重要影响。因此,将压力引进到非晶合金的退火工艺中,综合运用压力和温度这两个热力学参量,可以较好地控制非晶合金的晶化过程,从而实现控制其晶化后纳米晶结构形成的目标。

根据经典的成核和长大理论,形成球形晶核的临界自由能 ΔG^* 由下式决定

$$\Delta G^* = \frac{16\pi}{3} \cdot \frac{\sigma^3}{\Delta G_V^2} \tag{4.19}$$

式中,σ 是非晶基体与结晶相之间的界面能;ΔG_V 是单位体积的非晶基体和结晶相 Gibbs 自由能的差值,$\Delta G_V = G_{cry} - G_{am}$。

考虑到压力 p 的影响,并且假定界面能 σ 与压力 p 无关,从式(4.19)可推得下式

$$\left(\frac{\partial(\Delta G^*)}{\partial p}\right)_T = -\frac{32}{3}\frac{\pi\sigma^3}{\Delta G_V^3}\cdot\frac{\Delta V}{\Delta G_V^3} \qquad (4.20)$$

式中,ΔV 是单位体积内非晶基体和结晶相的体积差

$$\Delta V = \frac{\partial(\Delta G_V)}{\partial p} = \frac{V_{cry} - V_{am}}{V_{cry}} \qquad (4.21)$$

对一般非晶合金而言,其晶化过程中 ΔG_V 和 ΔV 均为负值,因此根据式(4.20)可知,随压力增加,晶化相成核所需的临界自由能减小,这意味着压力能促进结晶相的成核。而非晶合金晶化过程中结晶相的长大往往依赖于原子扩散,高压下压力抑制了原子的扩散过程,原子输运变得困难,结晶相的长大受到抑制。因此,压力不仅可以降低非晶合金晶化过程中结晶相成核所需的临界自由能,而且还可以抑制晶核在晶化过程中的长大,这极利于细小纳米晶结构的形成。

Zhang 等人采用多组元非晶合金的高压退火技术制备出了晶粒尺寸小于 10 nm 的 $Sm_2(Fe,Si)_{17}Cx/\alpha - Fe$ 纳米晶复合永磁体(图 4.12)[10],合金的矫顽力从 132 kA/m 增加到 500 kA/m,剩余磁化强度从 $0.68M_s$ 增加到 $0.83M_s$。他们还发现压力能改变 Sm - Fe - Si - C 系非晶合金中软、硬磁相的结晶顺序。低压下 $\alpha - Fe$ 相先结晶,当压力 p 大于 3 GPa 时,$Sm_2(Fe,Si)_{17}C_x$ 相先析出。Wang 等人采用这种高压退火技术,将 $\alpha - Fe/R_2Fe_{14}B$ 类复合纳米晶永磁材料的晶粒尺寸从 20 ~ 50 nm 减小到 10 nm,获得了 187.8 kJ/m^3 的最大磁能积[11]。

2. 控制熔体凝固及随后退火工艺

液态合金的凝固过程一般包括成核和长大两个过程。根据经典成核理论,熔体的过冷度越大,成核的热力学驱动力越大,因此成核率 I 也越大。但是,当过冷熔体的温度很低时,熔体中原子的扩散速率很小,晶核的生长受到抑制。在 10^5 ~ 10^6 ℃/s 的冷却速率下,合金熔体

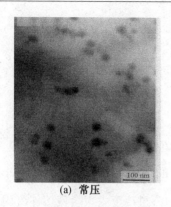

(a) 常压　　　　　　　　　　　　　(b) 4 GPa

图 4.12　制备 $Sm_2(Fe,Si)_{17}C_x/\alpha - Fe$ 复合纳米晶材料的透射电子显微图(923 K,1 h)

被"冻结"到非晶形成温度以下开始凝固,从而形成长程无序的非晶合金。

在快速凝固过程中,合金熔体的瞬态成核率 I 和长大速率 U 与过冷度关系 ΔT 可用以下两式分别表示[12]

$$I \approx nv\exp\left(-\frac{Q}{kT}\right)\exp\left(-\frac{16\pi\sigma^3 f(\theta)}{3\Delta G_v^2 kT}\right) \approx \frac{nD}{a^2}\exp\left(-\frac{B}{\Delta T^2}\right)$$

$$(4.22)$$

$$U = av\exp\left(-\frac{Q}{kT}\right)\left(1 - \exp\left(\frac{\Delta G_v}{kT}\right)\right) \approx \frac{D}{a}\left[1 - \exp\left(A\Delta T\right)\right]$$

$$(4.23)$$

式中,a 是原子间距;v 是原子振动频率;Q 是原子由熔体迁至固态表面所需的激活能;ΔG_v 是凝固驱动力;θ 是晶核与基体表面的接触角;σ 是固 – 液界面能;D 是熔液的扩散系数;n 是成核位密度;A,B 是常数。可以看出,过冷度越大,熔体的成核率越大,而核长大率越小。

合金熔体凝固过程中,结晶相的晶粒尺寸取决于该相的成核率 I 和核长大速率 U,三者的关系如下[12]

$$d = \left(\frac{8U}{\pi I}\right)^{\frac{1}{3}} \qquad (4.24)$$

将式(4.22)和(4.23)代入式(4.24),可以得到晶粒尺寸 d 与过冷度 ΔT 的关系

$$d^3 = \frac{8a[1 - \exp(-A\Delta T)]}{\pi n \exp(-B/\Delta T^2)} \qquad (4.25)$$

式中参数含义同前。可以看出,过冷度的增大有利于形成晶粒细小的纳米晶结构。但是,过冷度并非越大越好,过冷度太大会使熔体凝固过程中结晶相的成核受到抑制,最终导致非晶的形成。因此,要想获得均匀、细小的纳米晶微结构需要控制熔体的冷却速率,使其获得最佳过冷度,从而得到超细纳米晶微结构。

研究表明,通过有效地控制合金熔体凝固过程中结晶相的成核和长大过程,再进行适当的退火处理,可以获得晶粒尺寸均匀、细小的纳米晶结构。这是仅靠通常的熔体直接淬火以及完全非晶合金退火所不能达到的。因此,与这两种方法相比,采用控制熔体凝固及随后退火技术所制备的复合纳米晶材料的剩磁、矫顽力和磁能积都有明显提高[2]。

3. 非晶合金的快速退火工艺

非晶合金的快速退火工艺可以通过高温短时退火效应,促进晶化相的成核并抑制其长大,使其形成细小的纳米晶结构。最近,这种退火技术被用来制备复合纳米晶永磁材料。

Fukunaga 等人采用红外加热炉实现了非晶合金 $Pr_{12}Fe_{83}B_5$ 在 $1.5 \sim 4$ s 的快速退火[13]。与普通退火相比,晶化相的平均晶粒尺寸从 40 nm 减小到 20 nm,晶粒尺寸分布的均匀性也得到明显提高。所制备的复合纳米晶材料的矫顽力为 400 kA/m,最大磁能积为 135 kJ/m³。

4. 化学合成

化学合成是制备纳米结构材料的重要途径之一。最近,美国 IBM 公司的 Zeng 等人通过将 Fe_3O_4(4 nm)和 $Fe_{58}Pt_{42}$(4 nm)自组装成纳米尺度的结构单元,然后再退火,制备出了 $FePt/Fe_3Pt$ 纳米复合磁体,该复合纳米晶材料的平均晶粒尺寸为 5 nm。其中,FePt 是永磁相,Fe_3Pt 是软磁相。该磁体获得了 160.0 kJ/m^3 的磁能积,远大于无交换耦合 FePt 的理论磁能积 103.5 kJ/m^3 [14]。

4.5.2　各向异性复合纳米晶永磁材料

虽然 Skomski 和 Coey 等人早在 1993 年就预言[8],各向异性复合纳米晶永磁材料的最大磁能积可突破 800 kJ/m^3。但是,由于制备技术上的困难,人们至今尚未获得各向异性复合纳米晶永磁材料。鉴于各向异性复合纳米晶永磁材料可能获得巨大的磁能积,在展望 2000 年后纳米相永磁材料的综述性文章中,Delaware 大学的 Hadjipanayis 将这类材料的制备列为复合纳米晶永磁材料发展的关键性课题之一[2],并开展了相关的研究工作。形成晶体织构是制备各向异性永磁材料的主要途径。最近的研究结果表明[15],在控制 Nd-Pr-Fe-Co-B 合金熔体凝固过程中,在低冷却速率下所形成的 $Nd_2Fe_{14}B$ 纳米晶具有垂直于带面的 c 轴取向,该取向在高冷却速率下转向于平行带面方向。在低冷却速率下,由于自由面和激冷面间存在的温度梯度导致了纳米晶体的定向生长,从而使 $Nd_2Fe_{14}B$ 纳米晶形成了垂直于带面的 c 轴取向。虽然,在高冷却速率下自由面和激冷面间仍然存在大的温度梯度,但是,由于冷却速度过快,原子输运困难,晶体难以实现定向生长,不可能再形成垂直于带面的 c 轴取向,而此时所形成的 α-Fe 纳米晶具有织构,

它触发了 $Nd_2Fe_{14}B$ 织构的生长。随后,在 Pr–Tb–Fe–Nb–Zr–B 合金熔体的控制凝固过程中也观察到了类似现象[16]。研究者采用控制熔体凝固技术制备出具有一定晶体织构($Nd_2Fe_{14}B$ 的 c 轴平行带面)且晶粒细小($14 \sim 16$ nm)的 α–Fe/$Nd_2Fe_{14}B$ 复合纳米晶,它显示出明显的磁各向异性[15]。

当前的主要问题是所制备的复合纳米晶的晶体织构不够强,需进一步提高,以期获得晶粒取向完全一致的复合纳米晶永磁材料。为此,人们需要发展一些特殊的技术来制备强织构复合纳米晶材料,进而发展块体各向异性复合纳米晶永磁材料。

4.5.3 复合纳米晶永磁材料的界面结构与永磁机理

1. 界面结构

长期以来,研究人员认为实际制备的复合纳米晶永磁体的磁能积远低于理论预言值的主要原因是纳米晶尺寸大于最佳磁耦合所需的临界尺寸,因此研究工作一直集中在细化纳米晶尺寸和提高其均匀性等方面。实际上,对于晶粒尺寸小到 $20 \sim 30$ nm 的复合纳米晶永磁材料来说,其界面的体积分数已相当大,而晶粒间的交换耦合又需要通过界面来实现。因此,纳米晶界面结构对这类材料的磁性能将有重要影响。

正电子湮没研究结果表明[17],$Nd_9Fe_{83}Co_3B_5$ 原始非晶合金的正电子寿命谱由两个组元组成,其寿命分别为 $\tau_1 = (160\pm4)$ ps 和 $\tau_2 = (214\pm5)$ ps。组元 1 来自于正电子在非晶态结构中自由体积处的湮没;而组元 2 来自于正电子在非晶合金结构中自由体积所组成的原子团簇处的湮没。在 700 ℃ 退火后,合金形成了 α–Fe/$Nd_2Fe_{14}B$ 复合纳米晶结构,它的正电子寿命谱仍由两个组元组成,即:$\tau_1 = (155\pm2)$ ps,$\tau_2 = (246\pm5)$ ps,

$I_2 \approx 70\%$。这些寿命不同于正电子湮没在 α-Fe 和 $Nd_2Fe_{14}B$ 晶内的寿命,它们来源于在正电子在 α-Fe/$Nd_2Fe_{14}B$ 界面处的湮没。由于正电子在 $Nd_9Fe_{83}Co_3B_5$ 非晶合金中湮没的寿命为 160 ps,组元 1 来自于界面非晶层的正电子湮没,而组元 2 来自于正电子在一种较为松懈的界面原子结构处的湮没,其结构自由体积的尺寸大于 1~2 个 Fe 的点阵空位尺寸。随退火温度升高,界面的非晶相发生晶化,组元 1 的强度 I_1 减小。在 950℃ 退火时,组元 1 消失,此时,探测到第三组元 I_3,其时间常数小于 90 ps,来源于正电子在晶内的湮没。这进一步证实了 α-Fe/$Nd_2Fe_{14}B$ 复合纳米晶结构中存在两类界面。正电子湮没光子的共谐多普勒展宽测量研究表明,这种自由体积具有原子空位尺寸的界面富集着非磁性原子 Nd 和 B。由于复合纳米晶永磁材料的性能与其晶粒间的交换耦合密切相关,这些大量存在的富集非磁性原子 Nd、B 的松懈界面,必将严重削弱晶粒间的磁交换耦合,导致磁能积变小。

2. 永磁机理

有关纳米晶复合永磁材料永磁机理的研究主要有两个方面:

(1)依托实验规律的惟象研究;

(2)微磁学的有限元法模拟研究。

众所周知,对于无相互作用(晶粒尺寸>100 nm)的软磁相与硬磁相简单混合的磁体,其退磁曲线为软磁相退磁曲线与硬磁相退磁曲线的简单叠加。由于软磁相的矫顽力远低于硬磁相,退磁曲线具有明显的台阶。对于软磁相晶粒不太大的情况,如晶粒尺寸为 30~50 nm,不能忽略晶间交换耦合作用,软磁相晶粒边界处的磁矩通过交换耦合被近邻的硬磁相晶粒所交换硬化。换言之,软磁相的这部分磁矩平行于硬磁相的易磁化轴,在外场大于软磁相的矫顽力的情况下,才能发生磁化反转。此时的退磁曲线呈现出较明显的凹陷型弯曲。当软磁相的晶粒尺寸较小时,一般情况下是指晶粒尺寸低于 20 nm,晶间交换耦合很强。软磁相的磁矩全部被硬磁相所交换硬化,即软磁相的磁矩与硬磁相的磁矩在同一外场下反转。此时,退磁曲线呈现单一磁性相的磁化行为。

虽然复合纳米永磁材料退磁曲线在室温呈现出较好的单一磁性相的磁化行为,但在低温时,退磁曲线往往出现弯曲甚至明显的台阶。由于软磁相的晶粒尺寸一般不随温度变化,仅从软磁相晶粒尺寸角度来理解这一现象是困难的。目前对这一现象主要存在两种解释:第一种解释认为,最佳耦合时所需软磁相的临界尺寸 d_c 随温度的降低而减小。室温下软磁相的晶粒尺寸等于或小于临界尺寸 d_c,材料就呈现出很好的单一磁性相的磁化行为。而在低温下,软磁相的晶粒尺寸大于临界尺寸 d_c,因此材料失去了这种单一磁性相的磁化行为。第二种解释认为,大部分软磁相磁矩反转所需的临界磁场 H_c^s 随温度降低而略微减小,硬磁相磁化反转的临界磁场 H_c^h 则随温度的降低而快速增加。因此,室温下 H_c^s 等于 H_c^h 时,材料表现出单一磁性相的磁化行为,低温时 H_c^s 小于 H_c^h,材料就失去了单一磁性相的磁化行为。H_c^s 随温度的降低而变化不大,这点得到了实验证实。

有限元法是目前研究永磁材料磁化行为最有效的方法。采用这种方法可以研究缺陷等带来的各向异性、交换耦合作用、饱和磁化强度等问题。随着方法的不断改进,也可以用于很小晶粒尺寸问题和温度效应等问题的模拟计算。

如前所述,实际样品中界面处不可避免地存在缺陷,从而使界面处的交换耦合作用和各向异性降低。模拟计算虽可以计算交换作用和各

向异性对剩磁和矫顽力的影响,但如何定量判断界面处交换作用和各
向异性的降低,目前尚无直接的测量方法。最近,通过模拟计算发现,
用 Henkel-Plot 模型可以定性甚至是半定量地获得界面处交换作用和
各向异性的下降情况[18]。

根据 Henkel-Plot 模型[19]

$$\delta m(H) = \left[M_d(H) - M_r + 2M_r(H) \right]/M_r$$

其中,$M_d(H)$ 为饱和磁化的样品在加一反向外场 H 后撤掉外场所得到
的剩磁;$M_r(H)$ 为热退磁(或交流退磁)的样品在加一外场 H 后撤掉外
场所得到的剩磁。M_r 同前为饱和剩磁。对于无相互作用体系,$\delta m(H) \equiv 0$。
由于存在相互作用,在矫顽力附近 $\delta m(H) \neq 0$。我们知道,交换耦合作
用和磁偶极相互都是相互作用,Henkel-Plot 模型是如何将这两种相互
作用分开的呢? 模拟计算结果表明,在略低于矫顽力的场附近,由于晶
间耦合作用,$\delta m(H)$ 出现一个正的峰值,峰值随晶界处交换作用参数的
减小而降低。各向异性的减弱不影响峰值的大小,只是使峰形变宽。
计算也初步表明,当外场大于矫顽力时,$\delta m(H)$ 出现负值与磁偶极相互
作用有关,关于这一点尚缺乏确切的佐证。

4.6　展　　望

复合纳米晶永磁材料是目前最大磁能积惟一可能超过 800 kJ/m³
的新一代永磁材料。它是两相磁体,具有成本低的优点。纳米尺度下
晶粒间的磁耦合作用以及磁化行为的研究是铁磁学领域内新的研究课
题。在相当长的一段时间内,有关复合纳米晶永磁材料的研究仍将是
材料科学和凝聚态物理研究领域的前沿性课题之一。2002 年 8 月在

美国 Delaware 举行的第 17 届"稀土永磁体及其应用"国际会议上,复合纳米晶永磁材料的研究仍然是一个重要的议题。2002 年美国 Delaware 大学的研究人员从国防部得到了 4 000 万美元的资助,进行 800 kJ/m³高磁能积复合纳米晶永磁材料的研究。目前,阻碍这类先进材料快速发展的关键问题仍然在于实际制备磁体的微结构与理论模型的差异。除了人们认识到的晶粒尺寸粗大和分布不均匀外,界面具有原子空位尺寸的自由体积并偏聚非磁性原子也是一个重要因素。另外,目前人们所制备的复合纳米晶永磁材料都是各向同性的,为了获得 800 kJ/m³ 磁能积的高性能永磁材料,发展块体各向异性复合纳米晶永磁材料势在必行。而各向异性复合纳米晶永磁粉体的制备技术对发展高性能粘结磁体也具有重要意义。针对复合纳米晶永磁材料发展所面临的上述问题,一方面要求人们继续探索合金化手段以及特殊制备技术,细化材料的纳米晶尺寸并提高其均匀性;另一方面,必须寻求有效的途径来改善这类纳米晶材料的界面结构,提高它在相邻晶粒间的耦合能力。发展强织构复合纳米晶材料的制备技术是各向异性复合纳米晶永磁材料发展的关键所在,而块体复合纳米晶材料的制备对这类材料的实际应用具有重要意义。

参 考 文 献

[1] 周寿增,董清飞. 超强永磁体——稀土铁系永磁材料[M]. 北京:冶金工业出版社,1999.

[2] HADJIPANAYIS G C. Nanophase hard magnets[J]. J Magn. Magn Mater. ,1999,200:373.

[3] COEHOORN R,MOOIJ D B DE,DUCHATEAU J P W B,et al. No-

vel Permanent Magnetic Materials made by rapid Quenching[J]. J de Phys. ,1988,49:669.

[4] KNELLER E F,HAWIG R. The Exchange–Spring Magnet:A New Materials Principle Permanent Magnets[J]. IEEE Trans. Magn. , 1991,27:3 588.

[5] MANAF A,BUCKLEY R A,DAVIS H A. New nanocrystalline high –remanence Nd–Fe–B by rapid solidfication[J]. J Magn. Magn Mater. ,1993,128:302.

[6] DING J, MCCORMICK P G, STREET R. Remanence enhancement in Mechanically alloyedisotropic Sm_7Fe_{93} nitride [J]. J Magn. Magn. Mater. ,1995,124:1.

[7] SCHREFL T, FISCHER R, FIDLER J, et al. Two– and three–dimensional calculation of remanence of rare–earth based composite Magnets[J]. J. Appl. Phys. ,1994,76:7 053.

[8] SKOMSKI R,COEY J M D. Giant energy product in nanostructured two phase magnets[J]. Phys. Rev. ,1993,B48:15 812.

[9] ZHANG X Y,ZHANG K Q,LIU J H,et al. Crystallization Kinetics of Amorphous $Sm_8Fe_{85}Si_2C_5$ Alloy[J]. J. Appl. Phys. ,2001,89: 496.

[10] ZHANG X Y,ZHANG J W,WANG W K. A Novel Route for the Preparation of Nanocomposite Magnets[J]. Advanced Materials, 2000,12:1 441.

[11] WANG Z C,ZHOU S Z,ZHANG M C,et al. High–performance α–Fe /Pr_2Fe_{14} B – type nanocomposite magnets produced by hot

compacition under high pressure[J]. J. Appl. Phys. ,2000,88:591.

[12] CHANG I T H. Handbook of Nanostructured Materials and Nano-technology: In H S Nalna, ed[J]. Synthesis and Processing,London: Academic press, 1999,1:507.

[13] FUKUNAGA H,TOKUNAGA K. Rare earth magnets and their application, Proceedings of the seventeenth international workshop [J]. USA:Delaware,2002,789.

[14] ZENG H,LI J,LIU J P,WANG Z L,et al. Exchange-coupled nan-composite magnets by nanoparticle self – assembly [J]. Nature, 2002,420:395.

[15] ZHANG X Y,GUAN Y,YANG L, et al. Crystallographic Texture and Magnetic Anisotropy of α-Fe/$Nd_2Fe_{14}B$ Nanocomposites Prepared by Controlled Melt Spinning[J]. Appl. Phys. Lett. ,2001, 79:24-26.

[16] JIN Z Q,OKUMURA H,ZHANG Y,et al. Microstructure refinement and significant improvements of magnetic properties in $Pr_2Fe_{14}B/\alpha$ – Fe nanocomposites[J]. J. Magn. Magn. Mater. , 2002,248:216.

[17] ZHANG X Y,GUAN Y,ZHANG J W,et al. Evolution of Interface Structure of Nanocoposites propared by Crystallization of Amorphous Alloy[J]. Phys. Rev. ,2002,B66:212103-1.

[18] ZHANG H W,RONG C B,DU X B,et al. Investigation on intergrain exchange coupling of nanocrystalline permanent magnets by Henkle plot[J]. Appl. Phys. Lett. ,2003,82(20).

第5章 超导材料

当材料被冷却到一个特定的温度 T_c 以下时,其电阻消失,这种现象称为超导电现象。通常我们称 T_c 为超导体的临界转变温度,电阻为零的状态叫做超导态。具有这种性质的材料称为超导体或超导材料。超导体呈现两个基本特征即零电阻特性和抗磁特性。当温度高于临界转变温度时,超导体进入正常态,表现为正常的金属、合金、金属间化合物、陶瓷材料或聚合物的相应特性。一般情况下,超导材料不是良导体,例如 Pb,Sn,Nb_3Sn,$NbTi$,MgB_2,$YBa_2Cu_3O_y$ 等不良导体均是超导材料,而通常的 Au,Ag,Cu 等良导体材料却不是超导体。

超导体的零电阻特性,可以实现电能的无损耗传输。利用超导材料制成的交、直流电缆及高场磁体等,可以实现大容量、低电压、低损耗、小型化和低成本的电力输送。

超导体的抗磁性,意味着超导材料不允许外加磁场进入内部。通常我们将完全排斥外加磁通的超导体叫做第一类超导体。另一类超导体我们称之为第二类超导体,虽然也是完全导体,但其磁性质较复杂。外加磁场较低时,这类超导体能够完全排斥外加磁通,而当外加磁场较高时,只能部分地排斥外加磁通,此时超导体进入混合态。利用超导体的抗磁性,可以制造超导磁悬浮轴承、储能飞轮、磁悬浮搬运系统、超导电机或发电机、永磁体等。

总之,超导体的特殊性质,使其在弱电领域[1~3],如微波电路、微弱磁场(梯度)测量、测量标准、高速超导开关及超高速超导计算机及强电领域[3,4],如电力传输、高场磁体、磁控核聚变、发电机、电动机、磁选矿、地质探测、医学磁成像、磁悬浮列车、磁悬浮轴承、超导储能系统等方面具有举世瞩目的应用潜力。

5.1　超导体的基本性质

5.1.1　电阻率

在讨论超导性质之前,首先来看一下 T_c 温度以上超导体的正常态电阻率的特点。

众所周知,电流是通过电子在导体中的定向运动所形成的,但电子不仅具有粒子性,还具有波动性,故在金属或合金中运动的电子可以用沿同一方向传播的平面波来表示。金属和合金都属于晶体,原子的排列具有规则的周期性,而平面波能有效地描述这种周期性晶体结构,并保持其方向性。因此电子通过具有完整晶体结构的材料时,在其原方向上不会有动量损耗,也就是说电流能在完整导电晶体材料中流动而不受任何阻碍。但是晶体的任何缺陷都会造成电子波的散射,并破坏其定向传播,这样就产生了电阻。造成晶体缺陷的原因有两种,一种是在热力学温度零度以上,晶体点阵上的原子因热振动而不同程度地偏离其平衡位置;另一种是无规则分布的缺陷或外来原子也会造成晶体周期性的中断。不论是热振动还是杂质等都会造成电子的碰撞和散射,从而产生电阻。

如图5.1所示,当超导转变温度足够低时,低温超导体的电阻率服从 T^5 定律;高温超导体的电阻率基本上与温度呈线性关系。但是,由于高温超导体具有强烈的各向异性,实际情况要复杂一些。

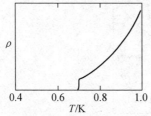

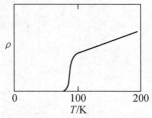

(a) 低温超导体电阻率符合 T^5 规律　　　(b) 高温超导体电阻率符合线性规律

图 5.1　在超导转变温度 T_c 时电阻率突然降为零

　　良导体铜和银的室温电阻率约为 $1.5\ \mu\Omega\cdot cm$,在液氮温度 77 K时,电阻率通常要下降 3~8 倍。Nb、Pb 和 Sn 这些元素超导体的室温电阻率比良导体大 10 倍以上。氧化物超导体中使用的金属元素 Ba,Bi,La,Sr,Tl 和 Y 的室温电阻率是铜的 10~70 倍。

　　铜氧化合物超导体的室温电阻率更高,比金属铜大 3 个量级以上。随着温度下降,这类材料的电阻率基本上是线性减小,直至 T_c 附近。一般情况下,直线的斜率介于 2~3 之间。图 5.2 为几种典型超导材料和铜电阻率随温度的变化关系。从中可以看到,$YBa_2Cu_3O_{7-\delta}$ 在正交-四方相变点附近温度(600~700 K)开始偏离线性关系,由金属变成半导体。这是由于加热造成氧损失引起的。在有氧分压的气氛中加热,其电阻率的变化会完全不同。A_{15} 化合物和 LaSrCuO 超导体在其熔点以下均表现为金属性。

　　高温超导体正常态电阻率的另一个特点是各向异性。以 $YBa_2Cu_3O_{7-\delta}$ 为例,沿 c 轴的电阻率 ρ_c 比平行 a、b 面电阻率 ρ_{ab} 高两个量级,即 $\rho_c/\rho_{ab}\approx 100$。如图 5.3 所示,其 ρ_c 在 T_c 附近出现一个小峰。两个方向的电阻率与温度的依赖关系可用下面的两个表达式进行描述

$$\rho_{ab} = A_{ab}/T + B_{ab}T \qquad (5.1)$$

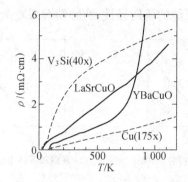

图 5.2　$(La_{0.9125}Sr_{0.0825})_2CuO_4$ 和 $YBa_2Cu_3O_{7-\delta}$ 电阻率与

A_{15} 化合物 V_3Si 和非超导材料铜的比较

$$\rho_c = A_c/T + B_cT \qquad (5.2)$$

式中，A_{ab}，A_c，B_{ab} 和 B_c 均为实验常数。

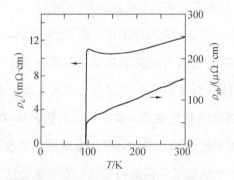

图 5.3　$YBa_2Cu_3O_{7-\delta}$ 与 CuO 面平行的电阻率 ρ_{ab} 和

垂直的电阻率 ρ_c

而电阻率与角度的关系服从下面这个方程

$$\rho(\theta) = \rho_{ab}\sin^2\theta + \rho_c\cos^2\theta \qquad (5.3)$$

式中，θ 为电流方向与 c 轴的夹角。

5.1.2　零电阻效应

正常态 - 超导态的转变是在一定的温度区间内完成的。图5.4为

$YBa_2Cu_3O_{7-\delta}$ 薄膜的实测电阻 – 温度($R-T$) 曲线。我们定义三个温度 T_c^{on}，T_c^m 和 T_{c0}。其中 T_c^{on} 是 $R-T$ 曲线上正常态电阻开始偏离线性关系的温度，它所对应的电阻 R_N 称为正常态电阻，T_c^{on} 被称为超导体的开始转变温度。T_c^m 是样品电阻下降到 $R_N/2$ 时所对应的温度，称为中

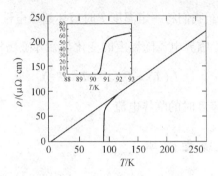

图 5.4　$YBa_2Cu_3O_{7-\delta}$ 薄膜的实测电

阻 – 温度曲线

点温度。T_{c0} 是样品电阻降为零时的温度，也叫做零电阻温度。一般将 T_c^m 定义为超导体的临界温度。从 $R-T$ 曲线上我们还可以定义超导转变宽度 ΔT，ΔT 为对应样品电阻($10\% \sim 90\%$)R_N 变化的温度间隔。转变宽度是衡量样品好坏和纯度的一个度量。样品越均匀和纯净，超导转变宽度就越窄。

实验发现，外加磁场可以破坏超导电性。对于第一类超导体而言，如果超导体被冷却至 T_c 以下某一温度 T，当外加磁场超过某一数值 $H_c(T)$ 时，超导体将失去超导电性，由超导态转变成正常态，$H_c(T)$ 称为临界磁场。$H_c(T)$ 随温度的变化可以近似地表示为

$$H_c(T) = H_{c0}(1 - T^2/T_c^2) \tag{5.4}$$

式中，H_{c0} 是绝对零度时的临界磁场。

除了 V、Nb 和 Ta 以外，其他超导元素都是第一类超导体。而第二

类超导体存在两个临界磁场,我们称之为下临界磁场 H_{c1} 和上临界磁场 H_{c2}。当外加磁场介于 H_{c1} 和 H_{c2} 之间时,超导体处于混合态,也叫涡旋态。此时体内超导态和正常态共存,有部分磁通穿过。

另外,在无外加磁场的情况下,超导体中通过足够大的电流时也会破坏其超导电性。我们将一定温度 T 时破坏超导电性所需的电流称为临界电流 $I_c(T)$。临界电流随温度的变化与临界磁场相似

$$I_c(T) = I_{c0}(1 - T^2/T_c^2) \tag{5.5}$$

式中,I_{c0} 是绝对零度时的临界电流。

5.1.3 交流电阻率

超导材料处于超导态时没有电阻,表明当电流通过超导体时导体上没有电压降,也不产生功率损耗。然而这种没有任何能量损耗的电能传输只有在恒定直流电情况下才能实现,如果在超导体中输入交变电流,那么在超导体中就会产生电场,从而导致电能的损耗。

为了说明电流变化引起电能耗散的原因,我们基于"二流体模型"来讨论超导体中电子的行为。假设超导体内的导电电子分为两类,一类是"超导电子",另一类是"正常电子",它们在运动的过程中要受到超导体晶格及缺陷的散射,超导电子与正常电子在超导体中所占的比例与超导体所处的温度、磁场等密切相关。当温度升高,趋近于超导转变温度时,超导电子所占的比例就减少了;而在 0K 时,所有的导电电子都变成了超导电子。当温度升高时,部分超导电子就变成了正常电子,并且正常电子数随着温度的升高不断增加,直到温度增加到临界温度时,超导体中所有电子都变成了正常电子,这时,超导体就失去了超导电性。在临界温度以下,超导体内就像充满两种电子的流体,一种是

"超导电子",另一种是"正常电子",这两种电子流体的相对密度随着温度的变化相互消长,并与温度密切相关。

在上述假设的条件下,可以认为,超导体中的电流是有由超导电子和正常电子运动而形成的,但是在恒稳直流情况下,全部的电流都是由超导电子运动而形成的。这一点可以这样来理解:如果电流是恒定的,则超导体中没有电场;否则,电场就要不断加速超导电子从而使电流无限增加。在这种无电场情况下,正常电子就不会有定向运动,故无正常电流。因此,当超导体中传输的电流恒定时,全部电流都由超导电子运动形成。这时的超导体就好像两个并联的导体,一个是正常有电阻导体,另一个是电阻为 0 的导体,这时超导电子使正常电子"短路"了。有人说如果在超导体两端加上一电源,比如电池,电流就会趋向无穷大,但是由于电源有内电阻,其电流值也是有限的。当电流变化时,必然会产生电场,这时电子就会被加速。然而电子是有惯性质量的,所以超导电流并不会立即上升,只能依赖于电子在电场中被加速的快慢程度。如果加上交变场,由于电子的惯性,电子的运动要落后于电场的变化,则超导电流落后于电场,这样超导电子就表现出一种内秉性的感抗,这种感抗不同于几何形导体导致的正常导体的感抗,而是附加其上的。另外由于有了电场,正常电子必然也要运动,并形成一定的电流。由于正常电子也有惯性质量,但其所产生的感抗远小于其电阻值,实际上超导材料可以看做是一个理想的电感和一个电阻的并联。

由于正常电子运动形成的电流通常要消耗能量,然而由于电子质量小,其惯性导致的电感是极小的,一般典型超导体由超导电子的惯性所引起的电感亨利数约为其以欧姆计的正常电阻的 10^{-12},所以如在 10^3 Hz 的频率下,正常电子形成的电流只有总电流的 10^{-8},因而能量消耗很小。但在这种情况下,超导体的导电状态与在稳恒电流情况下不同。

如果外场的频率足够高,超导体就具有正常导体的特性了。这时因为超导电子处于比正常电子能量较低的能态,当外场频率足够高时,电磁场光子就有足够大的能量,可将超导态的超导电子激发到较高的能态,并转化为正常电子,当外场的频率大于 10^{11} Hz 时,就会产生这样的结果。因此,为了降低交变场下超导体中的能量损耗,我们必须改进和提高样品的性能,以降低超导材料的交流损耗,开发超导材料的工频应用。

5.1.4 完全抗磁性

完全抗磁性意味着超导体内无磁场,此时磁化率 $\chi = -1$,或者说磁化强度与磁场强度相等但方向相反,两者相抵消,即

$$M = -H \tag{5.6}$$

如图 5.5 所示,把超导球放在磁铁的两极之间,磁力线将绕过超导球,球内部磁场始终保持为零,这就是迈斯纳效应。实际上,这种磁场分布是均匀外场与超导球磁化相反的去极化场相叠加的结果,如图5.6所示。

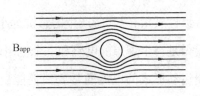

图 5.5　恒定外场下超导球周围的

磁力线弯曲

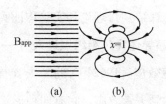

图 5.6　恒定外加磁场(a)与反向磁化

超导球(b)的双极化场

超导体的完全抗磁性分为两种情况：

（1）零场冷却（ZFC）　将处在正常态的超导体在无外磁场情况下冷却至 T_c 以下，然后放置在外加磁场中，此时超导体内的磁场仍为零。

（2）场冷却（FC）　将处在正常态的超导体首先放置在外磁场中，磁场将穿透超导体。由于导磁率 μ 接近真空导磁率 μ_0，所以体内体外磁场几乎相等。如果此时在磁场下将超导体冷却到 T_c 以下，磁场将从超导体内被驱逐出去。尽管零场冷却和场冷却的结果是一致的，但两个过程是不能划等号的。因为在场冷却情况下，如果材料中存在较强的钉扎中心，涡旋难以移出样品，此时样品中仍有部分磁通存在，但还表现为抗磁性。

迈斯纳效应说明超导态是一个热力学平衡态，与怎样进入超导态的途径无关。仅从超导体的零电阻现象出发得不到迈斯纳效应，同样用迈斯纳效应也不能描述零电阻现象。因此，零电阻现象和迈斯纳效应是超导态的两个独立的基本属性。衡量一种材料是否具有超导电性必须看它是否同时具有零电阻现象和迈斯纳效应。

5.1.5　约瑟夫森效应

如图 5.7 所示，当用两个超导体 SC_1 和 SC_2 与一极薄的绝缘层构成一个 SIS 结(约瑟夫森结)时,理论和实验均证实将发生隧道现象,超导电子对可以从一侧超导体穿过绝缘层进入另一个超导体仍保持配对状态,这就是超导隧道效应。1962 年,约瑟夫森首先从理论上预测了这一效应,故称之为约瑟夫森效应。它有四种形式。

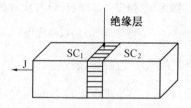

图 5.7　约瑟夫森结示意图

(1) 直流约瑟夫森效应　当结两端电压为零时,有一直流电流通过结。此时超导电子对电流 I 和绝缘层两侧波函数的位相差 δ_0 有如下关系

$$I = I_0 \sin \delta_0 \qquad (5.7)$$

式中,I_0 是能够通过结的最大零电压电流,其大小与材料性质、制备工艺、温度等有关,比块状超导体的临界电流小 2 到 6 个量级。

(2) 交流约瑟夫森效应　在结两端加上一直流电压 V 时,一个正弦电流 I 将流过该结,此时两侧超导体的位相差

$$\delta = \frac{2e}{h} \int V \mathrm{d}t = \frac{2e}{h} Vt + \delta_0 \qquad (5.8)$$

于是,隧道电流为

$$I = I_0 \sin(2\pi\nu t + \delta_0) \qquad (5.9)$$

振荡频率　　　$\nu/(\mathrm{MHz} \cdot \mu\mathrm{V}^{-1}) = 2\ e\mathrm{V}/h = 483.6\ \mathrm{V}$

式中

$$h \equiv 2\pi\hbar$$

(3) 逆交流约瑟夫森效应　在结两端加上一个射频电流时,结两

端将产生一个直流电压。该过程与交流约瑟夫森效应正好相反,故称为逆交流约瑟夫森效应。

（4）宏观量子干涉效应　将一短约瑟夫森结置于一个外磁场中,且磁场方向与结平面平行,磁场的存在将导致位相差的空间调制,进一步引起约瑟夫森电流的空间调制,如图 5.8 所示,此时隧道电流密度 I 随外加磁通的变化服从如下关系

$$I = I_c \sin \phi_0 \frac{\sin(\pi \Phi / \Phi_0)}{\pi \Phi / \Phi_0} \qquad (5.10)$$

式中,I_c 为零场时结的临界电流。

上式与夫琅和费单缝衍射相似,说明约瑟夫森结中空间不同点的电流也是相干的,这就是宏观量子干涉现象。

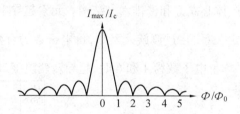

图 5.8　约瑟夫森结的夫琅和费衍射花样

5.2　超导电性与晶体结构[5]

5.2.1　传统超导材料

自从 1911 年发现汞的超导电性以来,人们发现了大量的元素、合金和化合物超导材料,由于转变温度较低(小于 25 K),习惯上称之为传统超导材料或低温超导材料。在低温超导材料中,最具有代表性的应该是 50 年代发现的 A15 型化合物 Nb_3Sn 和 V_3Si,它们具有高的临

界电流密度和高的临界磁场,因此在超导电力工业和微弱信号检测方面显示出了巨大的优越性。寻找实用超导材料的工作始终围绕着提高临界温度、临界电流和临界磁场展开的,然而 T_c 的提高进展缓慢,直到 1973 年才发现了转变温度为 23.2 K 的 Nb_3Ge。

1. 元素

在元素周期表中,具有超导电性的元素已超过 50 种,如图 5.9 所示。其中近 30 种元素本身具有超导电性,而另一部分元素需在高压、电磁辐照、离子注入情况下或制备成薄膜时显示出超导电性。在元素超导体中,Nb 的 T_c 最高,为 9.2 K。虽然元素超导电性与晶体结构之间未发现明确的依赖关系,但大部分超导元素具有高对称性的晶体结构,如面心立方、体心立方和密排六方结构。元素超导电性与原子的价电子数目有一定关系,在过渡族元素中,价电子数为奇数时,超导转变温度较高,而平均价电子数为 4 和 6 时,超导转变温度最低。对非过渡

主表：

Li FILM PRES	Be 0.03	元素符号　T_c　　状态：FILM 薄膜，PRES 高压，IRRA 辐照										B PRES			
												Al 1.2	Si FILM PRES	P PRES	
		Sc 0.01	Ti 0.4	V 5.4	Cr FILM						Zn 0.9	Ga 1.1	Ge FILM PRES	As PRES	Se PRES
		Y PRES	Zr 0.6	Nb 9.3	Mo 0.9	Tc 7.8	Ru 0.5		Pd IRRA		Cd 0.5	In 3.4	Sn 3.7	Sb PRES	Te PRES
Cs FILM PRES	Ba PRES	La 6.3	Hf 0.1	Ta 4.4	W 0.02	Re 1.7	Os 0.7	Ir 0.1			Hg 4.2	Tl 2.4	Pb 7.2	Bi FILM PRES	

镧系/锕系：

Ce PRES					Eu FILM								Lu 0.1
Th 1.4	Pa 1.4	U PRES			Am 1.0								

图 5.9　周期表中的元素超导体及其状态和转变温度[5~8]

族元素,转变温度随价电子数增大而单调增加。

2. 合金

合金是指组成原子在晶格中随机分布的固溶体,而金属间化合物的原子比是一定的,且原子在晶格中的分布是有序的。某些合金在一些特定原子比时形成化合物。合金和化合物都可以成为超导体。

这里仅介绍二元合金系统的超导电性行为。二元合金的转变温度有这样三种可能性:① 比两组元的 T_c 都高;② 介于两组元 T_c 之间;③ 比两组元的 T_c 都低。如图 5.10 所示,T_c 与二元合金浓度的关系曲线可以接近于直线(Nb–W、Nb–Ta)、也可以是具有最小值的凹形曲线(Nb–V、Nb–Mo)或具有最大值的凸型曲线(Ti–Zr、Nb–Zr)。实际上,这与价电子数 Ne 有关。在 Ne = 4.7 和 Ne = 6.5 时,T_c 有两个最大值。

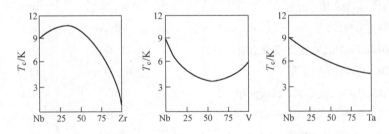

图 5.10　二元合金中 T_c 与成分的三种典型关系

3. 化合物

人们习惯用 A 代表元素、B 代表 AB 型化合物、C 代表 AB_2 型化合物、D 代表 $A_m B_n$ 二元化合物。这些结构涵盖了大量的超导体。表 5.1 列出了主要的超导体化合物及其结构类型和 T_c。最有代表性的是 $A_3 B$ 化合物 $Nb_3 Sn$,也被称之为 A15 化合物。总的来讲,化合物超导体倾向于理想的原子配比,也就是说,组成元素之比是整数。通常 T_c 对原子比很敏感,如 $Nb_3 Ge$。实验表明,当成分逐渐接近理想原子配比时,

T_c 从 6 K 达到 17 K,最终达到其最高值23.2 K。其他材料也有同样的规律,如 Nb_3Ga 的 T_c 从 14.9 K 到 20.3 K,V_3Sn 的 T_c 从3.8 K 到 17.9 K并不等。相比较而言,有些化合物如 Cr_3Os、Mo_3Ir、Mo_3Pt 和 V_3Ir,最高的 T_c 发生在理想配比成分,通常 T_c 与成分的关系不明显。例如:理想配比 Cr_3Ir 超导体的 $T_c=0.16$ K,但 $Cr_{0.82}Ir_{0.18}$ 超导体的 $T_c=0.75$ K。下面介绍两种有代表性的化合物超导体。

表5.1　化合物超导体的典型结构类型及转变温度

结 构 与 类 型	代表性化合物	T_c/K
B1,NaCl,面心立方	MoC	14.3
B2,CsCl,体心立方	Vru	5.0
B13,MnP,正交	GeIr	4.7
A12,α-Mn,体心立方	$Nb_{0.18}Re_{0.82}$	10.0
$B8_1$,NiAs,六方	$Pd_{1.1}Te$	4.1
$D10_2$,Fe_3Th_7,六方,3-7 化合物	B_3Ru_7	2.6
$D8_0$,CrFe,四方,σ 相	$Mo_{0.3}Tc_{0.7}$	12.0
C15,$MgCu_2$,面心立方,Laves 相	HfV_2	9.4
C14,$MgZn_2$,六方,Laves 相	$ZrRe_2$	6.8
C16,Al_2Cu,体心四方	$RhZr_2$	11.3
A15,UH_3,立方	Nb_3Sn	18
LI_2,$AuCu_3$,立方	La_3Tl	8.9
混杂二元化合物	MoN	14.8
C22,Fe_2P,三角	HfPRu	9.9
$E2_1$,$CaTiO_3$,立方,钙钛矿	$SrTiO_3$	0.3
HI_1,$MgAl_2O_4$,立方,尖晶石	$LiTi_2O_4$	13.7
B_4CeCo_4,四方,三元硼化物	YRh_4B_4	11.9
$PbMo_6S_8$,三角,Chevrel	$LaMo_6Se_8$	11.4
$Co_4Sc_5Si_{10}$,四方	$Ge_{10}As_4Y_5$	9.1
面心立方	$C_{60}Rb_2Cs$	31.0

（1）B1 型化合物超导体　B1 型化合物超导体由金属原子 A 和非金属原子 B 各自的面心立方格子穿插构成,如图 5.11 所示,它与NaCl 结构完全相同,一种原子处在另一种原子构成的八面体间隙中。碳化物 AC 和氮化物 AN 具有较高的转变温度,如 NbN 的转变温度达到 17 K。

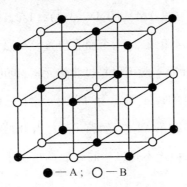

●—A;　○—B

图 5.11　B1 型化合物晶体结构示意图

通常,B1 型化合物超导体在成分上是满足化学计量比的,但在结构上并不如此,换句话说,这些化合物在点阵中存在一定数量的空位。如表 5.2 所示,YS 化合物点阵中有 10% 的空位,这意味着它的化学式应该写成 $Y_{0.9}S_{0.9}$。非化学计量的 B1 型化合物超导体也是存在的,如 $Ta_{1.0}C_{0.76}$。

表 5.2　具有 B1 型结构的化学计量化合物 A_xB_x 中空位的百分比/%

A_x/B_x	C	N	O	S	Se
Ti	2.0	4.0	15.0		
V	8.5	1.0	11.0~15.0		
Y				10.0	
Zr	3.5	3.5		20.0	16.0
Nb	0.5~3.0	1.3	25.0		
Hf	4.0				
Ta	0.5	2.0			

（2）A15 型化合物　在传统的低温超导体中，A15 型金属间化合物 A_3B 具有最高的转变温度。Nb_3Sn 是其中的典型代表。这些化合物的晶体结构为简单立方，空间群为 $Pm3n$。如图 5.12 所示，两个 B 原子分别处在单胞的体心（1/2,1/2,1/2）和顶角（0,0,0）位置，而六个 A 原子成对地处在（0,1/2,1/4），（0,1/2,3/4），（1/2,1/4,0），（1/2,3/4,0），（1/4,0,1/2）和（3/4,0,1/2）六个面心位置。A 原子是除了 Hf 以外的任何过渡族元素，B 原子既可以是过渡族元素，也可以是元素周期表中的第 III 族元素（Al,Ga,In,Tl）、第 IV 族元素（Si,Ge,Sn,Pb）、第 V 族元素（P,As,Sb,Bi）和第 VI 族元素（Te）。当 B 原子是金属 Al,Ga,Sn 或是非金属 Si,Ge，但绝不是过渡族金属的情况下，A15 型化合物会获得高的转变温度。

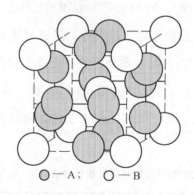

○ —A;　○ —B

图 5.12　A15 型化合物 A_3B 单胞

的示意图

表 5.3 列出了 7 个 A 元素和 20 个 B 元素构成的 140 个二元合金，其中 60 为超导体。两个例外的 A15 型化合物是转变温度为 0.3 K 的 V_3Ni 和转变温度为 11.4 K 的 W_3Os。化学计量比对该类化合物是非常重要的。典型的 A15 型化合物 $A_{3+x}B_{1-x}$ 均相范围很窄，$x>0$，这类化

合物倾向于 A 原子链保持不动。对于某些相反类型的化合物 $A_{3-x}B_{1+x}$，倾向于影响 A 原子链的结构，当这类化合物偏离理想的化学计量比时，往往能够获得高的转变温度。A15 型化合物的转变温度与价电子密度有关。

表 5.3　某些 A15 型化合物 A_3B 的超导转变温度 T_c

B/A₃	Ti	V	Cr	Zr	Nb	Mo	Ta
Al		11.8			18.8	0.6	
Ga		16.8			20.3	0.8	
In		13.9			9.2		
Si		17.1			19.0	1.7	
Ge		11.2	1.2		23.2	1.8	8.0
Sn	5.8	7.0		0.9	18.0		8.4
Pb			0.8		8.0		17.0
As		0.2					
Sb	5.8	0.8			2.2		0.7
Bi				3.4	4.5		
Tc						15.0	
Ru			3.4			10.6	
Rh		1.0	0.3		2.6		10.0
Pd		0.08					
Re						15.0	
Os		5.7	4.7		1.1	12.7	
Ir	5.4	1.7	0.8		3.2	9.6	6.6
Pt	0.5	3.7			10.9	8.8	0.4
Au		3.2		0.9	11.5		16.0
Tl					9.0		

A15 型化合物的超导能隙变化范围很宽,$2\Delta/k_BT_c$ 介于 0.2 和 4.8 之间。某些弱耦合的 BCS 型化合物,如 V_3Si,其 $2\Delta/k_BT_c \approx 3.5$,而某些强耦合的化合物如 Ni_3Sn 和 Ni_3Ge,它们的 $2\Delta/k_BT_c \approx 4.3$。另外,某些 A15 型化合物在转变温度以上要经历从高温立方相到低温四方相可逆的结构相变。

5.2.2 高温超导材料

高温超导材料是以氧化物为典型代表。氧化物超导材料的研究经历了漫长的探索过程。1933 年首先发现了 NbO 在 1.2 K 转变成超导态。1964 年又发现了超导转变温度分别为 0.28 K 和 0.3 K 的 $SrTiO_3$ 和 Na_xWO_3。1973 年发现了转变温度为 13.7 K 的尖晶石结构的 $LiTi_2O_4$。1975 年发现钙钛矿型结构的 $BaPb_{0.7}Bi_{0.3}O_3$,超导转变温度为 13 K。直到 1986 年才发现了转变温度高于 30 K 的 K_2NiFe_4 型结构的 $La_{2-x}Ba_xCuO_4$ 超导材料,掀起了氧化物高温超导材料的研究热潮。随后发现了 Y 系、Bi 系、Tl 系和 Hg 系等类钙钛矿型结构的高温超导材料,它们的超导转变温度都超过了液氮温度,$HgBa_2Ca_2Cu_3O_{8+\delta}$ 转变温度最高,达到了 135 K,在 30 GPa 压力下,可以升高至 164 K。这些氧化物超导材料都是由钙钛矿型结构派生出来的,我们也称之为有缺陷的钙钛矿型化合物。氧化物超导材料的晶体结构或多或少地体现了钙钛矿型结构的特点。为此,我们将钙钛矿型结构及其派生结构的结构共性问题单独加以介绍。

1. 钙钛矿型结构

钙钛矿型结构的化学式为 AMO_3,其中 A 和 M 分别为离子半径大和小的阳离子,O 为阴离子。图 5.13 为钙钛矿型晶体结构示意图。它属立方晶系,简单点阵,空间群为 $Pm3m$,每个单胞含有一个化合式单位,A 和 M 离子分别占据 $(0,0,0)$ 和 $(1/2,1/2,1/2)$ 位置,阴离子 O 占据 $(1/2,1/2,0)$,$(1/2,0,1/2)$ 和 $(0,1/2,1/2)$ 位置。A 周围有 12 个近邻 O,形成正立方八面体;M 周围有 6 个近邻 O,形成正八面体;O 周围为 4A+2M 个近邻离子,构成八面体。阳离子与阴离子的距离为 $R_{A-O}=a\sqrt{2}$,$R_{M-O}=a/2$,其中 a 为晶胞的点阵常数。

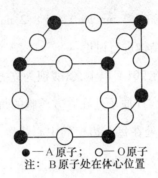

●—A 原子；○—O 原子
注：B 原子处在体心位置

图 5.13　钙钛矿型结构

示意图

离子的几何因素对钙钛矿型结构的形成有重要影响,当阴、阳离子半径 r_O 和 r_A,r_M 之间满足一定的几何关系时,方能形成钙钛矿型结构。对于理想的钙钛矿型结构,必须满足下式关系

$$r_A+r_O=\sqrt{2}\,(r_M+r_O) \tag{5.11}$$

事实上,从大量已知的钙钛矿结构化合物中可以看到,式(5.11)不需要绝对满足,阴、阳离子半径可在一定范围内调整。所允许调整的程度可用因子 t 表示,这样需要满足的几何条件应为

$$r_A+r_O=\sqrt{2}\,(r_M+r_O)t \tag{5.12}$$

因子 t 一般为 0.7~1.0。

形成钙钛矿型结构,除了满足式(5.12)的几何条件外,还必须满

足电价平衡的电中性原则,即单胞中阳离子电价总和等于阴离子电价总和。

典型的钙钛矿结构化合物是 $BaTiO_3$,它有三种晶体结构,其点阵参数和单胞体积如下

立方结构:$a=b=c=0.401\ 18$ nm;$V=0.064\ 57$ nm^3

四方结构:$a=b=3.994\ 7$ nm,$c=0.403\ 36$ nm;$V=0.064\ 37$ nm^3

正交结构:$a=0.400\ 9\sqrt{2}$ nm,$b=0.401\ 8\sqrt{2}$ nm;$V=2(0.064\ 26)$ nm^3

下面我们对每种结构进行讨论:

(1)立方结构 在201℃以上,钛酸钡为立方结构,单胞含有一个化学式单位的 $BaTiO_3$。Ti 原子处在立方单胞的每个顶角位置,Ba 原子处在体心位置,O 原子处在每个边棱的中心位置。那么三种原子的坐标如下

E 位置:Ti $(0,0,0)$

F 位置:O $(0,0,1/2)$;$(0,1/2,0)$;$(1/2,0,0)$ (5.13)

C 位置:Ba $(1/2,1/2,1/2)$

从单胞内各原子的尺寸出发,可以更好地理解这种结构。如表5.4所示,O^{2-} 的离子半径(0.132 nm)和 Ba^{2+} 的离子半径(0.134 nm)几乎相同,两者共同形成一个面心立方点阵,较小的 Ti^{4+} 离子(0.068 nm)处在完全 O^{2-} 离子组成的正八面体间隙中。密排氧点阵的正八面体间隙的半径为 0.054 5 nm;如图5.14(a)所示,如果八面体间隙无原子占据,其点阵常数应为 $a=0.373$ nm。如图5.14(b)所示,每一个钛离子将周围的氧离子向外推,因而点阵常数增大。正像表 5.5 最后一列数据表明的那样,当钛被较大的原子所取代时,点阵常数进一步增大。相反,当 Ba 被较小的 Ca(0.099 nm)和 Sr(0.112 nm)离子取代时,点阵

常数相应减小。三个碱土元素 Ba、Ca 和 Sr 在高温超导体结构中占有重
要地位。

表 5.4 所选元素的离子半径/nm

离子大小	离 子	离子半径	离 子	离子半径
小	Cu^{2+}	0.072	Bi^{5+}	0.074
	Cu^+	0.096	Y^{3+}	0.094
小-中	Bi^{3+}	0.096	Tl^{3+}	0.095
	Ca^{2+}	0.099	Bi^{3+}	0.096
	Nd^{3+}	0.099 5		
中-大	Hg^{2+}	0.110		
	Sr^{2+}	0.112	La^{3+}	0.114
大	Pb^{2+}	0.120	Ag^+	0.126
	K^+	0.133	O^{2-}	0.132
	Ba^{2+}	0.134	F^-	0.133

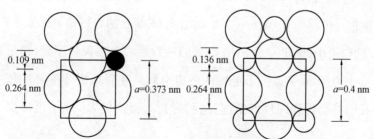

(a) 氧（大圆）之间的八面体空隙（黑圆） (b) 在空隙位置过渡族金属（小圆）将氧原子推开
右边数字表示点阵参数，左边数字为氧和空隙的尺寸

图 5.14 钙钛矿结构单元沿 $z=0$ 平面的横截面图

表 5.5　钙钛矿 AMO_3 点阵常数与碱土元素 A 和过渡族金属离子 M^{4+} 的离子半径的关系；碱土离子半径为 0.099 nm(Ca)、0.112 nm(Sr) 和 0.134 nm(Ba)

过渡族	过渡族金属	点阵常数 a/nm		
金　属	离子半径/nm	Ca	Sr	Ba
Ti	0.068	0.384	0.391	0.401
Fe	—		0.387	0.401
Mo	0.070	—	0.398	0.404
Sn	0.071	0.392	0.403	0.412
Zr	0.079	0.402	0.410	0.419
Pb	0.084	—		0.427
Ce	0.094	0.385	0.427	0.440
Th	0.102	0.437	0.442	0.480

（2）四方结构　在室温，$BaTiO_3$ 为四方结构，与立方结构的偏离程度 δ 用下式表示

$$\delta = \frac{c-a}{\frac{1}{2}(c+a)} \tag{5.14}$$

对 $BaTiO_3$ 而言，$\delta \approx 1\%$，所有原子的 x 和 y 坐标与立方结构相同，但均沿 z 轴相对位移约 0.01 nm，产生如图 5.15 所示的弯折排列形式。Ti-O-Ti 的弯折引起 Ti-O 距离增大，而 Ti-Ti 距离几乎保持不变，结果是在点阵中为 Ti 原子提供了更大的适应空间。在后面讲述的高温超导体中我们将会看到同样的情况，这种弯折为面内的 Cu 原子也提供了空间。

（3）正交结构　四方结构畸变形成正交相有两种基本方式。第一种方式如图 5.16 上所示，相对于 a 轴来说，b 轴伸长，从而形成一个长方形。第二种方式如图 5.16 下所示，ab 正方形的一条对角线伸长，而

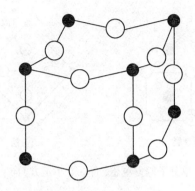

图 5.15　钙钛矿四方单元 Ti–O

面的折叠现象

另一条对角线缩短,结果是形成一个菱形。如图 5.17 所示,两条对角线相互垂直,相对于初始坐标轴旋转 45°,成为新正交单胞的 a'、b' 轴。点阵参数 a'、b' 约是 a、b 的 $\sqrt{2}$ 倍,所以粗略地讲,其单胞体积是立方或四方结构的 2 倍。

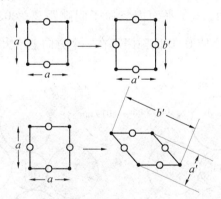

图 5.16　二维正方格子的矩形畸变和

菱形畸变

当 $BaTiO_3$ 冷到 5℃ 以下时,将经历对角线型或菱形畸变。像在立方相中一样,原子的 z 坐标相同,为 $z=0$ 或 $z=1/2$,所以畸变完全发生

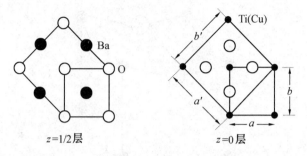

图 5.17　单分子四方单胞(右下方小正方)向双分子的

正交单胞(大正方)的菱形膨胀

在 xy 平面上,且原子排列无弯折发生。与正交结构的偏离程度用各向异性百分数表征

$$\text{ANIS}\% = \frac{100|b-a|}{\frac{1}{2}(b+a)} = 0.22\% \qquad (5.15)$$

该值比大多数正交结构铜氧化合物超导体的值要小。由图 5.17 可以看到,在立方相中,$z=0$ 平面内氧原子间隙距离为 0.019 nm。如图 5.18所示菱形畸变使 O-O 间隙距离在一个方向上增大,而在另一个方向上减小。

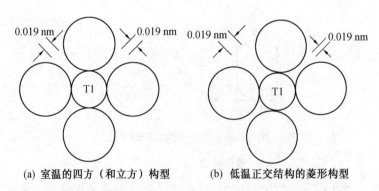

(a) 室温的四方（和立方）构型　　　(b) 低温正交结构的菱形构型

图 5.18　钙钛矿中 ab 面 Ti 原子周围的氧原子位移情况

在高温超导体中通常也发生四方-正交结构相变，$(La_{1-x}Sr_x)_2CuO_4$ 属于菱形畸变，$YBa_2Cu_3O_{7-\delta}$ 属于直线型畸变。

（4）平面表示法　描述钙钛矿结构的另一种方法是考虑形成水平平面的原子。如果我们用符号［E F C］来表示 E、F 和 C 位置的占据情况，图 5.13 和图 5.15 所示的钙钛矿结构示意图可以表示为

$$z=1 \quad ［TiO_2-］\quad Ti\ 处在\ E\ 位置，O\ 处在两个\ F\ 位置$$
$$z=1/2 \quad ［O-Ba］\quad O\ 处在\ E\ 位置，Ba\ 处在\ C\ 位置 \qquad (5.16)$$
$$z=0 \quad ［TiO_2-］\quad Ti\ 处在\ E\ 位置，O\ 处在两个\ F\ 位置$$

许多钙钛矿的结构特征与高温超导体的情况相似，上述建立的表示方法在描述铜氧化合物的结构时是非常有用的。为此，在以下两节中，我们先详细地了解一下立方和准立方钙钛矿超导体。

2. 钡钾铋氧化物

$Ba_{1-x}K_xBiO_{3-y}$ 化合物的晶体结构随 K 的替代量的变化而变化。$x=0$ 时，空间群为 $I\,2/m$；当 $0 \leqslant x \leqslant 0.25$ 时，空间群为 $I\,mmm$，不具有超导电性；当 $x>0.25$ 时，$Ba_{1-x}K_xBiO_{3-y}$ 化合物将形成立方钙钛矿结构，其点阵参数 a 为 0.429 nm，空间群为 $P\,m3m$。空间群的变化反映了原子位移的变化。K^+ 离子部分替代处在 C 位置的 Ba^{2+} 离子，Bi 离子占据等式（5.13）中的 C 位置。化学式中的 y 说明某些 O 的位置是缺位的。从表 5.4 中我们应该注意到，K(0.133 nm) 和 Ba(0.132 nm) 离子尺寸几乎相同，且 Bi^{5+}(0.074 nm) 尺寸接近于 Ti^{4+}(0.068 nm)。Bi 表现为价态 Bi^{3+} 和 Bi^{5+} 的混合态，根据 x 和 y 值的不同，两种价态的离子按比例共同分享 Ti^{4+} 位置。Bi^{3+}(0.096 nm) 离子尺寸较大，使其点阵参数 a 比立方 $BaTiO_3$ 膨胀 7%。氧缺位有助于抵消 Bi^{3+} 离子尺寸的影响。

值得注意的是，在 $x \approx 0.4$ 时，$Ba_{1-x}K_xBiO_{3-y}$ 成为超导体，超导转变

温度约为 40 K,比所有的 A15 化合物的 T_c 都高,是第一个不含铜且超导转变温度高于金属间化合物的超导材料。因为不含铜、不存在二维的金属–氧点阵和具有立方钙钛矿结构,该化合物被广泛地研究,以寻找解释高温超导电性机理的线索。在高温超导化合物中也再现了 $Ba_{1-x}K_xBiO_{3-y}$ 的某些特征,如含有可变价态的离子和采用氧空位获得电荷补偿。

3. 钡铅铋氧化物

$BaPb_{1-x}Bi_xO_3$ 这实际上是 $BaPbO_3$ 和 $BaBiO_3$ 两种化合物的一种固溶体,当 $0.05 \le x \le 0.30$ 时,$BaPb_{1-x}Bi_xO_3$ 的超导转变温度可达 13 K。$BaPbO_3$ 为正常价态化合物,呈黑色,具有金属的导电特性。它是由钙钛矿型结构畸变而来,属正交晶系,空间群为 $Ibmm$,每个单胞的化学式单位 $z=4$,即含有 4Ba、4Pb 和 12O,点阵参数为 $a=0.606\ 4$ nm $\approx \sqrt{2}a_0$,$b=0.602\ 8$ nm $\approx 2a_0$,$c=0.851\ 2$ nm $\sqrt{2}a_0$,其中 a_0 为赝立方单胞的点阵参数。$BaBiO_3$ 化合式中 Bi 的平均价态为+4,即单胞中 Bi^{3+} 和 Bi^{5+} 各占一半。它也是由钙钛矿型结构畸变而来。$BaBiO_3$ 呈青铜色,在 970 K 以下呈现出半导体特性。室温下,$BaBiO_3$ 属单斜晶系,空间群可以取为 $I2/m$,点阵参数 $a=0.618\ 1$ nm $\approx c/\sqrt{2}$,$b=0.613\ 6$ nm $\approx c/\sqrt{2}$,$c=0.866\ 9$ nm,$\beta=90.17°$,但接近正交相。$BaPb_{1-x}Bi_xO_3$ 固溶体有立方、四方、正交或单斜结构。其中四方相是超导的,空间群为 $I4/mcm$。金属–绝缘体相变发生在四方–正交相界的 $x=0.35$ 处。在立方相情况下,与 $BaPb_{1-x}Bi_xO_{3-y}$ 相似,Bi 具有可变化的价态,但此时并不具有超导电性。

4. 直线型结构的高温超导体

在第一篇高温超导材料的报导中,Bednorz 和 Müller 就指出:氧化物超导体是金属性的、氧缺位的类钙钛矿混价的 Cu 化合物。后续的工作证明这类新的超导材料确实具有这些特征。

在氧化物超导材料中,Cu^{2+} 取代了钙钛矿结构中的 Ti^{4+}。在许多情况下,TiO_2 钙钛矿层将成为 CuO_2 层,且每个 Cu 原子有两个 O 原子。这种结构特征在高温超导体中普遍存在。表 5.6 列出了主要高温超导材料的结构特征,由于 CuO_2 层的存在,高温超导材料的晶体结构中 a,b 平面内的点阵参数很接近,所以表中只列出了晶格参数中的 a 和 c 值。由于 Cu^{4+} 离子并不能形成,所以 $BaCuO_3$ 化合物并不存在。这种化合价的限制可以通过三价离子如 La^{3+} 或 Y^{3+} 替代 Ba^{2+} 离子和氧含量的减少来加以克服。结果是在每两个 CuO_2 层之间形成了一系列原子层,层上由阳离子和氧组成,且每个阳离子对应一个氧,或根本就不需要氧。每种高温超导体都有一个特有的原子层分布顺序。

表 5.6　氧化物超导材料的晶体学特征

化　合　物	符号	结构	扩展性	a/nm	c/nm	T_c/K
La_2CuO_4	0201	四方	1	0.381	1.318	35
$YBa_2Cu_3O_7$	0213	正交	1	0.385 5	1.168	92
$Bi_2Sr_2CaCu_2O_8$	2212	四方	$5\sqrt{2}$	$0.381\sqrt{2}$	3.06	84
$Bi_2Sr_2Ca_2Cu_3O_{10}$	2223	正交	$5\sqrt{2}$	$0.383\sqrt{2}$	3.7	110
$Tl_2Ba_2CuO_6$	2201	四方	1	0.383	2.324	90
$Tl_2Ba_2CaCu_2O_8$	2212	四方	1	0.385	2.94	110
$Tl_2Ba_2Ca_2Cu_3O_{10}$	2223	四方	1	0.385	3.588	125
$HgBa_2CuO_4$	1201	四方	1	0.386	0.95	95
$HgBa_2CaCu_2O_6$	1212	四方	1	0.386	1.26	122
$HgBa_2Ca_2Cu_3O_8$	1223	四方	1	0.386	1.77	133

从等式(5.13)中我们知道,钙钛矿结构中的每一个原子都处在三种位置中的一个。同样,在高温超导体中处在高度 z 上的每一个原子要么占据 $(0,0,z)$ 的边 E 上,要么占据面 $((0,1/2,z)$ 或 $(1/2,0,z)$ 或两者)的中线 F 上,要么占据 $(1/2,1/2,z)$ 的中心 C 上。因为许多铜氧化合物都含有一系列 $[Cu\ O_2-]$ 和 $[-O_2\ Cu]$ 层,在层中,Cu 原子在边 E 和中心 C 处转换,O 处在面上,所以采用 $[EFC]$ 表示法来表示位置占有情况。同理,Ba、O、Ca 层的位置变换情况如图5.19所示。

有时,人们将超导氧化物结构根据以下顺序进行分类:

① 超导层,即 $[Cu\ O_2-]$ 和 $[-O_2\ Cu]$;

② 绝缘层,如 $[Y--]$ 和 $[--Ca]$;

③ 空穴供给层,如 $[Cu\ O^b-]$ 和 $[Bi-O]$。

高温超导化合物具有一个称为 σ_h 的水平的反映面,它位于单胞的中心,并垂直于 z 轴。另一个 σ_h 反映面位于顶部或底部。这意味着单胞中处在不到半个单胞高度 z 上的每一个原子面在上半部的 $1-z$ 位置上都是重复的。当然,这样的原子在单胞中出现两次,而正好处在对称面上的原子只能出现一次,因为这些原子不能进行反映操作。图5.20示意出了处在高度 z 和反映到高度 $1-z$ 的 $[Cu\ O_2-]$ 面。应注意折叠面是如何保持反映对称操作的。具有这种反映面而底心和体心操作的超导体,也被称作直线型的超导体,因为其所有的铜原子都是同一类型,要么处在边 $(0,0,z)$ 的 E 位置上,要么处在 $(1/2,1/2,z)$ 中心 C 上。换句话说,在同一条垂直线上,一个原子处在另一个原子之上。

(1) $YBa_2Cu_3O_7$ 化合物 $YBa_2Cu_3O_7$ 有时也叫 YBaCuO 或 123 化合物,属正交晶系,空间群为 $P\ mmm$,每个单胞含一个化合式单位。其超导转变温度约92 K。图5.20示意性地给出了原子位置,图5.21给

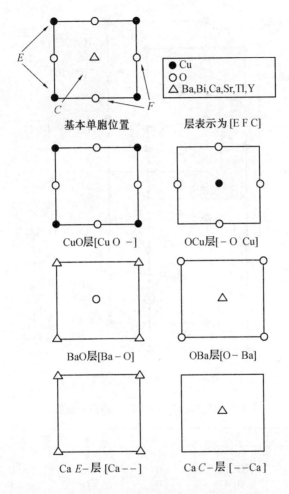

图 5.19　高温超导体层状结构中的典型原子位置,

用[E F C]法表示

出了铜氧面的排列情况。表 5.7 列出了各原子的等效位置和单胞尺寸。将它作为一个畸变的钙钛矿结构,可以看成是三个钙钛矿单胞 $BaCuO_3$,$YCuO_2$ 和 $BaCuO_2$ 的堆垛,其中两个单胞处于缺氧状态。这样就解释了为什么 $c \approx 3a$。

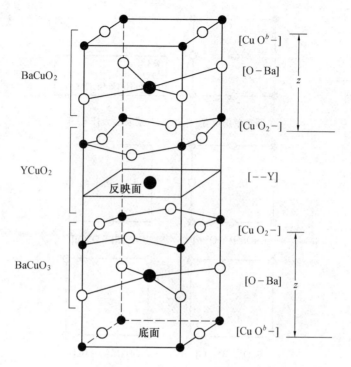

图 5.20 YBa$_2$Cu$_3$O$_7$ 单胞

表 5.7 正交结构 YBa$_2$Cu$_3$O$_7$ 的原子位置

层	原子	x	y	z
[Cu O –]	Cu(1)	0	0	1
	O(1)	0	1/2	1
[O–Ba]	O(4)	0	0	0.843 2
	Ba	1/2	1/2	0.814 6
[Cu O$_2$ –]	Cu(2)	0	0	0.644 5
	O(3)	0	1/2	0.621 9
	O(2)	1/2	0	0.621 0
[– – Y]	Y	1/2	1/2	1/2
[Cu O$_2$ –]	O(2)	1/2	0	0.379 0
	O(3)	0	1/2	0.378 1
	Cu(2)	0	0	0.355 5
[O–Ba]	Ba	1/2	1/2	0.185 4
	O(4)	0	0	0.156 8
[Cu O –]	O(1)	0	1/2	0
	Cu(1)	0	0	0

① 铜氧面　从图 5.21 中我们看到,含有 Cu 和 O 的三个面插在两个含有 Ba 和 O 面及 Y 面间。图 5.20 的右边给出了各层的顺序,O 的上标 b 表示氧处在 b 轴上。夹着[－－Y]面的两个[Cu O₂－]面中的原子是弯折的。第三个铜氧面[Cu O^b－]经常被称作铜氧链,由沿着 b 轴的直线型—Cu—O—Cu—O—链构成,不存在弯折。铜氧面和铜氧链对超导电性都有贡献。

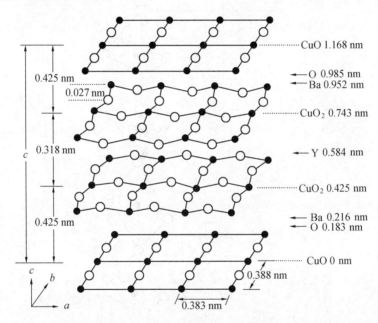

图 5.21　正交结构 YBa₂Cu₃O₇ 的层状结构示意图,所有的面均垂直于 c 轴

② 铜的配位　既然我们已经描述了 YBaCuO 的平面结构,那么了解一下每一个铜离子的局部环境也是有益的。如图 5.22 所示,铜氧链上的铜离子Cu(1)是矩形平面配位的,铜氧面上的两个铜离子 Cu(2)和 Cu(3)为五重金字塔型配位。

③堆垛规则　各个平面中原子的排列以其有效的、对相邻原子干扰很小的方式进行堆垛。

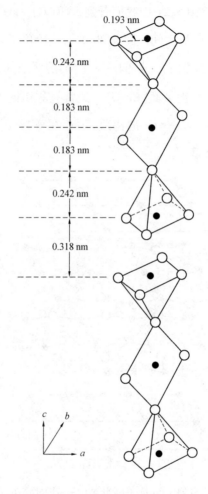

图 5.22 沿 c 轴正交结构 $YBa_2Cu_3O_7$ 金字塔配位多面体、矩形平面配位多面

体和反金字塔配位多面体的堆垛

在许多铜氧化合物的堆垛遵循以下两个经验规则：

a. 金属离子要么占据边的位置 E 要么占据中心位置 C，相邻两层交替占据位置 E 和 C。

b. 对任何类型的位置来说，氧都可以占据。但是，在同一层中，氧只占据同一类型的位置,在相邻层中,氧占据其他类型的位置。

为了获取更大的空间,原子位置会通过弯折或畸变发生小范围的调整,造成从四方到正交的结构相变。

④ 晶相　$YBa_2Cu_3O_{7-\delta}$ 化合物有四方和正交两种晶体结构。正交结构相是超导相。在四方相中,处在铜氧链平面上的氧的晶位有约一半被随机或以畸变的方式占据,而在正交相中,氧有序地沿着 b 方向形成—Cu—O—链。沿 a 方向上的氧空位使单胞略微压缩,造成 $a<b$,这种畸变具有如图 5.16 中矩形畸变的特点。随氧含量增加,氧开始占据沿 a 轴的空位。

制备 YBaCuO 时,在不同氧浓度下将其加热到 750 ~ 900 ℃。如图5.23 所示,在最高温度下,YBaCuO 为四方结构,且随温度降低,通过氧的吸收和扩散,其氧含量增加,在约 700℃时,YBaCuO 经历了有序-无序的二级相变,最终获得低温的正交相。如果从高温快速冷却淬火,在室温将得到四方相,缓慢退火将利于正交相的形成。图 5.23 给出的铜氧链的氧晶位(0,1/2,0)占有率在氧气氛下是温度的函数。自然,晶格参数 a 和 b 也是温度的函数,这样就引起 YBaCuO 热膨胀系数随温度的连续变化。从相变点到室温,YBaCuO 热膨胀系数可以用以下三个表达式分段描述[9]:

$$5.8\times10^{-16}\exp(2T/71) \qquad\qquad T\ 从相变点到\ 888\ K$$

$$0.108\times10^{-6}\exp(T/150) \qquad\qquad T\ 从\ 888\ K\ 至\ 748\ K$$

$$(8.84-2.06\times10^{-3}T+1.38\times10^{-5}T^2)\times10^{-6} \qquad T\ 从\ 748\ K\ 至室温$$

YBaCuO 这种热膨胀系数的非线性变化,在制备 YBaCuO 高温超导薄膜时发生了问题,如在 Si 基片上生长 YBaCuO 薄膜时,由于两种材料的热膨胀系数差异太大和 YBaCuO 热膨胀系数随温度的非线性变

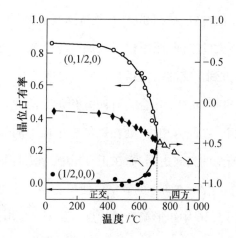

图 5.23　在 0 ~ 1 000℃ 范围内, YBaCuO 的 (0 ,1/2 ,
0) 晶位、(1/2 ,0 ,0) 晶位和氧含量参数 (δ
中线) 的变化曲线

化, 当 YBaCuO 薄膜厚度超过 50 nm 时, 薄膜中将产生大量的微观裂纹, 从而丧失使用价值。即使是薄膜厚度不超过 50 nm, 薄膜中的热应力也超过 2 GPa, 在这样高的内应力存在的情况下, 所制成的器件性能将发生严重的劣化, 这也是为什么半导体-高温超导低温器件未能得到发展的主要原因[9]。块状样品在密封条件下长期保存, 其结构和转变温度却无明显劣化。

（2）HgBaCaCuO　$HgBa_2Ca_nCu_{n+1}O_{2n+4}$ 系列化合物是高温超导体 Hg 系家族的原型, 其中 n 为整数。本家族中起初的三个成员, 对应于 $n=0,1,2$, 通常被称为 Hg-1201, Hg-1212 和 Hg-1223。它们的超导转变温度分别 95 K, 122 K 和 133 K, 点阵参数 a 均为 0.386 nm, c 分别为 0.95,1.26 和 1.57 nm。Hg-1212 化合物的原子位置列于表 5.8 中。

表 5.8　$HgBa_2Ca_{0.86}Sr_{0.14}Cu_2O_{6+\delta}$ 四方单胞中的等效原子位置

层	原子	x	y	z
[Hg − −]	Hg	0	0	1
	O(3)	1/2	1/2	1
[O − Ba]	O(2)	0	0	0.843
	Ba	1/2	1/2	0.778
[Cu O$_2$ −]	Cu	0	0	0.621
	O(1)	0	1/2	0.627
	O(1)	1/2	0	0.627
[− − Ca]	Ca,Sr	1/2	1/2	1/2
[Cu O$_2$ −]	O(1)	1/2	0	0.373
	O(1)	0	1/2	0.373
	Cu	0	0	0.379
[O − Ba]	Ba	1/2	1/2	0.222
	O(2)	0	0	0.157
[Hg − −]	O(3)	1/2	1/2	0
	Hg	0	0	0

图 5.24 示意性地画出了 Ca 处在中心位置的 $HgBa_2CaCu_2O_{6+\delta}$ 化合物的单胞。符号 δ 代表有少许过量的氧处在上下两层的中心位置 $(1/2,1/2,0)$ 和 $(1/2,1/2,1)$。为了准确起见,在图中表出"部分占据"的字样。如果把这些氧包括在内的话,表 5.8 中的 [Hg − −] 应是 [Hg − O]。这些 Hg 系化合物的结构与后面介绍的 $TlBa_2Ca_nCu_{n+1}O_{2n+4}$ 相类似。Hg-1201 的 Cu 原子处在 O 原子构成的拉长八面体的中心。在 $n=1$ 情况下,每一个 Cu 原子都处在四棱锥基面的中心。$n=2$ 时,多出一个 CuO_2 层,其上的 Cu 原子是四方形平面配位的。Hg 系化合物中各层的堆垛顺序也遵循 Y 系化合物的堆垛规则,相邻层中的金属离子交替处在边 E 和中心 C,相邻层中的氧总是处在不同的位置。从表

5.8 看到,[O－Ba]层弯折现象很严重,而[CuO$_2$-]层仅发生微小的弯折。

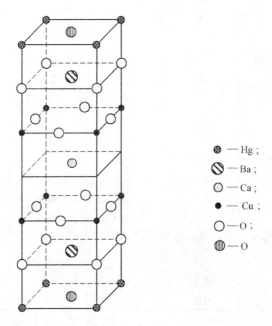

图 5.24 HgBa$_2$CaCu$_2$O$_{6+\delta}$化合物晶体结构示意图

图 5.25 给出了三种 HgBa$_2$Ca$_n$Cu$_{n+1}$O$_{2n+4}$化合物各层的堆垛示意图。$n=1$ 化合物 HgBa$_2$CaCu$_2$O$_6$ 在结构上与 YBa$_2$Cu$_3$O$_7$ 非常类似,只是 Ca 取代了 Y 处在中心位置,Hg 取代了[CuO－]链。在 Hg 系化合物中,经常观察到超级单胞,它是由像 Hg-1212 和 Hg-1223 这些不同相沿 c 方向的有序堆垛而构成的。对于 Hg-1212 和 Hg-1223 两个相的数量相等所构成的超级单胞,其化学式常常写成 Hg$_2$Ba$_4$Ca$_3$Cu$_5$O$_x$。

5. 体心型结构的高温超导体

上一节,我们讨论了直线型超导体结构,直线型结构的特点是具有一个对称的水平面。除了这个 σ_h 面以外,大部分高温超导体结构中都有一个叫做体心的对称操作。对于坐标为 (x,y,z) 的每一个原子,都存

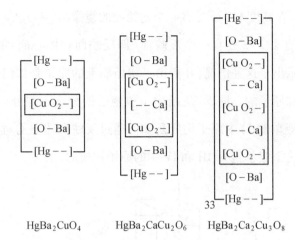

$$HgBa_2CuO_4 \qquad HgBa_2CaCu_2O_6 \qquad HgBa_2Ca_2Cu_3O_8$$

图 5.25　三种 $HgBa_2Ca_nCu_{n+1}O_{2n+4}$ 化合物的堆垛示意图

在一个按下列操作确定的同一原子

$$x \rightarrow x \pm 1/2 \quad x \rightarrow y \pm 1/2 \quad z \rightarrow z \pm 1/2$$

本操作以在高度为 z 的平面为起点在高度 $z+1/2$ 处形成一个镜像平面,结果是边上的原子变成了体心原子,体心原子变成了边上的原子,且每一个面上原子移动到另一个面上位置。换句话说,在高度为 z 的一个平面上进行体心操作,将在高度为 $z \pm 1/2$ 处形成一个镜像的体心平面。选择这些操作目的是所产生的点和面仍保持在单胞内。这样的话,如果 z 的初值大于 $1/2$,那么就选择。体心操作使半个 Cu—O 面成为 $[Cu\ O_2-]$,其 Cu 原子处在边的位置,而另一半却成为 $[-O_2\ Cu]$,其 Cu 原子处在中心位置。

　　让我们举一个 $Tl_2Ba_2CaCu_2O_8$ 的例子来说明体心型超导体的对称特征。如图 5.26 所示,该化合物初始平面 $[Cu\ O_2-]$ 上的 Cu 和 O 原子的垂直方向的位置分别为 $z=0.054\ 0$ 和 $z=0.053\ 1$。为了达到示意的目的,z 的取值约为 0.1。从图中看到,在高度 $1-z$ 处有一个反映面

$[Cu\,O_2-]$,在高度 $1/2+z$ 处有一个初始面的镜像面$[-\,O_2\,Cu]$(即体心面),在高度 $1/2-z$ 处有一个反映面(即反映面和体心面)的镜像面。图5.26表示出了这种情况,并指出了初始面上的原子是如何变成其他面内的特殊原子的。图 5.27 给出了单胞的四分之一部分(也叫基本亚单胞或亚单胞 I)中原子构成是如何通过反映和体心的对称操作来决定其他三个亚单胞 II、III 和 IV 中的原子构成的。

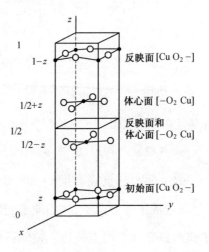

图 5.26　含有四个弯折 CuO_2 集团的体心四方单胞示意图:表示如何通过水平反映面($z=1/2$)的反映操作、体心操作和两个操作同时进行来复制初始集团(底部)

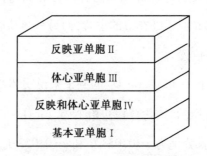

图 5.27　通过反映和体心操作将体心型单胞分为四个区的示意图

（1）La_2CuO_4 和 Nd_2CuO_4　体心化合物 M_2CuO_4 在同一种空间群情况下有三个结构变种，它们是 M=La 型、M=Nd 型和混合型。表 5.9 列出了前两种类型中的原子位置。图 5.28 为所有三种结构的示意图。

表 5.9　La_2CuO_4 和 Nd_2CuO_4 结构中的原子位置

La_2CuO_4 结构					Nd_2CuO_4 结构				
层	原子	x	y	z	层	原子	x	y	z
	O(1)	1/2	0	1		O(1)	1/2	0	1
[Cu O₂ -]	Cu	0	0	1	[Cu O₂ -]	Cu	0	0	1
	O(1)	0	1/2	1		O(1)	0	1/2	1
	La	1/2	1/2	0.862	[- - Nd]	Nd	1/2	1/2	0.862
[O - La]	O(2)	0	0	0.818		O(3)	0	1/2	3/4
	O(2)	1/2	1/2	0.682	[- O₂ -]	O(3)	1/2	0	3/4
[La - O]	La	0	0	0.638	[Nd - -]	Nd	0	0	0.638
	O(1)	1/2	0	1/2		O(1)	1/2	0	1/2
[- O₂ Cu]	Cu	1/2	1/2	1/2	[- O₂ Cu]	Cu	1/2	1/2	1/2
	O(1)	0	1/2	1/2		O(1)	0	1/2	1/2
	La	0	0	0.362	[Nd - -]	Nd	0	0	0.362
[La - O]	O(2)	1/2	1/2	0.318		O(3)	1/2	0	1/4
	O(2)	0	0	0.182	[- O₂ -]	O(3)	0	1/2	1/4
[O - La]	La	1/2	1/2	0.138	[- - Nd]	Nd	1/2	1/2	0.138
	O(1)	0	1/2	0		O(1)	0	1/2	0
[Cu O₂ -]	Cu	0	0	0	[Cu O₂ -]	Cu	0	0	0
	O(1)	1/2	0	0		O(1)	1/2	0	0

① La_2CuO_4 单胞（T 相）　通常，我们称 La_2CuO_4 类的结构为 T

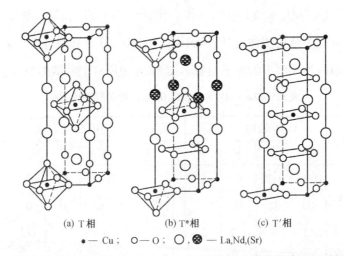

(a) T 相　　　　　　(b) T*相　　　　　　(c) T′相

●—Cu；　○—O；　○，✖—La,Nd,(Sr)

图 5.28　(a)与空穴型$(La_{1-x}Sr_x)_2CuO_4$超导体相关的标准单胞(T 相),(b)
空穴型$La_{2-x-y}R_ySr_xCuO_4$超导体的混合单胞(T*相)和(c)与电子型
$(Nd_{1-x}Ce_x)_2CuO_4$超导体相关的交替单胞(T′相)。左边结构中的
La 原子在右边的结构中就变成了 Nd 原子。混合型单胞的上部就
是 T 型,而下部是 T′型的。对于所有的三种单胞来说,它们的空间
群都是一样的。

相。正如图 5.29 所示,其结构可以看成是 CuO_4La_2 基团与镜像基团
(即体心的)La_2O_4Cu 沿 c 方向的堆垛。表示该结构的另一种方式是通
过由亚单胞中$[O-La]$层和$1/2[CuO_2-]$层组成的 $Cu_{1/2}O_2La$ 基团来
构成,如图 5.29 右边和图 5.30 左边所示。因子 $1/2$ 表示$[CuO_2-]$层
由两个亚单胞共享。亚单胞 II 由亚单胞 I 反映操作而成,亚单胞 III 和
IV 是通过 I 和 II(图 5.26、图 5.27)的体心操作而成。因此,亚单胞 I
和 II 共同拥有 CuO_4La_2 基团,而亚单胞 III 和 IV 共同拥有其镜像(体
心)对应的 La_2O_4Cu 基团。后面讨论的 BiSrCaCuO 和 TlBaCaCuO 结构
可以以同样的方式构成,只是沿 c 方向的重复单胞更多而已。

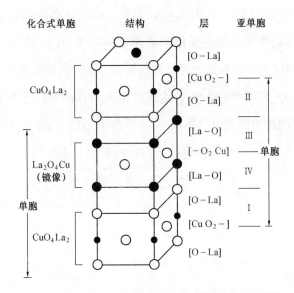

化合式单胞　　　结构　　　层　　亚单胞

CuO₄La₂
La₂O₄Cu（镜像）
单胞
CuO₄La₂

[O－La]
[CuO₂－]
[O－La]　　II
[La－O]　　III
[－O₂Cu]──单胞
[La－O]　　IV
[O－La]
[CuO₂－]　I
[O－La]

图 5.29　用化合式单胞(左)、平面标记以及亚单胞类型表示的 La_2CuO_4 结构(中心):单胞的选取方式有两种类型,左边的类型是基于化合式单胞,右边的类型较常用,它是基于铜氧层来选取的

La_2CuO_4	亚单胞	Nd_2CuO_4
[CuO₂－]		[CuO₂－]
[O－La]	II	[－－Nd]
[La－O]		[－O₂－]
	III	[Nd－－]
[－O₂Cu]		[－O₂Cu]
[La－O]		[Nd－－]
	IV	[－O₂－]
[O－La]		[－－Nd]
[CuO₂－]	I	[CuO₂－]

图 5.30　La_2CuO_4(T 相,左)和 Nd_2CuO_4(T′相,右)结构的分层示意图

　　La_2CuO_4 的层状布置由等空间的、CuO_2 平面构成。CuO_2 面中,氧原子一个在另一个上依次堆垛,如图 5.31 所示,相邻层中的铜离子交

替地处在$(0,0,0)$和$(1/2,1/2,1/2)$晶位。由于这些平面都是反映面，所以彼此都是相互的体心操作的镜像。一半氧$O(1)$处在平面上，另一半的氧$O(2)$处在平面之间。如图5.32所示，铜与氧形成八面体配位，但是CuO_2面中Cu和$O(1)$之间的距离为0.19 nm，远小于Cu到顶角氧$O(2)$的垂直距离0.24 nm。La与四个$O(1)$、四个$(1/2,1/2,z)$晶位的$O(2)$和一个$(0,0,z)$晶位的$O(2)$形成九重配位。

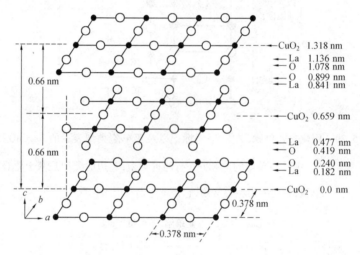

图 5.31　La_2CuO_4结构中的CuO_2层：各交替层中Cu原子的水平位移情况，各层都垂直于c轴

　　La_2CuO_4化合物本身是一个反铁磁性绝缘体。要获得良好的超导电性能，必须对其进行掺杂，通常采用碱土金属。采用质量分数为3%～15%的Sr和Ba取代La，所形成的化合物$(La_{1-x}M_x)_2CuO_4$在低温和低M含量时为正交结构，否则为四方结构。两个相变端都可观察到超导电现象。正交畸变有矩形和菱形两种类型，如图5.16所示。图5.33的相图给出了四方相、正交相、超导相和反铁磁有序区的分界线。我们看到，在高温下正交相是绝缘的，在低温下呈金属性，在非常低的

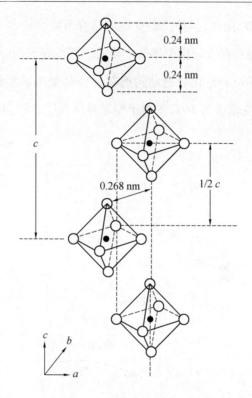

图 5.32　La$_2$CuO$_4$ 结构中轴向畸变 CuO$_6$ 八面体的排列情况

温度下变成超导体。

② Nd$_2$CuO$_4$ 化合物(T′相)　图 5.28(c)为 Nd$_2$CuO$_4$ 的结构。表 5.9 列出了所有的原子位置。与标准的 La$_2$CuO$_4$ 化合物相比,除了顶角氧 O(2) 以外,其他的原子位置都是一样的,而处在 [O–La] 和 [La–O] 层上的顶角氧 O(2) 发生了移动,在 [– – Nd] 和 [Nd – –] 层之间形成了一个 [– O$_2$–] 层,我们将这些氧原子记为 O(3)。它们的坐标位置 x 和 y 与 O(1) 完全相同,其 $z=1/4$ 或 3/4,正好位于两个 CuO$_2$ 面之间。从图 5.28 看到,此时的 CuO$_6$ 八面体失去了顶角的氧原子,使 Cu 形成了正方的平面配位的 CuO$_4$ 基团。Nd 与四个 O(1) 和四个

O(3)原子构成八配位,但是,Nd–O 距离略有不同。

而 CuO$_2$ 面在两个结构中都是一样的。其他高温超导体的载流子是空穴,具有 Nd$_2$CuO$_4$ 化合物结构的超导体却是电子型的。为此,人们才对临界转变温度为 24 K 的电子型超导体 Nd$_{1.85}$Ce$_{0.15}$CuO$_{4-\delta}$ 进行了广泛研究。

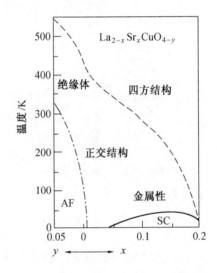

图 5.33 空穴型 La$_{2-x}$Sr$_x$CuO$_{4-y}$ 化合物的相图:由绝缘
体、反铁磁(AF)、金属性和超导(SC)区构成。

具有不同载流子超导体结构上的差异可以从掺杂的角度来理解。未掺杂的材料经掺杂后变成了超导体。镧和钕都是三价元素,在未掺杂化合物中,它们都给邻近的氧原子提供三个电子来形成 O^{2-}。

$$La \longrightarrow La^{3+} + 3e^-$$

$$Nd \longrightarrow Nd^{3+} + 3e^-$$

为了形成超导体,在 La$_2$CuO$_4$ 结构中用二价的 Sr 取代少量的 La,在 Nd$_2$CuO$_4$ 结构中用四价的 Ce 取代少量的 Nd,即

$$Sr \longrightarrow Sr^{2+} + 2e^-$$

$$Ce \longrightarrow Ce^{4+} + 4e^-$$

这样,Sr 掺杂减少了电子数量,从而产生了空穴型载流子,而 Ce 掺杂提高了电子浓度,此时其导电行为变成了电子型。除此以外,也有不同结构的电子型铜氧化合物超导体,如 $Sr_{1-x}Nd_xCuO_2$ 等。

③ $La_{2-x-y}R_xSr_yCuO_4$ 化合物(T^* 相)　前面我们介绍了 T 相 La_2CuO_4 和 T' 相 Nd_2CuO_4 的结构。前者含有 O(2),而后者含有 O(3),改变了 Cu 原子的配位情况,也改变了 La 和 Nd 原子的配位。有一种空穴型超导镧铜氧化合物的混合结构,如图 5.28 所示,我们称之为 T^* 结构。这两种半单胞的变种沿四方相的 c 轴交替堆垛。位于氧金字塔基面的铜为五配位,形成 CuO_5。有两个不等价的稀土元素位置:在 T 型半单胞中的九重配位晶位被较大的 La 和 Sr 离子优先占据,而较小的稀土(即 Sm、Eu、Gd 或 Tb)离子优先占据 T' 半单胞中的八重配位晶位。

(2) 体心的 BiSrCaCuO 和 TlBaCaCuO 化合物　1988 年,超导转变温度明显高于备受瞩目的 YBaCuO 超导体的两个新的材料体系被发现了,它们就是铋系和铊系超导材料。这些化合物的点阵参数 a 和 b 与钇系和镧系化合物相同,但是沿 c 轴方向的单胞尺寸更大。利用它们的层状示意图,我们来描述其体心结构。早在 1940 年,瑞士化学家 Bengt Aurivillius 就曾合成出某些相关的化合物。

$Bi_2Sr_2Ca_nCu_{n+1}O_{6+2n}$ 和 $Tl_2Ba_2Ca_nCu_{n+1}O_{6+2n}$ 化合物(n 为整数)基本上具有相同的结构和相同的层状分布,尽管详细的原子位置有些差异。这里,CuO_2 层基团由 Ca 层分开。对于 Bi 系,CuO_2 层基团与插层 BiO 和 SrO 结合,对 Tl 系化合物,与插层 TlO 和 BaO 结合。图 5.34 将 $n=$

0,1,2 时 $Tl_2Ba_2Ca_nCu_{n+1}O_{6+2n}$ 化合物的层状分布与 La 系和 Y 系化合物进行了比较。从图中我们可以看到，$[Cu\ O_2-]$ 面基团和 $[-O_2\ Cu]$ 镜像面(体心)沿 c 轴重复排列。正是这些铜氧层产生了超导电性。

仔细观察图 5.34 就会发现，前面讲到的 YBaCuO 的堆垛规则，这里仍然适用。也就是说，相邻层中的金属离子交替地处在边 E 和中心 C 晶位，相邻层中的氧处在不同的晶位。很明显，水平反映对称就在单胞的中心点。YBaCuO 是直线型的，而其他四个化合物都是交错排列的。

对于 $Tl_2Ba_2Ca_nCu_{n+1}O_{6+2n}$ 来讲，在基本的化学式中，总是有两个 Tl 和两个 Ba，n 个 Ca 和 $n+1$ 个 Cu。$n=0,1,2$ 的三个成员，分别叫做 2201，2212 和 2223 化合物。对 $Bi_2Sr_2Ca_nCu_{n+1}O_{6+2n}$ 化合物的情况也是类似的。因为 $YBa_2Cu_3O_7$ 中的 Y 与 Tl 系和 Bi 系化合物中的 Ca 类似，所以将其化学式写成 $Ba_2YCu_3O_7$ 就更加一致了，如表 5.6 所示，$Ba_2YCu_3O_7$ 可以称为 0213 化合物，同理 $(La_{1-x}M_x)_2CuO_{4-\delta}$ 可以称为 2001 化合物。

前面，我们详细地介绍了 Bi 系和 Tl 系高温超导体的结构和相互关系，下面我们将对两种化合物进行简要的讨论。表 5.6 总结了两个化合物及相关化合物的特性。

Bi 系化合物的第一个成员，即 $n=0$ 的 2201 化合物，具有八配位的 Cu，其临界转变温度 $T_c \approx 9\ K$。第二个成员 $Bi_2(Sr,Ca)_3Cu_2O_{8+\delta}$ 超导体的 T_c 约为90 K，结构中有两个 $[Cu\ O_2-]$ 层，两层被中间的 $[--Ca]$ 层分开。$[Cu\ O_2-]$ 层到 $[--Ca]$ 层的间距为 0.166 nm，而 YBaCuO 中 $[Cu\ O_2-]$ 层到 $[--Y]$ 层的间距要大一些，为 0.199 nm。在这两个 Bi 系超导体结构中，如图 5.22 所示，铜离子都是与氧形成金字塔型配位，

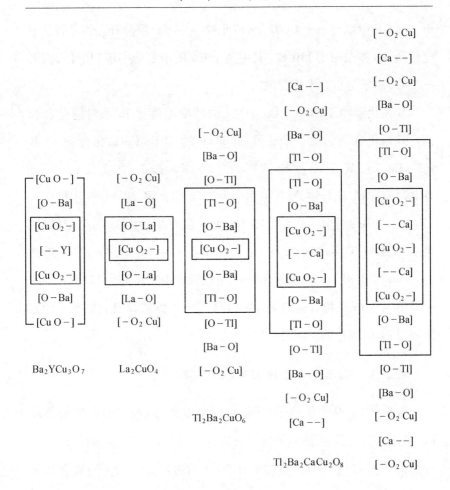

图 5.34　一种高温超导体的层状示意图：CuO_2 面层用里面的方块包围起来，构成
　　　　一个化学式的层用大方块包围起来。Bi-Sr 化合物 $Bi_2Sr_2Ca_nCu_{n+1}O_{6+2n}$
　　　　具有与其 Tl-Ba 对应化合物相同的层状示意图

同时也可观察到沿 a 和 b 方向上的超点阵，即只要单胞做较小的调整
可进行约每五个点阵间距的重复过程。Bi 系中的第三个成员

$Bi_2Sr_2Ca_2Cu_3O_{10}$ 有三个 CuO_2 层,彼此被 [- - Ca] 层分开。临界转变温度较高,Pb 掺杂时为 110 K。其中两个 Cu 离子是金字塔型配位,而第三个 Cu 离子是正方平面配位。

Tl 系化合物 $Tl_2Ba_2Ca_nCu_{n+1}O_{6+2n}$ 的转变温度比 Bi 系对应化合物高。Tl 系化合物的第一个成员,即 $n=0$ 的 $Tl_2Ba_2CuO_6$ 化合物,不含 [- - Ca] 层,转变温度也较低,约 85 K。第二个成员 ($n=1$) $Tl_2Ba_2CaCu_2O_8$ 化合物,通常也称之为 2212 化合物,超导转变温度 $T_c=$ 110 K。与 Bi 系化合物相比,其 [$Cu O_2 -$] 层较厚,两 [$Cu O_2 -$] 层较近。第三个成员 $Tl_2Ba_2Ca_2Cu_3O_{10}$ 化合物有三个 [$Cu O_2 -$] 层,彼此被 [- - Ca] 层分开,在 Tl 系化合物中,它的转变温度最高为 125 K。铜的配位情况与 Bi 系相对应的化合物相同。2212 和 2223 化合物都是四方结构,与 La_2CuO_4 的空间群相同。

5.2.3 富勒稀化合物超导材料[5,10]

C_{60} 分子由 60 个碳原子组成,通常称之为富勒稀,有时也简称球碳。如图 5.35 所示,碳原子位于直径为 0.71 nm 的 32 面体的顶角,这种结构含有 12 个规则的五边形和 20 个六边形。C_{60} 分子可以称得上

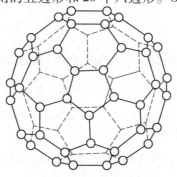

图 5.35 富勒稀分子 C_{60} 的结构

是世界上最小的足球。这里术语富勒稀实际上是代表由 n 个碳原子组成的 C_n 化合物，每一个碳原子与另外三个碳原子键结合形成一个封闭的表面。每个碳原子有两个单键和一个双键。该类化合物中碳原子数目最小的可能化合物是四方 C_4，如图 5.36 所示，C_4 有三种共振的结构。立方 C_8 是一个富勒稀，它有 9 种共振结构。等面的二十面体 C_{12} 也是一个富勒稀，但是八面体 C_6 和十二面体 C_{20} 却不可能成为富勒稀，因为在这些结构中碳要与多于三个的相邻原子成键。C_4，C_8 和 C_{12} 这些假想的小 C_n 化合物至今尚未合成出来，但是较大的化合物如 C_{60}，C_{70}，C_{76}，C_{78} 和 C_{82} 都已经被合成。根据多边形的不同排列方式，这些化合物有几种结构形式。

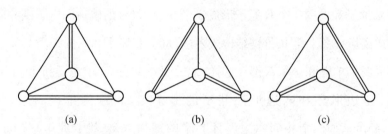

(a)　　　　　　(b)　　　　　　(c)

图 5.36　假想四方 C_4 的三种共振结构

富勒稀有几个有趣的几何特征。由于每一个碳(顶点)连接成三个键(边)，且每条边都有两个顶点，所以在 C_n 结构中边 E 的数量比顶角 V 的数量大 50% 以上。在拓扑学上有一个定理叫做欧拉定理。根据该定理，一个多面体的面 F 的数量满足下式

$$F = E - V + 2 \tag{5.17}$$

在富勒稀 C_n 结构中，$n = V$，在每个顶点上有三个边相交，这样我们有

$$E = 3V/2 \tag{5.18}$$

$$F = V/2 + 2 \tag{5.19}$$

且
$$E = \frac{1}{2} \sum_s s F_s \qquad (5.20)$$

$$V = \frac{1}{3} \sum_s s F_s \qquad (5.21)$$

这里 F_s 为带有 s 边面的数目,当然

$$F = \sum_s F_s \qquad (5.22)$$

综合等式(5.19)到(5.22)就得到富勒稀面的公式

$$\sum_s (6 - s) F_s = 12 \qquad (5.23)$$

C_{60} 分子的外径是 0.71 nm,它的范德华间距为 0.29 nm,所以 C_{60} 固体中最近邻分子间的距离(有效直径)是 1.00 nm。在 C_{60} 分子中,每个 C 原子和周围 3 个 C 原子形成 3 个 σ 键,剩余的轨道和电子则共同组成离域 π 键。若按价键结构式表达,每个 C 原子和周围 3 个 C 原子形成两个单键和一个双键。这样 C_{60} 分子中共有 60 个单键和 30 个双键。五边形环和六边形环共享的那个键(5/6)为单键,键长是 0.145 nm,而两个相邻六边形环共享的键为双键,键长是0.140 nm。C_{60} 有多种异构体,这种结构是 C_{60} 最稳定的一种价键结构形式。

由于 C_{60} 分子是球形分子,3 个 σ 键键角总和为 348°,C—C—C 键角的平均值为 116°,垂直球面为 π 轨道。σ 和 π 轨道间的夹角为 101.64°。根据杂化轨道理论,若近似地平均计算,3 个 σ 轨道每个含有 s 轨道成分30.5%,p 轨道成分69.5%,而垂直于球面的 π 轨道含 s 成分8.5%,p 成分91.5%。它们的键型介于 sp^2 和 sp^3 之间。在 260 K 以上温度下,这些分子形成如图 5.37 所示的面心立方结构晶体,点阵参数为1.42 nm。在低于260 K温度时,形成简单立方点阵,点阵参数为0.710 nm。室温下,C_{60} 分子在晶体中不停地转动,呈圆球形。

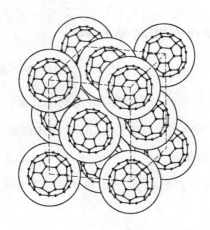

图 5.37　C_{60} 分子形成的面心立方结构（C_{60} 分子按碳原子的
范德华半径所允许的碳原子间接触距离画出）

C_{60} 化合物本身并不是个超导体，但是，当加入碱金属时，它就变成
了超导体。掺杂的化合物也是形成面心立方晶格，点阵参数为 1.004 nm。
在这个结构中每个 C_{60} 分子对应两个四面体间隙和一个八面体间隙。
如果这些间隙被碱金属 A 占据的话，形成的化合物是 A_3C_{60}，如
K_2RbC_{60}，K 占据较小的四面体间隙，Rb 处在较大的八面体间隙位置。
表 5.10 给出了几个这类掺杂富勒稀化合物的转变温度。列出的化合
物中，四个化合物的超导温度较低，有三个化合物的超导转变温度超过
了 30 K。

表 5.10　某些碱金属掺杂的 C_{60} 化合物的转变温度

化合物	T_c/K	化合物	T_c/K
K_3C_{60}	19	K_2RbC_{60}	22
Rb_2KC_{60}	25	Rb_3C_{60}	29
Rb_2CsC_{60}	31	$CsRbC_{60}$	33
CsC_{60}	47		

5.2.4 硼化合物超导材料[11]

硼化物超导材料曾一度引起科学家的广泛兴趣,尤其是 MgB_2 和 RM_2B_2C 化合物,其中 M 通常为 Ni,R 为稀土元素。人们希望 MgB_2 超导材料的发现只是露出了冰山的一角,在硼化物中可能孕育着更高转变温度的超导材料体系。但是,到目前为止,在硼化物中 MgB_2 仍保持着 T_c 的最高记录。表 5.11 给出了典型硼化物的超导转变温度及结构。

表 5.11　二元、三元和四元硼化物超导材料的临界转变温度与结构[11]

化合物	T_c/K	结　　构
TaB	4	α-TlI
NbB	8.25	α-TlI
MgB_2	40	AlB_2
NbB_2	—	AlB_2
	0.62	
$NbB_{2.5}$	6.4	AlB_2
$Nb_{0.95}Y_{0.05}B_{2.5}$	9.3	AlB_2
MoB_2	—	AlB_2
$MoB_{2.5}$	8.1	AlB_2
$Mo_{0.85}Zr_{0.15}B_{2.5}$	11.2	AlB_2
ZrB_2	5.5	
Mo_2B	5.07	θ-CuA$_{l2}$

续表 5.11

化合物	T_c/K	结 构
W_2B	3.22	$\theta-CuAl_2$
YB_6	7.1	CaB_6
LaB_6	5.7	CaB_6
ZrB_{12}	5.82	UB_{12}
$LuRuB_2$	9.99	$LuRuB_2$
Mo_2BC	7.5	Mo_2BC
YB_2C_2	3.6	YB_2C_2
$LuRh_4B_4$	11.76	$CeCo_4B_2$
$TmNi_2B_2C$	11	$LuNi_2B_2C$
$LuNi_2B_2C$	16.1	$LuNi_2B_2C$
YNi_2B_2C	15.6	$LuNi_2B_2C$
YPd_2B_2C	23	$LuNi_2B_2C$
$La3Ni_2B_2N3$	12	

在硼化物中寻找超导电性的工作最早可以追溯到 1949 年,当时人们发现了超导转变温度为 4 K 的 TaB 超导体,它具有 $\alpha-TlI$ 型结构。20 世纪 70 年代,人们发现了大量的硼化物超导材料,它们都是低温超导体。自从 2001 年发现 MgB_2 具有约 40 K 的超导转变温度以来,理论工作者提出了一些可能的等电子二元和三元硼化物体系,如 BeB_2,过渡金属(TM)硼化物 TMB_2,空穴掺杂体系 $Mg_{1-x}Li_xB_2$、$Mg_{1-x}Na_xB_2$ 和 $Mg_{1-x}Cu_xB_2$,贵金属硼化物 AgB_2 和 AuB_2,CuB_2 及相关化合物。实验合成的努力也在继续,但所报道的结果常常是互相矛盾的。如早期的研究认为 TaB_2 材料是不超导的,但近期发现它的超导转变温度为 9.5 K。同样的情况也发生在 ZrB_2 材料上,一些实验结果证明它是非超导相,

而另外一些实验却发现它的超导转变温度为 5.5 K。对于化学计量化合物 BeB_2 来讲,发现它是不超导的,但是非化学计量化合物 $BeB_{2.5}$ 是超导的,转变温度为0.7 K。在同一个材料中得到完全相反结论这一事实说明非化学计量比在这类材料的超导电性中起着重要作用。对 MgB_2 也可能如此,即在最高的临界转变温度所对应的成分可能也偏离化合物的理想成分。为了得到最好的超导性能需要非化学计量比的情况在低温超导体和高温超导体中也是常见的一种现象。如图 5.38 所示,MgB_2 具有简单六方的 AlB_2 型结构,空间群为 $P6/mmm$。Mg 的等效晶位为$(0,0,0)$,B 的等效晶位为$(1/3,2/3,1/2)$。结构中类石墨的 B 层被六方密排的金属层分开,六方 B 环的中心正好与上和下的金属原子处在同一直线上。

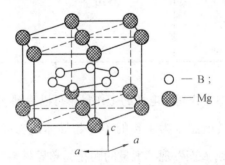

图 5.38　MgB_2 的晶体结构由 B 和 Mg 的六边形层组成

MgB_2 室温时的点阵参数为 $a = 0.308\ 48$ nm,$c = 0.352\ 10$ nm。点阵参数与温度的关系如图 5.39 所示。其热膨胀行为可用爱因斯坦等式描述[12]

$$\ln\left(\frac{a}{a_0}\right) = \frac{A\omega}{l^{\theta/T} - 1} \qquad (5.24)$$

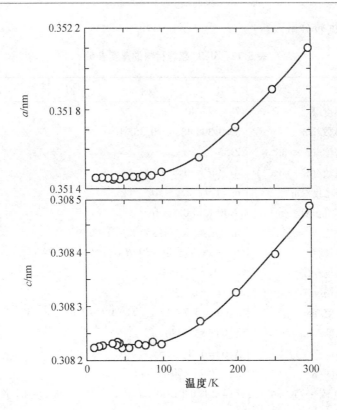

图 5.39 MgB$_2$ 点阵参数 a 和 c 与温度的关系

式中, a 是点阵参数(a 或 c)或单胞体积(V); a_0 为 $T = 0$ K 时的值。 ω 为声子能量; T 为温度; A 为比例系数。沿 c 轴的热膨胀大约是沿 a 轴的两倍。其室温附近的热膨胀系数分别为 $\alpha_a \approx 5.4 \times 10^{-6}$ K^{-1}, $\alpha_c \approx 11.4 \times 10^{-6}$ K^{-1}。这种热膨胀系数的各向异性源于键强的差异。基面中的 B—B 键的键强要远大于 Mg 原子层和 B 原子层之间形成的 Mg-B 键。正是面内 B 所形成的强共价键(σ 键)可能是 MgB$_2$ 产生超导电现象的原因。换句话说, B 层的金属性和轻的 B 原子具有高的振动频率可能是导致该化合物具有高 T_c 的直接原因。在表 5.12 中,我们列出了 MgB$_2$ 化合物的一些重要参数,由于目前样品质量有待进一步提高,所以数据较分散。

表 5.12 MgB_2 超导材料的重要参数

参　　　　数	数　　　　值
临界温度/K	$T_c = 39 \sim 40$
点阵参数/nm	$a = 0.308\,48$，$c = 0.352\,10$
理论密度/(g·cm^{-3})	2.55
压力系数/(K·GPa^{-1})	$\mathrm{d}T_c/\mathrm{d}P = -1.1 \sim -2$
载流子密度/cm^{-3}	$n_s = 1.7 \sim 2.8 \sim 10^{23}$
电阻率/(μΩ·cm)	$\rho(40\ \mathrm{K}) = 0.4 \sim 16$
电阻率比	$RR = \rho(40\ \mathrm{K})/\rho(300\ \mathrm{K}) = 1 \sim 27$
上临界场/T	$H_{c2}\cdot ab(0) = 14 \sim 39$，$H_{c2}\cdot c(0) = 2 \sim 24$
下临界场/mT	$H_{c1}(0) = 27 \sim 48$
不可逆场/mT	$H_{irr}(0) = 6 \sim 35$
相干长度/nm	$\xi_{ab}(0) = 3.7 \sim 12$，$\xi_c(0) = 1.6 \sim 3.6$
穿透深度/nm	$\lambda(0) = 85 \sim 180$
能隙/(m·eV)	$\Delta(0) = 1.8 \sim 7.5$
德拜温度/K	$\Theta_D = 750 \sim 800$
临界电流密度/(A·cm^{-2})	$J_c(4.2\ \mathrm{K}, 0\ \mathrm{T}) > 10^7$，$J_c(4.2\ \mathrm{K}, 4\ \mathrm{T}) = 10^6$，$J_c(4.2\ \mathrm{K}, 10\ \mathrm{T}) > 10^5$ $J_c(25\ \mathrm{K}, 0\ \mathrm{T}) > 5 \times 10^6$，$J_c(25\ \mathrm{K}, 2\ \mathrm{T}) > 10^5$

人们所关心的问题是我们能否在 BCS 理论框架内来理解 MgB_2 的超导电性问题,还是有其他机制存在。下面根据目前的研究进展我们进行简单的讨论。

MgB_2 的电子结构计算指出,在布里渊区中心有四种本征的声子模式,如图 5.40 所示[13]。中子散射和第一原理计算表明:A_{2u} 和 B_{1g} 一度简并模的振动是沿 c 轴进行的。对于 B_{1g} 模式,B 原子在相反的方向上运动,Mg 原子保持不动;而对在布里渊区中心(Γ)标出了振动模式的对称性,粗线表示的振动模式对电子–声子耦合的贡献占主导地位。

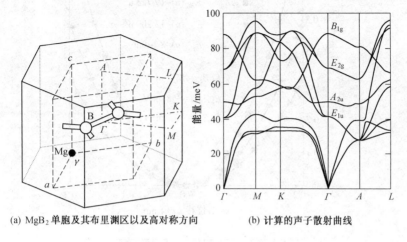

(a) MgB_2 单胞及其布里渊区以及高对称方向　　(b) 计算的声子散射曲线

图 5.40　布里渊区中心声子模式

对 A_{2u} 模式来讲,Mg 面和 B 面沿 c 轴朝相反的方向振动。其他两个模式都是二度简并的,反映的是面内的振动情况(沿 x 或轴 y)。将计算出的所有布里渊区中心声子的能量列在图 5.41 中。对于 E_{2g} 模式,B 离子沿 x 或 y 轴振动,Mg 静止不动。为了进一步分析,将能量与四个本征模式的位移量的关系画在图 5.41 中。对于 B_{1g}、A_{1u} 和 E_{1u} 模式,在 $u/a = 0.065$ 范围内畸变能都能用简谐表达式

$$E(u) = A_2 u^2 \tag{5.25}$$

进行近似。在如此大的畸变情况下,声子的振动模式仍保持简谐振动。但是,最有趣的是面内 B 的 E_{2g} 模式的振动方向总是相反的。在小位移情况下,势阱很浅,但是在大位移情况下,能量增长很快。能量位移曲线可以用下式描述

$$E(u) = A_2 u^2 + A_4 u^4 \tag{5.26}$$

式中,$A_4 / A_2^2 \approx 8$。这说明 E_{2g} 振动模式是非简谐的,而且是异乎寻常的。所以简谐 B_{1g}、A_{2u} 和 E_{1u} 模式在 $u/a \approx 0.065$ 以内情况下都是简谐振动。

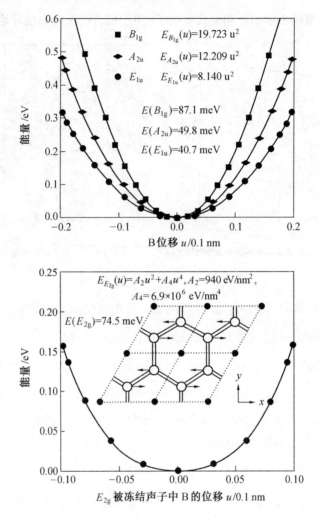

图5.41 每一个布里渊区中心被冻结声子模式的能量

与B位移的关系曲线

B面内的 E_{2g} 模式表现出强烈的非简谐效应。插图表示了 E_{2g} 振动模式的一种。

振动的能量 $E_H(E_{2g}) = 60.3$ meV 比实际的能量要低。采用数值法求解薛定谔方程,我们会得到 $E(E_{2g}) = 74.5$ meV,这比简谐振动能高出 25%。这些结果与非弹性中子散射测定的声子态密度结果是一致的。

因为 B 在面内的运动改变了 B 的轨道重叠,对于 B 平面 σ 导带,可望在费密能级存在明显的电子-声子耦合。这一耦合在超导电子对形成中起到非常重要的作用。通过比较未畸变晶格和畸变晶格的布里渊区中心声子的带结构,就一目了然了。对于简谐振动的声子,我们看到费密能级附近没有发生显著变化。但是,正如图 5.42 所示,在费密能级附近 E_{2g} 声子的能带发生了明显的分裂和移动。这说明发生了强烈的电子-声子耦合。

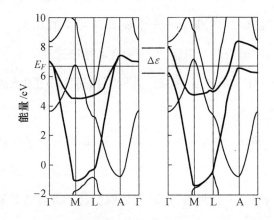

图 5.42　未畸变(左)和畸变(右,$\mu_B \approx 0.006$ nm)结构的能带结构。其他被冻结声子模式的带结构无任何明显变化

对于简谐振动的 B_{1g}、A_{2u} 和 E_{1u} 声子,计算结果显示无明显耦合发生,所以说对于这些模式的电子-声子耦合可以忽略。对于 E_{2g} 模式,可以计算出电子-声子耦合系数 $\lambda = 0.907$。假设 MgB$_2$ 是 BCS 超导体,根据 BCS 理论,转变温度的表达式为

$$T_c = \frac{1.13\hbar}{\kappa_B} \omega_D \exp\left(\frac{-1}{\lambda - \mu_c^*}\right) \tag{5.27}$$

式中,λ 为电子-声子耦合系数;μ_c^* 为库仑相互作用参数;ω_D 为德拜频率。

对于 MgB_2,μ_c^* 取典型值 0.15,ω_D 取 $E(E_{2g})/h$,玻尔兹曼常数 κ_B 为 0.086 2 meV,我们得到 MgB_2 的临界转变温度 T_c 为 41.5 K。这一估计与实验值吻合得相当好。

反映超导机制本质的另一个基本验证就是同位素效应。在上面讲到的简单物理图像当中,Mg 离子是静止的,那么 Mg 的同位素替换就不可能引起。T_c 的任何变化。实验结果也证实了理论预言,Mg 的同位素效应很小,α_{Mg} 为 0.02。对于 B 的同位素效应,α_B 的实验值为 0.26±0.03[14] 或 0.3[15],明显小于常规 BCS 理论值 0.5。这种差异可能是由声子的非简谐振动引起的,因为在非简谐振动情况下,振动模式的能量不再与 $M^{-0.5}$ 成正比,因此,人们可以得到小于0.5的同位素效应。

应该注意到,E_{2g} 面内非简谐模式与 B—B 键长似乎存在某种紧密的联系。MgB_2 的 B—B 键长为 0.176 4 nm,与元素 B 平面配位的最佳值 0.165 nm 相比,明显地被拉长了,从而引起了奇异的非简谐效应和高的临界转变温度。总的来讲,我们可以认为 MgB_2 是一个在强耦合边的常规电-声子超导体。

参 考 文 献

[1] 沈致远.高温超导微波电[M].北京:国防工业出版社,2000.

[2] TIAN Y J,LINZEN S,SCHMIDL F. L Dørrer R Weidl,P Seidel
     [J]. Appl. Phys. Lett. ,1999,74:1 302.

［3］　陈式刚,张信威,张万箱. 高温超导研究［M］. 成都:四川教育出版社,1991.

［4］　林良真,张金龙,李传义,等. 超导电性及其应用［M］. 北京:北京工业大学出版社,1998.

［5］　CHARLES P, POOLE JR. Horacio A Farach, Richard J Creswick［M］. Superconductivity. Academic PressInc. ,1995.

［6］　ASHCROFT N W. Superconductivity: putting the squeeze on lithium［J］. Nature,2002,419:569.

［7］　SHIMIZU K, ISHIKAWA H, TAKAO D, et al. Superconductivity in compressed lithium at 20 K［J］. Nature,2002,419:597.

［8］　EREMETS M I,STRUZHKIN V V,MAO H,et al. Superconductivity in boron［J］. Science,2001,293:272.

［9］　TIAN Y J,LINZEN S,SCHMIDL F,et al. On ageing and critical thickness of $YBa_2Cu_3O_7$ films on Si with CeO_2/YSZ buffer layer［J］. Thin Solid Films,1999,338:224.

［10］　麦松威,周公度,李伟基. 高等无机结构化学［M］. 北京:北京大学出版社和香港中文大学出版社,2001.

［11］　BUZEA C,YAMASHITA T. Review of the superconducting properties of MgB_2［J］. Supercond. Sci. Technol. ,2001,14:R115.

［12］　JORGENSEN J D,HINKS D G,SHORT S. Lattice properties of MgB_2 versustemperature and pressure［J］. Phys. Rev. , 2001, B63:224−522.

［13］　YILDIRIM T,GüLSEREN O,LYNN J W,et al. Giant anharmonicity and nonlinear electron−phonon coupling in MgB_2: a combined first-principles calculation and neutron scattering study[J]. Phys. Rev. Lett. ,2001,87:037001.

[14]　BUD'KO S L,LAPERTOT G,PETROVIC C,et al. Boron isotope effect in superconducting MgB_2[J]. Phys. Rev. Lett. ,2001,86: 1 877.

[15]　HINKS D G,CLAUS H,JORGENSEN J D. The complex nature of superconductivity in MgB_2 as revealed by the reduced total isotope effect[J]. Nature,2001,411:457.

第6章 氮化镓

大家对硅材料都已相当熟悉，由硅材料制造的各种电器产品在我们的日常生活中几乎无处不在，但硅材料本身存在着一些缺点：一是它的带隙窄，只能在较低的温度(600 K)下使用；另外，硅是一个间接带隙的半导体，即电子从导带跃迁到价带时需要动量的改变，而改变动量所需的能量一般以热量形式释放到晶格之中，而不是发射光子，所以硅器件在光电应用中受到了很大的限制。

GaAs 被认为是继 Si 之后的第二代半导体材料，它有很高的电子迁移率，适于制造高频电子器件，同时它是一个直接带隙的半导体材料，适合于制造光电器件。但相对于 Si 材料来说，在用 GaAs 制造器件方面仍存在一些难题，如其带隙相对比较低，300 K 时仅为 1.4 eV，因此它不适合制造用于高温以及波长较短的光电器件。

不同于 Si 和 GaAs，以 GaN 为代表的基于 III ~ V 元素的氮化物及其合金，在很多方面克服了 Si 和 GaAs 的一些缺点，被认为是新一代半导体材料，用它制造的器件是可以在高温以及恶劣环境下工作的短波长发射器及探测器[1~4]。它的应用领域将比 Si 和 GaAs 更宽，如应用于航空航天飞行器的耐热电子控制器件，可以取代原有的液压和机械控制系统，减小机器的复杂性，增加了可靠性。质量和体积也可以显著减小。

III ~ V 族氮化物主要有 AlN、GaN、InN 以及它们的合金，它们都是宽带隙的半导体材料,有纤锌矿和闪锌矿两种晶体结构[5,6]。纤锌矿结构的 GaN、AlN、InN 在室温下的直接带隙分别为 3.4 eV、6.2 eV 和 1.9 eV。GaN、InN 具有直接带隙结构而 AlN 则为间接带隙结构。GaN 与 AlN 和 InN 形成合金后可以使带隙在很宽的范围内调节,其直接带隙的范围可以连续跨过可见光的大部分区域直到紫外光区,这是人们对该材料在短波光电器件中应用感兴趣的原因之一。这些光电器件,如发光二极管(LEDs)以及激光器等可以在绿、蓝和紫外光区域激发,LEDs 对于全色显示器是基本的要素,可以制成信号灯和照明器件。作为相干源,它们对于高密度光盘存贮的读写技术是至关重要的。我们都知道,由于衍射的限制,光存储密度随着探测激光波长的减小而呈指数增加,因此氮化物基的、波长达到紫外光的相干源引起了人们的极大注意。为了扩展光存储密度,人们曾经开发了由 InGaAlP 异质结制备的激光器,但这类激光器的极限波长为 550 nm, 还不足够短,为进一步增加密度,开发了 ZnSe 激光器,它也只能在绿色及近蓝色波长工作。另外这类激光器的寿命一般比较短,可能是由于堆垛层错的缘故,这些材料堆垛层错的密度处在 $10^5 cm^{-2}$ 的范围。这些因素推动了 GaN 及其合金在蓝绿及紫外光区的应用研究。在过去的几十年中,氮化物激光器和 LEDs 在发射波长和亮度方面都有了迅速提高,其可靠性大大增加,在显示器、照明、指示灯、广告牌、交通指示信号灯以及作为医学诊断及处理的光源方面都可以应用。蓝光 LEDs 的引入为全色显示铺平了道路。LEDs 的低功耗将增加全色显示用电池的寿命,减少电池的重量。这也为获得照明用的白光增加了可能性,可以达到任何色谱图中需要的色调。如果用于白炽灯泡的场合, 这些 LEDs 不但紧凑,寿命更长,达到几万小时,人们戏称这样的灯泡一辈子只需购买一次。而且对于相同流明消耗的功率仅为 10% ~ 20%。过去，III ~ V 氮化物的生长存在比较大的困难[7,8]，一是在生长的 GaN 中存在很大的 n 型背景电子浓度，二是很难得到 p 型材料，另外没有合适的与氮化物在热性能和晶格常数相匹配的衬底材料，难以得到高质量的 GaN 薄膜。同时由于 GaN 的惰性和抗化学刻蚀的性能也直接妨碍了器件制备技术的发展。随着科学技术的进步，这些困难有些已经被克服或将要被克服。随着现代晶体生长技术的发展，经日本 Nakmura 等人的不懈努力[9,10]，GaN 薄膜的研究取得了一系列重要进展，背景电子浓度已降低到 4×10^{16} cm^{-3}，GaN 的 p 型掺杂也在多个实验室取得成功[11~14]，pn 结型 GaN 发光二极管的制备及其他器件的研制也相继获得成功，因而近几年 GaN 材料的研究又一次成为人们关注的热点。

6.1　GaN 的基本性质

6.1.1　GaN 的晶体结构

III ~ V 族氮化物一般有三种结构，分别为纤锌矿结构、闪锌矿结构和岩盐结构。在常温常压下，块状氮化物的结构为纤锌矿结构。闪锌矿结构的薄膜则易于在{011}取向的立方衬底如 Si、MgO 和 GaAs 上外延生长。在这种条件下，形成纤锌矿结构的趋向被衬底的表面结构所抑制。而岩盐结构则容易出现在非常高的压力之下。近年来，在较低压力范围溶剂热生长的晶体中也发现有岩盐结构出现[15]。纤锌矿结构属于六方结构，因此用两个晶格常数 c 和 a 描述。每个晶胞含有六个原子，空间群为 $P6_3mc$(C_{6v}^4)。实际上，纤锌矿结构是由两个相互穿插的六方密堆亚晶格构成，沿 c 轴方向错位 5/8 个晶胞高度。闪锌矿结构属立方结构,每个晶胞含有四个 III 族原子和四个氮原子,空间群为 $F\overline{4}_3m(Td_2)$,晶胞中的原子位置与金刚石结构完全一样,也是由两个相互穿插的面心立方亚晶格构成,沿体对角线方向错开 1/4 的距离,每个原子都可视为八面体的中心。纤锌矿和闪锌矿的结构是相似的,两种结构中 III 族原子都与四个氮原子配位,反过来,每个氮原子也与四个 III 族原子配位。两种结构的主要不同是在双原子面上紧密堆垛的堆垛顺序不同,对于纤锌矿结构,其(0001)面的堆垛顺序在〈0001〉方向上为 ABABAB。对于闪锌矿结构,(111)面的堆垛顺序在〈111〉方向上为 ABCABC。两种晶体结构如图 6.1 和图 6.2 所示,它们的不同之处仅是第二个最邻近的键角不同而已。

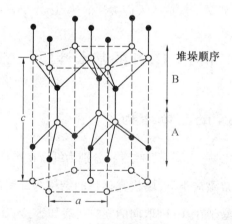

图 6.1 六方氮化镓的结构示意图

GaN 的分子量是 83.728,室温时其纤锌矿结构的晶格常数为 $a_0 = 0.318\ 92 + 0.000\ 09$ nm,$c_0 = 0.518\ 50 + 0.000\ 05$ nm[5];对于闪锌矿结构,根据 Ga—N 键长计算的 a 值为 0.450 3 nm,而测量值则在 0.449 ~ 0.455 nm 之间变化,表明计算结果是在可接受的范围内。人们也在理论和实验两个方面研究了高压下 GaN 从纤锌矿结构向岩盐结构的相

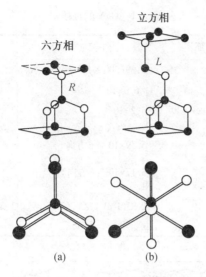

图 6.2　立方与六方氮化镓堆垛的差别

变,得到的相变点是 50 GPa。岩盐相晶格常数的实验值是 $a = 0.422$ nm,与由第一性原理计算出来的结果 $a = 0.409$ nm 稍有区别,表 6.1 列出了纤锌矿和闪锌矿结构 GaN 的一些已知性质。早期测得的晶格参数存在偏差,因为 GaN 的晶格常数与生长条件、杂质浓度以及薄膜成分的非化学计量等因素相关,这显然是由于间隙原子及缺陷所致。在较高的生长速率下,GaN 的晶格常数变大;当重掺杂 Zn 和 Mg 时,晶格发生膨胀,这是由于在高浓度下 II 族元素开始占据比它们小得多的氮原子格位所致。GaN 的价带结构与 GaN 的电学及光学性质密切相关,因此关于 GaN 价带结构计算方面的研究工作受到人们的高度重视,使用的方法包括局域密度近似(LDA)、原子轨道线性组合、从头计算和赝势法等。LDA 方法可以较好地处理 Ga 3d 与 N 2s 轨道的重叠问题,其计算结果得到大家的认可,用该方法计算得到的纤锌矿结构 GaN 的价带结构如图 6.3 所示。

表 6.1　GaN 的性质

性　　　　质	纤锌矿结构	闪锌矿结构
带隙 E_g/eV	3.39(300 K),3.50(1.6 K)	3.2 ~ 3.3 eV(300 K)
带隙温度系数 $(dE_g/dT)/(eV \cdot K^{-1})$	-6.0×10^{-4}	
带隙压力系数 $(dE_g/dp)/(eV \cdot 10^{-8}Pa)$	4.2×10^{-3}	
晶格常数/nm	$a = 0.318\,9, c = 0.518\,5$	$a = 0.452$
热膨胀系数/K^{-1}	5.59×10^{-6}(a 方向) 3.17×10^{-6}(c 方向)	
热导率 $\kappa/(W \cdot cm^{-1} \cdot K^{-1})$	1.3	
折射率 n	2.33(1 eV),2.67(3.38 eV)	2.5(3 eV)
介电常数 ε	$\varepsilon_0 = 9, \varepsilon_i = 5.35$	

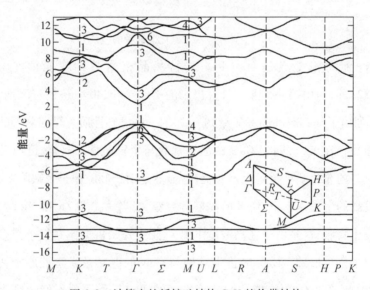

图 6.3　计算出的纤锌矿结构 GaN 的价带结构

6.1.2　GaN 的化学性质

自从 1932 年首次合成出 GaN 以来[16],人们就已经认识到 GaN 具有高的热稳定性和可观的硬度,它在高温下的化学稳定性及硬度使它成为有吸引力的保护涂层材料。另外,由于它的宽带隙,可用于制造在高温和恶劣环境条件下工作的器件。实际上,目前人们最感兴趣的研究工作大部分集中在半导体器件领域。GaN 的热稳定性使它可以在高温条件下制备,它的化学稳定性问题则带来了技术上的挑战。在 GaN 器件制备上,用于半导体工艺的传统湿化学刻蚀技术没有取得成功。例如,Maruska 和 Tietjen 报导 GaN 在室温下不溶于水、酸和碱,却以很慢的速率溶解于热碱溶液[5]。Pankove 注意到[17]:由于 GaN 与 NaOH 反应后在表面形成 GaOH 层,GaOH 的形成阻碍了 GaN 的湿刻蚀。为解决这个问题,他开发了一种 GaN 的电解刻蚀工艺。在 NaOH,H_2SO_4 和 H_3PO_4 中,低质量的 GaN 已经可以获得可观的刻蚀速率。尽管这种刻蚀对于确定 GaN 中的缺陷及估计缺陷浓度很有用,但对于制备器件来说是不成功的。器件制备技术需要建立一套有效的化学刻蚀工艺,对于 GaN 材料来讲,有前途的工艺可能是反应离子刻蚀。

许多光谱技术如俄歇电子光谱、X 射线光电子谱和电子能量损失谱等被用来研究 GaN 的表面电化学[18~20]。GaN 的热稳定性对于需要在高功率和高温条件下工作的器件来说是一个至关重要的性质。为此,利用这些技术也可研究 GaN 的热稳定性、分解过程和分解产物。如上所述,材料的性质在很大程度上依赖于它的生长条件,正因为如此,不同实验室研究在不同条件下所获得的材料具有不同的性质。这就导致不同实验室的结果的不一致性,如一些实验结果表明 GaN 在低至 750 ℃时就可观察到一定程度的失重现象[21],而一些相反的结果认为直到 1 000 ℃也没有失重发生[17]。Morimoto,Furtado 和 Jacob[21] 等观察到 GaN 在 H_2 和 HCl 中比在 N_2 中的稳定性差。关于 GaN 分解的主要过程也存在争议:Gordienko[22] 等用质谱观察到分解过程的主要成分为 $(GaN)_2$ 二聚体。其他研究[23] 则发现气相中的主要成分为 N^{2+} 和

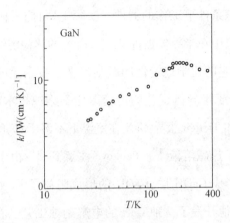

图 6.4　GaN 沿 c 轴方向上热传导与温度的关系

Ga⁺。基于对表观蒸汽压的测量,Munir 和 Searcy[23] 计算出 GaN 的升华热为 $(72.4\pm0.5)\times4.184$（kJ·mol⁻¹）。Logan 和 Thurmond[24] 确定了 GaN 的平衡 N_2 压力与温度的关系。目前许多实验室都可生长出了高质量的 GaN 材料,极大地推动了这一领域的研究工作。

6.1.3　GaN 的热学和机械性质[25~27]

在 300～900 K 的温度范围内,沿 a 轴的热膨胀系数为 $\Delta a/a=5.59\times10^{-6}$ K⁻¹,而 c 方向上的热膨胀系数在 300～700 K 和 700～900 K 范围内分别为 $\Delta c/c=3.17\times10^{-6}$ K⁻¹和 7.75×10^{-6} K⁻¹。室温条件下 GaN 的热导率为 1.3（W·cm⁻¹·K⁻¹）,比理论预测值 1.7（W·cm⁻¹·K⁻¹）略小,图 6.4 所示为 GaN 沿 c 轴方向上的热传导与温度的关系。纤锌矿 GaN 在常压下的比热容由下式给出

$$c_p(T)/(\text{J·mol}^{-1}\cdot\text{K}^{-1})=[9.1+(2.15\times10^{-3}T)]\times4.184 \quad (6.1)$$

GaN 的热力学性质为:生成热 $\Delta H_{300\,K}=-26.4\times4.187$ kJ/mol,标准生成热 $\Delta H=-37.7\times4.184$ kJ/mol。在 1 368 K,固体 GaN 与 N_2 的平衡气压为 10 MPa,在 1 803 K时为 1 GPa。

用 X 射线衍射法对粉末 GaN 进行了弹性常数的测量,从弹性常数 $-2C_{13}/C_{33}$ 的评估值与测量的泊松比的值 $\nu(0001)=(\Delta a/a_0/\Delta c/c_0)$ 分别为 0.372 和 0.378 是相当的一致。Chetverikova 也测量了 GaN 薄膜的弹性模量,其弹性模量大约为 150 GPa。表 6.2 列出了纤锌矿及闪锌矿 GaN 的弹性系数值。

表 6.2　纤锌矿及闪锌矿结构 GaN 的弹性系数值

弹性系数/$(10^6 \text{ N} \cdot \text{cm}^2)$	纤锌矿结构	闪锌矿结构
C_{11}	29.6	25.3
C_{12}	13.0	16.5
C_{13}	12.0	——
C_{33}	39.5	——
C_{44}	2.41	6.04

6.1.4　GaN 的电学性质

同任何半导体一样,控制 GaN 及其合金的电导率对于能否将其商业化应用至关重要。同 Si 和 GaAs 不同,GaN 甚至在非常严格的条件下也得不到未被掺杂的本征半导体,目前人们得到的总是 n 型半导体,最好样品的电子浓度为 $4\times10^{16}\text{cm}^{-3}$[10],没有发现足量的离化杂质可以解释这么高的电子浓度,因此,研究者们将这些背景电子浓度归因于本征缺陷,即氮缺位。当然有些研究者对这种解释表示怀疑,他们认为氮缺位太难形成了,需要消耗太多的能量。而归因于杂质或缺陷复合物也没有得到很好的解释。在研究初期,大部分获得 p 型掺杂的努力都没有获得成功,而仅获得重补偿的高电阻的样品,没有蓝光发射的性质及 p 导带。这种状况后来发生了变化。

从电阻率对温度的曲线可以得到自由载流子的热活化能,测量数据与理论计算的数据是一致的,即在温度为 42～100 K 范围内,纤锌矿 GaN 的活化能为 34 meV[28],而在较高的温度下,其活化能为 14～36 meV[29]。在(100)Si 上先生长一 GaN 过渡层后再生长闪锌矿 GaN 时,其电阻较高,300 K 时的电阻率大约为 170 Ω·cm,活化能为 80 meV。而在具有相同的 GaN 过渡层(100)Si 衬底上生长的纤锌矿 GaN,其活化能为 110 meV。生长在(100)MgO 衬底上的 n 型 GaN,在 300 K 时的电阻率处在 10^2～10^5 Ω·cm 之间。

载流子迁移率与温度、电场、掺杂浓度以及材料质量相关,材料质量还取决于生长用的衬底。如果衬底和生长材料的晶格常数相差过大的话,会有产生许多缺陷形成以适应晶格失配,霍尔迁移率变低。另外,如果衬底和薄膜的热膨胀系数相差过大,薄膜在冷却过程中会产生裂纹,这对于器件来说是致命的。例如,对于生长在白宝石衬底上的 GaN,霍尔迁移率仅为 10～30 cm^2/Vs。为了解决这个难题,Yoshida 和 Amano[30,31]等首先在白宝石衬底上生长一层 AlN 作为过渡层,然后用 MOCVD 的方法进行 GaN 的外延,过渡层减少了白宝石衬底和生长的 GaN 之间的晶格差异,提高了 GaN 薄膜的载流子迁移率,霍尔效应测定显示,载流子迁移率提高显著,达到 10 倍左右,为 350～400 cm^2/Vs。当用 GaN 取代 AlN 作为过渡层时,其迁移率增加得更多,霍尔效应测定显示这种有 20 nm 过渡层的薄膜室温载流子迁移率为 900 cm^2/Vs[10,28],霍尔迁移率的最大值是在 70 K 时得到的,为 3 000 cm^2/Vs。霍尔迁移率同过渡层厚度关系的研究表明:在一定的厚度范围内,迁移率随过渡层厚度的增加而增大,但超过一定厚度后,随厚度的增加反而下降,如图 6.5 所示。例如减小到低于 20 nm 时,迁移率从 900 cm^2/Vs 降到 600 cm^2/Vs,导致这种下降的具体原因目前还不清楚。电子迁移率同

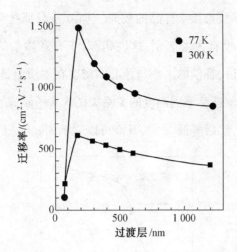

图 6.5　不同温度下 Hall 迁移率与过渡层厚度的关系

电子浓度的函数关系如图 6.6 所示,该图中数据显示,当电子浓度增加的时候,电子迁移率降低,而不管过渡层的厚度以及用于生长的衬底如

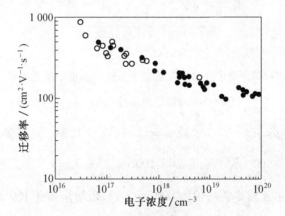

图 6.6　300 K 时 GaN 电子迁移率与电子浓度之

间的关系空心点为非有意掺杂的样品,

实心点为掺 Si 的样品

何。在没有进行生长优化的条件下,霍尔测量方法的不同、所用的衬底及过渡层的变化以及生长温度的变化所引起数据的分散性很小。令人

感兴趣的是,非故意掺杂样品的数据(空心点)与那些有意掺杂样品的数据(实心点)没有太大区别,这说明:对于有意掺杂的样品与非有意掺杂的样品来讲,补偿的大小与色心的密度在本质上是相同的。

GaN 的霍尔迁移率同温度的关系如图 6.7 所示,随着温度的升高,迁移率先升高,然后降低[10,28],升高可以表示为 $\mu = \mu_{01}(T/T_0)^{3\pm1}$,降低

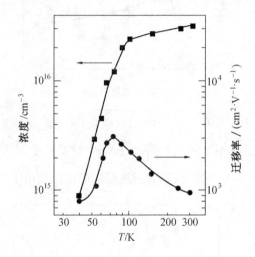

图 6.7　电子迁移率及载流子浓度同温度的关系样品
为带 GaN 过渡层的 n 型 GaN

可以表示为 $\mu = \mu_{02} - 7.33\ T$ 或 $\mu = \mu_{02}(T/T_0) - 1.24$,这里 μ_{01},μ_{02} 和 T_0 是常数,$\mu_{01} = 800\ \text{cm}^2/\text{Vs}$, $\mu_{02} = 3\ 100\ \text{cm}^2/\text{Vs}$,$T_0 = 1\ \text{K}$,温度 T 为热力学温标,霍尔迁移率的峰值为 $900\ \text{cm}^2/\text{Vs}$,该结果是在 150 K 下由 AlN 过渡层上生长的 GaN 样品测得的。而对于在 GaN 过渡层上生长的 GaN 样品来说,在 70 K 下测得的霍尔迁移率峰值为 $300\ \text{cm}^2/\text{Vs}$。由于离化杂质色散影响的减小,在 GaN 过渡层上生长的 GaN 与在 AlN 过渡层上生长的 GaN 相比,霍尔迁移率的峰值在较低的温度区间内出现。在 70 ~ 300 K 的温度范围内,极性声子色散是对霍尔迁移率贡献的主

要色散机制。而在 70 K 以下,离化杂质色散占主导,从而引起霍尔迁移率的下降。

图 6.8 为室温时 p 型 GaN 的 Hall 迁移率随空穴浓度的变化,圆点对应于 Mg 掺杂的样品,而方块被认为是非有意掺杂 C 的样品,Mg 掺杂层需经过 N_2 热处理活化或经低能电子束辐射,而对于 C 掺杂层则不需要这种活化过程。总的来说,随着载流子浓度的增加,空穴迁移率是降低的。

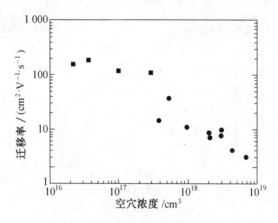

图 6.8　迁移率随空穴浓度的变化

采用 Monte Carlo 计算研究了 GaN 的输运性质,计算中取整个布里渊区的一级导带用经验赝势法来分析纤锌矿相和闪锌矿相的能带结构[32]。赝势计算结果表明:两种晶体结构 GaN 的能带结构具有许多相似之处,例如,都在 G 点有直接带隙,大小上相差不到 10%;它们也有一些不同,例如,它们的导带是完全不同的,这导致它们电子输运性质的不同。在闪锌矿 GaN 中,导带的最小值位于最近的卫星谷(X 点)以下 1.4 eV,而在纤锌矿 GaN 中,最小值处在最近的卫星谷(L,M 点之间)以上 2 eV。

如图 6.9 所示,GaN 的电子速度取决于晶体结构、掺杂浓度、电场和温度[33,34]。结构对电场与电子速度关系的影响如图 6.9(a)所示：

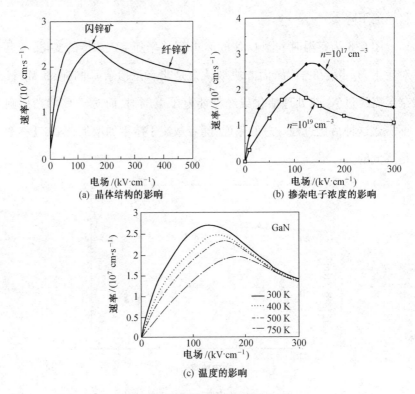

(a) 晶体结构的影响

(b) 掺杂电子浓度的影响

(c) 温度的影响

图 6.9   电场与电子速度的关系

两种结构 GaN 的关系曲线上均存在最大值,对闪锌矿结构而言,在电场为 112 kV/cm 时,电子速度达到最大值 2.57×10^7 cm/s;而对纤锌矿结构来说,当电场为 170 kV/cm 时,电子速度达到最大值 2.45×10^7 cm/s。在 300 K 温度下,掺杂浓度的影响如图 6.9(b)所示。在掺杂浓度为 10^{17} cm^{-3} 情况下,在电场为 1.4×10^5 V/cm 时,电子速度达到峰值 2.7×10^7 cm/s;在掺杂浓度增加到 10^{19} cm^{-3} 情况下,当电场相对较低(1.0×10^5 V/cm)时,电子速度达到峰值 1.9×10^7 cm/s,很明显,此时电子的峰值速度下降。这些结果说明:在温度为 300 K,掺杂浓度为 10^{17} cm^{-3}

时,未补偿薄膜的电子迁移率将达到约 900 cm²/Vs。温度对电子速度随电场变化关系的影响如图 6.9(c)所示。对于掺杂电子浓度为 10^{17} cm⁻³的样品,在400 K、500 K 和 750 K 温度下,电子漂移的峰值速率从 400 K 时的 2.5×10^7 cm/s 降低到 750 K 时的 2.0×10^7 cm/s,高温时漂移速率的降低可能是由于谷间跃迁造成的。实际上,GaN 量子阱中电子迁移率与温度关系的计算值大于块状 GaN 的相应值。但是,对于 Monte Carlo 计算中所要求的许多 GaN 参数还不能精确地知道,基于这种不确定性,我们还不能得出任何关于电子迁移率补偿效应的确切结论。

在 n 型 GaN 中,计算得到的电子迁移率与载流子浓度的关系如图 6.10 所示[35],计算中假定补偿率是在 0.0 和 0.9 之间,图中实验数据的补偿率是在0.70 和 0.85 之间。从图中可以看出,大部分实验数据都显示一定程度的补偿,理论计算的趋势同实验数据相一致,随着载流子浓度的增加,载流子迁移率非线性地降低。

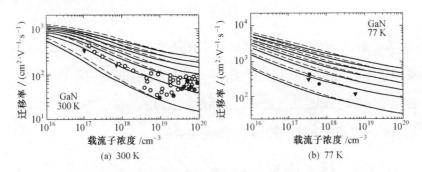

图 6.10　不同温度下载流子浓度与迁移率之间的关系

如图 6.11 所示为 n 型 GaN 的电子迁移率随温度的变化关系[36],从图中可以看到:在低的掺杂浓度下($n<10^{17}$cm⁻³),迁移率先是随着温度的增加而缓慢增加,到150 K 之后迅速下降。而当载流子浓度增加到

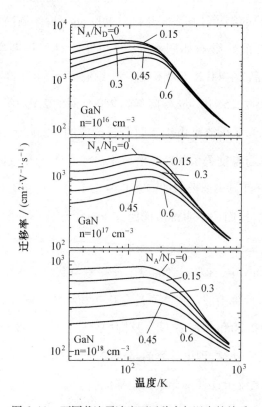

图 6.11 不同载流子浓度下迁移率与温度的关系

$10^{18}\mathrm{cm}^{-3}$后,迁移率在 150 K 之前基本保持不变,随后也是迅速下降。低温情况下,低的载流子浓度时这种行为是由压电散射引起的,而在高载流子浓度时,则是由于离化的杂质散射引起的。高于 200 K 时,极性模量的光声子在散射机制中的贡献是主要的。

6.1.5 GaN 的光学性质

在 GaN 的光学性质方面的研究工作很多,因此现在已经有可能比较好地解释纤锌矿结构氮化镓的光学性质。第一个精确测得的 GaN 的直接带隙为$E_{\mathrm{g}} = 3.39$ eV[5],如图 6.12 所示。GaN 在低温时(1.6K)

的荧光光谱研究显示[37]：GaN 在 3.447 eV 处有一个强的发射峰,而在 3.37 eV 处有一个弱的发射峰,后者在温度升高至 35 K 时分裂成位移为 10 meV 的双峰。

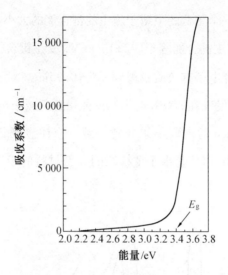

图 6.12　室温下 GaN 的吸收谱,E_g 为 GaN 的带隙

Dingle 等人[38]后来进一步研究了高质量 GaN 样品的低温荧光光谱,如图 6.13 所示,偏反射测量显示在(3.474±0.002) eV、(3.480± 0.002)eV 以及(3.49±0.01)eV 处存在三个激发态,有意思的是基于偏反射测量观察到的跃迁依赖性同纤锌矿半导体的价带对称性是一致的。低温荧光的主峰是在(3.467±0.001)eV,其半宽度为 5 meV,从反射和荧光测量的峰能差中给出了施主–激发子的结合能是 6.8 meV。当实验在弱结构中进行时,则在靠近3.38 eV 的地方观察到荧光峰,经常呈现出位移为 7.8 meV 的双峰。认为发生在3.38 eV 和 3.29 eV 的双峰分别对应于自由激发子和束缚激发子的纵向光声子等效峰(LO)。等效峰之间的位移产生一个 LO 声子,频率为 726 cm^{-1}。出现于3.26 eV 的峰被归因于施主–受体(D–A)跃迁,当温度升高到 30 K 时,

存在一个减弱的 D-A 跃迁，它是在一个很宽的温度范围内持续存在的新带，位于 D-A 峰上约 30 meV 处。在 120 K 以上起主导作用的是一个新的更高能量的能带，是束缚于空穴的自由电子跃迁的结果。两带的分离代表着一个更低的束缚于施主的键合能的大小。GaN 的声子能量为 $e_0 = 9.8$，施主键合能等于（42±1）meV，受主键合能等于200 meV。用这些参数计算电子有效质量得到 $m_e^* = 0.25m_0$。对于高能量的跃迁也进行了测量，发现在 300 K 时最高的能量跃迁减小至 3.39 eV，这与 Maruska 和 Tietjen 的观察结果非常一致。应注意到 3.39 eV 略低于 GaN 的室温带隙，可能是由于重掺杂的 n 型材料的带尾效应产生的结果。

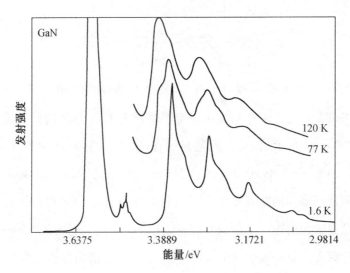

图 6.13　GaN 的荧光光谱

　　对于 GaN 的荧光（PL）[39~41] 和阴极荧光（CL）[42] 研究很多，透射和反射的报导也不少。激子谱测量进一步提高了能量分辨率[40]，给出的结果为（3.475 1±0.000 5）eV，（3.481±0.001）eV，（3.493±0.005）eV。在高激发强度下 GaN 在 1.8 K 的近带隙的行为显示[41]：随着激发强度的增加,3.47 eV处的激发跃迁变宽,并且在 3.453 eV 和 3.448 eV 处出现了新的更低能量的峰。新峰的强度正比于 3.47 eV 峰强度的平方,这归因于非弹性的激子-激子散射相互作用。表6.3总结了已经观察到的同杂质相关的 GaN 的荧光峰。

表 6.3　杂质相关的 GaN 荧光峰

杂 质	峰值/eV	杂 质	峰值/eV
GaN：Zn(ZnGa)	2.5 ~ 2.8	GaN：Zn(ZnN)	1.8 ~ 2.2
GaN：Mg	3.2 ~ 2.95	GaN：Cd	2.7 ~ 2.85
GaN：Be	2.2	GaN：Hg	2.43 ~ 2.9
GaN：C	2.15	GaN：Li	2.23
GaN：P	2.85	GaN：As	2.58

许多研究者研究了 GaN 带隙的温度相关性。Pankove[37] 从图 6.14 所示的主发射峰的温度相关性曲线上估计带隙的温度系数:在高于 180℃的线性区为 $dE_g/dT = -6.0 \times 10^{-4}$ eV/K。能隙与温度的关系遵从下面的公式

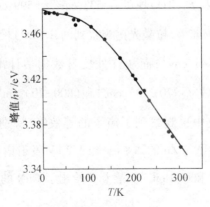

图 6.14　GaN 主发射峰的温度相关性

$$E_g = E_{g0} = \alpha_c T^2 / (T - T^0) \qquad (6.2)$$

E_{g0}, α_c, T_0 分别为合适的参数,不同的作者得到的参数值列于表 6.4 中。

GaN 吸收边的温度及压力关系也有研究[43]。在室温和静压力达到 10×10^6 kPa 时,GaN 带隙位移为 $dE_g / dT = (4.2 \pm 0.4)$ meV/K。

表 6.4　GaN 带隙与温度的关系

样品类型	实验方法	dE_g/dT(eV/K) ($T=300$ K)	E_{g0}/eV	α_c/(eV·K)$^{-1}$	T_0/K
外延,宝石衬底	荧光	-5.32 ± 10^{-4}	3.503×10^{-4}	5.08	-996
外延,宝石衬底	荧光		3.489×10^{-4}	7.32	$+700$
外延,宝石衬底	荧光	-4.0 ± 10^{-4}		-7.20	$+600$
外延,宝石衬底	吸收	-4.5 ± 10^{-4}	3.471 ± 10^{-4}	-9.36	$+772$
块状样品	吸收	-5.3 ± 10^{-4}	3.567 ± 10^{-4}	-1.08	$+745$

在对 GaN 声子模的大部分研究实验中所观察到的声子谱非常相似,拉曼光谱研究确认[44]:在重掺杂的 n 型 GaN 中存在四个声子模,其中 A_1(TO)模和 E_1(TO)模处在 533 cm^{-1} 和 599 cm^{-1},而 E_2 模处在 144 cm^{-1} 和 569 cm^{-1}。拉曼光谱观察到的 A_1(LO)模和 E_1(LO)模分别为 710 cm^{-1} 和 741 cm^{-1},而从红外反射数据估计出的 A_1(LO) 模和 E_1(LO)模的频率为(770 ± 70) cm^{-1} 和(800 ± 70) cm^{-1},两者略有区别。在许多荧光研究中也观察到了声子的等效峰,特别是 726 cm^{-1} 的 LO 模,有人[45]报导了与 Zn 的 2.8 eV 和 2.2 eV 发射谱相关的声子等效峰分别为 597 cm^{-1} 和 678 cm^{-1}。表 6.5 给出了 GaN 的声子谱数据。

表 6.5　低温下 GaN 光学跃迁峰

激 子 类 型	峰 值 能 量/eV
自由激子	3.474
	3.480
	3.49
自由激子纵向光学峰	3.385
自由激子二倍纵向光学峰	3.293
施主束缚激子	3.44~3.47
纵向光学峰	3.377
二倍纵向光学峰	3.286
横向光学峰	3.400
受主束缚激子	3.455
Cd-受主束缚激子	3.454
纵向光学峰	3.364
二倍纵向光学峰	3.355
施主受主对	3.26
纵向光学峰	3.17
二倍纵向光学峰	3.08
三倍纵向光学峰	2.99

Kosicki 测量了多晶 GaN 的光吸收和真空紫外反射率[46]，Bloom 则测量了高质量材料的紫外反射率[47]，他们不仅观察到带隙的对应峰，也观察到一个位于 5.3 eV 的宽肩峰，解释为 $\Gamma_{5v} \sim \Gamma_{3c}$ 的跃迁。Pankove[48] 等用光发射法研究 GaN 的电子亲和力，基于对一 n 型和一绝缘样品的测量，阈值分别为 4.1 eV 和 5.5 eV，电子亲和力估计为 4.1 eV> χ >2.1 eV，而对于铯衣的 GaN 表面，则发射阈值降低很多，对于绝缘和

n 型 GaN 均为 1.5 eV,对于该样品的二次电子发射的研究显示,其二次电子逃逸率高达 0.36,从此可以预计铯衣 GaN 适合于作为负电子亲和力器件。

前面已经提到,GaN 的稳定结构为纤锌矿结构,高质量纤锌矿结构材料的光学表征可以揭示材料能带结构方面的信息。可以认为 GaN 导带底主要形成于 Ga 的 s 能级,价带顶形成于 N 的 p 能级,是由 p_x,p_y,p_z 轨道自旋函数的合适线性组合。在自旋轨道和晶体场缺失时,这些状态是简并的。纤锌矿晶格可以部分地去除简并,将 p_z 轨道与 p_x,p_y 轨道分开,p_x,p_y 进一步被自旋轨道对分裂。如果假定 N 原子周围有一个合适的球状势场,两个自旋态中的高能态的电子自旋和轨道角动量是平行的,从原子自旋-轨道分裂中也可以得到这个结果,从中我们知道 $P_{2/3}$ 态能量大于 $P_{1/1}$ 态。

自旋-轨道相互作用及晶体场扰动的贡献导致实验中观察到的 $E_{1,2}$ 和 $E_{2,3}$ 分裂,这已经被许多研究者用 LCAO(原子轨道的线性组合)近似计算出来,纤锌矿的能级被处理为对闪锌矿能级的扰动。Hopfield 和 Thomas 导出的方程为[49]

$$E_1 = 0 \tag{6.3a}$$

$$E_2 = 1/2(\Delta+\delta) + \left\{ \left[1/2(\Delta+\delta) \right]2 - 2/3\Delta\delta \right\}^{1/2} \tag{6.3b}$$

$$E_3 = 1/2(\Delta+\delta) + \left\{ \left[1/4(\Delta+\delta) \right] - 2/3\Delta\delta \right\}^{1/2} \tag{6.3c}$$

Δ 和 δ 分别代表同轴场及自旋轨道相互作用对 $E_{1,2}$ 和 $E_{2,3}$ 分裂的贡献,纤锌矿结构带的分裂和带的对称性如图 6.15 所示。光学跃迁 $\Gamma_7-\Gamma_9$ 对于 $E\perp c$ 来说是允许的,E 是电场矢量,c 是晶体的 c 轴。光学跃迁 $\Gamma_7-\Gamma_7$ 无论是 $E\perp c$ 还是 $E/\!/c$ 都是允许的。

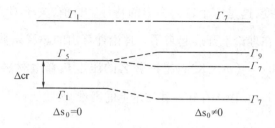

图 6.15 纤锌矿(六方)GaN 的价带及其对称性

6.1.6 GaN 的压电及热释电性质

由于纤锌矿结构 GaN 没有对称中心,所以它应该具有压电性。在早期的有关 GaN 的研究中,人们对于压电性质的研究并没有引起足够的重视,主要原因是 GaN 的压电性似乎并不显著,因而可能没有太大的实际应用前景。实际上,如果半导体材料存在压电性的话,那么在器件中应变层所引起的压电场可能会改变器件的工作特性。因此,最近从理论和实验两个方面人们开始注意对该材料体系的压电性质进行系统的研究。六方 GaN 具有 6 mm 的对称性,其压电性可以由三个独立的压电系数 d_{33},d_{31} 和 d_{15},两个独立的介电常数 ε_{11} 和 ε_{33},以及五个独立的弹性系数 c_{11},c_{12},c_{13},c_{33} 和 c_{44} 来表示[50]。Muensit[51] 等利用激光干涉方法测量了外加电压所引起多晶 GaN 的位移,根据位移与所加电压之间的关系求出 GaN 的压电系数 d_{33} 为 2.0 pmV^{-1}。Lueng[52] 利用相同的测量方法测得 GaN 的 d_{33} 为 2.13 pm · V^{-1}。从测量数据来看,GaN 的压电系数不是特别高,即使与 AlN 和 InN[53] 相比,也相对较小,即使这样,压电性对于应变层的影响是不可忽视的,这方面的研究需要进一步加强。

与压电性相关的一个现象就是热释电性[54]:即由于温度梯度而导

致的电场改变,这是一个较为突出的特性。目前,关于 GaN 热释电性的研究仅仅在理论上开展起来了。理论计算出的热释系数相当大,可以达到 7×10^5 V/(m·K),超过著名的压电热释电材料 $LiTiO_3$(5×10^5 V/(m·K)),由于存在一些技术上的困难,实验测量方面的研究未见相关报导。

6.2　GaN 的生长

6.2.1　生长技术

几乎所有的薄膜生长技术都被用来尝试生长高质量的 GaN 单晶薄膜。最成功的制备方法有氢化物气相外延(HVPE)、金属有机气相外延(MOVPE)和分子束外延(MBE),第一个外延的 GaN 单晶薄膜是由氢化物气相输运法生长出来的[5]。HCl 气体与 Ga 反应生成 GaCl,在衬底上与 NH_3 混合,通过如下的化学反应形成薄膜

$$GaCl + NH_3 \Longrightarrow GaN + HCl + H_2$$

该方法生长速率相当高,达到了 0.5 $\mu m \cdot min^{-1}$,因此可以生长厚膜,甚至用该方法生长出了无支撑的 GaN 衬底[55]。但是这种技术生长的 GaN 一般有着非常高的背景 n 型载流子浓度,一般为 10^{19} cm^{-3},同时所需的衬底温度也比较高,一般在 1 000℃以上。我们用这种生长方法分别在蓝宝石、GaAs、Si 和 GaP 等衬底上进行了低温(<700℃)生长的尝试研究[56,57]。在蓝宝石衬底上得到了高质量的发蓝光的 GaN 材料,在其他衬底上也得到了表面质量良好的薄膜。用 AFM 对低温下不同衬底上生长的薄膜形貌特征及其发光性能进行了研究及比较,发现在蓝宝石衬底上生长的 GaN 薄膜在形貌上并不优于其他衬底上生长的

薄膜，但其发光性能却较其他衬底上生长的薄膜好，即不同衬底上生长薄膜的形貌与其光学性质之间并不具有对应关系[58]。

许多实验室尝试采用 MBE 方法生长 GaN 薄膜[58,59]，其中 N_2 或 NH_3 在衬底表面分解。研究者们希望 MBE 应该允许比 MOVPE 更低的生长温度，这样可以增加 N 的结合，但是 MBE 技术不能在 600℃ 的衬底温度范围以内生长高质量的 GaN，在该温度范围内，NH_3 和 Ga 的反应速率太低，现在人们在尝试利用肼作为 N 源或用裂解的 NH_3 来增加其反应速率，后者最通常采用的方法是等离子体激发。过去几年中商用 ECR 等离子体设备的发展进一步推动了等离子体氮化物研究的发展。

另一种常用生长 GaN 的方法是 MOVPE 法[39,60]，MOVPE 法是让三甲基镓与 NH_3 在 1 000℃ 左右的衬底温度下反应生长 GaN，在这样高的衬底温度下，不需用等离子体来离化氮，其生长速率受金属有机化合物分解的限制，所以氮气源对速率的影响较小。Nakamura[61] 设计了一种工作在大气压环境下的 MOVPE 反应器，专门用于 GaN、AlN 的外延生长，如图 6.16 所示。经氢稀释的反应气体通过一石英喷嘴流入反应区，受一来自垂直方向的气流的冲击而喷射到旋转衬底上。设计的关键是一向下的 He 和 N_2 的气流，以提高反应气体与衬底之间的作用，从所生长的 GaN 的体迁移率和背景电子浓度数据来看，该技术生长出的 GaN 材料的质量是最高的。

6.2.2 衬底

GaN 研究的主要障碍之一是缺少合适的衬底材料，外延生长要求衬底材料与所生长的薄膜材料之间实现晶格匹配和热匹配。表 6.6 列

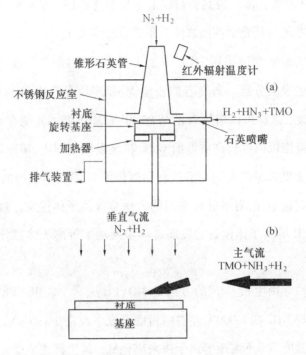

图 6.16 生长 GaN 的 MOVPE 反应系统

出了通常选用的蓝宝石及 6H–SiC 等衬底的相关性质。SiC 与 GaN 有较好的热匹配及晶格匹配,当价格进一步降低时,SiC 衬底应是将来的最佳选择。而波兰的 Porowski[62] 等在高氮压下生长块状 GaN 晶体的初步成功使人看到了用 GaN 晶体进行同质外延来生长高质量 GaN 的希望。这种方法是在高达 $(12 \sim 20) \times 10^6$ kPa 的高气压下进行生长的,对设备的要求非常苛刻,现阶段晶体生长的重复性较差。虽然关于该方法的报导已经有几年的时间,但人们仍然希望找到更为有效的方法,在这方面我们也进行了有效的尝试。我们采用的生长方法可以称为催化剂法,在以金属 Ga 和 NH_3 组成的体系中,加入金属催化剂作为反应中间物,在常压及较低温度下得到微米级的 GaN 单晶,有关更大尺寸单晶生长的探索性工作仍在进行之中[63]。

表 6.6 外延生长 GaN 常用衬底的性质

衬　　底	对　称　性	点阵参数/nm	热膨胀系数/K^{-1}
纤锌矿 GaN	六方	$a = 0.318\ 9$	5.59×10^{-6}
		$c = 0.518\ 5$	
$\alpha\text{-}Al_2O_3$	六方	$a = 0.475\ 8$	7.5×10^{-6}
		$c = 1.299\ 1$	8.5×10^{-6}
Si	立方	$a = 0.543\ 01$	3.59×10^{-6}
GaAs	立方	$a = 0.565\ 33$	6×10^{-6}
6H-SiC	六方	$a = 0.308$	
		$c = 1.512$	
3C-SiC	立方	$a = 4.36$	
InP	立方	$a = 0.586\ 93$	4.5×10^{-6}
GaP	立方	$a = 0.545\ 12$	4.65×10^{-6}
MgO	立方	$a = 0.4216$	10.5×10^{-6}
ZnO	六方	$a = 0.325\ 2$	2.8×10^{-6}
		$c = 0.521\ 3$	4.75×10^{-6}
$MgAl_2O_4$	立方	$a = 8.083$	7.45×10^{-6}

　　由于现阶段缺乏理想的衬底材料,大部分 III ~ V 氮化物都是在蓝宝石衬底上生长的。实际上,蓝宝石与氮化物的晶格和热匹配都很差,选用蓝宝石的主要原因在于其来源广、具有六方对称性、容易处理和清洗方便。蓝宝石在气相外延所要求的 1 000 ℃ 左右的温度下是稳定的。由于它与氮化物的匹配差,解决问题的一个方法是在衬底表面上生长一过渡层,以获得好的材料质量。Yoshida[30] 等首先报导了使用 AlN 过渡层的效果:在蓝宝石上生长 AlN 过渡层后再生长 GaN,其背景

电子浓度降低两个数量级，荧光强度增加两个数量级，X 射线衍射峰的宽度减少 4 倍，进一步的研究工作表明，低温下生长的 GaN 过渡层也有相似的效果。

目前已有实验证明，外延氮化物的晶体结构受衬底材料及取向的影响强烈。同许多宽带隙半导体相似，每一种氮化物存在至少两种晶型。最常见的是平衡态的纤锌矿结构，还有闪锌矿结构。通常纤锌矿结构材料在六方衬底上生长，而闪锌矿材料在立方衬底上生长，(111)取向例外。立方氮化镓已经能在(001) GaAs，3C-SiC、MgO 和(001)Si 上外延生长。

6.2.3　氮化物薄膜晶体学

由于 GaN 外延生长时缺少理想的衬底，因此初始生长条件必须优化，以减少由于晶格失配产生的缺陷密度。为此，应特别重视研究 GaN 在蓝宝石、SiC、GaAs 和 Si 衬底上的外延情况。研究者已经建立了不同衬底取向与薄膜生长之间的关系。Madar 等在一个半球形蓝宝石衬底上生长 GaN 时，在许多取向上观察到了 GaN 的外延生长。生长质量最好的 GaN 是在蓝宝石的(0001)面上获得的，在(1120)面向 [1100]轴倾斜 10°～20° 也观察到较好的生长质量和表面形貌，在(0114)面上生长时可获得最高的生长速率[64]。SiC 的显露面有(0001)Si 和(0001)C 两种情况，Sasaki 和 Matsuoka[39]研究了两种不同表面状态情况下生长 GaN 时 GaN 和 SiC 之间的外延关系，在(0001)Si 上生长的 GaN 有较好的结晶性及较为平滑的表面形貌，而生长在(0001)C 上的 GaN 则显示六方形的岛。光电子谱用来确定外延 GaN 极性随 SiC 衬底表面极性的变化，生长在(0001)Si 面的生长层是 N 中断的, 而 (0001) C 面的生长层是 Ga 中断的, 发生严重的氧化。Paisley[19] 等用 TEM 研究了 (001) 闪锌矿 GaN/β-SiC 界面及外延关系, 发现 GaN 薄膜有许多缺陷, 主要是微孪晶和堆垛层错, 它们的密度随着远离界面而降低, 两个晶体间的失配主要由界面上薄的非晶层来释放。

已经报导闪锌矿 GaN 能够在 (001) GaAs、(001) Si、β-SiC/Si 和 (0001) 蓝宝石衬底上外延生长[42], 但如果没有发生外延生长, 将得到多晶的纤锌矿 GaN 薄膜。Fujieda[65] 等报导: 在 (001) GaAs 表面生长的外延 GaN 的晶体结构与生长前衬底表面的预处理密切相关。实验中发现, 为得到闪锌矿结构 GaN, GaAs 表面必须在阱中充分暴露, 一般需要几分钟的时间, 这样闪锌矿 GaN 模板得以形成。如果衬底在阱中仅暴露 5 秒钟之后生长就开始的话, 则得到的是纤锌矿结构的 GaN。

Strite[66] 等在研究用 GaAs(100) 衬底来生长闪锌矿晶型 GaN 时注意到, 当 Ga 流在生长阶段被周期性地中断时, 可以得到平滑的 GaN-GaAs 界面, 当 Ga 流不被关断时, GaN-GaAs 界面相当粗糙 (约 10 nm), 大部分的堆垛层错等缺陷成核于界面处。Si(100) 与 GaN 的晶格失配与 GaAs 相似, 也被成功地用于生长闪锌矿结构的 GaN。当在低温下首先生长一 GaN 过渡层时, 外延质量有很大提高, 一般认为低温生长可减小 Ga 台阶原子的表面迁移率, 能够快速覆盖衬底表面。

6.3　GaN 中的缺陷和掺杂

6.3.1　点缺陷和自掺杂

点缺陷、本征缺陷和间隙缺陷在半导体中是普遍存在的, 这些缺陷对于氮化物的电学和光学性质起着重要的作用,如载流子寿命取决于这些缺陷的类型和密度。因此它们对 GaN 基激光和发光二极管的量子效率和寿命有着重要影响。实验证据和计算都支持这样的假定:即在 GaN 中 N 空位形成浅施主能级,这样的本征施主和陷阱能级,非故意掺杂的杂质决定了载流子浓度和控制 GaN 基结构器件掺杂的能力。事实上,早期样品中高的 n 型背景浓度是 p 型 GaN 难于制备的原因之一。点缺陷有三种基本类型,空位、自间隙和错位。空位是从晶格中失去原子,自间隙是在晶格间存在外来原子,错位是阴离子位于阳离子位置或相反。当半导体中键断裂或变形时就产生本征缺陷,他们经常在禁带中产生深能级,费密能级决定特定缺陷的荷电状态,缺陷可以是施主、受主或两性的。点缺陷研究与 GaN 外延生长研究是同步进行的。早期制备的薄膜具有很大的 n 型背景浓度,Maruska 和 Tietjen 将其归因于本征缺陷的自掺杂[5],可能是氮缺位,因为杂质浓度至少要比样品中的电子浓度低两个数量级。因此,"GaN 中的 n 型非有意掺杂是由于氮缺位引起的"这一论点在氮化物的相关论文中成为基本的描述,但是没有一个确定的实验可以证明它或反驳它。根据第一性原理计算,Neugebauer[67,68] 等指出:n 型材料在热力学上稳定地形成相当大数量的 N 缺位是不可能的。相反,他们指出诸如 Si、O 等的污染有可能与一些样品中观察到的大电子浓度有关。另一方面,Perlin 等[69]的第一性原理计算结果却支持氮缺位的存在,尽管这些计算对于电子能级是有取向的。Wetzel 等[70,71]试图确定 GaN 中局域态的位置,假定它与氮缺位有关,他们对压力下样品的反射红外光谱和拉曼光谱进行分析,观察到压力值在 27 GPa 时自由载流子浓度降低至 3%,他们认为缺陷浓度高达 1019 cm^{-3}。这些缺陷强烈地局域化,其能级在压力为 27 GPa 时位于导带下(126±20) meV, 这既同一个大气压时高的电子浓度有关, 又同 27 GPa 时的俘获及局域化有关。Jenkins 等[72,73]利用紧键合的方法计算了 GaN 中 N 和 Ga 的缺陷和错位的能量, 计算显示 VN 相对于合金成分只有很小的变化。他们认为 VN 可能产生一个近导带边缘的含有两个电子的 s 型能级和一个在导带边缘上的含一个电子的 p 型能级。由于 p 型能级是共振的, 它的电子是自动离化的, 它退化到导带边缘, 使 GaN 成为 n 型(每一个空穴一个电子)。也可能是 s 型能级稍高于预计值(不在隙内), 与导带产生共振, 施予电子给导带, 在这种情况下, 氮缺位为三重施主。实验上, 氮缺位位于大约导带下 40 meV, Ga 缺位形成一个浅受主, 两类错位缺陷位于深能隙, 在 GaN 情况下, 双占据 A_1 态大约在导带下 0.11 eV, T_2 能级大约在导带上 0.61 eV。计算支持了关于氮缺位是一个单施主与未掺杂的 GaN 的 n 型行为有关的观点。

荧光光谱被用于探测 GaN 中的缺陷。两个在 800℃ 生长的样品, 一个是未掺杂样品(S1), 另一个是 Si 掺杂样品(S2), 如图 6.17 所示, 两个样品的荧光光谱相似。对于 S1 样品, 氨流速为 6 cm^3/s, S2 为 16 cm^3/s, 霍尔效应测量显示未掺杂样品的电子浓度为 $1.6×10^{17}$ cm^{-3}, 掺杂样品的电子浓度为 $4.1×10^{17}$ cm^{-3}, 两个样品的荧光光谱都在 362 nm 处存在尖锐峰 P1, 它可以归因于能级非常接近于导带边缘的氮缺位。两个样品的峰位基本一致这一点支持了在未掺杂的样品中施主态很可能是氮缺位引入的观点, 其行为基本上与浅的 Si 掺杂原子一样。利用霍尔和二次离子质谱(SIMS)测量, 人们可以认为 VN 可能与未掺杂样品的施主能级有关。一个黄绿发射峰 P2 发生在大约 550 nm, 可能与一个深受主态有关, 位于导带边缘下约 2.25 eV, 它是

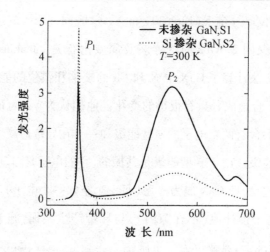

图 6.17　未掺杂和 Si 掺杂的 GaN 样品的室温 PL 谱
导带向深受主态的过渡[74,75]。

6.3.2　位错

正如上面已经讲到的,非晶格匹配衬底生长氮化物薄膜时将导致
三维生长,因此需要低温生长过渡层来解决。大的晶格失配和热失配
将引入大量的界面位错,其中一些用来释放应变。Ponce 等[76]研究了
在衬底上生长 AlGaN 的结晶学特征,该薄膜是用 MOCVD 方法在
(0001)蓝宝石衬底上生长的,中间生长了 AlN 过渡层,界面附近的高
分辨电镜照片如图 6.18 所示。照片显示 AlN-蓝宝石界面是原子级突
变,接着是一个单基面,薄膜在分辨率范围内似乎是完全弛豫的。这
表示失配的位错有单一的取向,失配位错沿着⟨1100⟩AlN 方向,其中一
个恰与图像中的晶格透视方向一致,它们之间相隔 2 nm，接近于 AlN
与 Al_2O_3 间晶格失配 12.46%(2.03 nm)。AlN 在 Al_2O_3 上生长时, 八
个 AlN 面与九个 Al_2O_3 面在界面上匹配,额外的一个 {1100} Al_2O_3 面
终止产生一个失配位错。产生这种失配位错的临界厚度约为一个单原

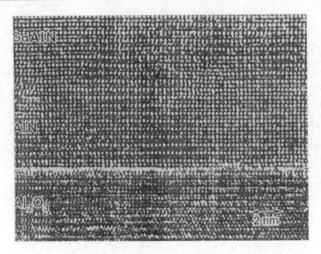

图 6.18　AlN 作为过渡层在 Al_2O_3 衬底上生长 GaAlN 外
延层的晶格照片

子层,这种位错的化学键合还不是很清楚。一种可能是界面上的 Al 原子和蓝宝石方向上的三个氧原子与 AlN 方向的两个氮原子键合。在 $AlN/Al_{0.5}Ga_{0.5}N$ 界面上位错是沿 $\langle 1100 \rangle$ 方向。失配位错之间相差 22 nm,与预计的块体值 22.6 nm 比较接近,这些位错的实验位置也不是很确定。与 AlN/Al_2O_3 界面上的位错不同,这些位错面可以有 6 个单层(1.5 nm)上的变化。过渡层基本上是一个多晶薄膜,它与蓝宝石衬底之间接近外延但在取向上有一个很小角度的(小于 1 度)偏差。薄膜在 500 nm 范围内形成柱状结构,用于高效发光器件(如 NichiaLED)的材料中,柱状晶取向的一致性好,如同 X 射线衍射所分析的那样,FWHM 为 5 ~ 6 个弧度。外延层的取向可以大致地用图6.19 中 c 轴的倾斜和扭曲的模型来描述。GaN 中大部分位错位于柱状结构的低角度晶粒间界。

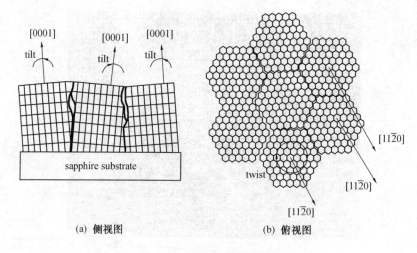

(a) 侧视图　　　　　　　　　(b) 俯视图

图 6.19　位错生长的效果图

6.3.3　堆垛层错缺陷

在面心立方晶体结构中,由于应变释放的形成能相当低,堆垛层错是一种很常见的缺陷形式,典型的堆垛层错示意图如图 6.20 所示。从图中可见,当晶体生长不在堆垛层错的方向时,形成堆垛层错需要一个位错的原子面终止层。在 III ~ V 氮化物中,堆垛层错也作为一种应变释放的形式,如果选择衬底的取向使得生长方向平行于堆垛方向,生长的同构异型体之间的界面的方向对于 (111)3C 和 (0001)2H-GaN 是一致的, Davis 等[77]在 3C-SiC 上生长闪锌矿 GaN 时,TEM 发现许多缺陷沿外延方向传播,主要是孪晶和堆垛层错。相类似,在其他衬底上生长的薄膜,都含有这些缺陷。在 SiO$_2$ 衬底上横向生长的带基本上没有这种缺陷。

人们试图阐明这种堆垛层错在氮化物中的作用。在块状纤锌矿 GaN 中观察到少量的闪锌矿结构,为此 Seifert 和 Tempel 提出在 GaN 中存在这些堆垛层错[78]。Powell 曾经报导过在闪锌矿结构的 GaN 中

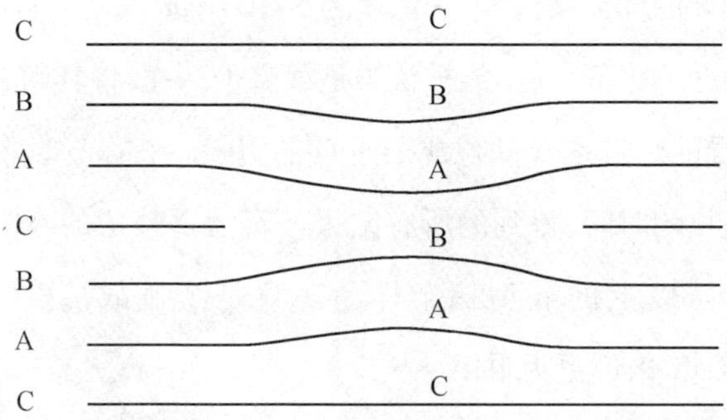

图 6.20 典型的堆垛层错示意图

存在纤锌矿 GaN 区域[79],Lei 用 X 射线研究后认为纤锌矿和闪锌矿共存于 GaN 薄膜中是一种普遍现象[80],除了在 Si(001)面上的薄膜外其余所有薄膜均含有畴,这些畴的(111)轴平行于纤锌矿的(0001)轴,闪锌矿的畴在堆垛层错上成核,使得纤锌矿堆垛向闪锌矿堆垛移动,这种图像被 TEM 所证实。堆垛层错对于载流子迁移率的影响还无法准确地知道,除了堆垛层错边缘,主要的影响可能是引起局域的能隙变化。因此希望 GaN 生长在堆垛顺序与其一致的衬底上。ZnO 就是这样一类衬底,它的另一个优点是与 GaN 的晶格失配仅为 0.017,这导致它的临界厚度为 8 ~ 12 nm。这意味着一致性的 GaN 应变层可以长到厚度为 10 nm,某些成分的InGaAlN合金可以制备成与 ZnO 的晶格完全匹配。在(0001)ZnO 的 O 面上生长的 GaN,其发射特性与(0001)宝石上生长的优质 GaN 的发射特性相似。进一步的工作是希望利用该衬底易于解理的性质来制备器件。

6.3.4 有意掺杂

同其他半导体材料一样, GaN 及其相关材料电学性质的控制仍然是其器件开发中的最主要障碍。非故意掺杂的 GaN 总是 n 型的,对于目前质量最好的样品来说,电子浓度为 5×10^{16} cm^{-3} 水平,除了 O 以外,其他杂质的含量很低,尚不能被认为是载流子,一般将其归因为本征缺陷,广泛接受的观点是 N 缺位或杂质 O 的贡献。获得 p 型掺杂的努力经历了相当长的时间,得到的所有结果一直为重补偿的高阻薄膜。开发出 10^{18} cm^{-3} 以上的 p 型掺杂样品一直是个挑战,这个任务对于 AlGaN 和 InGaN 来说更为艰巨。

1. Si、Ge 和 Se 的 n 型掺杂

为降低非故意掺杂的 n 型背景,建立了在 GaN 中掺 Si 的气相和真空沉积技术。对于光发射器件来说,采用这些技术所制备的样品质量已经足够,而对于场效应管和探测器来说,背景杂质和本征缺陷则有必要进一步降低。要控制 GaN、AlN 和 InN 二元以及三元合金中的 n 型电导率,在真空沉积和金属有机化学气相沉积方法中通常是采用 Si 来实现的。Si 替换一个 Ga 原子提供一个松散束缚的电子,GaN 中 Si 的浓度高达 10×20 cm^{-3},它是适于 III 族氮化物的掺杂。Nakamura 等报导了用 MOVPE 法制备的 GaN 进行 Si 和 Ge 掺杂时的性质[81],Si 的载流子浓度范围在 $10^{17} \sim 2 \times 10^{19}$ cm^{-3} 之间,而 Ge 产生的载流子浓度在 $7 \times 10^{16} \sim 10^{19}$ cm^{-3} 之间,电子浓度均随 SiH$_4$ 或 GeH$_4$ 的流速呈线性变化,Ge 的结合效率大约比 Si 低一个数量级。对 MOCVD 法制备的 GaN 来说,Se 掺杂的电子浓度达到 6×10^{19} cm^{-3},电子浓度也正比于源物质 H$_2$Se 的流速,室温时电子迁移率范围为 $10 \sim 150$ cm^2/(V·s),补偿比高,在 $10^{18} \sim 10^{19}$ cm^{-3} 的浓度范围内基本上保持常数数值为 0.4,补偿受主应为 Ga 空位[82]。

2. p 型掺杂

人们通过引入 II 族和 IV 族元素实现对 GaN 及其三元化合物的 p

型掺杂进行了长期不懈的努力,对许多可能潜在的掺杂剂也都进行过尝试。人们发现一些杂质在 GaN 中成为有效的补偿电子,导致高电阻材料。直到 1989 年,人们将生长后的样品进行电子束照射和热处理才实现把 Mg 补偿的 GaN 转化为 p 型材料。对于 p 型 GaN 而言,其他杂质没有像 Mg 这样成功,光学测量揭示出受主能级高于价带边几百 meV。

成功的 Mg 原位掺杂源于 Amano 和 Nakamura 的开创性工作[11,83]。他们利用大气压 MOCVD 进行 Mg 的原位掺杂后,再采用低能电子束照射技术将补偿的掺 Mg 的 GaN 变成 p 型半导体材料,得到了载流子浓度为 $3 \times 10^{19} cm^{-3}$、电阻率为 $0.2 \ \Omega \cdot cm$ 的 p 型 GaN 样品。此后不久,人们又发现在氮气气氛下经 700℃ 热处理同样可以将 GaN 转换成 p 型半导体。而在氨气中热处理时,p 型 GaN 又可逆地转化成绝缘补偿型材料。因此人们确认 H 为关键性的补偿剂。Van Vechten 等[84]人提出了 H 对 Mg 的钝化机制,这个设想得到了理论计算的支持。由于生长过程中 H 对 Mg 的钝化作用,因而阻碍了形成对受主自补偿的本征施主。对于 MOCVD 生长的薄膜来说,H 被看成是带正电荷的正质子,在生长过程中对 Mg 受主(带负电)产生钝化作用,这样就会阻碍形成自补偿的施主型缺陷,在后处理的过程中,H^+ 被赶跑,而由于带负电荷的 Mg 受主产生了 p 型 GaN。在 Mg 掺杂的 GaN 中 Mg 与 H 经常形成复合物,但确切的形成机理以及后处理过程中 H 的释放过程都还没有得到充分的理解。另外,关于 H 原子位置的第一性原理计算结果也自相矛盾。例如,Neugebauer 等人计算后认为,H 在反键位置的能量低于在键心位置的能量[85],而 Okamoto 的计算则支持 H 处在键心位置[86]。与 MOCVD 生长的材料不同的是,用反应分子束外延方法生长的 Mg 掺杂 GaN 直接显示出 p 型导电性而不需要后处理[87]。一般来说，H 在所有其他的半导体中均占据键心位置。图 6.21 给出了钝化 H 在键心以及反键位置的示意图。

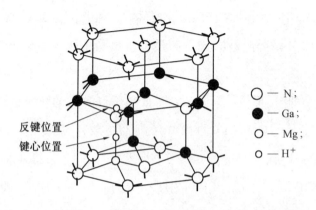

反键位置
键心位置

○ — N；
● — Ga；
○ — Mg；
○ — H$^+$

图 6.21　Mg 掺杂 GaN 中 H 可能存在的两种位置(反键及键心位置)

GaN 中 Mg–H 的局域振动模(LVMs)可以提供关于 GaN 中 H 的一些结构信息。现在可以从实验上测得的关于 Mg–H 复合物惟一可靠的物理参数是伸缩频率，为了支持它们的光谱特征，Gotz 等人[88]进行了三种 MOCVD 生长的 Mg 掺杂 GaN 样品的红外光谱测量，一个是原位生长的半绝缘样品，第二个是经热处理后显示 p 型导电性的样品，第三个是在单质氘中 600℃ 处理 2 h，其电阻率上升的样品。原位生长的样品在 3 125 cm^{-1} 显示 LVM 与 Neugebauer 预测的 3 360 cm^{-1} 比较一致，对于热处理后的样品，这个吸收线的强度降低，而对于氘化后的样品，在 2 321 cm^{-1} 出现一个新的吸收线，而作热活化处理可以使该吸收线消失，同位素位移可以清楚地证明 H 存在于复合物中。

6.3.5 GaN 器件制备中的一些问题

1. GaN 的金属接触

半导体器件与外界连接必须满足不降低其电流电压特性和没有额外电压降两个条件。这两个条件可以通过半导体上的低电阻欧姆接触来实现。理想接触是当它与半导体结合时载流子流动无论在正方向还是在负方向上都没有障碍，这只有在半导体与金属的功函数相同且没有界面态钉扎费密能级时才能实现。对于上述条件，由于人们还无法找到理想的半导体金属功函数体系，特别是半导体的功函数与掺杂有关。对于大带隙的 GaN 半导体而言，可与 p 型 GaN 形成欧姆接触具有足够大的功函数，金属事实上是不存在的。大的有效载流子质量，特别是宽带半导体中的空穴使这种情形进一步恶化。因此，必须做出其他的选择。传统的解决方案主要围绕着提高表面掺杂水平和通过与金属的相互化学作用影响半导体表面，使其有利于电流传导而没有整流。对于欧姆接触的另外要求是接触必须是热稳定和化学稳定的。对于高功率和高温条件下工作的器件来说，其结温可能会非常高，稳定性的要求就显得更为重要。例如，在 LED 中消耗在接触上的功率一方面减小了效率另一方面增加了结温，从而降低了器件的工作寿命。在开发的早期阶段，欧姆接触的成功与否可能会决定器件的成功与失败。

金属与 p-GaN 的接触是反向偏压的肖特基势垒。在不存在缺陷和高表面掺杂的情况下，仅有那些具有足够动能的载流子能够克服势垒，可描述为热电子发射和场发射，它们会对电流的流动和功率的耗散作出贡献。在缺陷存在以及高表面掺杂的情况下，缺陷辅助通道、场辅助通道以及直接通道都必须加以考虑。

研究表明:采用 Al 和 Au 对 n-GaN 进行金属化,获得欧姆接触也是可能的。只是接触电阻率相对较高,约在 $10^{-4} \sim 10^{-3}$ Ω·cm 范围[89]。为了形成欧姆接触,先将金属蒸发沉积,然后光刻成型。$I-V$ 曲线测量结果确认原位沉积 Al 获得了欧姆接触,但原位沉积 Au 所获得的接触是整流型的,经 575℃ 热处理后成为欧姆接触。这说明 GaN 和 Al 的功函非常接近,且 GaN 表面是无缺陷的。用 Ti/Al 与 nGaN 接触,接触电阻率降低至约 $8×10^{-6}$ Ω·cm,但需要在 900℃ 的温度下热处理 30 s[90]。在 LED 结构中,Au(Au/Ni) 和 Ti/Al 被分别用作 p 和 n 型接触,尽管没有接触电阻数值方面的报导,但 LED 在 20 mA 下的工作电压为 4 V,也间接地证明接触电阻是相当低的[83]。也有采用非合金欧姆接触方面的报导。用一个 10 周期的 InN/GaN (10 nm/10 nm) 短周期超晶格,InN 和 GaN 分别掺杂到 $5×10^{18}$ cm^{-3},测量显示其电阻率可以低至 $6×10^{-5}$ Ω·cm,呈现欧姆接触特性[90],而仅用 InN 则显示出很强的整流特性。推测其原因可能是由于形成超晶格后,隧穿系数增加,同时又具有比较低的肖特基势垒,所以大大降低了接触电阻。

2. 氮化镓器件制备中的刻蚀问题

在室温下,高质量氮化镓既耐酸又耐碱,但可以在热碱中被缓慢刻蚀,所以湿法刻蚀对于 III ~ V 氮化物而言是不可行的,为此人们转而开发了干法刻蚀工艺。干法刻蚀特别适用于制备发射激光器,因为这种类型的刻蚀不会损坏其内部器壁。Pearton[91] 对 ECR 等离子体刻蚀 GaN,lN 和 InN 进行了试验研究。薄膜是在 500℃ 下采用金属有机 MOMBE 分子束外延生长的,实验中使用了 III 族金属有机化合物及氮原子,并采用 2.45 G 的 ECR 微波源进行辅助,衬底为半绝缘的 GaAs,生长速率达到了 50 ~ 75 nm/min,薄膜不是单晶,而是柱状晶,厚度为

0.4 mm。薄膜由 Hunt1182 光刻胶来进行表面成型,各向异性图形转移是在低压($(1\sim3)\times133.3$ mPa)$BrCl_3/Ar,H_4/H_2/Ar,Cl_2F_2/Ar,I_2/H_2$辉光放电下进行的,用丙酮除去光刻胶后,用台阶仪测量刻蚀速率。在保持气压为常数时,刻蚀速率与偏压基本上呈线性关系,说明溅射除去刻蚀产物可能是该条件下的限制因素;在保持直流偏压下不变时,刻蚀速率是气压的函数,气压增加时,由于更多的活化氯基团的增加,AlN 和 GaN 的刻蚀速率增加,但 InN 的刻蚀速率与气压的关系不大,这可能与刻蚀产物 $InCl_3$ 在室温下是非挥发性的有关。

　　对于氮化物器件的制备,平面离子磨蚀和反应离子刻蚀是非常有用的。Pearton 等人[92]也研究了 GaN、AlN 和 InN 的反应离子刻蚀,他们发现对于 GaN,AlN 及 InGaN,Ar^+能量与刻蚀速率几乎呈线性关系,这可能与三种材料具有较强的键强有关。同时刻蚀速率还同 Ar^+ 束的入射角有关。研究显示随入射角的增大,刻蚀速率先增加再减小,最大值出现在约 $60°$。在 $0°$ 时,GaN 的刻蚀速率为 0.25 原子/离子,而入射角为 $60°$ 时,刻蚀速率达到了 0.37 原子/离子,经离子刻蚀的 GaN 表面比较光滑,但在表面可能会产生一些损伤。

　　考虑到上述两种刻蚀方法可能对半导体表面产生一定程度的损害,人们研究出了一种称为融回刻蚀技术的方法,可以避免这种损害。它是利用液相外延的逆反应来进行的。如将 GaN 浸入到液态 Ga 中,GaN 会溶解或融回到液体 Ga 中,同时 N_2 气体扩散到大气中。Kaneko 等人[93]用 SiO_2 掩模的 GaN 片子(宝石衬底上的 3 mm GaN 片)来验证这种刻蚀方法的可行性。样品保存在一个石英管式炉中,在真空下经 350 ℃预烧 2 h,然后浸入液态 Ga 中,将系统温度升高到大约 940 ℃,保温 4 h,在氢气气氛中进行刻蚀,完成后片子再浸入另一液态 Ga 中,温度降到 300 ℃,检测发现刻蚀的深度为 0.7 mm。

6.3.6　GaN 器件

1. 光发射二极管

光发射二极管(LED)将电能转换成为一般的可见光,它是一个简单的 p-n 结器件。它通过自发发射产生光,其发光波长取决于半导体的带隙,其中发生载流子的复合。和半导体激光器不同,通常它的结不是偏向的,因此在随机方向上发生自吸收及光子发射。现代的 LED 通常是双异质结型的,有源层是惟一的吸收层,另外为了增加光收集的锥形体及聚焦光,使用了一个可塑的圆顶。氮化物基的 LED,使用 InGaN 作为有源区,可以产生从黄光至紫外的光谱。LED 有三种类型,分别是表面发射型、边缘发射型以及超发光型或超荧光型。为了保证器件不产生激光要加上反射涂层或采用其他措施。表面发射型器件还分成圆顶型和平顶型。LED 的应用是显示、指示灯、信号灯、交通灯、照明(它要求发射光是在光谱的可见区)。红色 LED 可以利用 GaP, AlGaAs,AlGaInP 等半导体产生。到目前为止,亮度足够的、用于户外的蓝绿商用 LED 只有用氮化物半导体来制备。需要提一下,ZnTeSe/ZeSe 双异质结 LED 也已开发出来,其效能可与氮化物基的 LED 相比,但其工作寿命则要短得多。

在显示领域,光发射二极管(LED)得到了快速发展,现在已经被广泛地应用于生活中的各个方面。将来,许多技术包括印刷、显示、传感等将在很大程度上依赖于紧凑、可靠及价廉的 LED。现在,商用 LED 的转换效率在红光部分(650 ~ 660 nm)已达到 16%,而激光器则达到了 75%。现在高亮度半导体 LED 主要是由 GaP 及其他 III 族半导体如

GaAs, lGaAs, InGaAlP 和 InGaN 等材料制备出来的, 发射在绿光甚至蓝光的 LED 也是由 II ~ VI 半导体如 ZnTeSe 和其他 ZnSe 合金制备出来的。

研究 GaN 的最初目的就是有效地利用其在光发射上的直接带隙特性, 它可以在绿光甚至蓝光段发光, 这使得全色 LED 显示成为可能, 而这正是电子工业界苦苦追寻的目标。在这个领域 GaN 基的 LED 起主导作用。另一种可能的材料体系是 SiC, 但是它的量子效率受到非直接带隙的限制, 并且驱动电流要求很高, 它的发射峰波长是蓝绿段, 不足以覆盖其他的波长范围, 而 GaN 基的 LED 则没有这些缺点。用 GaN 制造的第一个 LED 是在 30 年前[94], 由于当时无法进行 GaN 的 p 型掺杂, 所以这些器件不是传统的 p-n 结 LED 结构, 而是金属–绝缘体–半导体(MIS)结构, 绝缘层是由掺杂受体产生的, 可以用杂质浓度来调节发射峰的位置及强度, 当时这种初级 LED 的效率不够高, 还不足以与已有的商用 LED 去竞争。第一个 p-n 结型的 LED 是由 Amano 等人首先制造出来的[11]。在一个未掺杂的 n 型 GaN 薄膜上生长一个 Mg 掺杂的 GaN 层, 为了降低 GaN 的背景电子浓度, 这个未掺杂的 GaN 层是生长在一个 AlN 过渡层上, 这个器件在近紫外区产生发光, 发射峰在 375 nm。随后, 关于用 GaN 制造 LED 的研究取得了很大进展, 包括增加空穴的浓度以及用 Si 进行 n 型掺杂, 在 30 mA 和 5 V 直流电压下可以得到 1.5 mW 的输出功率。GaN 同质结 LED 是由 Nakamura 等人首先制备出来的[83]。他们采用高空穴浓度 8×10^{18} cm^{-3} 的 p 型 GaN 薄膜, 其发光峰值移至 430 nm。在所制备的器件中, GaN 被用作为过渡层, 他们认为这样可以提高器件的效率, 从较窄的光发射峰半高宽(55 nm)可以确认这种效果。他们所制作的 LED 器件的效率比商用的

SiC 器件要高 6 倍。双异质结 LED 也是由 Amano 等人[11]制备出来的，它可以更有效地发出光。它是由 p-AlGaN、n-GaN 和 n-AlGaN 组合起来的。这种双异质结结构的 LED 后来经 Nichia 化学公司的进一步改进，将 InGaN 结合进发射区，其发射区处在蓝和蓝绿波段。在 500 mA 脉冲正向电流的作用下，其输出功率约为 4 mW。

2. 半导体激光器

宽带隙的氮化物引人注意的另一个重要方面是在信息存储领域，与应用于显示领域不同的是，数字存储的读取需要相干光源，即激光（LD），这些相干光源输出后可以聚焦到衍射点上，用来准确记录和读取信息。当光波长变短时，聚焦的直径变小，记录信息的密度就可以显著提高。而 GaN 基的激光器就是有可能产生短波长的激光器。当 GaN 基的半导体激光器产生蓝光或紫外光时，用它来记录的数据存储密度有可能超过 1 Gb/cm^2，这一前景使全球的许多公司参与到开发这种激光器中来。II ~ VI 化合物半导体如 ZnSe，可以产生490 nm的激光，但它存在着许多缺点，例如 ZnSe 具有较低的热导率，较差的热稳定性，很大的欧姆接触电阻，低的损伤阈值，且其寿命短。研究 GaN 光电器件的集中体现是激光器，它是已开发的最短波长的激光器。在 30 多年之前，就已经观察到了 GaN 的光学泵浦激发发射[95]，从那时起，研究人员就一直在进行 GaN 垂直腔的表面发射激光器（SEL）及传统分离约束的异质结平面发射激光器的研究。

基于理论计算，Honda 等人[96]提出了 GaN 表面发射激光器（SEL）的设计及阈值估计。他们认为在垂直腔的 SEL 中，对于一个低阈值的激光器，必须装备高反射率的镜面，这种高反射率的镜面可以分为两组，一个是介电型的多层镜面，另一个是布拉格分布的半导体反射面。

垂直腔的 SEL 可以用 AlN/AlGaN 堆垛层来制备,布拉格分布的半导体反射面可以在外延过程中整体地制备,要获得高反射率,对这样的镜面要求很多。由于 AlN 的带隙比 GaN 大,AlGaN 的吸收相对较小。APA 光学公司报导了几个指向 SEL 结构的实验[97]。他们研究了 GaN 量子阱(QW)的光学性质,用 $Al_{0.14}Ga_{0.86}N$ 作为阻挡层材料,GaN QW 的厚度在 10～30 nm 之间。光能随 GaN QW 的厚度而产生位移。与预计的相一致,垂直腔的激光激发后来被演示出来,其受激发射垂直于生长面。在仅有 GaN/空气和 GaN/AlN 界面分别作为上下镜面的情况下,激发阈值光学泵浦的强度约为 2 MW/cm^2。为了达到较低的泵浦阈值强度,SEL 要求使用高反射率的镜面。有鉴于此,设计 18 层的 AlGaN/GaN 超晶格作为四分波镜面的结构也被演示出来,在这种镜面上,442 nm 的峰值反射率为 80%,375 nm 时为 95%。

Nakamura 等人[98]利用 GaN 波导 AlGaN 包覆层在 InGaN 量子阱中观察到激光振荡,最初所用的多层量子阱是 26 个周期的 $In_{0.2}Ga_{0.8}N/$ $In_{0.05}Ga_{0.95}N$,其中 $In_{0.2}Ga_{0.8}N$ 层的厚度为 2.5 nm,$In_{0.05}Ga_{0.95}N$ 为 5 nm,后来结构减为 7 个周期,再后来减为 3 个周期。一个 20 nm 厚度的 $Al_{0.2}Ga_{0.8}N$：Mg 层用来阻止 InGaN 层的分解,而一层 0.1 μm 厚的 n 型 $In_{0.1}Ga_{0.9}N$ 结合到过渡层中以阻止裂纹的产生。由于 c 面的宝石衬底很难劈裂,反应离子刻蚀(RIE)被用来形成腔面,高反射率的腔面涂层(60%～70%)用来减小阈值电流,在 p 型 GaN 层上用蒸发方式得到 Ni/Au 接触,而 Ti/Al 则用于 n 型 GaN 的接触。Nakamura 早期制备的注入式激光器需要很大的正向电压,高达 30 V,是所需正常值的 7 倍,这就使功率耗散增加了约 50 倍。后来,电压减小到约 5 V,阈值电流减小到约 1.5 kA/cm^2。Akasaki 报导了一单阱 $In_{0.1}Ga_{0.9}N$ 分离约束异质结(SCH)激光器,它在 376 nm 激发,是一种波长最短的注入式激光器,阈值电流密度为 2.9 kA/cm^2。

Nichia 公司制备的 InGaN 激光器,在 400 nm 发光,其结构如图 6.22 所示,器件是在(0001)蓝宝石衬底上制备的,衬底上依次生长了低温 GaN 过渡层(30 nm),n-GaN 缓冲层(3 μm),n-In$_{0.1}$Ga$_{0.9}$N 层(0.1 μm),应力平衡层,n-Al$_{0.14}$G$_{0.8}$6N/GaN,调制掺杂短周期超晶格层(0.4 μm),n-GaN,导波层(0.1 μm),n-In$_{0.02}$Ga$_{0.98}$N/In$_{0.15}$Ga$_{0.85}$N 多量子阱层,含 26 对量子阱周期,2.5 nm 厚的 In$_{0.15}$Ga$_{0.85}$N 量子阱和 5 nm 厚的 In$_{0.02}$Ga$_{0.98}$N 势垒层交替生长,p-Al$_{0.2}$Ga$_{0.8}$N(20 nm)保护层,p-GaN,导波层(0.1 μm),p-Al$_{0.14}$G$_{0.86}$N/GaN,调制掺杂短周期超晶格层(0.4 μm),p-GaN 电极层(0.5 μm)。

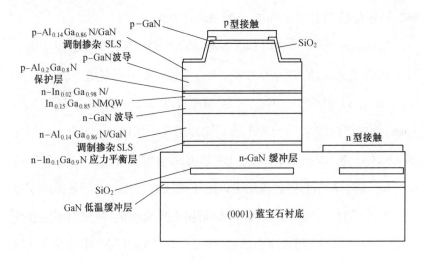

图 6.22　激光器结构的截面示意图

3. 探测器

对于波长为 200 nm 的光来说,地球大气层是不透明的。为了利用这个光学窗口,地球与空间之间的通信需要一种探测器,要求它对紫外光敏感而对大气中可见光的辐射是屏蔽的。目前通过地球大气层对卫星进行的监测是依赖于 Si 光探测器,它要求一个庞大的滤光器来挡住可见光的辐射背景,为此,人们开始研究 GaN 基的探测器。如果使用对紫外光敏感对可见光屏蔽的 GaN 探测器,那么就不需要这个笨重的滤光器,光谱监测设备的设计可以大大地简化。GaN 探测器的另一个应用领域是气体燃烧监测系统。在这里,紫外发射属于一个副产物。APA 光学公司报导了它们研制的 GaN 探测器[99],其响应波长可以升至 365 nm,增益大约在 6×10^3。生长在宝石衬底上的 GaN 吸收层大约为 0.8 μm,中间有一 0.1 μm 厚的 AlN 过渡层。测量可以在波长 200 ~ 365 nm 的范围内进行。在 365 nm 的响应为 2 000 A/W,吸收边的特征是波长移动 10 nm,即从 365 ~ 375 nm,其响应性下降 3 个量级。在紫外光的波长范围内,其响应基本上不随波长变化。实验观察到响应与入射光的功率成线性关系。当面积为 1 mm² 时,器件的暗电阻为 0.5 MΩ,随着温度从 20℃ 增加到 220℃,暗电流则从 10^{-11} A 增加到 10^{-6} A。

6.3.7 纳米氮化镓的研究

以上介绍的是关于氮化镓薄膜及其器件方面的研究。最近有关一维纳米氮化镓的研究也有大量报导,如氮化镓一维纳米棒和纳米带的研究都取得了一定的进展。这预示着纳米氮化镓器件的发展有了一个良好的开端。

氮化镓纳米棒首先是通过纳米碳管中的限制生长制备出来的,论文发表在《科学》杂志上[100]。采用激光蒸发[101]、电弧放电[102]、升华法[103]、催化合成法[104]、氢化物气相外延法[105] 以及氧化物辅助法[106]

等均可制备出氮化镓纳米线或纳米棒。现在,人们又制备出了另一种一维氮化镓纳米材料,如图 6.23、图 6.24、图 6.25 所示[107],它与纳米线的不同之处在于该一维材料在截面上不是均匀的,而具有各相异性,因而被称为纳米带。纳米带的制备方法也有不同,包括氮化镓粉末升华法、金属镓或氮化镓在催化剂存在下与氨反应等方法。

图 6.23　GaN 纳米带的形貌

6.3.8　氮化镓的未来

尽管上面所提到的诸多问题目前仍尚未完全解决,随着对 GaN 材料认识的逐步深入以及相关技术的突破,人们对在短期内实现 GaN 材料的实际应用仍保持乐观。

随着晶体生长质量的不断提高和 p 型掺杂工艺的稳定,在过去几年中,GaN 基器件的制备技术取得了很大进展。氮化物研究领域朝着两个主要研究方向发展:一是制备出更高质量的氮化物材料,以便让科学家更好地评价氮化物材料的真正潜能,二是开发与器件制备相匹

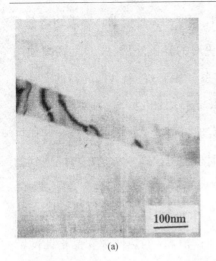 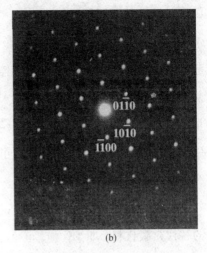

(a)   (b)

图 6.24　GaN 纳米带局部放大形貌及其电子衍射图

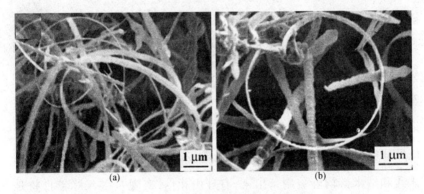

(a)   (b)

图 6.25　GaN 纳米带形成的圈状结构

配的材料制备工艺及高质量器件。目前许多实验室已经能够制备出高质量的 GaN 材料,但是,对于器件性能至关重要的许多基本物理性质仍然没有完全清楚。某些关键的物理量如折射率、热导率、弹性性质及带隙的温度相关性等容易测量,固体物理学家也能够用实验的方法来确定有效质量和间接带隙的位置。人们需要深入地了解 GaN 中本征缺陷的本质,因为这是导致本征载流子浓度的原因。

　　氮化物合金特别是 AlGaN 应该受到高度重视,因为几乎所有的

GaN 基器件都可用异质结来实现。探测器和光发射器将要求知道合金 AlGaN 带隙方面的知识。为了生长更厚的异质外延层,可能需要使用晶格匹配的 AlGaN/InGaN 异质结体系,最有效的蓝光激光器的设计可能要在有源区与 InGaN 量子阱和 AlGaN 包层相结合。另外,在材料质量允许的情况下,研究者需要继续实现尽可能多的器件结构,这样可以为将来的器件研制打下基础,同时也能提出材料工艺中可能遇到的突出问题。

大部分氮化物都是在宝石衬底上生长的,最近也出现了一些商用的替代衬底材料,如 SiC 和 ZnO,它们与 GaN 的热匹配和晶格匹配都得到了改善,SiC 的导电性是它的另一个优点,这将极大地简化器件的制备工艺。迄今为止,没有一个可靠的刻蚀工艺,也没有一个可形成与 GaN 欧姆接触的标准工艺,这些问题都是值得研究人员注意的问题,以便当材料质量问题彻底解决之后,器件的工艺技术能够很快配套。另一个尚未得到解决的问题是 GaN 单晶体的生长,如果在这方面取得突破,则有可能使 GaN 材料及器件的研究迈上一个新的台阶。GaN 研究的另一个新领域可能是纳米 GaN 器件。现在一维 GaN 的纳米线和纳米带均已被制备出来,有理由相信,实现 GaN 纳米器件将是可能的,但如何取得突破,将不仅仅是 GaN 研究本身的问题,而是取决于纳米器件领域的进展,无论如何,这方面的研究将在科研人员面前展现出一片新的天地。

参 考 文 献

[1] STRITE S, MORKOC H. GaN, AlN, and InN:A review[J]. J Vac. Sci. Technol. ,1992,B10(4):1 237.

[2] EDGAR J H. Prospects for device implementation of wide band gap semiconductors[J]. J Mater. Res. ,1992,7(1):235.

[3] MOHAMMAD S N, MORKOC H. Progress and prospects of group—Ⅲ nitride semiconductors[J]. Prog. Quant. Electr. ,1996,20:361.

[4] MORKOC H. Nitride Semiconductors and Devices[J]. Springer series in Materials Science, 1999.

[5] MARUSK H P,TIETJEN J J. The preparation and properties of vapor—deposited single—crystal—line GaN[J]. Appl. Phys. Lett. , 1969,15:327.

[6] ZETTERSTROM R B. Synthesis and growth of single crystals of gallium nitride[J]. J Mater. Sci. ,1970,5:1 102.

[7] STRITE S, LIN M E, MORKOC H. Progress and prospects for GaN and the Ⅲ—Ⅴ nitride semiconductors[J]. Thin Solid Films,1993, 231:197.

[8] MORKOC H. Potential applications of Ⅲ—Ⅴ nitride semiconductors [J]. Mater. Sci. Eng. ,1997,B43:137.

[9] NAKAMURA S, HARADA Y, SENO M. Novel metalorganic chemical vapor deposition system for Gan growth[J]. Appl. Phys. Lett. , 1991,58:2 021.

[10] NAKAMURA S. GaN Growth Using GaN Buffer Layer[J]. Jpn. J. Appl. Phys. ,1991,30:L1705.

[11] AMANO H, KITO M, HIRAMATSU K, et al. P—Type Conduction in Mg—Doped GaN Treated with Low—Energy Electron Beam Irradiation(LEEBI)[J]. Jpn. J. Appl. Phys. ,1989,28:L2112.

[12] NAKAMURA S, SENOH M, MUKAI T. Highly P–Typed Mg–Doped GaN Films Grown with GaN Buffer Layers[J]. Jpn. J. Appl. Phys. ,1991,30:L1708.

[13] NAKAMURA S, MUKAI T, SENOH M, et al. Thermal Annealing Effects on P–Type Mg–Doped GaN Films[J]. Jpn. J. Appl. Phys. ,1992,32:L139.

[14] NAKAMURA S, IWASA N, SENOH M,et al. Hole Compensation Mechanism of P–Type GaN Films[J]. Jpn. J. Appl. Phys. , 1992,32:191.

[15] XIE Y, QIAN Y T, WANG W Z, et al. A benzene–thermal synthetic route to nanocrystalline GaN[J]. Science, 1996:272: 1 926.

[16] JOHNSON W C, PARSON J B, CREM M C. Nitrogen compounds of gallium Ⅲ. Gallic nitride[J]. J. Phys. Chem. , 1932, 32: 2 561.

[17] PANKOVE J I. Electrolytic etching of GaN[J]. J. Electrochem. Soc. ,1972,119:1 110.

[18] MATSUSHITA K, MATSUNO Y, HARIU T, et al. A comparative study of the deposition conditions in the plasma–assisted deposition of gallium nitride thin films[J]. Thin Solid Films,1981,80:243.

[19] PAILEY M J, SITAR Z, POSTHILL J B, et al. Growth of cubic phase gallium nitride by modified molecular – beam epitaxy[J]. J. Vac. Sci. Technol. ,1989,A7:701.

[20] Berger A, Troost D, MONCH W. Adsorption of atomic nitrogen at

GaAs(110) surfaces[J]. Vaccum ,1990,41:669.

[21] FURTADO M, JACOB G. Study on the influence of annealing effects in GaN VPE[J]. J Cryst. Growth,1983,64:257.

[22] GORDIENKO S P, SAMSONOV G V, FESENKO V V. The deposition mechanism of GaN[J]. Russ. J. Phys. Chem. ,1964,38: 1 620.

[23] MUNIR Z A, SEARCY A W. Activation energy for the sublimation of gallium nitride[J]. J. Chem. Phys. ,1965,42:4 223.

[24] LOGAN R A, THURMOND C D. Heteroepitaxial thermal gradient solution growth of GaN [J]. J. Electrochem. Soc. ,1972,119: 4 223.

[25] SICHEL E K, PANKOV J I. Thermal conductivity of GaN,25-360 K[J]. J. Phys. Chem. Solids,1977,38:330.

[26] SLACK G A. Nonmetallic crystals with high thermal conductivity [J]. J. Phys. Chem. Solids,1973,34:321.

[27] CHETVERILOVA I F, CHUKICHEV M V, RASTORGUEV L N. Mechanical properties of GaN, Inorg[J]. Mater. ,1986,22:53.

[28] NAKAMURA S, MUKAI T, SENOH M. In situ monitoring and Hall measurements of GaN grown with GaN buffer layers[J]. J. Appl. Phys. ,1992,71:5 543.

[29] ILLEGEMS M, MONTGOMERY H C. Electrical properties of n-type vapor-grown gallium nitride[J]. J. Phys. Chem. Solids, 1972,34:885.

[30] YOSHIDA S, MISAWA S, GONDA S. Improvements on the elec-

trical and luminescent properties of reactive molecular beam epitaxially grown GaN films by using AlN – coated sapphire substrates [J]. Appl. Phys. Lett. , 1983,42:427.

[31] AMONO H, SAWAKI N, AKASAKI I. Metalorganic vapor phase epitaxial growth of a high quality GaN film using an AlN buffer layer[J]. Appl. Phys. Lett. ,1986,48:353.

[32] KOLNIK J, OGUZMAN I H, BRENNAN K F, et al. Electronic transport studies of bulk zincblende and wurtzite phases of GaN based on an ensemble Monte Carlo calculation including a full zone band structure[J]. J. Appl. Phys. ,1995,78:1 033.

[33] LITTLEJOHN M A, HAUSER J R, GLISSON T H. Monte Carlo calculation of the velocity–field relationship for gallium nitride[J]. Appl. Phys. Lett. ,1975,26:625.

[34] GELMONT B, KIM K, SHUR M. Monte Carlo simulation of electron transport in gallium nitride [J]. J. Appl. Phys. ,1993,74: 1 818.

[35] CHIN V W L, TANSLEY T L, OSOTCHAN T. Electron mobilities in gallium, indium,and aluminum nitrides[J]. J. Appl. Phys. , 1994,75:7 365.

[36] SHUR M S, GELMONT B, SAAVEDRA–MUNOZ C, et al. Proc. 5 th Conf[J]. SiC and Related Materials (Bristol and Philadelphia) Conf Ser. ,1995,137:155.

[37] PANKOVE J I, BERKEYHEISER J E, MARUSKA H P, et al. Luminescent properties of GaN[J]. Solid State Commun. ,1970,

8:1 051.

[38] DINGLE R, ILEGEMS M. Donor−acceptor pair recombination in GaN[J]. Solid State Commun. , 1971,9:175.

[39] SASAKI T, MATSUOKA T. Substrate−polarity dependence of metal−organic vapor−phase epitaxy−grown GaN on SiC[J]. J. Appl. Phys. , 1988,64:4 531.

[40] MONE MAR B. Fundamental energy gap of GaN form photoluminescence excitation spectra[J]. Phys. Rev. 1974,B10:676.

[41] HVAM J M. E Ejder. New emission line in highly excited GaN [J]. J Luminescence, 1976,12/13:611.

[42] BORN P J, ROBERTSON D S. The chemical preparation of gallium nitride layers at low temprature[J]. J. Mater. Sci. , 1980,15: 3 003.

[43] CAMPHAUSEN D L, CONNELL G A N. Pressure and Temperature Dependence of the Absorption Edge in GaN[J]. J. Appl. Phys. ,1971,42:4 438.

[44] MANCHON D D, BARKER A S, DEAN P J, et al. Optical studies of the phonons and electrons in gallium nitride[J]. Solid State Comm,1970,8:1 227.

[45] BONEMAR B, LAGERSTEDT O, GISLASON H P. Properties of Zn−doped VPE−grown GaN. I. Luminescence data in relation to doping conditions[J]. J. Appl. Phys. ,1980,51:625.

[46] KOSICKI B B, POWELL R J, BURGIEL J C. Optical Absorption and Vacuum−Ultraviolet Reflectance of GaN Thin Films[J]. Phys.

Rev. Lett. ,1970,24:1 421.

[47] BLOOM S, HARBEKE G, MEIER E, et al. Band structure and reflectivity of GaN[J]. Phys. Status Solids,1974,B66:161.

[48] PANKOVE J I, SCHADE H. Photoemission from GaN[J]. Appl. Phys. Lett. ,1974,25:53.

[49] HOPFIELD J J, THOMAS D G. Theoretical and Experimental Effects of Spatial Dispersion on the Optical Properties of Crystals [J]. Phys. Rev. ,1963,132:563.

[50] BERNARDINI F, FIORENTINI V, VANDERBILT D. Spontaneous polarization and piezoelectric constants of Ⅲ－Ⅴ nitride[J]. Phys. Rev. ,1997,B56:R10024.

[51] MUENSIT S, GUY I L. The piezoelectric coefficient of gallium nitride thin films[J]. Appl. Phys. Lett. ,1998,72:1896.

[52] LUENG C M, CHAN H L W, SURYA C, et al. Piezoelectric coefficient of GaN measured by laser interferometry[J]. J. of on－Crystal. Solids, 1999,254:123.

[53] CAO C B, CHAN H L W, CHOY C L. Piezoelectric coefficient of InN thin films prepared by magnetron sputtering[J]. Thin Solid Films, 2003,441:287～291.

[54] SHUR M S, BYKHOVSKI A D, GASKA R, et al. GaN－based Pyroelectronics and Piezoelectronics[J]. In: M Francombe, C E C Wood, ed. Semiconductor Homo－ and Hetero－Device Structrues, Academic Press.

[55] KIM S T, LEE Y J, MOON D C, HONG C H, et al. Preparation

and properties of free–standing HVPE grown GaN substrates[J]. Journal of Crystal Growth, 1998,194:37.

[56] CAO C B, ATTOLINI G, FORNARI R, et al. International symposium on Chemical Vapor Deposition: CVD XIV and EUROCVD 11 symposium[J]. In:Meeting abstracts of the 1997 joint in ternational meeting. Paris,1997.2 781.

[57] CAO C B, ATTOLINI G, FORNARI R, et al. Growth mechanism of GaN on different substrates:an AFM analysis of islanding process 21st annual meeting advances in surface and interface physics[D]. Modena,1996.23.

[58] CHUANBAO C, ATTOLINI G, FORNARI R, et al. AFM observation of GaN grown by HVPE on different substrates at low temperature[J]. Journal of Beijing Institute of Technology,1999,8(2): 130.

[59] YOSHIDA S, MISAWA S, GONDA S. Epitaxial growth of GaN/AlN heterostructures[J]. J. Vac. Sci. Technol. ,1983,B1:250.

[60] WINSZTAL S, WAUK B, MAJEWSKA–MINOR H, et al. Aluminium nitride thin films and their properties [J]. Thin Solid Films, 1976,32:251.

[61] HASHIMOTO M, AMANO H, SAWAKI N, et al. Effects of hydrogen in an ambient on the crystal growth of GaN using Ga (CH$_3$)$_3$ and HN$_3$[J]. J Cryst. Growth,1984,68:163.

[62] NAKAMURA S, HARADA Y, SENO M. Novel metalorganic chemical vapor deposition system for GaN growth [J]. Appl.

Phys. Lett. , 1991,58:2 021.

[63] POROWSKI S, GRZEGORY I. Thermodynamical properties of Ⅲ-V nitrides and crystal growth of GaN at high N_2 pressure[J]. J Crystal Growth,1997,178:174.

[64] CAO C B, ZHU H S. Microcrystalline GaN prepared at low temperature. In: The Second Asian Conference on Chemical Vapor Deposition[J]. Gyeongju,2001. 287.

[65] MADAR R, MICHEL D, JACOB G, et al. Growth anisotropy in the GaN/Al_2O_3 system[J]. Growth,1977,40:239.

[66] FUJIEDA S, MATSUMOTO Y. Structure Control of GaN Films Grown on(001) GaAs Substrates by GaAs Surface Pretreatments [J]. Jpn. J. Appl. Phys. ,1991,30:L1665.

[67] STRITE S, RUAN J, LI Z, et al. An investigation of the properties of cubic GaN grown on GaAs by plasma-assisted molecular-beam epitaxy[J]. J. Vac. Sci. Technol. ,1991,B9:1924.

[68] NEUGEBAUER J, VAN DE WALLE C G. Gallium vacancies and the yellow luminescence in GaN[J]. Appl. Phys. Lett. ,1996,69: 503.

[69] NEUGEBAUER J, VAN DE WALLE C G. Atomic geometry and electronic structure of native defects in GaN [J]. Phys. Rev. , 1994,B50:8 067.

[70] PERLIN P, SUSUKI T, TEISSEYRE H, et al. Towards the Identification of the Dominant Donor in GaN[J]. Phys. Rev. Lett. , 1995,75:296.

[71] WETZEL C, WALUKIEWICZ W, HALLER E E, et al. Carrier localization of as-grown n-type gallium nitride under large hydrostatic pressure[J]. Phys. Rev. ,1996,B53:1 322.

[72] WETZEL C, SUCHI T, AGER III J W, et al. Pressure Induced Deep Gap State of Oxygen in GaN[J]. Phys. Rev. Lett. ,1997, 78:3 923.

[73] JENKINS D W, DOW J D. Electronic structures and doping of InN, $In_x Ga_{1-x} N$, and $In_x Al_{1-x} N$ [J]. Phys. Rev. , 1989, B39: 3 317.

[74] JENKINS D W, DOW J D. M H Tsai. N vacancies in $Al_x Ga_{1-x} N$ [J]. J. Appl. Phys. ,1992,72:4 130.

[75] BOGUSLAWSKI P, BRIGGS E L, BERNHOLC J. Native defects in gallium nitride[J]. Phys. Rev. , 1995,B51:17 255.

[76] TANSLEY T L, EGAN R J. Defects,optical absorption and electron mobility in indium and gallium nitrides[J]. Phys. , 1993, B185:190.

[77] PONCE F A, MAJOR J S, PLANO W E, et al. Crystalline structure of AlGaN epitaxy on sapphire using AlN buffer layers[J]. Appl. Phys. Lett. ,1994,65:2 302.

[78] DAVIS R F, SITAR Z, WILLIAMS B E, et al. Critical evaluation of the status of the areas for future research regarding the wide band gap semiconductors diamond, gallium nitride and silicon carbide [J]. Mater. Sci. Eng. ,1988,B1:77.

[79] SEIFERT W, TEMPEL A. Cubic phase gallium nitride by chemical

vapor deposition[J]. Phys. Status Solid. ,1974,A23:K39.

[80] POWELL R C, TOMASCH G A, KIM Y W, et al. GaN deposi-
tion, structure and properties, University of Illinois at Urbana –
Champain[J]. Mater. Res. Soc. Symp. Proc. ,1990,162:525.

[81] LEI T, FANCIULLI M, MOLNAR R J, et al. Epitaxial growth of
zinc blende and wurtzitic gallium nitride thin films on (001) sili-
con[J]. Appl. Phys. Lett. ,1991,59:944.

[82] NAKAMURA S, MUKAI T, SENOH M. Si- and Ge–Doped GaN
Films Grown with GaN Buffer Layers[J]. Jpn. J. Appl. Phys. ,
1992,31:195.

[83] YI C C, WESSELS B W. Compensation of n–type GaN[J]. Ap-
pl. Phys. Lett. ,1996,69:3 026.

[84] NAKAMURA S, MUKAI T, SENOH M. High–Power GaN P–N
Junction Blue–Light–Emitting Diodes[J]. Jpn. J. Appl. Phys. ,
1991,30:L1998.

[85] VAN VECHTEN J A, ZOOK J D, HORNING R D, et al. Defea-
ting Compensation in Wide Gap Semiconductors by Growing in H
that is Removed by Low Temperature De–Ionizing Radiation[J].
Jpn. J. Appl. Phys. Lett. ,1992,31:3 662.

[86] NEUGEBAUER J, VAN DE WALLE C G. Hydrogen in GaN:No-
vel Aspects of a Common Impurity[J]. Phys. Rev. Lett. ,1995,
75:4 452.

[87] OKAMOTO Y, SAITO M, OSHIYAMA A. First–Principles Calcu-
lations on Mg Impurity and Mg–H Complex in GaN[J]. Jpn. J.

Appl. Phys. ,1996,35:L807.

[88] KIM W, SALVADOR A, BOTCHKAREV A E, et al. Mg-doped p-type GaN grown by reactive molecular beam epitaxy[J]. Appl. Phys. Lett. ,1996,69:559.

[89] GOTZ W, JOHNSON N M, WALKER J, et al. Activation of acceptors in Mg-doped GaN grown by metalorganic chemical vapor deposition[J]. Appl. Phys. Lett. ,1996,68:667.

[90] FORESI J S, MOUSTAKAS T D. Metal contacts to gallium nitride [J]. Appl. Phys. Lett. ,1993,62:2 859.

[91] LIN M E, MA Z, HUANG F Y, et al. Low resistance ohmic contacts on wide band-gap GaN[J]. Appl. Phys. Lett. ,1994,64: 1 003.

[92] PEARTON S J, ABERNATHY C R, REN F, et al. Fabrication of GaN nanostructures by a sidewall-etch back process[J]. Semicond. Sci. Technol. ,1994,9:338.

[93] PEARTON S J, ABERNATHY C R, REN F. Dry patterning of InGaN and InAlN[J]. Appl. Phys. Lett. ,1994,64:3 643.

[94] KANEKO Y, YAMADA N, TAKEUCHI T, et al. A new etching technique for GaN[J]. In: Topical Workshop on III-V Nitrides Proc. Nagoya,1995.

[95] PANKOVE J I, MILLER E A, BERKEYHEISER J E. GaN electroluminescnet diodes[J]. RCA Rev. ,1971,32:383. .

[96] DINGLE D, SHAKLEE K L, LEHENY R F, et al. Stimulated Emission and Laser Action in Gallium Nitride[J]. Appl. Phys.

Lett. ,1971,19:5.

[97] HONDA T, KATSUBE A, SAKAGUCHI T, et al. Threshold Estimation of GaN-Based Surface Emitting Lasers Operating in Ultraviolet Spectral Region[J]. Jpn. J Appl. Phys. ,1995,34:3 527.

[98] KHAN M A, SKOGMAN R A, VAN HOVE J M, et al. Photoluminescence characteristics of AlGaN-GaN-AlGaN quantum wells [J]. Appl. Phys. Lett. ,1991,56:1 257.

[99] NAKAMURA S, SEROH M, NAGAHAMA N, et al. InGaN/GaN/AlGaN-Based Laser Diodes with Modulation-Doped Strained-Layer Superlattices[J]. Jpn. J. Appl. Phys. ,1997,38:L1568.

[100] KHAN M A, KUZNIA J N, OLSON D T, et al. High-responsivity photoconductive ultraviolet sensors based on insulating single-crystal GaN epilayers[J]. Appl. Phys. Lett. ,1992,60:2 917.

[101] HAN W, FAN S, LI Q, et al. Synthesis of gallium nitride nanorods through a carbon nanotube-confined reaction[J]. Science, 1997,277:1 287.

[102] DUAN X, LIEBER C M. Laser-assisted catalytic growth of single crystal GaN nanowires[J]. J. Am. Chem. Soc. ,2000,122:188.

[103] HAN W, REDLICH P, ERNST F, et al. Synthesis of GaN-carbon composite nanotubes and GaN nanorods by arc discharge in nitrogen atmosphere[J]. Appl. Phys. Lett. ,2000,76:652.

[104] LI J Y, CHEN X L, QIAO Z Y, et al. Formation of GaN nanorods by a sublimation method[J]. J. Crystal Growth,2000,213: 408.

[105]　CHEN X, LI J, CAO Y, et al. Straight and smooth GaN nanowires[J]. Adv. Mater. ,2000,12:1 432.

[106]　KIM H M, KIM D S, PARK Y S, et al. Growth of GaN nanorods by a hydride vapor phase epitaxy method[J]. Adv. Mater. ,2002, 14:991.

[107]　TANG C C, FAN S S, DANG H Y, et al. Simple and high-yield method for synthesizing single-crystal GaN nanowires[J]. Appl. Phys. Lett. ,2000,77:1 961.

[108]　XU XIANG, CHUANBAO CAO, HESUN ZHU. Catalytic synthesis of single-crystalline gallium nitride nanobelts[J]. Solid State Communication,2003,126:315.

第7章 新型激光晶体材料

7.1 引　言

　　激光晶体材料在激光发展史中曾起过重要作用,在 21 世纪的今天仍然是激光技术发展的关键性材料。每一次新材料的诞生,都给激光技术带来根本性变革,极大地推动了激光技术的发展和应用。

　　1960 年,梅曼采用氙灯泵浦红宝石单晶,使人类第一次获得高光子简并度的相干光——激光。由于人们当时并没有领悟其真正的科学内涵,《物理评论快报》主编将其误认为是微波激射器,而微波激射器发展到这样的地步,已没有必要用快报的形式发表了,从而拒绝了这一具有里程碑意义的文章,这是该杂志永远不可抹去的遗憾。梅曼不得不以新闻发布会的方式宣布了激光的诞生[1]。

　　如今产生激光的物质已从固态扩展到气态和液态。气态激光器有氦氖激光器、氩离子激光器、氪离子激光器、铜蒸气激光器等。液态激光器有如洛丹明等各种染料液体激光器。产生激光的方式也从光激励扩展到电激励、化学激励等,如各种半导体激光器、化学激光器、准自由电子激光器等。随着激光的发展,激光晶体材料仍以其全固态、小型化、高可靠性等独特的优势,占据着激光发展的主流。

　　由于激光具有高强度,高亮度,极好的单色性、方向性和相干性,它一出现,就立刻获得非常广泛的应用。现在激光的应用领域已深入到工农业生产、生命科学、国防科技以至日常生活的各个方面。本章主要介绍激光晶体的一些相关应用。

在信息显示领域,激光大屏幕彩色显示屏已经研制成功,它能产生高亮度、高对比度、真彩色图像。由于激光的相干性,光束可以聚焦得很细,因而图像的分辨率高;由于激光的单色亮度高,因而图像的色彩更加真实,更加明亮。激光二极管(LD)泵浦微片激光器,包括增益和倍频 2 个晶体,反射膜直接镀在晶体表面,基波 1 313,1 064,914 nm 经倍频后,可产生红光(656 nm, 1.5 W)、绿光(532 nm, 4.5 W)和蓝光(457 nm, 0.78 W),可用于视频墙、电子影院等。

激光束扫描显示技术已经用于大型娱乐中心和庆典活动。激光二极管泵浦全固态激光器由于工作系统稳定而备受青睐。激光加工技术发展也很快,除 CO_2 激光器和半导体激光器外,LD 泵浦的激光器有很大优势。LD 的效率高、体积小,但是光束质量较差。CO_2 激光器主要用于大功率加工系统,在激光打标机等领域,中小功率的 LD 泵浦激光器有较大的发展潜力。激光微加工也愈来愈多地用作光纤光栅、波分复用器、中继回路和蜂窝电话中微孔道打孔技术。LD 泵浦 Nd^{3+} : YVO_4(1 343 nm)还用于存储器的修补、石英振荡器的修整和激光硬盘纹理化处理。

在医学方面,激光医疗已经成为激光技术的重要应用领域。在眼科、牙科、皮肤科、整形外科和心脏外科等都已经进入实用化阶段。激光治疗有许多独特优点,如用激光治疗青光眼,手术创伤面小,且不易感染。

激光在准直、遥感、测距方面也有重要应用。由于激光的方向性强,并具有相干性,因此不仅测量方便,而且测量精度有了很大提高。

激光在军事上的作用日益增强,尤其在激光导弹防御系统,LD 泵浦固体激光反导系统备受青睐,美国罗伦斯利佛莫尔国家实验室正在发展 100 kW 量级、波长为 1.05 μm 的 LD 泵浦激光器,用于预防和破坏对方的导弹。激光在地震预报、卫星定向以及油气井智能化管理、渔业资源激光雷达探测等方面都显示出愈来愈重要的作用。

7.2　激光材料基础

激光材料是激活离子和基质材料的总称。激活离子在受到外界能量激发后,离子由低能级跃迁到高能级,又称激发态能级。当从激发态能级返回低能级时释放能量,产生发光现象。外界能量可以是光、电、热或高能辐射。固体激光材料是利用光致发光的原理造成光放大。晶体中激活离子由于所处的环境不同,使得离子的跃迁性质不同,因而造成发光波长和强度的变化。基质材料就是为激活离子提供一个适宜的晶体场。激活离子的光谱特征反应了激活离子在不同能级间跃迁的状态。为此首先介绍一下光谱的表示方法。

7.2.1　光谱表示[2]

根据量子力学原理,单电子态的波函数可用 4 个量子数表示:主量子数 n,决定电子的能量以及电子绕核运动的轨道的大小;角量子数 l,决定轨道的形状和角动量大小,l 可以取 $l = 0,1,2,3,4,5,\cdots$,$(n-1)$,分别用 s,p,d,f,g,h,i,$\cdots$ 表示;磁量子数 m,决定轨道平面的取向,即角动量在 z 方向的投影,其取值也是整数,$m = l,l-1,l-2,\cdots$,$-(l-1)$,$-l$,共 $(2l+1)$ 个值;自旋量子数 $s = \pm 1/2$。考虑到相对论效应和电子自旋轨道的相互作用,引入内量子数 j,它由电子轨道矩和电子自旋矩合成,又称为单电子总矩,$j=l+s$。

原子轨道量子数用大写字母表示,称为原子态表示;而将单电子波函数的表示称为电子态表示。原子态表示中,原子轨道总轨道矩、总自旋矩、总角动量分别用 L、S、J 表示,L 取值为 $L = 0,1,2,3,4,5,6,\cdots$,相应表示为 S,P,D,F,G,H,I,$\cdots$,对于 $\{L\,S\}$ 耦合,J 取值可以是 $L + S$,$L + S - 1$,$\cdots$,$|L - S|$。能级表示电子所处不同状态的能量,通常也就是离子的能量,可以用以下符号表示

$$^{2S+1}L_J$$

在光谱学上将这种符号称为光谱项符号。符号左上角 $2S + 1$ 的数值称为光谱项的多重性,说明该状态的自旋角动量的磁场方向分量的可能数目,和电子自旋引起的能级分裂以及与谱线分裂数目有关。光谱项常常不区分 J 的数值,而将 J 的不同数值的状态称为光谱支项。例如,$Cr^{3+}(d^3)$ 的 $L = 3$,$S = 3/2$,$2S + 1 = 4$,它的基态能级为 ^4F。对稀土离子

当 $0 \leqslant n < 7$ 时,$L = -\dfrac{1}{2}n(n - 7)$,称为轻镧系;

当 $8 \leqslant n < 14$ 时,$L = -\dfrac{1}{2}(n - 7)(n - 14)$,称为重镧系。

例如,$Nd^{3+}(f^3)$ 的 $L = -\dfrac{1}{2} \cdot 3 \cdot (3 - 7) = 6$,基态为 I,$S = \dfrac{3}{2}$,$2S + 1 = 4$,光谱支项有 $^4I_{9/2}$、$^4I_{11/2}$、$^4I_{13/2}$ 和 $^4I_{15/2}$。

7.2.2 跃迁规则

电子在能级之间的跃迁遵循以下规则:

(1) $\Delta L = \pm 1$; (2) $\Delta S = 0$; (3) $\Delta J = 0$。

各分支谱线相对强度的定性规律：

① 在双重谱线中最强的谱线是 J、L 以相同方式变化的那种跃迁；

② 当在同一双重线中多于一个上述跃迁的支线时，以含最大 J 值的跃迁的那根支线最强。

【例1】 判断 $^2S_{1/2} \rightarrow {}^2P_{3/2,1/2}$ 和 $^2P_{3/2,1/2} \rightarrow {}^2S_{1/2}$ 各分支谱线的强弱。

解 $^2S_{1/2}$ 中 $L = 0, S = 1/3, J = 1/2$

$^2P_{3/2}$ 中 $L = 1, S = 1/2, J = 3/2$

$^2P_{1/2}$ 中 $L = 1, S = 1/2, J = 1/2$

图 7.1 中，谱线 $^2S_{1/2} \rightarrow {}^2P_{3/2}$，$\Delta L = 1 - 0 = 1$，$\Delta J = \dfrac{3}{2} - \dfrac{1}{2} = 1$，属相同方式，谱线 $^2S_{1/2} \rightarrow {}^2P_{1/2}$，$\Delta L = 1 - 0 = 1$，$\Delta J = \dfrac{1}{2} - \dfrac{1}{2} = 0$，根据规则，前一条谱线的强度大。图 7.1 中，谱线 $^2P_{3/2} \rightarrow {}^2S_{1/2}$，$\Delta L = 0 - 1 = -1$，$\Delta J = \dfrac{1}{2} - \dfrac{3}{2} = -1$，属相同方式，谱线 $^2P_{1/2} \rightarrow {}^2S_{1/2}$，$\Delta L = 0 - 1 = -1$，$\Delta J = \dfrac{1}{2} - \dfrac{1}{2} = 0$，根据规则，前一条谱线的强度大。

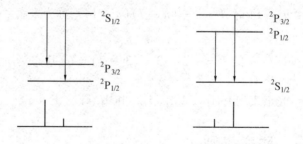

图 7.1 双支谱线的跃迁

【例 2】　判断 $^2D_{5/2,3/2} \rightarrow \, ^2P_{3/2,1/2}$ 跃迁的各分支谱线的强弱。

解　　见图 7.2。

$^2D_{5/2}: L = 2, S = 1/2, J = 5/2; \, ^2D_{3/2}: L = 2, \ S = 1/2, J = 3/2$

$^2P_{3/2}: L = 1, S = 1/2, J = 3/2; \, ^2P_{1/2}: L = 1, \ S = 1/2, J = 1/2$

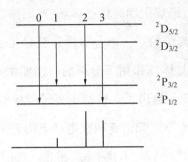

图 7.2　双重谱线之间的跃迁

谱线 0：$\Delta L = 1 - 2 = -1,\ \Delta S = 1/2 - 1/2 = 0,$

$\qquad \Delta J = 1/2 - 5/2 = -2$

（不符合跃迁规则）

谱线 1：$\Delta L = 1 - 2 = -1,\ \Delta S = 1/2 - 1/2 = 0,$

$\qquad \Delta J = 3/2 - 3/2 = 0$

谱线 2：$\Delta L = 1 - 2 = -1,\ \Delta S = 1/2 - 1/2 = 0,$

$\qquad \Delta J = 3/2 - 5/2 = -1$

（相同方式，且 ΔJ 有最大值）

谱线 3：$\Delta L = 1 - 2 = -1, \Delta S = 1/2 - 1/2 = 0,$

$\qquad \Delta J = 1/2 - 3/2 = -1$

（相同方式）

所以，谱线强度 I 有以下规律：$I_2 > I_3 > I_1, I_0 = 0$。

7.2.3　斯托克斯能级

根据鲍林规则,阳离子周围的负离子构成配位多面体,它对中心正离子形成一个电场,称为晶体场。配位多面体可以是四面体、八面体、立方体等,相应地就形成了四面体晶体场、八面体晶体场、立方体晶体场等。晶体场使正离子的某一单一谱线分裂为几条。在稀土离子中,这些由同一能级在晶体场作用下分裂的一组能级称为斯托克斯能级(Starks level)。图7.3给出了3价稀土离子能级的示意图,图中只表示出光谱项和光谱支项。光谱支项在电场下的进一步分裂,才是斯托克斯分裂。例如,Nd^{3+}:YAG 1.064 μm激光跃迁的下能级为$^4I_{11/2}$的第3个斯托克斯能级,见图7.4。斯托克斯能级在八面体晶体场中分裂数由$2J+1$决定。由于晶体结构不同,正离子周围的负离子可形成四面体场、八面体场、立方体场或畸变的晶体场,晶体场的对称性不同和晶体场的场强不同,造成同一离子在不同结构中能级分裂大小的差异,也给我们创造了产生不同发射波长的机会。

7.2.4　固体激光器[3]

固体激光器由三部分组成:晶体、光源和谐振腔。下面以红宝石激光器(图7.5)为例说明三部分的基本结构和作用。

(1)晶体　又称为激光工作物质,是激光器的核心。在红宝石激光器中,核心元件就是红宝石单晶,它是掺3价铬离子的刚玉型单晶材料,通常记为Cr^{3+}:Al_2O_3。Cr^{3+}为激活离子,Al_2O_3为基质晶体。

(2)光源　给激光器提供泵浦能量。Cr^{3+}一般处于基态$^4A_2$,要产生激光,必须将基态离子激发到激发态$^4T_1$,在^2E亚稳态形成激光上能

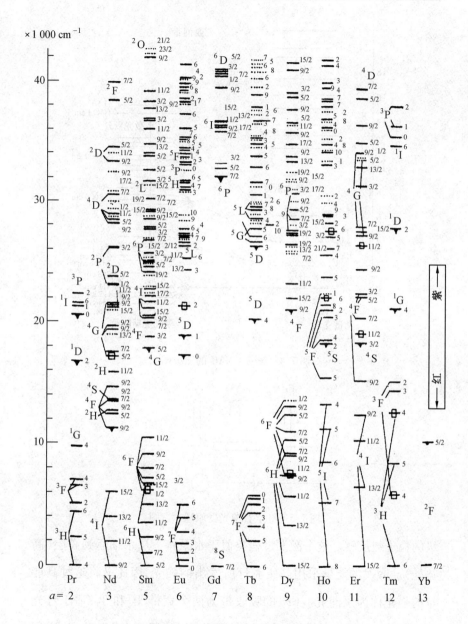

图 7.3　3 价稀土离子能级示意图

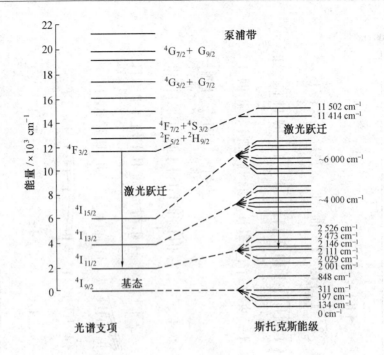

图 7.4　Nd^{3+}：YAG 的能级图

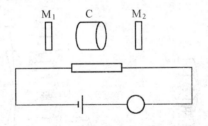

图 7.5　红宝石激光器原理示意图

级的粒子数反转。这个激发过程类似于水泵将下层水抽运到高层(高势能)。激发的能量采用高压氙灯所发出的强光,因此又将这种高能量的强光称为泵浦光。Cr^{3+}的吸收带为两个宽带^{4}T$_2$和^{4}T$_1$,适于灯光泵浦,激发态能级的离子经无辐射跃迁到 2E 能级,返回基态,产生 694.3 nm 激光。

（3）谐振腔　谐振腔由一组反射镜 M_1 和 M_2 组成，又称偶合镜。M_1 为全反镜，M_2 为半反镜，即输出镜。M_1 对波长为 694.3 nm 的光全反射，而 M_2 对波长为 694.3 nm 的光部分反射，反射率 R 约 90% 以上。由泵浦光激发产生的 694.3 nm 波长的光在谐振腔中产生振荡，当达到某一阈值时，由输出镜发射 694.3 nm 激光。谐振腔的损耗越大，产生的激光能量越低。激光器的泵浦阈值由晶体和谐振腔损耗共同决定。一般来讲，晶体泵浦阈值是指谐振腔处于最佳状态时产生激光振荡所需的最低泵浦能量或功率。

由于激活离子的能级系统不同，分为三种情况：三能级系统、四能级系统和准三能级系统。红宝石激光器中，Cr^{3+} 的 $^4A_2$，$^4T_1$ 和 ^2E 分别构成基态能级、激发态能级和激光能级，属三能级系统。在 Nd^{3+}：YAG 中，离子由基态 $^4I_{9/2}$ 跃迁到激发态能级后，返回亚稳态能级 $^4F_{3/2}$（激光能级），激光跃迁的下能级为 $^4I_{11/2}$，然后无辐射跃迁返回基态 $^4I_{9/2}$，激光器的这种运转方式称为四能级系统。激光跃迁的终态能级距基态越高，泵浦阈值越低。如果激光离子跃迁的终态不是电子能级，而是由于晶格影响产生的声子能级，形成一种准三能级系统，这种材料称为电子振动激光晶体，又称终端声子激光晶体，它产生宽带荧光，产生的激光波长连续可调，也称为可调谐激光晶体。

7.2.5　激光晶体的主要性能指标

决定激光晶体性能的关键因素有以下三个：

（1）吸收截面　表征吸收泵浦光能力的大小。显然，晶体吸收的能量越多，产生的激光能量越高。吸收截面用下式表示

$$\sigma_{abs} = \frac{\ln I_0/8I}{C_n \cdot l}$$

式中,I_0 为入射光强;I 为出射光强;l 为通光路程;C_n 为单位体积激活离子数,可按下式求出

$$C_n = \frac{M \cdot c \cdot N_A}{\rho}$$

式中,M 为相对分子质量;c 为激活离子质量分数;N_A 为阿伏加德罗常数;ρ 为晶体密度。

（2）发射截面　用 σ_{em} 表示

$$\sigma_{em} = \frac{\lambda^2}{4\pi \cdot n^2 \tau} \left(\frac{\ln 2}{\pi} \right)^{1/2} \cdot \frac{1}{\Delta \nu}$$

式中,λ 为发射中心波长;n 为晶体折射率;τ 为荧光寿命;$\Delta \nu$ 为荧光峰半高宽。

（3）荧光寿命 τ　荧光寿命长有利于激光产生,并可以采用调 Q、锁模等方式提高功率密度,实现超短脉冲输出。

对高功率激光晶体还需要有良好的物理和机械性能,如热导率要高,可以利用晶体散热,降低热透镜效应。晶体要有足够的机械强度和较高的硬度,这样在使用过程中才不易磨损,而且要易于光学加工、不潮解、易于在大气环境中使用。

7.3　激光晶体材料

激光晶体材料是激活离子和基质材料的统称,激活离子受激吸收能量后产生受激发射,即激光。基质提供激活离子的晶格场,决定着这种发射的波长和效率。

除红宝石外,1962 年以来研制的掺钕钇铝石榴石（Nd^{3+}：YAG）以其低的泵浦阈值、高的光泵浦效率、高的光束质量和高的功率输出而占

据了激光材料90%的市场。但是,Nd^{3+}:YAG仅能有效产生单一波长激光,限制了它的应用范围。20世纪80年代末,人们经过艰苦努力,实现了掺钛宝石(Ti^{3+}:Al_2O_3)的激光输出,在650~1 100 nm的广泛波长范围内,实现了波长连续可调激光振荡,可替代5~6种染料激光材料。Ti^{3+}:Al_2O_3的研制成功,极大地激发了人们研究新型激光材料的热情,并相继研制出LiCAF,LiSAF,$ZnWO_4$等掺3价铬离子的激光材料。在拓宽激光波长方面,开展了掺4价铬离子的各种晶体的研究,使调谐激光范围推向红光波段,并最终涵盖了光纤通信中1.3 μm和1.55 μm两个低损耗窗口。随着激光二极管的日益成熟和走向市场,LD泵浦的新型激光晶体大量涌现。在中小功率应用领域,以Nd^{3+}:YVO_4为代表的新型激光材料成为LD泵浦的首选晶体。

固体激光的泵浦方式一直以氙灯作为泵浦源,中国学者最先提出了椭圆腔,并一直沿用至今。椭圆腔是将柱状氙灯放置在椭圆焦点处,激光棒放置在另一焦点处,提高了光泵浦的效率。为适应不同的波长,光源本身也有氪灯、高压脉冲氙灯等多种光源的选择。

半导体激光二极管是一种新的激光光源。尽管半导体激光有很多优点,但是有一些无法克服的缺点,人们开始试图用LD泵浦激光晶体,既保留了半导体激光的高效特点,又可获得高光束质量的激光。

LD泵浦对激光晶体提出了新的要求:① 较宽的吸收峰。因为半导体激光输出波长不稳定,随温度变化有0.3 nm/℃的漂移,而Nd:YAG晶体在808 nm处的吸收线宽只有2 nm,即只要有7 ℃左右的温度变化就会导致半导体激光发射波长与YAG吸收的波长失配。虽然可以采用控温元件,这无疑又增加了系统的复杂性。因此,寻找发射截面大,吸收线宽的新晶体就显得日益迫切。其实这样的晶体材料早已存在,即 YVO_4 单晶,只不过由于对灯光泵浦优势不明显而未受重视。一方面 YVO_4 单晶生长困难,至今还无法获得 100 mm 以上的单晶;另一方面其热导率低。但对于 LD 泵浦而言,因其体积小、转换率高,热导率低这一弱点就不足成为影响其使用的主要障碍了。目前,半导体激光获得廉价大功率的二极管波长有 3 个波段:670 ~ 690 nm (AlGaIn), 797 ~ 810 nm (GaAlAs)和 940 ~ 990 nm(InGaAs)。因此在这 3 个波段上要求有相应的吸收材料。这样,对于那些在追求大功率时代没有受到重视的材料要进行重新评价。② 较大的发射截面(σ_e)。在相同的输入下能得到较大的输出,效率高。③ 较长的荧光寿命(τ)。荧光寿命长的晶体在上能级能够积累起更多的粒子,通过调 Q、锁模等技术,可得到高峰值功率和高脉冲能量的输出。因此,出现了 Yb:YAG, Cr:LiSAF, Cr:LiCAF 等一批新的激光晶体、自倍频激光晶体和上转换激光晶体。

7.4 镱(Yb^{3+})掺杂的激光晶体

半导体激光泵浦固体激光器具有电注入、光谱匹配好、效率高、体积小、寿命长等优点,已成为当今激光器发展的热点。掺 Nd^{3+} 的激光晶体,如 Nd^{3+}:YVO_4、Nd^{3+}:$GdVO_4$、Nd^{3+}:$KGd(WO_4)_2$ 等新型激光晶体,因适合 808 nm 波长激光二极管泵浦,所以发展很快。随着 InGaAs激光二极管的研究进展,发射波长为 $0.9 \sim 1.1~\mu m$ 的大功率 LD 已可作为稳定的泵浦源,而适应这一波段的掺杂 Yb^{3+} 的激光晶体日益受到人们的重视。

7.4.1 Yb^{3+}的光谱结构和特点

Yb^{3+}的 4f 电子有 13 个,光谱跃迁只能在基态能级 $^2F_{7/2}$ 和惟一激发态能级$^2F_{5/2}$之间进行,不存在激发态吸收和上转换,因而有较高的效率。Nd^{3+}泵浦带在 808 nm,发射在 1.06 μm。而 Yb^{3+} 泵浦带在 940 nm,发射波长在 1.05 μm,其量子效率可高达 86%,这样可减轻材料的热负荷。与 Nd^{3+} 激光相比,由于它的荧光寿命为 Nd^{3+} 离子的 3~4 倍,这样就增加了储能,减少了吸收和发射间的能量差,小的斯托克斯漂移减少了热耗,提高了激光效率。Nd^{3+} 的 $^2I_{15/2} \rightarrow {}^3F_4$ 跃迁谱线的带宽一般很窄,而半导体的发射有 0.3 nm/℃ 的漂移。要使半导体的发射带与 Nd^{3+} 的吸收处于最佳状态,即最大重叠状态,从而获得较高的泵浦效率,就需要有精密的控温系统。这不仅增加了成本,也增加了系统的复杂性,降低了系统的稳定性。Yb^{3+} 的吸收谱线要宽得多,这也给 LD 泵浦带来很大方便,降低了对控温系统的要求。Nd^{3+} 在 YAG 中掺杂的摩尔分数很低,分凝系数只有 0.2%,也是造成效率低的重要原因之一。Yb^{3+} 可以掺杂到摩尔分数为 30% 而不至于出现浓度猝灭。由于镧系收缩,Yb^{3+} 对 4f 壳层的 13 个电子吸引力加强,离子半径减少,增加了 Yb^{3+} 进入晶格的机会。随着高功率 InGaAs 激光二极管的实用化,发展掺 Yb^{3+} 的晶体将视为发展高功率激光的一个主要途径。

7.4.2 掺镱钇铝石榴石

石榴石类硅酸盐的通式为 $A_3B_2(SiO_4)_3$,其中 A 为 2 价正离子,B 为 3 价正离子[4]。如果 Y^{3+} 完全取代 A^{2+},Al^{3+} 完全取代 B^{3+} 和 Si^{4+},则为 $Y_3Al_5O_{12}$,称为钇铝石榴石[5]。掺镱钇铝石榴石 $Yb^{3+}:Y_3Al_5O_{12}$,简记为 $Yb^{3+}:YAG$。它和 $Nd^{3+}:YAG$ 属于同一基质,激活离子是 Yb^{3+},而不是 Nd^{3+}。它取代的是 YAG 中部分 Y^{3+} 离子。如表 7.1 所示,由于 Yb^{3+} 的离子半径比 Y^{3+} 小,所以 Yb^{3+} 要比 Nd^{3+} 容易掺杂,掺杂的摩尔分

数可达 30%。YAG 属立方晶系,空间群 $O_h^{10}\text{-}Ia3d(230)$,点群 $m3m$,晶胞参数 $a=1.23$ nm,每单位晶胞中有 8 个 $Y_3Al_5O_{12}$ 化学式原子,即 $Z=8$,也就是说在一个晶胞中共有 160 个正负离子,这是一个非常复杂的结构。图 7.6(a) 是 2/8 个单胞的亚单胞结构图,整个单胞由这样的 4 个亚单胞组成,差别只是每个亚单胞中的配位多面体的方位有所不同。Al^{3+} 有两种配位多面体,即 4 配位的四面体和 6 配位的八面体。Y^{3+} 处于 8 配位的十二面体之中。空间群符号 I 表示体心格子,a 表示垂直于 c 方向有一个 a 向滑移面,沿 $a+b+c$ 方向有个 3 次轴,垂直于 $a+b$ 方向有一个 d 滑移面。从结构图中可以看到 1/8 高度的 Y^{3+} 经滑移反映后,再沿立体对角线方向滑移 $1/4(a+b+c)$,正好与 3/8 高度上的 Y^{3+} 重合。

表 7.1　YAG 中离子结晶学参数

离子	Y^{3+}	Al^{3+}	Al^{3+}	O^{2-}	Yb^{3+}	Nd^{3+}
配位数 CN	8	4	6	6	8	8
离子半径 R/pm	115.9	53	67.5	126	112.5	124.9

注:Al^{3+} 有两种配位。

在 YAG 晶体中,Yb^{3+} 的激发态能级 $^2F_{5/2}$ 和基态能级 $^2F_{7/2}$ 产生 Starks 分裂,分别分裂为 3 个能级和 4 个能级,形成如图 7.6(b) 所示的能级结构。强的晶体场作用导致 Yb^{3+} 能级产生大的 Starks 分裂,其中较高的基态子能级为激光下能级。在掺 Yb^{3+} 中,Yb:YAG 晶体的激光下能级能量较大,有利于常温下缓解玻尔兹曼热效应所造成的激光下能级粒子数增大的问题。

在生长出的 Cr,Yb:YAG 晶体中,Yb 在 YAG 晶体的分凝系数几乎接近于 1。Yb^{3+} 有两个吸收带,分别为 937 nm 和 968 nm,能与 InGaAs 激光二极管有效耦合,适合激光二极管泵浦,而且在 1.03 μm

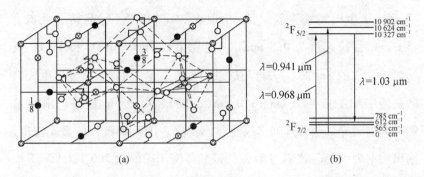

图 7.6　钇铝石榴石的晶体结构和 Yb^{3+}：YAG 的能级示意图

处有一 Cr^{4+} 的吸收峰,可用作可饱和吸收体,从而可实现对 Yb^{3+} 的自调

Q 激光输出。钛宝石泵浦 Yb：YAG 微片激光器已实现室温运转。当

掺 Yb 的摩尔分数为 20%、在微片(6 mm×6 mm×0.5 mm)吸收泵浦功

率为 784 mW、输出耦合镜 $R = 95.74\%$ 的情况下,获得了 356 mW,

1.053 μm 的 CW 激光束,斜率效率达到 69%,总的光-光转化效率达 45%。

7.4.3　掺镱氟磷灰石(Yb^{3+}：FAP)

掺镱氟磷灰石 Yb^{3+}：$Ca_5(PO_4)_3F$ 简记为 FAP,是一种输出波长为

1 043 nm 的新型激光晶体,效率达 78%。吸收带为 900~950 nm,可用

InGaAs 二极管激光器作泵浦源。Yb^{3+} 的发射寿命一般是同基质 Nd^{3+}

的 4 倍,用 1/4 功率的二极管阵列就可以存储同样的泵浦能量。表 7.2

是 Yb-FAP 晶体的主要性能。这类晶体还包括:Yb^{3+}：$Sr_5(PO_4)_3F$(S-

FAP),Yb^{3+}：$Sr_5(VO_4)_3F$(S-VAP)、Yb^{3+}：$BaCaBO_3F$ 等。S-VAP 的泵

浦波长为 905 nm,激光发射波长为 1 044 nm,实验得到的斜率效率达

61.4%,位居 Yb^{3+} 掺杂的各类材料之首。美国 Lawrence Livermore 国家

实验室已经生长出直径为 2.9 cm、长 7 cm 的光学质量 Yb：S-FAP 单

晶。采用的是 Czochralski 晶体生长法,坩埚尺寸为直径 10.16 cm、高

10.16 cm,生长气氛为氮气,生长温度为 1 810℃。籽晶转速为 6 ~ 15 r/min,提拉速度为 0.5 mm/h。首先由 $SrHPO_4$、$SrCO_3$ 和 Yb_2O_3 烧结成掺 Yb^{3+} 的 $Sr_3(PO_4)_2$,再与过量的 SrF_2 混合。目前,已经从生长出的晶体中加工成 4.0 cm×6.0 cm(c-轴)×0.75 cm 板条。用波长 900 nm 的激光二极管阵列作泵浦源,实现了 1 047 nm 波长的激光输出,输出功率为 50 W,效率为 51%。该晶体将用于研制 100 J,1 kW,1 ns 气冷板条激光系统。

表 7.2　Yb-FAP 晶体的热学、力学、光学和激光性能

密度/(g·cm^{-3})	$\rho = 3.19$
比热容/[J·(g·℃)$^{-1}$]	$c_p = 0.512 + 3.62 \times 10^{-4} T - 5.1 \times 10^{-7} T^2$
热导率/(W·m·℃)$^{-1}$	$K_c = 2.0 \sim 2.1, K_a = 1.9$
杨氏模量/GPa	$E = 199$
折射率温度系数/℃	$\mathrm{d}n_e/\mathrm{d}T = -10 \times 10^{-6}, \mathrm{d}n_a/\mathrm{d}T = -8 \times 10$
折射率	$n_c^2 = 2.620\,175 + \dfrac{0.014\,703}{\lambda^2 - 0.011\,073} - 0.007\,544\lambda^2, n_c = 1.620\,42$ 在 1.04 μm 波长处
	$n_a^2 = 2.626\,769 + \dfrac{0.014\,626}{\lambda^2 - 0.012\,833} - 0.007\,653\lambda^2, n_a = 1.622\,40$ 在 1.04 μm 波长处
发射截面/cm^{-2}	$\sigma_{em} = 5.9 \times 10^{-20}$
吸收截面/cm^{-2}	$\sigma_{abs} = 10.0 \times 10^{-20}$
发射波长/μm	$\lambda_{em} = 1.043$
泵浦阈值/mW	$p_{th} = 32$
荧光寿命/ms	$\tau_{em} = 1.08$

7.4.4　自倍频激光晶体

掺镱离子自倍频激光晶体目前主要有以下几种:

(1) Yb^{3+}:$Ca_4GdO(BO_3)_3$(Yb:GdCOB)　属单斜晶系空间群为 Cm(8)。晶胞参数为 $a = 0.809\,5$ nm, $b = 1.601\,8$ nm, $c = 0.355\,8$ nm,

$\beta=101.17°$,单胞中含有两个化学式的原子,$Z=2$。莫氏硬度为 6.5,容易切割和抛光,在 1 480 ℃熔融。晶体透明,光学质量好。掺 Yb 的摩尔分数为 15% 时,$\sigma_{abs}(910\ nm)=0.5\times10^{-20}\ cm^2$,$\Delta\lambda=20\ nm\ FWHM$(半峰全宽),$\sigma_{em}(1\ 035\ nm)=0.46\times10^{-20}\ nm^2$,$\Delta\lambda=90\ nm$。在 901 nm 用 1.2 W 光纤耦合 InGaAs 激光二极管泵浦。在 6 ℃用 600 mW 功率泵浦,输出 1 050 nm 波长的激光 191 mW,泵浦阈值为 116 mW,斜效率 47.5%。Yb：GdCOB 属准三能级激光晶体。其优点为温度变化 50 ℃ 时,输出功率仅减少 30%。而同样条件下 YAG 输出将减少 50%,Yb：S-FAP 温度升高 20 ℃时,输出功率将减少 38%。其原因是晶体场的 Starks 能级分裂大。Yb：YAG 是 612 cm^{-1},Yb：S-FAP 是 600 cm^{-1},而 Yb：CdCOB 为 1 003 cm^{-1}。因而该激光在 1 035 ~ 1 088 nm 之间有 53 nm 的调谐范围。如果提高反射镜的反射率,可达到获得 1 013 ~ 1 088 nm 的调谐范围,是已知 Yb 掺杂晶体中最大的一个。图 7.7 是在 GdCOB 中 Yb 的多重斯托克斯能级,图 7.8 是它的发射和吸收光谱。

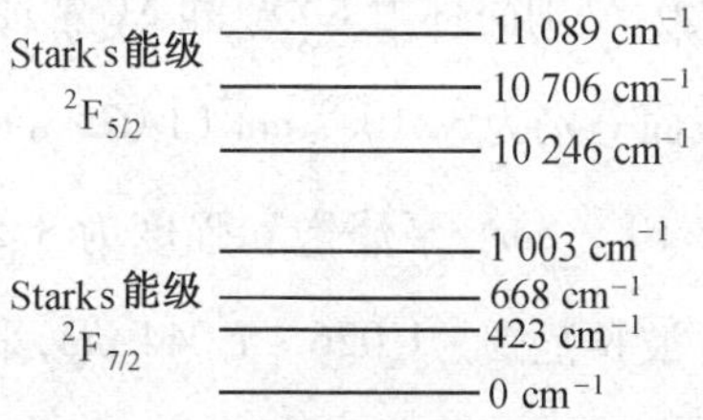

Starks 能级	——————— 11 089 cm^{-1}
$^2F_{5/2}$	——————— 10 706 cm^{-1}
	——————— 10 246 cm^{-1}
	——————— 1 003 cm^{-1}
Starks 能级	——————— 668 cm^{-1}
$^2F_{7/2}$	——————— 423 cm^{-1}
	——————— 0 cm^{-1}

图 7.7　在 GdCOB 中 Yb 离子多重
斯托克斯能级

（2）Ca$_4$YO(BO$_3$)$_3$：Yb^{3+}（Yb：YCOB）　负双轴晶,属单斜晶系,空间群为 $C\ m(8)$。一个晶胞含 2 个化学式原子,$Z=2$。晶胞参数为 $a=0.807\ 73\ nm$,$b=1.601\ 94\ nm$,$c=0.353\ 08\ nm$,$\beta=101.2°$。抗损伤阈值大于 1 GW/cm^2。在采用钛宝石产生的 900 nm、1.4 W 激光泵浦

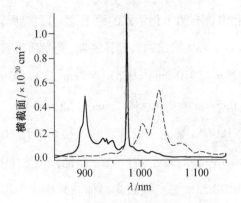

图 7.8　Yb：GdCOB 的发射和吸收谱

的情况下,获得了 1 018 ~ 1 087 nm 的调谐激光。该晶体具有较高的非线性系数,$d_{\text{eff}} > 1.3$ pm/V。采用 Czochralski 法已经生长出直径 7.62 cm、长 20.32 cm 高光学质量的晶体。

7.4.5　镱离子掺杂的钨酸盐激光晶体

镱离子掺杂的钨酸钾钇 KY(WO_4)$_2$：Yb^{3+} 和镱离子掺杂的钨酸钾钆 Yb^{3+}：KGd(WO_4)$_2$ 分别简称为 KYW 和 KGW 晶体,它们具有相近的激光性能。发射截面分别为 3×10^{-20} cm^2(1 025 nm)和 2.8×10^{-20} cm^2(1 026 nm),$\sigma_{\text{abs}} = 4 \times 10^{-20}$ cm^2,泵浦饱和强度为 8.5 kW/cm^2,已实现室温连续激光输出。波长范围为 1 026 ~ 1 044 nm,采用 980 nm 光纤耦合 InGaAs 激光二极管泵浦时,斜率效率达到了 53%。

镱离子掺杂的钨酸锌 Yb^{3+}：ZnWO_4 晶体,为单斜晶系,属黑钨矿结构,空间群为 $P2/c$,晶格常数 $a = 0.472\ 0$ nm,$b = 0.570\ 0$ nm,$c = 0.495\ 0$ nm,$\beta = 90.05°$,$Z = 2$。吸收峰有 914.5、938.2、958.7 和 972.9 nm,相应的激发态能级 $^2\text{F}_{5/2}$ 经 Starks 分裂为 10 935 cm^{-1},10 659 cm^{-1},10 431 cm^{-1} 和 10 279 cm^{-1}。发射波长为 972 nm,1 005 nm,

1 044 nm 和 1 056 nm,在强发射波段 ZW 没有吸收,应该是一种有潜在应用价值的 LD 泵浦激光晶体。

综上所述,掺 Yb^{3+} 的激光晶体,量子效率高,适宜于 InGaAs 激光二极管泵浦,可产生自倍频可见激光。采用微型通道冷却的激光二极管阵列,并加微型透镜,光斑面积缩小到原来的 1%,可获得很高的光强度,使 LD 泵浦能力大为提高。这种结构的激光器可应用于大气层外空间的激光雷达、水下照明和探测、遥测传感器、化学药品探测器、制板和材料加工等领域。可以预见,掺 Yb^{3+} 激光晶体不仅是当前研究的热点,也是今后的发展方向。因此对掺 Yb^{3+} 激光晶体的研究是一项具有科学意义又有广阔前景的工作。

7.5　LD 泵浦的激光晶体

7.5.1　YVO_4 晶体结构

YVO_4 单晶属四方晶系,空间群为 D_{4h}^{19}-$I4_1/amd$, 点群为 42 m,具有 $ZrSiO_4$ 结构。其结构特征是 $[VO_4]$ 构成孤立的四面体簇群。表 7.3 列出了 YVO_4 晶体学参数。晶胞中有 4 个 YVO_4 化学式。Y、V 和 O 的电负性分别为 1.22、1.63 和 3.44。V 和 O 的电负性差为 1.81,Y 和 O 的电负性差为 2.22。由此可见,V—O 键的共价键成分高于 Y—O 键,因此形成了 $[V—O_4]$ 四面体团簇。图 7.9 为 YVO_4 的晶体结构和微观对称要素。

在 YVO_4 晶体中,各离子半径为:在配位数为 4 时,V^{5+} 为 49.5 pm;在配位数为 6 时,Y^{3+} 为 104 pm, O^{2-} 为 124 pm, Nd^{3+} 为 112.3 pm。当考察它们正负离子的半径比时,V/O 的 $R_+/R_-=49.5/124=0.4$,所以 V

应为四配位；Y/O 的 $R_+/R_- = 104/124 = 0.838\ 7$，所以 Y 应为八配位（立方体）。掺杂的 Nd^{3+} 与基质 Y^{3+} 的半径差为 $R_{Nd} - R_Y = 112.3 - 104.0 = 8.3$ pm，当掺杂不到 8% 时，不影响晶体结构。描述纯 YVO_4 晶体光色散性能的 Sellmeier 公式如下

$$n_o^2(\lambda) = 3.778\ 34 + 0.069\ 736/(\lambda^2 - 0.047\ 24) - 0.010\ 813\ 3\lambda^2$$

$$n_e^2(\lambda) = 4.599\ 05 + 0.110\ 534/(\lambda^2 - 0.048\ 13) - 0.012\ 267\ 6\lambda^2$$

表 7.3　晶体性能

材　　料	YVO_4	$GdVO_4$	$Y_3Al_{15}O_{12}$
空间群	D_{4h}^{19}-$I4_1/amd$	D_{4h}^{19}-$I4_1/amd$	O_n^{10}-$Ia3d$
结构类型	$ZrSiO_4$ 型	$ZrSiO_4$ 型	石榴石型
晶胞参数/nm	$a=0.711\ 83, c=0.629\ 32$	$a=0.721\ 8, c=0.635\ 6$	$a=1.200\ 2$
折射率 n	$n_o=1.992\ 9, n_e=2.215\ 4(630\ nm)$	$n_e=2.17$	1.832
	$n_o=1.950\ 0, n_e=2.215\ 4(130\ 0\ nm)$	$n_e=1.96$	
	$n_o=1.944\ 7, n_e=2.148\ 6(155\ 0\ nm)$		
双折射 Δn	$0.222\ 5 \sim 0.205\ 4(1\ 300\ nm)$		
莫氏硬度	$4.6 \sim 5$	5	8.5
密度 $\rho/(g \cdot cm^{-3})$	4.22	5.48	4.56
熔点 $T/℃$	1 810	1 780	1 970
热导率 $L/(Wm^{-1} \cdot K^{-1})$	5.1	11.7<110>	14
热膨胀系数/K	4.43×10^{-6}<100>	1.5×10^{-6}<100>	$8.2 \times 10^{-6}(0 \sim 250℃)$<100>
	11.4×10^{-6}<001>	7.3×10^{-6}<001>	$7.7 \times 10^{-6}(0 \sim 250℃)$<110>
			$7.8 \times 10^{-6}(0 \sim 250℃)$<111>
解理性	中等	中等	不解理

在光纤低损耗窗口 1 300 nm 波段有较大的双折射系数 $\Delta n = 0.205\ 4$，因此 YVO_4 晶体是一种近紫外-可见光-近红外区的理想光学偏振器材料。目前,在光纤通信中的光隔离器中已被大量用作偏振契形物,并逐

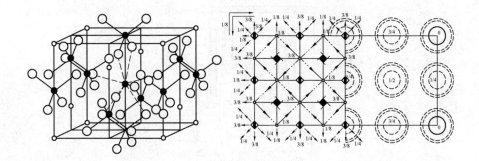

图 7.9　YVO$_4$ 的晶体结构和微观对称要素[7]

步取代金红石和方解石作为偏振器和分裂器[8]。

经 X 衍射仪测定，a 面衍射峰为 $2\theta = 58°36'$，c 面衍射峰为 $2\theta = 25°6'$。定向角可以根据以上值选取，晶体解理面为（001）。

7.5.2　Nd^{3+}：YVO$_4$ 的单晶生长

用纯度为 99.99% 的 V$_2$O$_5$、Y$_2$O$_3$ 和 Nd$_2$O$_3$ 按分子式 Nd$_x$Y$_{1-x}$VO$_4$ 进行称量后混合均匀，x 根据需要控制在 0.5% ~ 2.5% 范围内。将混合物料在 850℃ 固相反应 7 h，则可以全部转化为 Nd^{3+}：YVO$_4$ 多晶。目前，生长 Nd^{3+}：YVO$_4$ 单晶最有效的方法是采用中频感应加热铱坩埚的 Czochraski 法，炉型结构如图7.10。生长气氛为高纯氮气，提拉速度为 2 mm/h，晶转速度为 10 r/min。由于 YVO$_4$ 晶体热导率很小，热膨胀系数存在各向异性，前者要求温场梯度要大，易于晶体生长；后者要求温场梯度要小，以减小热应力，避免晶体解理和开裂。调节坩埚与线圈的相对位置来调节温度梯度，使熔体上的气液温差大于 50 ℃，熔体下的纵向温度梯度 $\Delta G > 10$ ℃/mm，径向温度梯度约为 0.5 ℃/mm。该晶体的生长惯性甚大，需要操作人员有超前意识，及时调整工艺参数。

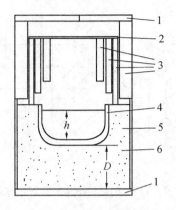

图 7.10　YVO₄ 单晶生长示意图

1—刚玉板;2—铂片;3—刚玉筒;4—铱坩埚;5—石英

筒;6—锆砂

　　升温过程中,在物料熔化开始阶段要迅速加大电流以快速熔化。下籽晶后要经过收颈,以避免籽晶中的缺陷向下延伸。这是因为籽晶中的位错由于像力的作用在收颈处会引向晶体外表面。扩肩时注意放肩速度,保持不出现异常小面生长。等径时注意观察固液界面处的光圈宽度在等径过程中保持一致。直径波动会造成散射颗粒的产生。生长结束后,晶体拉出液面 20 mm,恒温 3 h 后缓慢降温。

7.5.3　晶体生长形态

　　采用直拉法生长单晶属于强制性生长,但是钒酸钇单晶结晶习性表现突出。用 c 轴籽晶生长的晶体,肩部显露 4 个锥面,等径部分显露以 c 轴为四次轴的 4 个柱面,柱面与锥面方向上一一对应。用 a 轴籽晶生长的晶体,肩部显露 2 个锥面,等径部分显露 6 个柱面。理想晶体外形的显露面有 12 个。晶体生长过程中,应保持生长面平滑。生长脊清晰不卡断是判断晶体生长是否良好的重要标志。12 个晶面中有

4 个属于四方柱单形,有 8 个属于四方双锥单形。用测角仪可测得锥面法线与 c 轴夹角为 41.3°。a 轴和 c 轴倒易截比为 $(a_0/c_0) \cdot \tan 41.3° = (0.711\,83/0.629\,32) \cdot 0.875\,2 = 0.993\,71 \approx 1$,所取锥面应为 (101),即四方锥面单形为 $\{101\}$,四方柱单形为 $\{100\}$。图 7.11 为 YVO₄ 晶体的极射赤平投影。

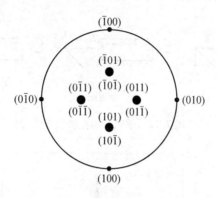

图 7.11　YVO_5 晶体的极射赤平投影

7.5.4　Nd^{3+}：YVO_4 **单晶光谱**

掺钕钒酸钇晶体为单轴晶体,因通过晶体的光偏振状态不同,其吸收光谱就有很大差异,这种差异反映了晶体中键的类型和强弱。光是一种电磁波,由两个互相垂直的振动矢量组成,用电场强度 E 和磁场强度 H 来表征。E 矢量又叫做光矢量,如果光矢量 E 在一个固定平面内只沿一个固定方向作振动,这种光称为线偏振光(简称偏振光)。偏振光的光矢量振动方向和传播方向所成的平面称为振动面,和光矢量振动方向垂直且包含传播方向的面称为偏振面。在立方晶系中,光不发生偏振,只能观察到一个谱图。对于单轴晶体,可以观察到三种谱图,即轴谱图、σ 谱图和 π 谱图。在轴谱图中,光的传播方向是沿着光轴 c 方向;在 σ 谱图中,光的传播方向与电矢量方向都垂直于光轴;在

π 谱图中,光的传播方向则与磁矢量方向一起垂直于光轴。图 7.12 为单轴晶偏振吸收光谱位向。Nd^{3+}：YVO_4 单晶一般沿 a 轴方向生长,晶片切型为 a 面,测试的通光面为 a 面,与光轴方向 c 垂直,可得到 σ 谱图和 π 谱图。图 7.13 为 Nd^{3+}：YVO_4 晶体的偏振吸收谱图。对 LD 泵浦有用的是峰值波长为 808.6 nm 吸收峰,π 偏振光的吸收系数为30.6 cm^{-1}。

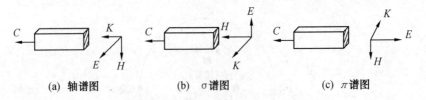

(a) 轴谱图　　　　(b) σ谱图　　　　(c) π谱图

图 7.12　单轴晶偏振吸收光谱位向

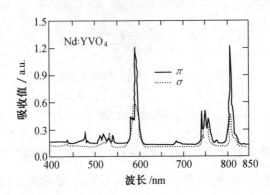

图 7.13　Nd^{3+}：YVO_4 晶体的偏振吸收谱图

根据室温偏振吸收谱,Nd^{3+}：YVO_4 晶体的多重态能级如表 7.4 所示[9]。Nd^{3+}：YVO_4 的发射光谱在近红外区有 3 个谱带,见图 7.14,它们的峰值波长位置和相应的跃迁为

1.05 ~ 1.12 μm　　　$^4F_{3/2} \rightarrow {}^4I_{9/2}$

0.87 ~ 0.95 μm　　　$^4F_{3/2} \rightarrow {}^4I_{11/2}$

1.34 ~ 1.38 μm　　　$^4F_{3/2} \rightarrow {}^4I_{13/2}$

表 7.4　Nd^{3+}：YVO_4 晶体能级

$^{2S+1}L_J$	斯托克斯能级位置/cm^{-1}(77 K)	能级数目		$\Delta E/cm^{-1}$
		理论	实验	
$^4I_{9/2}$	0,108,173,226,433	5	5	433
$^4I_{11/2}$	1 966,1 988,2 047,2 062,2 154	6	6	216
$^4I_{13/2}$	3 914,3 936,3 961,3 988,4 090,4 145,4 158	7	7	244
$^4I_{15/2}$	5 833,5 871,5 919,6 004,6 261,6 319,6 377	8	7	544
$^4F_{3/2}$	11 366,11 384	2	2	18
$^4F_{5/2}$	12 366,12 401,12 405	3	3	39
$^4H_{9/2}$	12 497,12 542,12 599,12 692	5	4	195
$^4F_{7/2}$	13 319,13 340,13 392,13 461	4	4	142
$^4S_{3/2}$	13 461,13 465	2	2	4
$^4F_{9/2}$	14 579,14 598,14 635,14 791,14 730	5	5	151
$^2H_{11/2}$	15 765,15 853	6	2	88
$^4G_{5/2}$	16 824,16 951,16 970	3	3	146
$^2G_{7/2}$	17 215,17 244,17 268	4	3	53
$^4G_{7/2}$	18 772,18 832,18 861,18 925	4	4	153
$^2G_{9/2}+^2K_{13/2}$	19 055,19 109,19 172,19 216,19 257,19 298,19 305,19 327,19 361,19 429	12	10	374
$^4G_{9/2}+^4G_{11/2}+$ $^2K_{15/2}$	20 794,20 842,20 872,20 912,21 013,21 101,21 204,21 236,21 482,21 561	19	10	767
$^2D_{3/2}$	21 935	2	1	—
$^2P_{1/2}$	23 041	1	1	—
$^2D_{5/2}$	23 596,23 613,23 641	3	3	45
$^4D_{3/2}$	27 632,27 640	2	2	8
$^4D_{1/2}$	27 746	1	1	—

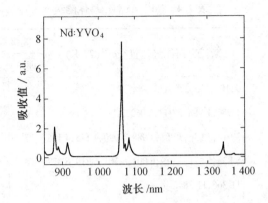

图 7.14　Nd^{3+}：YVO_4 晶体的发射光谱图

荧光强度比大致为 2：1.5。最强发射峰波长为 1 064.3 nm。在激光工程中，常引入发射截面 σ_e，一般来讲 σ_e 大则增益吸收高。

7.5.5　Nd^{3+}：YVO_4 的激光性能

Nd^{3+}：YVO_4 晶体适合 LD 泵浦[10]，在 808 nm 泵浦下可获得 1 064.3 nm 的激光输出，其输出斜率效率为 56%，泵浦阈值功率为 20 mW[11]。采用石英偏振开关，二极管泵浦 Nd^{3+}：YVO_4 已得到 2.8 ps 脉冲激光。俄罗斯学者采用二极管泵浦板状 Nd^{3+}：YVO_4 获得单纵模激光输出，Q 开关方式的单频激光器也相继研制成功。在 LD 泵浦 Nd^{3+}：YVO_4 晶体的 1.34 μm 激光器中，利用Ⅱ类非临界相位匹配 LBO 晶体进行腔内倍频，在吸收泵浦功率 5.16 W 时，获得了 303 mW 的 671 nm 的激光输出，光-光转换效率约为 7.8%，表现出广泛的应用前景和实用价值[12,13]。表 7.3 列出了 Nd^{3+}：YVO_4、Nd^{3+}：$GdVO_4$ 激光晶体和 YAG 晶体的主要激光性能。

7.5.6　Nd^{3+}：$GdVO_4$ 激光晶体

钒酸钆（Nd^{3+}：$GdVO_4$）是俄罗斯和德国首先研制成功的激光晶

体,主要激光性能参数如下[10]:发射截面 $\sigma_e = 7.6 \times 10^{-19}$ cm^2(1.06 μm),吸收截面 $\sigma_a = 5.2 \times 10^{-19}$ cm^2(808 nm,E 平行于 C 方向),约为 Nd:YAG 的 7 倍,吸收带宽为3.2 nm,与二极管发射带重叠,因而不需要对二极管加恒温装置[14],可以减小系统的总体积。$^4F_{3/2}$ 能级的荧光寿命为 100 μs,光的转换效率为63%。沿⟨110⟩方向的热导率为11.7 W/mK,是 YVO$_4$ 的 2 倍,与 YAG 相当。在 LD 泵浦功率增大的情况下有助于提高转换效率。Nd^{3+}:GdVO$_4$ 晶体有很强的偏振性,其 π 谱图与 σ 谱图中 808 nm 的吸收比为3.48。晶体在 330 K 的比热为136.27 J/(mol·K)。山东大学研制的低掺杂浓度的 Nd^{3+}:GdVO$_4$,在 1.06 μm 激光输出功率已达14.25 W,经 KTP 倍频后,在 532 nm 激光输出功率达到3.3 W。在深蓝激光研制方面,Nd^{3+}:GdVO$_4$ 晶体显示出独特的优势[15],利用 167.7 W 二极管泵浦3 m×3 m×3.6 m 大小的晶体,发生$^4F_{3/2} \rightarrow ^4I_{9/2}$跃迁,可产生 2.1 W 的 912 nm 的激光输出。利用 LBO 产生二次相干谐波[6],可获得 456 nm 的深蓝色激光,功率达到840 mW。与 Nd:YVO$_4$(457 nm)和 Nd:YAG(473 nm)相比,产生的激光波长最短,在激光彩色显示中,作为三基色配色中的蓝光是目前最佳的选择[18,19]。表 7.5 为常用晶体激光性能。

表7.5 晶体激光性能

晶 体	Nd^{3+}:YVO$_4$	Nd^{3+}:GdVO$_4$	Nd^{3+}:YAG[9]
掺杂浓度/%	1.22	1.20	1.0
w/%			0.725
/cm^3			38×10^{20}
有效分凝系数 k_{eff}	0.63	0.78	0.2
输出波长 λ/nm	1 064.3	1 063.2	1 064.1

续表7.5

晶　　体	Nd^{3+}：YVO$_4$	Nd^{3+}：GdVO$_4$	Nd^{3+}：YAG[9]
荧光峰 FWHM/nm		0.5	0.37
吸收系数 α/cm^{-1}	30.6(E//C)	78(E//C)	7.4
	11.4(E⊥C)	10(E⊥C)	
半高宽/nm			0.45
受激截面 σ_a/cm^{-2}	2.7×10^{-19}(808 nm)	5.2×10^{-19}(808 nm)	7.0×10^{-19}(808 nm)
发射截面 σ_e/cm^{-2}	3.3×10^{-19}(1 064 nm)	7.6×10^{-19}(1 063 nm)	(2.7~8.8)×10^{-19}(1 064 nm)
上能级寿命 τ/μs	95	90	230
泵浦阀值 P/mW	20	20	52
光转换效率 η_0/%		55.9	
斜率效率 η_s/%	56	63	
最大输出功率/W	5		

7.6　可调谐激光晶体

对于波长可调谐的激光来讲,其应用领域包括激光分离同位素、激光光谱学、非线性光学、生物学、医学和空间遥感等。自从 20 世纪 60 年代第一台可调谐激光器——有机染料激光器问世以来,能产生可调谐激光的手段已有几十种,包括固体、液体染料,高压气体,半导体和自由电子激光器以及用光学参量、非线性变频等技术产生的可调谐激光,其波段已可覆盖从真空紫外到毫米波段,输出功率从微瓦到千兆瓦以上,运转方式从飞秒到连续波。从 20 世纪 80 年代起,固体可调谐激光器得到了飞速发展[20]。

可调谐激光晶体借助于过渡金属离子的 d–d 跃迁易受晶格场影响的特点,从而实现激光波长在一定范围内的调谐。因为电子跃迁终态是振动能级,所以可调谐激光晶体又称为终端声子激光晶体或电子振动晶体。在过渡金属离子中,已实现室温工作的主要有 Ti^{3+}、Cr^{3+} 和 Cr^{4+} 晶体,下面分别加以介绍。

7.6.1　钛宝石激光晶体(Ti^{3+}：Al_2O_3)

钛宝石激光晶体(Ti^{3+}：Al_2O_3)是掺 3 价钛的宝石,基质结构为 α 刚玉型,与红宝石结构相同,见图 7.15。它属于六方晶系,空间群为 $D_{3d}^6 - R\overline{3}c$,天然产物具有复三方偏三角面体的对称形,对称要素为 $L_6^3 3L_2 3PC$,L_6^3 为六次旋转反伸轴(倒转轴),$3L_2$ 为 3 个 2 次轴,$3P$ 为 3 个

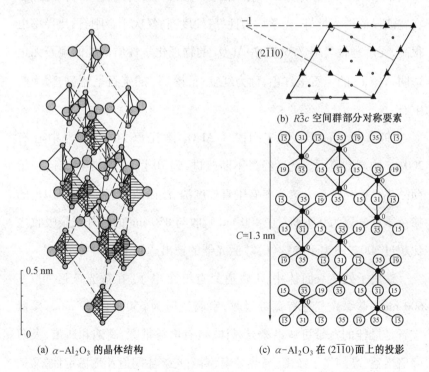

(a) α-Al_2O_3 的晶体结构　　(c) α-Al_2O_3 在 $(2\overline{1}\overline{1}0)$ 面上的投影

(b) $R\overline{3}c$ 空间群部分对称要素

图 7.15　刚玉的菱面体晶胞 R

对称面,C 为对称中心。图 7.15(a) 表示了刚玉的菱面体晶胞 R,沿

c 方向有一个三次倒反轴,垂直于 a 方向有一个 c 滑移面。晶胞参数 $a=0.512$ nm,平面角 $\alpha=55°17'$。菱面体的每个顶角及中心均有一个 Al_2O_3 化学式单元。按六方晶胞,$a_H=0.512$ nm,$c_H=1.3$ nm,其结构可以近似地看成是 O^{2-} 的六方紧密堆积,堆积方式为 ABAB…。Al^{3+} 占有 3 种晶位,排列组合可有 3 种方式,将这 3 种方式排列的 Al^{3+} 层,分别用 c',c'',c''' 表示,依次插入 AB 氧密排层,则结构在 c_H 轴的排列方式为

$$Ac'Bc''Ac'''Bc'''Ac''Bc'''$$
$$\underline{\longleftarrow \text{---------------} c_H \text{---------------} \longrightarrow}$$

Al^{3+} 按组成比,只能填满 2/3 的八面体间隙。宝石有优异的物理性能,在宽波段的透光性好、光学均匀性好;硬度高,仅次于金刚石;热导率也很高,无解理性。表 7.6 为 $\alpha-Al_2O_3$ 的物理化学性质。纯的宝石无色透明,含 Cr^{3+} 的宝石呈红色,称为红宝石,掺 Ti^{3+} 的宝石呈蓝色,称为蓝宝石。

1982 年,Moulton 证实:$Ti^{3+}:Al_2O_3$ 激光以 808 nm 为中心有 200 nm 的调谐范围。此后经过不断改进,到 20 世纪 80 年代末已开始商品化。单晶生长方法主要有垂直梯度法、浮区法和直拉法。Ti_2O_3 的掺杂质量分数为 0.15%,在 490 nm 吸收与 850 nm 的红外残余吸收之比超过 200。室温下连续(CW)激光器的输出达到了 1.6 W[21,22]。

钛离子处在八面体中,d 轨道只有 1 个电子,在短光波区 400～600 nm 的蓝绿光范围有宽带吸收,室温发射为 650～1 300 nm。掺钛宝石是最佳的宽带可调谐激光晶体,具有增益带宽、高饱和通量、大的峰值增益、高的量子效率、高热导率、高激光破坏阈值及热稳定性,又是超短脉冲和高功率可调谐激光系统优良的振荡及放大介质。目前,已实现全固态连续(CW)波可调谐激光的运转,而且实现了全固态自锁

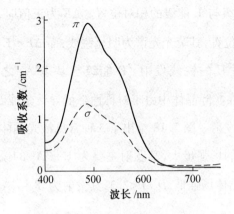

图 7.16　钛宝石的偏振吸收谱

模超快(28 ps)激光的运转。

表 7.6　$\alpha-Al_2O_3$ 的物理化学性质

熔点/℃	2 050	莫氏硬度	9
密度/$(g \cdot cm^{-3})$	3.90	热导率/$[W \cdot (cm \cdot K)^{-1}]$	0.348
热膨胀系数 α	6×10^{-6}	折射率 n	$n_o = 1.763$
			$n_o = 1.763$
折射率温度系数 dn/dT	12.6×10^{-6}		$n_e = 1.755$

7.6.2　Cr^{3+} 激光晶体

在讨论过渡族金属离子光谱中,Tunabe-Sugano 已给出详尽的理论分析。图 7.17 给出了八面体场中 d^3 电子能级与晶体场场强示意图。图中仅给出了 $^4T_2$ 能级与 ^2E 能级这两个发光能级的相对关系。E 为电子能级能量,B 为 Rachack 参数,B 表示 d 轨道变形程度。B 值愈大,晶体场分裂参数愈大。$D_q = 10\Delta$,Δ 为八面体场中晶体场分裂参数,D_q/B 表示晶场强度。一般认为 $D_q/B > 2.5$ 为强场,$D_q/B < 2.5$ 为弱场。

ΔE 表示 $^4T_2$ 能级与 ^2E 能级的相对位置。ΔE 为正值时,^2E 能级位于发光能级的最低位置,其荧光光谱为明显锐线;而 $\Delta E < ^2E$ 时,即使在低温下也观察不到 ^2E 的锐线发射。^2E 能级与基态 $^4A_2$ 之间属于禁戒跃迁[23]。但是,在实际晶体中由于对称性降低导致禁戒跃迁的部分解除也能产生荧光发射。图 7.18 给出了 3 种常见激光晶体的荧光光谱图。红宝石晶体场的场强最大,其发射主要为 $^2E \rightarrow ^4A_2$ 的锐线发射,LiSAL($LiSrAlF_6$)的晶体场强低,$D_q/B < 2.3$,其发射为 $^4T_2 \rightarrow ^4A_2$ 的宽带发射。

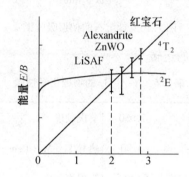

图 7.17　八面场中 d^3 电子能级与

晶体场场强示意图

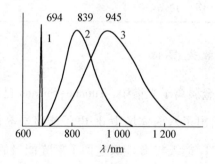

图 7.18　3 种常见激光晶体的荧光光谱

$1-Cr:Al_2O_3$;$2-Cr:LiSAF$;$3-Cr:Nd:ZnWO_4$

LiSAF 晶体是非等轴晶系[24~27]。Cr^{3+} 发射有很强的偏振特性,是以 808 nm 为中心波长的宽带,相应的跃迁为 $^4T_2 \rightarrow {}^4A_2$,发射截面为 4.8×10^{-20} cm^2。在同类型材料中,如 LiSrGaF$_6$ 也具有类似的光谱特性,如图 7.19 所示。其主要热学性能热膨胀系数沿 c 轴为 $\alpha_c = -9 \times 10^{-6}$ ℃$^{-1}$,沿 a 轴为 $\alpha_a = 18 \times 10^{-6}$ ℃$^{-1}$。这样大的各向异性给晶体生长带来许多问题。该晶体的热光性能在 c 轴方向为 dn/d$t = -4.0 \times 10^{-6}$,在 a 轴方向为 dn/d$t = -2.5 \times 10^{-6}$,光色散特征公式为

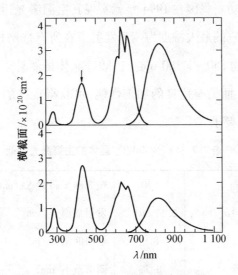

图 7.19 Cr^{3+} : LiSGE 的吸收和发射谱

$$N_c^2 = 1.984\,48 + \frac{0.002\,35}{\lambda^2 - 0.109\,36} - 0.010\,57\,\lambda^2$$

$$N_a^2 = 1.976\,73 + \frac{0.003\,09}{\lambda^2 - 0.009\,35} - 0.008\,28\lambda^2$$

LiSAF 适合于 AlGaAs 二极管泵浦。我国人工晶体研究所方珍意、黄朝恩等采用独特的"固相反应"氟化法处理原料,用厚度仅为 0.09 mm 的铂金软坩埚生长出尺寸达 ϕ20 nm×130 mm 的优质单晶。软坩埚下降法具有温梯小,温场稳定的优点,其熔区的自然对流和强迫对

流相对较小,所以晶体在生长过程中所形成的应力比较小,较好地解决了晶体生长中容易断裂的难题。采用 488 nm 单线氩离子泵浦,实现了飞秒自锁模运转,得到了脉冲宽度 40 fs、重复频率 100 MHz、平均输出功率 45 mW 的稳定锁模脉冲。用闪光灯泵浦,该晶体激光输出能量为 3.45 J,激光斜率效率达 5.85%。

掺铬钨酸锌(Cr^{3+}∶$ZnWO_4$)也是一种可调谐激光晶体,首先由 Huber 研制成功。我国在 1994 年就实现其室温激光运转,主要激光性能见表 7.7。它的最大特点为荧光发射带在所有掺铬材料中红移量最大,荧光范围为 850~1 300 nm。钨酸锌晶体虽然易于解理,解理面为 (010),但是 a 面仍有优良的加工性能,可获得良好的光学通光面,满足激光技术的要求[29,39]。

表 7.7 Cr^{3+}∶$ZnWO_4$ 晶体的主要激光性能

发射波长 λ/nm	970	荧光峰半高宽 $\Delta\lambda$/nm	870~1 100
吸收截面($^4T_2$)σ_a/cm^2	2.52×10^{-19}	发射截面 σ_e/cm^2	4.92×10^{-19}
荧光寿命 τ/μs	8.0	输出能量 E_o/mJ	1.62
斜率效率 η_s/%	0.79	调谐范围/nm	850~1 300
密度/(g·cm^{-3})	7.87		

7.7　上转换激光晶体

作为未来光电子产业的核心器件之一,全固态激光器的一个发展趋势是小型化。众所周知,蓝绿波段的激光器在高密度光存储、彩色激光显示、海洋水色和海洋资源探测等诸多方面有良好的应用前景。目前,获得蓝绿激光的常规方法是用非线性光学晶体倍频。如用 KDP 倍频 Nd：YAG 1 064 nm 激光能得到 532 nm 绿光。由于激光变频是光参量作用过程，是光波和光学介质之间最终没有发生能量和动量交换的过程，能量交换只表现在参与非线性相互作用的各个光波之间，因而，就要求各个参与相互作用的光波应满足相位匹配条件。要获得较高的转换效率，就必须严格地满足相位匹配条件，这不仅对非线性光学晶体本身有一定的要求，而且对入射激光的质量要求（谱线宽度、发散角、功率等）也颇为苛刻，这也是为什么不用非线性光学晶体直接倍频可见和近红外波段激光二极管发出激光的主要原因。无疑，这样不仅增大了系统的复杂性，使整体效率有所下降，而且不可避免地会在一定程度上增加系统的体积，不利于小型化。另外，有观点认为：由于倍频材料研究的发展已接近顶峰，导致用倍频方案实现紧凑短波长激光器的研究也已接近顶峰。

近年来，激光二极管的迅猛发展为泵浦源的紧凑、高效的全固态激光器的最终实现打下了必要的基础。尽管目前直接发射蓝光的 LD 已有商品出售，但 LD 本身固有的缺陷，以及价格因素的影响，限制了它的广泛应用。

所谓上转换材料，是指用包括 LD 在内的发红光或近红外光的光源激发，无需使用非线性光学晶体即可得到蓝绿波段，甚至紫色波段的荧光。下面简单介绍上转换材料的大致发展历程以及实现上转换发光的四种机理，详细阐述上转换激光和发光材料的研究进展，论述研究中的几个相关问题[31]。

7.7.1　发展历程

早在 1959 年，就出现了上转换发光的报道。用 960 nm 的红外光激发多晶 ZnS,观察到了 525 nm 的绿色发光。1962 年,此种现象又在硒化物中得到了进一步的证实,当时红外辐射转换成可见光的效率已达到了相当高的水平。1966 年,Auzel 在研究钨酸镱钠玻璃时意外地发现:在基质材料中掺入 Yb^{3+},Er^{3+},Ho^{3+} 和 Tm^{3+} 时,用红外光激发所获得的可见发光强度几乎提高了两个数量级,由此正式提出了"上转换发光"的概念。

在此后的十几年内,上转换材料发展成为一种把红外光转变为可见光的有效材料,并且达到了实用化水平。例如,与发红外光的 Si-GaAs 发光二极管 LED 配合,能够得到绿光,其效率可以与 GaP 发光二极管相媲美,这可以说是个很大的突破。上转换材料的发展迎来了第一次高峰。

然而,随着其他发光材料的发展,上转换材料也面临着与它们相同的问题——如何进一步提高发光效率? 当时最好材料的上转换发光效率不超过 1‰。并且由于发光二极管的发射峰与上转换材料的激发峰值匹配不甚理想,而在当时的水平下,进一步提高上转换发光材料的效率已变得十分困难,致使上转换材料的发展陷入了停滞不前的局面。

20 世纪 90 年代初,上转换材料迎来了第二次发展高峰。这次,是激光二极管"唤醒"了上转换材料。而且,与前次目的不同,此次以实现室温激光输出为最终目标。经过科学家的不懈努力,利用上转换材料实现激光输出的研究取得了令人振奋的结果:不仅在液氮温度下于光纤中实现了激光运转,而且在室温下于氟化物晶体中也成功地获得了激光运转,光-光转换效率达到了1.4%。

7.7.2 上转换发光的机理

通过多光子机制把长波辐射转换成短波辐射称为上转换。所谓的上转换材料就是指受到光激发时,可以发射比激发波长短的荧光的材料。由此可见,上转换发光的本质是一种反 Stokes 发光。因此,也称上转换发光为反 Stokes 发光。上转换发光的机理可以归结为以下四种情况:

(1) 单离子的步进多光子吸收　这实际上是个激发态吸收过程。如图7.20所示,一个激活离子吸收第一个激发光子后,使布居从基态集居到某一个中间亚稳态,然后该离子再通过此亚稳态的激发态吸收第二个光子,从而使上激光能级激发。对实用的共振泵浦上转换激光器来说,泵浦光只有单一频率,因此,只有在两步单光子跃迁的振子强度和它们的重叠积分都较大时,由该机理导致的上转换发光才较强。

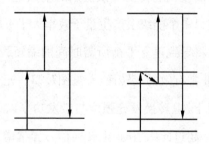

图 7.20　激发态吸收上转换发光示意图

(2) 直接双光子吸收上转换　这也是一个单离子过程,能量为 E_1 和 E_2(E_1 与 E_2 可以相等也可以不相等)的两个光子从一个虚拟的中间量子态被同时吸收,终态 $E_3 = E_1 + E_2$。

(3) 多个激发态离子的共协上转换　当足够多数量的离子被激发到中间态时,两个物理上相当接近的激发态离子可能通过非辐射跃迁过程而耦合,其中的一个返回基态或较低的中间能态,另一个则被激发至上激光能级,产生辐射跃迁,见图7.21。参与该过程的离子可以是同种离子也可以是不同种离子。掺入敏化离子材料的发光应属这一类。

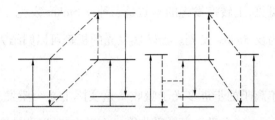

图 7.21　共协上转换发光示意图

由于靠离子间的能量传递而形成上转换,多个激发态离子的共协上转换机制和直接双光子吸收上转换机制也被统称为能量传递上转换机制。

(4) 光子雪崩吸收上转换　该机制的基础是:一个能级上的粒子通过交叉弛豫在另一个能级上产生量子效率大于 1 的抽运效果。激发光的光强的增大将导致建立平衡所需时间的缩短,平衡吸收的强度变大,有可能形成非常有效的上转换,参见图 7.22。光子雪崩现象的证据是在阈值功率以下,上转换发光强度与激发功率以 2 次方或 3 次方变化,而当激发功率超过此阈值时,上转换信号异常增加。

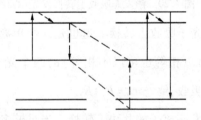

图 7.22　光子雪崩吸收上转换发
光示意图

7.7.3　影响上转换发光强度的因素

除了掺杂稀土离子的摩尔分数以及原料纯度对上转换发光效率有

明显的影响外,研究人员就氧化物类型基质对稀土激活离子(RE^{3+})的影响也已取得了基本共识:

(1) RE^{3+}—O^{2-}间距离较大,相互作用弱,有利于提高上转换发光强度。

(2) RE^{3+}周围对称性低有利于提高上转换发光强度,因为对称性低,解除了稀土离子中的一次禁戒跃迁。

(3) 基质晶格中阳离子价态高对上转换发光有利。在增加阳离子电荷过程中,基质晶格中的阴离子与这些阳离子产生的键比 RE^{3+}—阴离子之间的键更强,从而减弱了 RE^{3+}—阴离子之间的作用。

应该说,这些影响因素不仅适用于氧化物的基质材料,也同样适用于氟化物及其他类型的基质材料。至于氟化物和氧化物特性上的差别(氟化物是上转换基质材料研究的热点),是由 O^{2-} 和 F^- 性质上的差别所造成的。因为 O^{2-} 的稳定性比 F^- 的稳定性差得多,所以 O^{2-} 把电荷传递到邻近阳离子要容易得多,因而离子间的键微呈共价性。而氟化物中发生这种传递的机会就少得多,所以离子间的键呈现出很强的离子键性质。因此,氟化物中稀土离子和基质晶格间相互作用要比氧化物弱得多,相互作用弱则降低了声子频率,降低了交叉弛豫发生的几率,从而导致两类材料在发光强度上的较大差异。

7.7.4　上转换发光材料

目前,作为较成熟泵浦源的 GaAlAs、AlGaIn 和 InGaAs 激光二极管的发射波长分别处在一些稀土离子(如 Nd^{3+},Tm^{3+},Er^3 和 Ho^{3+})的主吸收带上,这是这些离子作为激活离子被研究较多的原因所在。表 7.8 给出了一些上转换发光和激光材料的性能。

表 7.8　一些上转换发光和激光材料的性能

基质材料	激活离子[#]	激　发　源	主要跃迁[*]/nm	对应跃迁
$LiYF_4$ 晶体	Er^{3+}	810 nm Ti∶Al_2O_3	551(40)	$^4S_{3/2} \to {}^4I_{15/2}$
$LiKYF_5$ 晶体	Er^{3+}	808 nm LD array	550(140)	$^4S_{3/2} \to {}^4I_{15/2}$
$LiLuF_4$ 晶体	Er^{3+}	970 nm Ti∶Al_2O_3	552(213)	$^4S_{3/2} \to {}^4I_{15/2}$
	Er^{3+}	968 nm LD	552(8)	$^4S_{3/2} \to {}^4I_{15/2}$
BaY_2F_8 晶体	$Tm^{3+}(Yb^{3+})$	960 nm Ti∶Al_2O_3	456(1)	$^1D_2 \to {}^3H_4$
			482(1)	$^1G_4 \to {}^3H_6$
			512(1)	$^1D_2 \to {}^3H_5$
			649(1)	$^1G_4 \to {}^3H_4$
			799(1)	$^1G_4 \to {}^3H_5$
BaF_2 晶体	Er^{3+}	805 nm LD	275	跃迁 1
			380	跃迁 2
			410	$^2H_{9/2} \to {}^4I_{15/2}$
SrF_2 晶体	Ho^{3+}	dye laser	480	$^5F_5 \to {}^5I_8$
			540	$^5S_2, {}^5F_4 \to {}^5I_8$
ZBLAN 微球	Tm^{3+}	1 064 nm	480(p20)	$^1G_4 \to {}^3H_6$
		Nd^{3+}∶YAG	800(p5)	$^1G_4 \to {}^3H_5$
ZBLAN 玻璃	$Tm^{3+}(Yb^{3+})$	798 nm LD	450	$^1D_2 \to {}^3H_4$
			475	$^1G_4 \to {}^3H_6$
			647	$^1G_4 \to {}^3H_4$
ZBLAN 纤维	Tm^{3+}	1 120 nm NYAG	480(p46,57)	$^1G_4 \to {}^3H_6$
ZBLANP 玻璃	$Pr^{3+}(Nd^{3+})$	796 nm LD	488(1)	$(^3P_0 + {}^3P_1) \to {}^3H_4$
			635(1)	$^3P_0 \to {}^3F_2$
			717(1)	$^3P_0 \to {}^3F_4$
Ba_2ErCl_7 晶体	Er^{3+}	803 nm LD	green laser	
$\left.\begin{array}{c} CdCl_2 \\ ZnCl_2 \end{array}\right\}$玻璃	Er^{3+}	800 nm LD	410	$^2H_{9/2} \to {}^4I_{15/2}$
			525~560	$\left\{\begin{array}{l} ^2H_{11/2} + {}^4S_{3/2} \to {}^4I_{15/2} \\ {}^2H_{9/2} \to {}^4I_{13/2} \end{array}\right.$

续表 7.8

基质材料	激活离子[#]	激 发 源	主要跃迁[*]/nm	对应跃迁
K_2ZnCl_4 晶体	Nd^{3+}	808 nm LD	474	
HoP_5O_{14} 玻璃	Ho^{3+}	532 nm NYAG	357	$^3D_3 \rightarrow {}^5I_7$
		laser	389	$^5G_4 \rightarrow {}^5I_4$
			409	$^3D_3 \rightarrow {}^5I_6$
			422	$(^5G^3G)_3 \rightarrow {}^5I_8$
HoP_5O_{14} 玻璃	Ho^{3+}	641,649 nm	389	$^5G_4 \rightarrow {}^5I_8$
		DCM dye laser	422	$(^5G^3G)_3 \rightarrow {}^5I_8$
			481	$^3F_3 \rightarrow {}^5I_8$
			491	$^5G_4 \rightarrow {}^5I_7$
			550	$^5S_2 \rightarrow {}^5I_8$
$ZnWO_4$	Sm^{3+}	632.8 nm He-Ne	448	$^4I_{15/2} \rightarrow {}^6H_{5/2}$
		laser	471.3	$^4F_{5/2} \rightarrow {}^6H_{7/2}$
			504.7	$^4F_{5/2} \rightarrow {}^6H_{9/2}$
			533.0	$^4F_{5/2} \rightarrow {}^6H_{11/2}$
$ZnWO_4$	Er^{3+}	966 nm LD	547	$^4S_{3/2} \rightarrow {}^4I_{15/2}$
$KGd(WO_4)2$	Nd^{3+}	808 nm LD	534	$^4G_{3/2} \rightarrow {}^4I_{9/2}$
$Ga_2S_3:La_2O_3$	$Er^{3+}(Yb^{3+})$	1 064 nm NYAG	537	$^2H_{11/2} \rightarrow {}^4I_{15/2}$
			555	$^4S_{3/2} \rightarrow {}^4I_{15/2}$
			670	$^4F_{9/2} \rightarrow {}^4I_{15/2}$
SiO_2 纤维	Tm^{3+}	cw 1 053 nm	477.4	$^1G_4 \rightarrow {}^3H_6$
		laser	651.4	$^1G_4 \rightarrow {}^3H_4$
			802.9	$^3F_4 \rightarrow {}^3H_6$
YVO_4	Er^{3+}	808 nm LD	410	$^2H_{9/2} \rightarrow {}^4I_{15/2}$
		658 nm laser	553	$^4S_{3/2} \rightarrow {}^4I_{15/2}$
LuAG	Tm^{3+}	618 nm dye laser	487	$^1G_4 \rightarrow {}^3H_6$

注:# 括号中的离子是敏化离子;

　＊ 括号中 l 表示是激光波长;数字是激光输出功率,单位 mW;前面有 p 的表示泵浦阈值,

　　单位 mW;

　　跃迁 1:$^4G_{9/2}(^2H_{9/2})(T) \rightarrow {}^4I_{15/2}$,跃迁 2:$^4G_{9/2}(^2H_{9/2})(T) \rightarrow {}^4I_{11/2}$;$^4G_{11/2} \rightarrow {}^4I_{15/2}$。

氟化物晶体和玻璃(包括光纤)依旧是研究的重点和热点。如前所述,这主要是因为氟化物基质声子的能量小,减小了由于多光子弛豫造成的无辐射跃迁损失,从而导致较高的上转换发光效率。F. Heine 等人用聚焦的 3 W、810 nm Ti：Al_2O_3 泵浦 $LiYF_4$：$1\% Er^{3+}$,在室温下得到 551 nm 连续激光。谐振腔是同心的,腔镜半径 50 mm,输出耦合器在激光波长处的透过率介于 $0.5\% \sim 6.6\%$ 之间。551 nm 激光的最大输出功率达 40 mW,在不考虑反馈的情况下,激光器的光–光转换效率约 1.4%,当调整输出耦合器的透过率为 6.6% 时,可达 10% 的最大斜率效率。另外,值得重视的是在泵浦 $LiYF_4$ 和 BaY_2F_8 时,采用的泵浦源分别是 810 nm 和 960 nm 的钛宝石 Ti：Al_2O_3,由于在这两个波段恰有较成熟的大功率 LD,若在效率降低幅度不大的情况下换用,将十分有竞争力。然而,氟化物的上转换效率虽高,但它的化学稳定性和机械强度差、抗激光损伤阈值低、制作困难的缺点也非常突出,从而在一定程度上限制了它的应用范围。

由于氟化物的上述缺陷,促使人们也致力于寻找其他的基质材料。在 $ZnCl_2$ 和 $CdCl_2$ 基玻璃中,Zn–Cl 和 Cd–Cl 的对称拉伸模量的振动频率分别是 $230 \sim 290 \ cm^{-1}$ 和 $243 \sim 245 \ cm^{-1}$,比重金属氟化物玻璃还低几百个波数。但氯化物玻璃对空气中的水分极其敏感,因此在空气中制备玻璃和测量光谱都不可能。氯化物晶体也有在空气中潮解的问题。

在稀土五磷酸盐(HoP_5O_{14})非晶玻璃中相继获得了紫外上转换发光和蓝绿波段的上转换发光。稀土五磷酸盐是一种化学计量比晶体,高浓度掺杂、低猝灭、高增益和低阈值等优点使其得到广泛应用,经特殊处理后成为非晶材料,它不仅保存了晶态材料的优点,而且还克服了晶态材料基质易开裂和不易加工的缺点。

钨酸盐材料是最早发现的上转换材料。其中钨酸锌($ZnWO_4$)晶体由于对称性低,空间群为 $P\,2/c$,W^{6+} 价态高,对氧离子有很强的极化作用,造成 Zn 晶格位的晶体场场强很弱,适于上转换发光。在 Er^{3+}:$ZnWO_4$ 中,用波长为 808 nm 和 960 nm 的 LD 激发,观察到 550 nm 和 561 nm 上转换荧光[32]。如果该晶体可以在 808 nm 或 970 nm 激光泵浦下通过频率上转换直接产生 561 nm 波长的激光,那么就会找到实际的应用。因为 561 nm 波长的激光恰好是生物显微镜中观察细胞特别是干细胞的理想光源。目前尚无这种波长的激光器,只能用氩氖激光器作代用品,因为氩氖激光器波长为 568 nm,偏离所需波长,为了提高亮度,只好增加细胞染色剂浓度,但这样会损害活体细胞。并且氩氖激光器寿命短,需要每年更换一次,增加了运行成本。目前仅日本 OLYMPUS 公司年产 2 000 台这样的显微镜,因此,急需一种新型激光器替代氩氖激光器作为光源。在 Tm^{3+}:$ZnWO_4$ 中采用 Yb 敏化的方法,在 404,486 和 695 nm 都有较强的荧光发射。

由于 YVO_4 晶体在诸多方面所显示的优良性质,使其作为激光晶体的基质材料颇受重视。用 808 nm LD 和 658 nm 染料激光器激发,都以 553 nm 附近绿色上转换荧光为最强,410 nm 附近上转换荧光峰相对较弱,两种情况下都不足绿光的 10%。且绿光有较长的荧光寿命,在所测定的浓度范围内随 Er^{3+} 浓度的增加而减小;蓝光寿命较短,且不随浓度变化。

7.7.5 上转换晶体激光器

1.基质材料

如前所述,基质材料虽然一般不构成激(发)光能级,但能为激活离子提供合适的晶体场,使其产生合适的发射,而且,基质材料对阈值功率和输出水平也有很大的影响。

对于上转换激(发)光效率来讲,一般认为氯化物>氟化物>氧化物,这是单从材料的声子能量方面来考虑的,前面已有谈到。但是,这恰与材料结构的稳定性成反比。就稳定性而言,氯化物<氟化物<氧化物。因此人们开展了一系列的研究,希望找到既有氯化物那样高的上转换效率,又兼有类似氧化物结构稳定性的新基质材料,从而达到实际应用的目的。

近年来采用氟氧化物微晶玻璃(玻璃陶瓷)作为基体是一种既方便又有效的方法。利用成核剂诱发氟化物形成微小的晶相,并使稀土离子优先富集到氟化物微晶中,从而稀土离子被氟化物微晶所屏蔽,而不与包在外面的氧化物玻璃发生作用。这样,掺杂的氟氧化物微晶玻璃既具有了氟化物的高转换效率,又具有了氧化物的较好的稳定性。至于掺入的稀土离子富集到氟化物中也是可行的。因为在某些系统的相图中,存在调幅分解区域(spinodal zone),在这个区域内,扩散是逆着浓度梯度方向进行的,即扩散的方向不是往降低浓度梯度的方向,而是向增大浓度梯度的方向。造成这种富集的原因是组成波动造成自由焓的下降。在这个区域,扩散的动力不是浓度梯度,而是化学位梯度。虽然,目前尚未有在氟氧化物中实现激光振荡的报道,但可以预见该种材料会有良好的发展前途。沿着这一思路,氯氧化物甚至是溴氧化物或碘氧化物微晶玻璃更应是一种值得研究的基质材料。

还有一种值得重视的基质材料——化学计量比晶体。如前面提到的稀土五磷酸盐非晶玻璃和 Ba_2ErCl_7 晶体以及早期研究过的 $Nd_2(WO_4)_3$ 晶体。这类材料的共同特点是,激活离子是基质的组成部分,因而可以有很高的浓度。应该说,过高的浓度对下转换发光(正常发光)是不利的,会造成严重的浓度猝灭,因此往往加入一些不影响发光的稀土离子,如 La^{3+}、Gd^{3+} 来"冲淡"激活离子的浓度,以提高发光效率。但高的浓度对上转换发光却是有利的。有资料表明:在没有下转换激光时,上转换发光最强,一旦形成激光振荡,则上转换发光强度就会降低。

此外,在复合氧化物单晶中也有一些低声子能量的材料,也可以考虑作为上转换激(发)光材料的基质。由于上转换激光器主要是应用于中小功率场合,所以对激光光束质量要求较高。由于具有周期性排列的晶格结构,单晶中激活离子跃迁谱线主要为均匀加宽,荧光线宽较窄,增益较高,而且硬度和机械强度以及热物理性能也比玻璃好。所以物化性能稳定的氧化物单晶材料也仍然作为上转换材料研究的基质。

2. 敏化发光

为了提高激光晶体的激光效率就必须增加激活离子对泵浦光能量的利用率。在目前提出的几种提高激光效率的方法中,敏化占有举足轻重的地位。有些材料无敏化离子存在时,几乎不发光,而少量敏化离子就足以使发光强度增加一个数量级以上。敏化已作为提高激光晶体效率的成功经验之一。

敏化上转换发光同样是提高上转换发光的有效途径之一。例如,在氧化物中同时掺 Yb^{3+} 和 Tm^{3+},可使 Tm^{3+} 的上转换发光强度提高两个数量级以上。

按照敏化离子对泵浦光吸收的情况,可以把敏化分成直接上转换敏化与间接上转换敏化。所谓直接,简单地说就是敏化离子直接吸收激发光源的能量,通过一定的传递方式把能量传递给激活离子;而间接是指激活离子先吸收激发光源的能量,把能量传递给敏化离子,然后敏化离子再把能量传递给激活离子(图 7.23)。

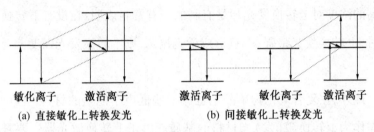

    敏化离子 激活离子   激活离子   敏化离子 激活离子
  (a) 直接敏化上转换发光   (b) 间接敏化上转换发光

图 7.23　直接和间接敏化上转换发光示意图

  敏化方式的选择对声子能量大的材料来说显得更重要。陈晓波等人在同时掺 Tm^{3+}、Yb^{3+}：ZBLAN 与稀土五磷酸盐的对比实验中发现:在间接敏化的方式下(808 nm LD 激发)五磷酸盐的发光强度比 ZB-LAN 玻璃的发光强度仅弱了 15.6 倍,达到了可比的水平;但选择直接敏化(960 nm LD 激发),两者的发光强度却相差 $4.45×10^4$ 倍。而且进一步的研究表明:综合考虑声子能量的正、负面影响,则存在一些最佳声子谱的材料,可以发挥出这种间接敏化机制的优势。这无疑给一直苦苦在声子能量较小且稳定性又不好的氟化物、氯化物中寻找高效率上转换激(发)光材料的研究者们指出一条新路,即在声子能量较高但稳定性良好的材料,如氧化物(复合氧化物)中也有可能获得较高的上转换效率。

3. 单一波长泵浦和双波长泵浦

  上转换发光的抽运过程涉及激发态吸收。如果基态吸收和激发态吸收不同,就需要有双波长泵浦。20 世纪 90 年代中期,已有用双波长泵浦获得连续激光输出的例子。由于充分考虑了基态吸收 GSA 和激发态吸收 ESA 的差异,采用双波长泵浦或更多泵浦波长可以得到较高的上转换效率。目前,上转换激光器走向实际应用的最大障碍就是效率低。除了继续寻找性能优良的基质材料外,探索适宜的泵浦路径也是提高效率的方法之一。现阶段,激光二极管在 808 nm 和 960 nm 已有较大的发射功率和相对较低的价格,研究适用于这两个波段泵浦的上转换激光工作物质还是有一定现实意义的。尽管从实用的角度看,单一波长泵浦更为理想。

从理论研究的角度看,双波长泵浦也有很大的意义。特别是钛宝石激光器的出现,其在 650 ~ 1 100 nm 的范围内连续可调,Ho^{3+},Er^{3+},Tm^{3+},Nd^{3+} 等在此范围内都有吸收,我们可以人为地调整其波长,用来激发稀土离子,得到有关能级分布的定量信息,为更好地利用泵浦源和提高效率提供依据。

实现室温上转换激光振荡的困难主要有两个:一个是需要有高的泵浦阈值,数量级约在 $50 ~ 100 \ kW \cdot cm^{-1}$。这样高亮度的连续光源,一般只有钛宝石激光器才能达到。第二个问题是晶体的吸收率太低。作为上转换发光材料,可以尽量使掺杂的激活粒离子浓度高一些,增加交叉能量传输,提高上转换发光效率,这样往往使荧光寿命降低,而低的掺杂浓度可以维持较长的荧光寿命。在光纤激光器中,由于激发光的通光路程长,有 1 ~ 2 m,可以较好地解决吸收率低的问题。这也是为什么首先在光纤中实现了上转换激光振荡的原因。针对这两个问题,Heumann 等改进了聚焦系统,泵浦光斑仅有 $40 \ \mu m \times 100 \ \mu m$,使泵浦功率密度大为提高。其次,他们设计一种多重折叠腔,增加泵浦光通过晶体的路程(图 7.24),以克服吸收弱的问题,最终实现了 LD 泵浦连续绿色激光输出,输出功率达到 8 mW,斜率效率为 14%。他们采用 $Er^{3+}(1\%)$:$LiLuF_4$ 晶体的光谱数据见表 7.9。利用钛宝石激光器作泵浦光源,由于光束质量高,输出功率达到213 mW,相等吸收泵浦光的效率达到35%。总之,随着上转换激光晶体性能的提高,泵浦技术的改进,上转换晶体激光器的实用化阶段必将到来。

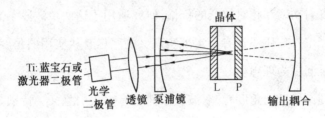

图7.24　多重折叠腔示意图

表7.9　上转换激光晶体光谱数据

晶　　　体	$Er^{3+}(1\%):LiYF_4$	$Er^{3+}(1\%):LiLuF_4$
$\sigma_{GSA}/\times10^{-21} cm^2$	2.5(974 nm)	3.5(972 nm)
$\sigma_{EM}/\times10^{-20} cm^2$	2.0	2.6
$\tau(^4S_{3/2})/\mu s$	370	400

参 考 文 献

[1]　郭奕玲,沈慧君.物理学史[M].北京:清华大学出版社,1993.

[2]　许长存,过巳吉.原子和分子光谱学[M].大连:大连理工大学出版社,1989.

[3]　吕百达.固体激光器件[M].北京:北京邮电大学出版社,2002.

[4]　徐光宪,王祥云.物质结构[M].北京:高等教育出版社,1987.

[5]　周亚栋.无机材料物理化学[M].武汉:武汉工业大学出版社,1994.

[6]　黄德群,单振国,干福熹.新型光学材料[M].北京:科学出版社,

1991.

[7]　Костов И, Кристаллография[M]. Москва：Издательство. Мир, 1965.

[8]　干福熹. 信息材料[M]. 天津：天津大学出版社,2000.

[9]　宋增福. 原子光谱及晶体光谱原理与应用[M]. 北京：科学出版社,1987.

[10]　王国富. LD 泵浦激光晶体材料的新发展[J]. 人工晶体学报, 1998,27(4):27-30.

[11]　李敢生,吴喜泉,位民等. 大尺寸优质钒酸钇(YVO₄)双折射晶体生长[J]. 人工晶体学报,1999,28(1):27-30.

[12]　孟宪林,祝俐,张怀金等. 掺钕钒酸钇单晶生长研究[J]. 人工晶体学报,1999,28(1):23-26.

[13]　REISFELD R, JφRGENSEN C K. Lasers and Excited State of Rare Earths[M]. Belin：Springer-Verlag,1977.

[14]　卡明斯基. 激光晶体[M]. 北京：科学出版社,1981.

[15]　周炳琨,高以智,陈家骅等. 激光原理[M]. 北京：国防工业出版社,1980.

[16]　张恒利,侯玮,王建明等. II 类非临界相位匹配 LBO 腔内倍频 LD 泵浦 Nd：YVO₄671 nm 激光器[J]. 科学通报,1999,44(7): 711-713.

[17]　雷任湛. 激光技术手册[M]. 北京：科学出版社,1992.

[18]　WYSS C P,LISTHY W,WEBER H P,et al. Performance of a diode-pumped 5 W Nd^{3+}：$GdVO_4$ microchip laser at 1.06 μm[J]. Appl. Phys,1999,B68:659-661.

［19］ 孟宪林,祝俐,张怀金等.掺钕钒酸钇单晶光谱与激光特性［J］.
人工晶体学报,1999,28(2):135-139.

［20］ 单振国,干福熹.当代激光之魅力［M］.北京:科学出版社,
2000.

［21］ SANCHEZ A, STRAUSS A J, AGGARWAL R L, et al. Crystal
growth, spectroscopy and laser characteristics of Ti ∶ Al_2O_3［J］.
IEEE J of Quantum Electronics,1988,24(6):995-1002.

［22］ 徐军,周永京,邓佩珍.实用化大尺寸优质 Ti∶Al_2O_3 晶体的生长
和进展［J］.人工晶体学报,2000,29(5):69.

［23］ ZHANG Z, GRATTAN K T V, PALMER A W. Temperature de-
pendences of fluorescence lifetimes in Cr^{3+}-doped insulating crys-
tals［J］. Physical Review B, 1993,48(11):7 772-7 778.

［24］ SMITH L K, PAYNE S A, KWAY W L, et al. Investigation of the
laser properties of Cr^{3+}∶LiSrGaF6［J］. IEEE J Quantum Electron-
ics,1992,28(11):2 612-2 617.

［25］ PAYNE S A, KRUPKE W F, SMITH L K, et al. 725 nm wing-
pumped Cr∶LiSAF laser［J］. IEEE J Quantum Electronics,1992,
28(4):1 188-1 195.

［26］ 方珍意,黄朝恩,师瑞泽等.可调谐激光晶体 Cr∶LiSAF 的生长
及激光特性研究［J］.人工晶体学报,2000,29(51):56.

［27］ KOLBE W, PETERMMAN K, HUBER G. Broadband emission
and laser action of Cr^{3+}-doped zinc tungstate at 1 μm wavelength
［J］. IEEE J of Quantum Electronics, 1985,24(10):1 596-
1 599.

[28] ZANG J, CHEN X, WU S. Characterization of the Cr^{3+}-Nd^{3+} resonant luminescence in codoped Cr, Nd: $ZnWO_4$ single crystal[J]. Spie,1995,2362:525-530.

[29] ZANG J, WU S, LIU Y, et al. Single crystal growth and laser action of chromium manganese codoped zinc tungstate[J]. Chinese Science Bulletin, 1994, 36(20): 1 755-1 758.

[30] 臧竞存,董治长,江少林等. 双掺 Cr,Nd:$ZnWO_4$ 晶体的光性、热学和激光性能[J]. 激光技术,1997,21(1):1-4.

[31] 徐东勇,臧竞存. 上转换激光和上转换发光材料的研究进展[J]. 人工晶体学报,2001,30(2):203-210.

[32] ZANG J, LIU Y, CHEN X, et al. Upconversion in $ZnWO_4$: Er^{3+} by laser diodes[J]. Spie, 1996, 2897 (supplement):44-48.

第8章 板条马氏体大压下量冷轧退火组织与性能

8.1 前 言

固体火箭发动机壳体、压力容器和起落架等结构件,国内外一般都采用高强度钢和超高强度钢制造[1-5]。超高强度钢具有高比强和高比模的特点,可使壳体等结构件的重量减轻,节省燃料,增大火箭的威力。但是随屈服强度的提高,塑性和韧性一般总要下降,并且裂纹敏感性和滞后破坏敏感性增加,导致低应力脆断的趋势增大[6~10]。

为解决强度和韧性的这种矛盾,20世纪50年代以来,已发展了一系列的高强度和超高强度钢。如我国的37SiMnCrNiMoV,40SiMnCrNiMoV等,前苏联的30CrMnSi,28Cr3SiNiMoWV,法国的15CDV6,40CDV6,美国的AISI4340,300M,D6AC和马氏体时效钢等。其中,18Ni马氏体时效钢综合力学性能较好,但因成本太高而限制了使用。为了充分挖掘成本低、应用广泛的低合金高强度钢和超高强度钢的强韧化潜力,许多强韧化方法,如超高温淬火、复合热处理、晶粒超细化和形变热处理等被研发和应用[9,11]。几十年来,大量的研究和工程实践证明,这些强韧化方法一般是控制中碳低合金超高强度钢的强度下降而提高其韧性,这种牺牲强度的作法必然导致构件的重量增加和先进性下降。尽管高比强和高比模的复合材料在航空、航天和军事等领域正逐步取代超高强度钢,但某些构件必须用超高强度钢制造[3,4,5,12]。因此,低合金超高强度钢的低应力脆断问题仍然是一个亟待解决的世界性的难题。

众所周知,通过塑性变形和定向凝固等现代技术可获得超高性能的复合材料[13~17]。这类新型材料被称为塑性变形诱发原位复合材料(Deformation induced insitu composites ,DISC)和微观复合材料(micro-composites,MC)[18]。研究工作表明 DISC 材料的超高性能与界面密切相关。文献[13,14]利用高度分散的异质界面使强度显著提高并保持了良好的导电性;文献[15]利用同质界面在提高 Al-Li 合金强度的同时获得了优良的抗疲劳性能。目前界面研究主要集中在先进陶瓷材料和先进复合材料中的异质界面,而利用同质界面进行强韧化的研究报道较少[19~22]。

传统超高强度钢多为中碳低合金钢,强韧化处理的特点是控制其强度的下降而提高韧性[9]。本文从另一个角度,即控制低碳低合金高强度钢的韧性下降而提高其强度,来解决低应力脆断问题。基于 Coox-Gardon 假设和现代材料复合化理论、材料界面设计理论、超细化理论和马氏体定向强化理论[12,23,24],利用传统钢铁材料层状缺陷产生和消失的规律性,化害为利,研发一种新型层压钢板来解决一般超高强度钢易于发生低应力脆断问题[26]。

考古发掘和冶金史研究发现,古人为了使刀剑等武器的强度和韧性同时得到提高,发明了用锤锻将软钢与高碳或超高碳钢复合起来的技艺。如公元前 1500 年左右,埃及图坦卡门法老的佩剑,中世纪的大马士革刀、乌兹刀和印度尼西亚刀,第一次和第二次世界大战时日本的军刀等,都体现了当代材料复合化与强韧化理论的深刻内涵,是传统钢铁材料复合化和超高性能化的经典范例[27]。1964 年,Coox-Gardon 在理论上提出,材料中裂纹尖端的前沿区域如果存在一个与裂纹扩展方向近于垂直的弱界面或潜在解理面,并且这个弱界面的结合强度适当,则弱界面可通过形成二次微裂纹的方式使主裂纹钝化、止裂和偏折从而同时提高材料的强度和韧性[23]。这一设想自提出以来,已被广泛用于现代结构陶瓷材料和金属基复合材料的强韧化设计[9,12]。金属复合板,特别是用于制造压力容器和管道的层压钢板制备技术,其复合工艺主要是钎焊、轧焊(RB)和爆炸焊[28]。20 世纪 80 年代末期,积累轧焊技术(ARB)被用来制造 Cu-Nb 和 Cu-Ag 等超强磁场中的高强度高电导材料[18],近来被用于制造超细晶粒材料[29]。这些材料复合的大塑性变形技术主要被用于有色金属及其合金和退火钢的复合化、超细化、强韧化和功能化,虽然效果较好,但是,传统层压钢板因界面数量少,界面结合率一般仅为 96% 左右,其强度难以达到超高强度水平(1 500 MPa)。此外,在轧焊和爆炸焊之前,板坯的表面清理、边缘焊合和抽真空等复杂的处理增加了质量控制的难度和制造成本,特别是 ARB 技术,要多次进行表面处理和周边焊合,使界面质量控制的难度进一步增大,造价大幅度提高。毫无疑问,传统复合技术本身所带来的这些难以克服的问题严重地限制了它们的工程应用范围[28]。

至今,无论轧焊(RB)还是积累轧焊(ARB),都是将金属板的宏观表面转化为层压板的内界面,层数多为两三层。ARB 法可获得数十层乃至数千层的板材,但是,层数越多,成本越高[27]。此外,RB 和 ARB 法制备的层压板,其界面间距在毫米尺度或微米尺度,如使界面间距达到亚微米尺度或纳米尺度,技术难度很大,成本极高,很难商品化。就组织细化或晶粒细化而言,退火组织(铁素体+珠光体)经 ARB 处理和再结晶退火可使晶粒细化到亚微米。如 1999 年日本报道低碳钢退火后经 ARB 处理得到最小平均晶粒尺寸约 180 nm 的板材[29],说明利用退火组织的 ARB 难以将晶粒细化到 100 nm 以下的纳米尺度。研究表明,层间距在亚微米或纳米尺度,层片状组织的强度随层间距的减小而显著增加,已不严格遵守著名的 Hall-Petch 关系和复合材料强度的混合律[18,30]。一般均质材料,强度增加往往导致韧性下降,但是,层间弱界面的增韧效应可使层状组织的材料在提高强度的同时保持高的韧性[9,23]。至今,在亚微米和纳米尺度,有关层状组织强度与层间距之间关系的研究报道较多,而韧性与层间距关系的研究报道则很少,是亟待探索的新课题。

针对上述超高强度钢的低应力脆断问题、金属层压板在制造技术、微观组织和性能方面存在的问题和钢铁材料晶粒细化问题,本文利用板条马氏体塑性变形诱发内生复合效应[26,31]和过饱和固溶体大塑性变形组织低温再结晶细化技术[32],制备纳米多层内生复合钢板和等轴纳米晶粒钢板,对解决超高强度钢低应力脆断问题和晶粒细化问题进行新的技术探索。

传统塑性变形与再结晶的理论研究和技术应用,多年来主要是针对 Cu,Al,Fe 和退火钢等软金属及其合金,这些金属或合金的塑性变形组织多为平衡态或近平衡态,而有关远离平衡态的淬火马氏体组织和回火马氏体组织的塑性变形与再结晶问题,研究报道较少。有关利用板条马氏体组织的大压下量轧制和低温再结晶来制备具有超高性能的纳米多层内生复合材料(晶粒呈薄饼状)和等轴纳米晶粒材料的研究,至今未见相关报道[26,32]。

8.2 实验材料与研究方法

8.2.1 实验材料

实验用 15CrMnMoVA 钢和 Q235 钢的化学成分见表 8.1。15CrMnMoVA 是高级优质低碳低合金钢,按法国宇航用 15CDV6 钢标准,由抚顺特殊钢股份有限公司电炉加电渣重熔熔炼,提供 60 mm×60 mm 锻造方坯,经改锻成不同厚度的 80 mm×300 mm 的板坯。Q235 钢为普通低碳钢,其屈服强度最低为 235 MPa。本文用 Q235 钢为热轧态,屈服强度 403 MPa,拉伸强度 515 MPa。这两种钢含碳的质量分数虽然基本相同,仅差 0.01%,但是合金元素的含量和冶金质量差异很大,应用领域不同。15CrMnMoVA 钢为高级优质低碳低合金钢,硫磷等杂质含量很低,主要用于航空航天结构件。Q235 钢是普通碳素结构钢,夹杂物的含量高,多用于一般的工程结构。本文选用它们的主要目的是研究合金元素 Cr、Mo 和 V 对大压下量冷轧板条马氏体组织热稳定性的影响。为降低实验成本,首先用阶梯试样筛选工艺参数,确定用这两种钢制备纳米多层内生复合钢板和等轴纳米晶粒钢板以及热稳定性实验的参数,如表 8.2 所示。

表 8.1 15CrMnMoVA 钢和 Q235 钢的化学成分 （w/%）

材料	C	Mn	Cr	Mo	V	Si	S	P
15CrMnMoVA	0.16	0.90	1.20	0.80	0.28	0.36	0.008	0.015
Q235	0.17	0.68	—	—	—	0.37	0.039	0.036

表 8.2　制备纳米多层钢板、纳米晶粒钢板和热稳定性实验参数

材　料	板　坯　预　处　理	多道次冷轧	退　　火
15CrMnMoVA	改锻后 875 ℃×2 h 炉冷退火,940 ℃×25 min 盐炉奥氏体化,油淬,550 ℃×90 min 时效	0%,35%,55%,65%,75%,93%	低于 700 ℃退火不同时间
Q235	940 ℃×25 min 盐炉奥氏体化,盐水淬火	93.6%	低于 700 ℃退火不同时间

　　为了对比低碳低合金钢提高强度控制韧性降低和传统的中碳低合金钢提高韧性而控制强度下降这两种强韧化方法的强韧化效果,本文将抚顺特殊钢股份有限公司提供的 300M、D6AC 和 28Cr3 三种商用超高强度钢经传统热处理,并在试样几何尺寸和力学性能实验条件与 15CrMnMoVA 钢相同的条件下,测定它们的力学性能。这三种钢的化学成分和热处理工艺分别见表 8.3 和表 8.4。

表 8.3　300 M、D6AC 和 28Cr3 钢的化学成分　　(w/%)

材料	C	Si	Mn	Cr	Ni	Mo	V	W	S	P
300 M	0.40	1.62	0.79	0.75	1.76	0.43	0.08	—	0.014	0.01
D6AC	0.43	0.28	0.76	1.02	0.51	1.06	0.086	—	0.004	0.006
28Cr3	0.28	1.33	0.67	3.17	1.00	0.46	0.13	0.94	0.012	0.015

表 8.4　300M、D6AC 和 28Cr3 钢的热处理工艺

材　　料	热　处　理　工　艺
300M	930 ℃奥氏体化,油冷,300 ℃回火
D6AC	950 ℃正火 880 ℃奥氏体化,油冷,550 ℃回火
28Cr3	930 ℃奥氏体化,油冷,300 ℃回火

15CrMnMoVA 钢坯经改锻后,875 ℃ 退火,940 ℃×25 min 盐炉加热奥氏体化,油淬火后为低碳板条马氏体组织,550 ℃×90 min 时效后进行冷轧获得 0~93% 的相对压下量($\eta = (H_0 - H_1)/H_0$,H_0 为原始厚度,H_1 为终轧厚度)。0~75% 压下量的终轧厚度为 3 mm 和 6 mm,厚度为 6 mm 的板材用于断裂韧度测试。将厚度 6 mm 的商用 Q235 钢板剪成 60 mm×260 mm 的板坯,940 ℃×25 min 盐炉加热,盐水淬火后多道次冷轧到 0.38 mm,积累压下量为 93.6%。

8.2.2 实验方法

1. 纳米多层内生复合钢板制备工艺参数的选择

为降低研究成本,首先采用不同预处理状态的 15CrMnMoVA 阶梯试样来筛选淬火、时效、冷轧压下量和退火工艺参数[33]。每个阶梯试样有 10 个台阶,分别对应 0~80% 的压下量。用维氏硬度实验和冷弯实验测定奥氏体化温度、淬火马氏体的时效温度和时间、冷轧压下量、轧后退火温度和时间等参数对 15CrMnMoVA 钢冷轧板条组织强度和韧性的影响,确定最佳强韧化工艺参数。在 Inston 拉伸机上通过冷弯实验测定载荷–挠度(P–f)曲线,用初始裂纹扩展功和 Irovin 公式评价工艺参数对冷轧板条马氏体组织断裂韧度的影响[34]。

2. 力学性能实验

用光滑拉伸试样和表面半椭圆裂纹试样研究纳米多层钢板的拉伸力学行为和裂纹敏感性。光滑拉伸试样的形状和尺寸如图 8.1(a)所示,试样标距尺寸为 3 mm×10 mm×30 mm,室温下在 Inston 拉伸机上测定载荷–位移曲线,夹头移动速度为 0.05 mm/s。用疲劳法在 K_{1C} 试样标距中部引入表面半椭圆裂纹,应力腐蚀试验采用恒载荷法,介质为室温下质量分数为 5% 的 NaCl 水溶液,时间 150 h。断裂韧度和应力腐蚀试样如图 8.1(b)所示。冲击试样为非标准试样,见图 8.1(c)。低温冲击在-196 ℃,-120 ℃,-80 ℃,-40 ℃和 25 ℃进行。

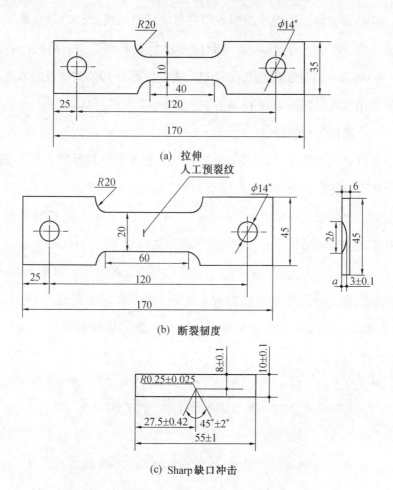

(a) 拉伸

(b) 断裂韧度

(c) Sharp 缺口冲击

图 8.1　拉伸、断裂韧度和 Sharp 缺口冲击试样的几何形状和尺寸(拉伸和冲击试样厚度为 3 mm;断裂韧度试样厚度为 6 mm)

纳米多层内生复合钢板各层近于相互平行排列,板厚方向的抗拉强度是弱界面结合强度的反映。测定弱界面结合强度的试样及其实验装置和试验方法见文献[35]。

3.微观组织分析

利用光学显微镜(OM)、透射电子显微镜(TEM)和 X ray 衍射仪(XRD)研究样品的微观组织。用扫描电子显微镜(SEM)观察断口特征。用 XRD 和 EBSD 法研究断口分层裂纹表面织构。沿轧向切取 0.4 mm薄片,机械减薄后,在-20℃、质量分数为 10% 的高氯酸酒精溶液中用双喷法制备 TEM 样品。

4.晶粒尺寸的测定

TEM 观测表明,两种钢坯轧前马氏体板条的平均厚度为 0.3 μm。大压下量轧后马氏体板条厚度小于 0.1 μm,这种纳米层片组织低温长时间退火可形成等轴纳米晶粒组织。用 X ray Scherrer 法和 TEM 暗场技术测定这类远离平衡态组织的平均晶粒尺寸。因 Scherrer 法仅适用于 10^{-5} cm 以下的晶粒,并且没有考虑晶格畸变的影响。因此,Scherrer 法的结果必须用 TEM 暗场观测来校正。许多文献和我们的工作都证明 Scherrer 法与 TEM 暗场观测相结合来测定纳米晶粒尺寸是可行的[36~38]。

8.3　试验结果与分析

8.3.1　纳米多层钢板的微观组织特征

冷轧板条马氏体形成的纳米多层组织的特征类似于金属层压板,相邻层片状晶粒呈近于互相平行排列。实验观察表明,轧后的层片厚度与轧前马氏体板条尺寸和轧制压下量密切相关。相对压下量为 75% 的层片平均厚度约 80 nm,如图 8.2 所示。对轧制前后组织的对比观察分析表明,这种类似金属层压板的内生复合结构是马氏体板条在轧制变形区转动并沿轧面,特别是沿轧向大幅度延展的结果。轧前马氏体板条束的取向是随机的,轧后组织中存在很强的(100)和(111)板织构[39];15CrMnMoVA 钢和 Q235 钢马氏体轧前板条晶的平均厚度约为 300 nm,75% 压下量的层状组织的平均层厚约 80 nm,93% 压下量的层状组织的平均厚度约 20 nm。2002 年日本 Tsuji 等人为了细化晶粒,冷轧 SS400 低碳钢板条马氏体得到类似的层片组织,再结晶退火后得到超细晶粒钢板[40,41],但一直未见利用轧制板条马氏体法制备纳米多层内生复合钢板和纳米晶粒钢板的报道。

图 8.2　冷轧 15CrMnMoVA 钢板条马氏体形成的
纳米多层组织的 TEM 明场像(相对压下
量为 75%)

　　XRD Scherrer 法和 TEM 暗场弦线法的晶粒尺寸测定结果如表 8.5所示,其中大于 1 000 nm 的晶粒尺寸由光学显微镜测定。表 8.5 表明,较低温度退火的样品,15CrMnMoVA 钢低于 580 ℃,Q235 钢低于

400 ℃,Scheer 法与 TEM 暗场法的结果符合得相当好。对较高温度退火的样品,晶粒尺寸大于 100 nm 时,Scheer 法不适用。图 8.3 为板条马氏体冷轧退火组织的 TEM 像和 SAD 花样。环形的 SAD 花样表明板条马氏体冷轧低温退火组织的晶界主要是大角度晶界[36,37,41],说明冷轧过程中相邻板条由以小角度为主变为以大角度为主。环形 SAD 花

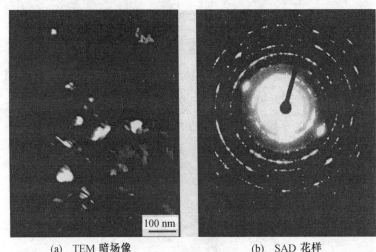

(a) TEM 暗场像　　　　　(b) SAD 花样

图 8.3　Q235 钢板条马氏体冷轧退火组织的 TEM 暗场像和 SAD 花样

样上的高强度弧段说明冷轧样品中存在强烈的板织构,XRD 观测分析证明,15CrMnMoVA 钢产生以(100)和(111)为主的复合织构[39],Q235钢板条马氏体冷轧后和 500℃ 以下退火主要为(100)织构,高于 500 ℃为(110)织构[42]。将拉断的试样沿分层裂纹劈开,对劈裂表面的 SEM和 EBSD 观测分析表明,劈裂面呈层状解理河流花样,是{100}织构取向带中(100)/(100)界面解理断裂的结果[35,42],见图 8.4。

表 8.5 退火温度和时间对晶粒尺寸的影响/nm

材 料	温度/℃	时间/h	Scherrer 测晶粒尺寸				TEM 暗场弦线法>250 个晶粒平均值	备 注
			011	200	211	平均		
15CrMnMoV	550	8	23.7	14.2	16.7	18.2	21.8	等轴纳米晶特征 SEM 断口有层片特征 断口层片状特征消失,晶粒形状呈平衡态特征
		16	27.3	18.5	18.0	21.3	23.1	
		24	26.1	15.4	18.3	19.9	22.0	
	580	4	26.6	15.6	18.1	20.1	24.1	
		8	25.7	16.5	18.4	20.2	25.6	
	16	32.8	20.5	22.4	25.2	26.9	26.9	
	660	2	—	—	—	—	1 157	
		4	—	—	—	—	1 321	
		6	—	—	—	—	1 697	
	700	2	—	—	—	—	1 625	
		4	—	—	—	—	1 812	
		6	—	—	—	—	2 228	
Q235	300	60	23.1	16.6	14.8	18.2	19.0	等轴晶粒,晶界不规则晶界平直有碳化物
	350	60	28.9	13.8	17.5	20.1	22.4	
	400	60	72.3	34.5	43.7	50.5	51.8	
	500	60	—	—	—	—	316.4	
	600	60	—	—	—	—	4 700	

8.3.2 力学性能试验结果

表 8.6 为 15CrMnMoVA 钢传统热处理及其板条马氏体大压下量冷轧组织的拉伸、冲击、断裂韧度 K_{1C} 和应力腐蚀断裂门槛值 K_{1SCC} 的试验结果。表 8.6 中同时列出了低碳低合金 15CrMnMoVA 钢和三种中碳低合金超高强度钢常规处理的力学性能。在冷轧压下量为 35% ~ 75% 条件下,随着压下量的增加,强度升高,塑性下降不明显,冲击韧性

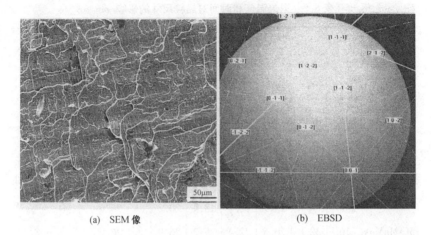

(a) SEM 像   (b) EBSD

图 8.4　15CrMnMoVA 纳米多层内生复合钢板分层裂纹表面的 SEM 像和 EBSD

下降。压下量为 65% 时,断裂韧度(K_{1C})和应力腐蚀断裂门槛值

(K_{1SCC})略高。一般情况下,屈服强度($\sigma_{0.2}$)大于 1 500 MPa 的超高强

度钢的 K_{1SCC} 与 K_{1C} 之比(K_{1SCC}/K_{1C})仅为 0.2~0.3,表 8.6 中纳米多层

内生复合钢板的 K_{1SCC}/K_{1C} 值大于 0.85,是 300M,D6AC 和 28 Cr3 的

3~4倍,这说明纳米多层内生复合钢板的 SCC 敏感性很低。

表 8.6　DISC,300M,D6AC 和 28Cr3 钢不同处理规范的性能对比

材　　料	形变率δ/%	抗拉强度 σ_b/MPa	屈服强度 $\sigma_{0.2}$/MPa	伸长率 δ/%	断面收缩率 φ/%	冲击韧度 $a_K(V)$/(J·cm^{-2})	断裂门槛 K_{1c}/(MPa·m$^{1/2}$)	断裂门槛值 K_{1SCC}/(MPa·m$^{1/2}$)	时效规范
15CrMnMoVA	0	1 209	1 128	17.9	62.0	153	151	—	625℃×2 h
	35	1 390	1 372	11.3	54.0	—	—	—	580℃×90 min
	55	1 565	1 554	12.0	50.0	64.0	105.0	90.0	580℃×90 min
	65	1 581	1 567	11.5	47.0	55.0	110.7	94.6	580℃×90 min
	75	1 669	1 665	9.5	36.0	45.0	106.0	93.5	580℃×90 min
300M	—	1 998	1 621	12.2	41.0	39.0	62.8	12.4	930℃+300℃
D6AC	—	1 576	1 441	12.8	48.9	48.0	90.4	26.7	880℃+300℃
28Cr3	—	1 776	1 430	15.1	47.0	57.0	95.0	17.1	930℃+300℃

图 8.5 为 65% 冷轧压下量的光滑试样和表面半椭圆裂纹试样的拉伸曲线。图 8.6 为最大名义应力 σ_C ($\sigma_C = P_m/A_0$) 与 $\sigma_{0.2}$ 之比 ($\sigma_C/\sigma_{0.2}$) 随裂纹相对面积 (A_C/A_0) 的变化关系。(真实应力 $\sigma_T = P_m/(A_0 - A_C)$, A_C 为半椭圆裂纹的面积, $A_C = \pi_{ab}$, a 为半椭圆裂纹深度, b 为

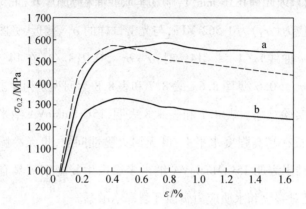

图 8.5　15CrMnMoVA 纳米多层内生复合钢板光滑试样和表面半椭圆裂纹
试样的拉伸曲线(冷轧压下量为 65%)

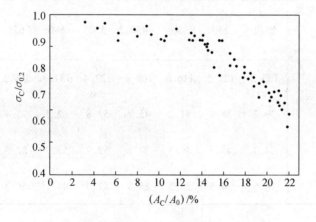

图 8.6　预裂纹试样的 $\sigma_C/\sigma_{0.2}$ 随 A_C/A_0 的变化关系

σ_C—最大名义应力 ($\sigma_C = P_m/A_0$);P_m—最大载荷,15CrMnMoVA 钢

长半轴,P_m 为最大载荷)。光滑试样的$\sigma_b = 1\,581$ MPa,$\sigma_{0.2} = 1\,567$ MPa,$\delta = 11.5\%$,$\psi = 47.0\%$;表面裂纹试样的最大名义应力 $\sigma_C = 1\,388$ MPa,$\delta = 3.8\%$,$\psi = 0\%$,如果从名义承载面积($A_0 = 121.6$ mm^2)扣除表面半椭圆裂纹面积($A_C = 18.6$ mm^2),则真实承载面积为103.0 mm^2,实际的平均真实应力(σ_T)为 1\,562 MPa,与光滑试样的$\sigma_{0.2}$接近,见图8.5中虚线(σ_T-ε 曲线)。$A_C/A_0 < 14\%$ 时,$\sigma_C/\sigma_{0.2} > 0.9$;$A_C/A_0$ 在 $14\% \sim 22\%$ 之间,$\sigma_C/\sigma_{0.2} > 0.6$,见图8.6。表8.7和表8.8为回火系列冲击实验和低温冲击实验结果。表8.7和表8.8表明,15CrMnMoVA 纳米多层内生复合钢板在超高强度水平上,既无回火脆性问题,也无冷脆转变现象。上述结果表明 15CrMnMoVA 纳米多层内生复合钢板具有超高强韧性,并且对裂纹和水质应力腐蚀开裂都不敏感。

表8.7　15CrMnMoVA 纳米多层内生复合钢板的回火系列冲击实验结果

（J/cm^2）

温度 t/℃ 形变率 δ/%	室温	250	350	450	550	580	625	670
0	133.3	121.5	116.6	109.8	127.4	131.3	149.5	152.9
55	39.2	38.2	41.2	45.7	57.8	62.7	77.4	131.3
65	34.3	45.3	36.3	37.2	52.9	53.9	82.3	196.0
75	18.6	24.5	23.5	25.5	51.9	44.1	56.8	161.7

表8.8　低温系列冲击试验结果(V形缺口)　　　(J/cm²)

温度 / ℃ 材　料	20	−20	−80	−120	−196
15CrMnMoV	53.9	49.0	39.2	28.4	14.7
D6AC	47.0	41.2	19.6	12.7	9.8
28Cr3	55.9	50.0	14.7	11.8	7.8

　　Q235钢板条马氏体压下量冷轧93.6%组织的力学性能如表8.9所示。冷轧93.6%使板条马氏体组织的σ_b由淬火态的1 205 MPa增加到2 110 MPa(增加了75.1%),而延伸率接近于零,呈脆性断裂。轧后低于400 ℃退火60 min,存在一个时效硬化峰,σ_b最高为2 520 MPa,在100 ℃退火60 min使强度增加了410 MPa,而冷轧前的180 ℃时效仅使$\sigma_{0.2}$比淬火马氏体组织的增加37 MPa(增加了3.7%),这说明Q235冷轧马氏体组织的时效强化作用很大,高达轧前马氏体组织时效强化效果的11倍。但是低于500 ℃的退火并没有明显改善其拉伸脆性。500 ℃退火60 min的延伸率为15.9%,屈服强度$\sigma_{0.2}$为1 208 MPa,抗拉强度σ_b为1 320 MPa,强度比冷轧前的淬火组织略高,而塑性,特别是断面收缩率仅为2.3%,远低于轧前马氏体组织的54.4%。600 ℃退火60 min的$\sigma_{0.2}$为489 MPa,σ_b为629 MPa,延伸率为17.6%,强度比热轧态的略高,而塑性却很低。SEM和EDS断口分析表明,Q235钢中脆性硅酸盐夹杂物在冷轧过程中破碎形成的微裂纹是导致这种现象的主要原因,如图8.7所示。

表 8.9　Q235 钢板条马氏体冷轧 93.6% 及其退火组织的室温拉伸性能

过程	$\sigma_{0.2}$/MPa	σ_b/MPa	δ/%	ψ/%	HV
室温	—	2 110	—	—	635
100℃、60 min	—	2 520	—	—	580
200℃	—	2 075	—	—	558
300℃	—	2 295	—	—	547
350℃	—	1 759	—	—	508
400℃	—	1 830	—	—	468
500℃	1 208	1 320	15.9	2.30	335
600℃	489	646	17.6	10.4	212
热轧空冷	403	515	37.7	69.3	178.6
淬火	998	1 205	17.7	54.4	426.6
淬火+180℃时效	1 035	1 160	19.7	52.3	406

图 8.7　Q235 钢板条马氏体冷轧组织中硅酸盐类夹杂物

8.3.3　SEM 断口观察

15CrMnMoVA 和 Q235 钢冷轧板条马氏体形成的纳米多层组织的拉伸、冲击、K1C 和 K1SCC 断口形貌的突出特征是存在分层现象,如图

8.8 所示。光学显微镜、扫描电子显微镜在不同放大倍数下的观察中发现这类断口呈不同尺度的分层,放大倍数越高,观察到的层数越多。这说明冷轧板条马氏体组织中存在大量平行于轧面的显微弱界面,这

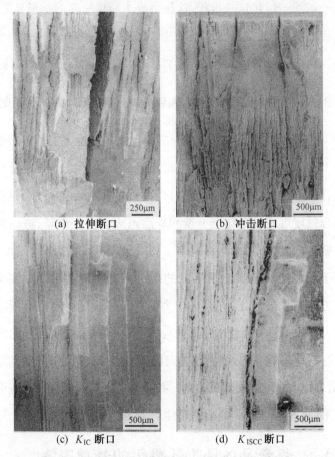

(a) 拉伸断口　　　　　　　(b) 冲击断口

(c) K_{IC} 断口　　　　　　(d) K_{ISCC} 断口

图 8.8　15CrMnMoVA 钢纳米多层组织的 SEM 断口形貌

些弱界面在足够大的三向拉应力作用下形核开裂,并经过内径缩而产生断口分层现象。弱界面的这种行为使拉伸过程中试样的有效板厚约束下降,裂尖前的三向拉应力状态被缓解,这无疑会导致高的 K_{IC} 和 K_{ISCC} 值[39,44,45]。此外,主裂纹在扩展中被分层裂纹止裂、偏折或钝化

后,进一步的扩展需在其前方的分层界面上重新形核,当新裂尖前方的板厚方向应力再度达到弱界面的结合强度时,该处的弱界面会再度开裂而使主裂纹钝化止裂,这样,断口的最终形成需要主裂纹多次重复进行形核—扩展—钝化这一过程,这使形成主断口所需的能量显著增加,这部分能量消耗于断口表面积增加所需的表面能和多次内颈缩所需的塑性功。这些特点使15CrMnMoVA纳米多层组织的韧性得到显著提高。

8.3.4 冷轧压下量和退火温度对弱界面结合强度的影响

15CrMnMoVA钢纳米多层组织中弱界面结合强度的测定结果见图8.9(a)和(b)。图8.9表明,弱界面的结合强度随冷轧压下量的增加而降低,随退火温度的升高而增加。因此,纳米多层内生复合钢板弱界面的结合强度可通过冷轧压下量和轧后退火温度来调整,进而调整其强度与韧性的配合[43]。

对于预裂纹试样而言,预裂纹的存在必然造成应力集中,裂尖区除受垂直方向的拉应力 σ_y 和横向应力 σ_z 作用外,还会出现沿板厚方向的拉应力 σ_x,使裂尖区处于三向拉应力状态。由于纳米多层内生复合钢板中存在许多弱界面,当板厚方向的拉应力 σ_x 达到弱界面的结合强度时,微裂纹在弱界面处形核扩展,将裂尖应变集中区由平面应变状态转变为平面应力状态,使该板的韧性增加,强度得以充分发挥[9,39]。

8.3.5 板条马氏体冷轧组织的热稳定性

退火温度和时间对15CrMnMoVA和Q235钢板条马氏体冷轧组织显微硬度(HV)的影响见图8.10和表8.10,对晶粒尺寸的影响如图8.11所示。

从硬度与退火温度和时间的关系和冷轧组织随退火温度和时间变

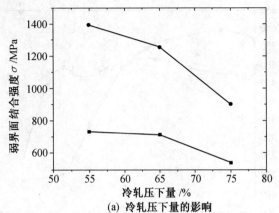

(a) 冷轧压下量的影响

● — 冷轧后 580°(×90)时效处理　■ — 冷轧后没有时效处理

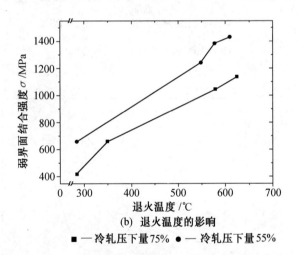

(b) 退火温度的影响

■ — 冷轧压下量75%　● — 冷轧压下量55%

图 8.9　冷轧压下量和退火温度对 15CrMnMoVA 纳米

多层内生复合钢组织弱界面结合强度的影响

化这两个方面看,15CrMnMoVA 钢纳米多层组织的热稳定性比 Q235 的热稳定性高得多。硬度的变化说明 Q235 纳米多层组织在 350 ℃以下发生回复,在 350 ~ 580 ℃之间发生再结晶。而 15CrMnMoVA 钢板条马氏体冷轧组织 580 ℃以下回复,在 580 ℃出现二次硬化峰,580 ~ 660 ℃发生再结晶。Q235 在 600 ℃晶粒长大速度约为 1.6 μm/h, 比

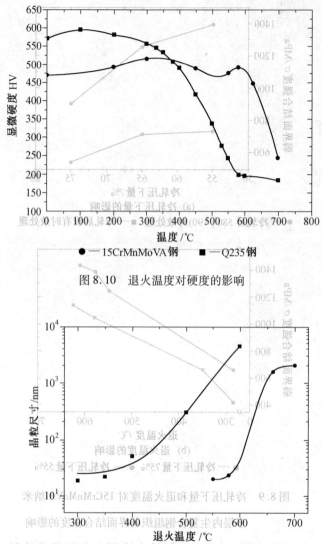

图 8.10　退火温度对硬度的影响

图 8.11　退火温度对纳米多层组织晶粒尺寸的影响

15CrMnMoVA 在 660 ℃ 的长大速度(约 0.5 μm/h)高 3 倍。两种钢纳米多层组织热稳定性的差别主要由化学成分不同引起。15CrMnMoVA 虽为低合金钢,但 Cr、Mo 和 V 是强碳化物形成元素,可显著提高其纳米多层组织的热稳定性。

表 8.10　不同退火温度和时间对硬度冷轧 Q235 钢的影响(HV)

时间/min	温度/℃					
	350	400	450	500	550	600
0	572	572	572	572	572	572
15						311
30			479	435	384	205
60	535	492	414	327	262	196
120	529	474				
180	520	462				
240	514	453	385	264	229	
300	510	447				
360	507	443	—			
480	502	432	355	199	193	
720	486	405				

8.4　讨　　论

8.4.1　纳米多层内生复合钢板的微观组织特点

　　OM,SEM,XRD 和 TEM 观察分析表明,通过多道次冷轧板条马氏体组织制备的纳米多层内生复合钢板的微观组织是由加工硬化了的低碳马氏体板条和条间界面组成的,这些板条呈沿轧面伸展的层片状,层片平均厚度易于控制在纳米尺度,内部的位错密度比轧制之前高很多。层片呈相互近于平行的定向排列特征,类似于金属层压板的层状结构,如图 8.2 所示。金属层压板一般是通过钎焊、锻压焊、扩散焊、轧焊或爆炸焊等方法将同质或异质材料宏观地复合在一起,每层厚度在毫米或微米尺度,界面密度低,制备工艺复杂,但因强韧化效果好,具有定向层片组织的钢铁材料已有 3 500 多年的应用历史[27]。纳米多层内生复合钢板中存在大量的微观弱界面,每一层为碳含量过饱和而位错密度近于饱和的马氏体薄片,厚度在纳米尺度,取决于板条原始厚度和压下量。与传统金属层压板相比,这种纳米多层内生复合钢板的内生复合工艺简单,并且在超高强度水平(强度高于 1 500 MPa)可获得显著的韧化效果。积累压下量达到 93% 的马氏体板条晶的平均厚度为 20 nm,拉伸强度高达 2 500 MPa,大压下量冷轧板条马氏体的强化作用异常显著,而韧性可通过弱界面的作用得以控制。

8.4.2 弱界面的物理本质和分层裂纹形成机制

许多工程实践和研究表明,沿轧向伸展的夹杂物、珠光体-铁素体带状组织、磷偏析带和织构取向带等传统冶金缺陷都可导致某些传统钢板的拉伸断口和冲击断口出现分层现象[25,45]。断口分层现象是材料内部存在弱界面的外在表现,是传统的冶金缺陷。虽然这种缺陷往往导致高的韧性和较低的冷脆温度,但一直被列为如何消除或控制的研究对象[46,47]。本文则强调这种冶金缺陷的韧化作用,并利用弱界面产生和消失的规律性及其增韧机制来制备具有超高强韧性的纳米多层内生复合钢板和纳米晶粒钢板[26,32]。

为了揭示板条马氏体经冷轧和低温退火形成的纳米多层内生复合组织中弱界面的物理本质,将拉伸试样在被拉断之前卸载,并从试样标距内切取(3×10×12) mm^3 的样品,沿分层裂纹将该样品劈开,对分层裂纹表面进行的 SEM、EBSD 和 XRD 观测分析结果与拉伸断口、冲击断口和 K_{Ic} 断口的结果一致表明,导致分层裂纹的弱界面确为(100)解理界面。TEM 原位拉伸和观测表明,仅少数分层裂纹在板条内部形核,形核位置多在层片界面处,且都沿界面扩展,如图8.12所示。图8.12为TEM下原位沿板厚方向拉伸的明场像,它证明纳米多层组织中的弱界面是(100)织构取向带中的(100)/(100)层片界面。

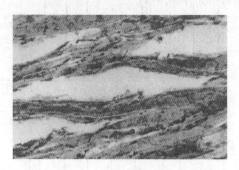

图8.12 15CrMnMoVA 纳米多层钢板

TEM 下原位拉伸的分层特征

图8.13为板条马氏体冷轧组织中(100)织构取向带嵌入(111)基体的示意图。光滑试样拉伸断口分层裂纹的形成机制示意图如图8.14所示。马氏体板条在大压下量轧制过程中沿轧向大幅度伸展的同时发生转动,随压下量增加,板条由轧前的随机取向通过转动形成了近

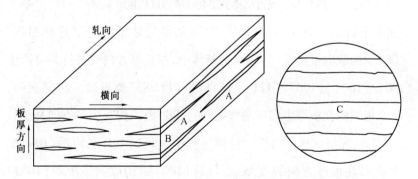

图8.13 (100)织构取向带嵌入(111)织构基体示意图

A—(100)织构取向带;B—(m)织构基体;C—A区的放大示意图,一个(100)取向带中

存在许多相互取向不同(100)层片,C是(100)织构取向带中(100)/(100)板条界面

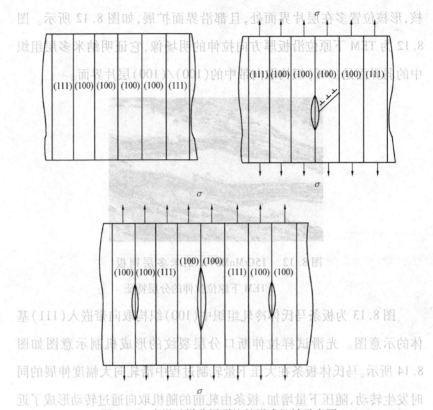

图 8.14　光滑试样分层裂纹的形成机械示意图

于相互平行的(100)和(111)织构取向带交替排列的层片状组织。(100)织构取向带嵌于(111)织构基体中,在板厚方向交替排列可产生(100)/(100)、(100)/(111)和(111)/(111)三类界面。研究表明,(111)板织构在板厚方向不易收缩,而(100)板织构在板厚方向易于收缩。因此,光滑试样在沿轧向拉伸过程中,(111)基体会限制(100)织构取向带在板厚方向的收缩,这导致(100)织构取向带中的(100)/(100)界面承受一个附加的正应力 σ_x^a,σ_x^a 叠加在三向拉应力的板厚方向应力 σ_x 上,当 $\sigma_x+\sigma_x^a$ 峰值达到(100)/(100)界面的结合强度 $\sigma_{(100)/(100)}$ 时,分层裂纹就会形核并长大,如图 8.15 所示。图 8.15 中没有考虑位错在弱界面塞积产生的另一个附加应力。

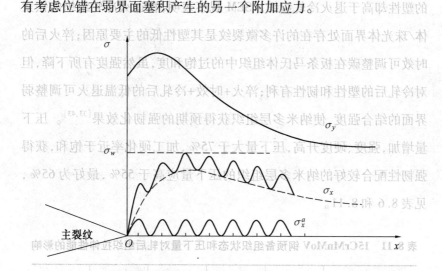

图 8.15　纳米多层组织裂纹体裂尖前区应力分布和弱界面结合强度的关系示意图

σ_y—均质材料裂纹尖端前沿区域沿拉伸轴向的流动应力;σ_x—均质材料裂纹尖端前沿区域沿板厚方向的正应力;σ_x^a—由于相邻层片晶体学取向差异而引起的附加正应力;$\sigma_w^{100/100}$—(100)/(100)界面的结合强度,$\sigma_w^{111/111} > \sigma_b^{111/100} > \sigma_w^{100/100}$,$\sigma_x + \sigma_x^a = \sigma_w$;$x$—板厚方向到裂纹尖端的距离,单位为弱界面的平均间距

8.4.3　冷轧板条马氏体组织的强韧化机制

15CrMnMoVA 和 Q235 钢在淬火强化的基础上,冷轧的加工硬化作用、晶粒细化和板条定向强化(织构强化)使板条马氏体冷轧组织的强度显著提高,提高的幅度与轧前的时效参数、冷轧压下量和轧后退火参数密切相关。表 8.11 为 15CrMnMoVA 钢轧前预处理、积累压下量和轧后处理状态与强度和塑性的关系。表 8.11 说明,与淬火态相比,退火态(铁素体+珠光体)冷轧不仅强度低,塑性更低;淬火态,碳的过饱和度最大,加工硬化率最大,强度最高。令人惊奇的是淬火冷轧组织

的塑性却高于退火冷轧组织。SEM 观察表明,在退火冷轧组织的铁素体/珠光体界面处存在的许多微裂纹是其塑性低的主要原因;淬火后的时效可调整碳在板条马氏体组织中的过饱和度,虽然强度有所下降,但对冷轧后的塑性和韧性有利;淬火+时效+冷轧后的低温退火可调整弱界面的结合强度,使纳米多层组织获得预期的强韧化效果[33,43]。压下量增加,强度、硬度升高,压下量大于 75%,加工硬化率近于饱和,获得强韧性配合较好的纳米多层组织的压下量应高于 55%,最好为 65%,见表 8.6 和 8.11。

表 8.11 15CrMnMoV 钢预备组织状态和压下量对轧后组织拉伸性能的影响

预备组织	压下量/%	σ_b/MPa	$\sigma_{0.2}$/MPa	δ/%	ψ/%
875℃ 完全退火	0	647.5	356.0	24.2	63.8
	35	859.1	808.1	8.8	41.3
	55	946.4	900.3	6.8	36.2
	65	1 024.8	966.0	5.9	15.1
	75	1 069.0	1 002.3	5.8	13.5
	93	1 126.0	1 081.0	5.6	12.6
淬火 不时效	0	1 370.0	1 041.5	13.8	56.9
	35	1 503.4	1 433.8	8.0	51.9
	55	1 848.6	1 736.8	6.8	36.2
	65	1 921.6	1 844.7	5.7	23.1
	75	2 034.2	1 973.2	5.5	18.6
	93	2 291.2	2 199.7	5.2	13.6
淬火+时效 (550℃×90′)	0	1 202.3	1 082.7	17.5	55.9
	35	1 400.4	1 328.8	9.3	53.1
	55	1 618.2	1 489.7	10.0	44.0
	65	1 664.2	1 572.1	8.8	41.9
	75	1 782.9	1 698.5	5.8	22.3
	93	1 858.8	1 793.7	5.6	15.6

续表 8.11

预备组织	压下量/%	σ_b/MPa	$\sigma_{0.2}$/MPa	δ/%	ψ/%
淬火+时效+ 冷轧+退火	0	1 216.1	1 120.9	17.5	60.4
	35	1 363.2	1 345.5	11.3	53.6
	55	1 534.8	1 524.0	12.0	50.0
	65	1 550.5	1 536.8	11.5	46.7
	75	1 636.8	1 624.0	9.5	36.2
	93	1 721.8	1 074.6	8.2	28.9

众所周知,加工硬化的幅度与位错密度的平方根成正比,晶粒细化的强化作用与晶粒尺寸的平方根成反比。加工硬化的强化幅度一方面与位错密度有关,另一方面更和不可动位错与可动位错数量之比密切相关,有关不可动位错与可动位错之比的定量分析,有关研究报道较少。对于过饱和固溶体,变形过程中产生的不可动位错数目与动态应变时效作用有关。日本的河部—邦曾利用反复冷轧+时效法,将马氏体时效钢的加工硬化率显著提高[48]。本文板条马氏体冷轧前的时效和冷轧后退火的主要目的是通过调整不可动位错与可动位错数目之比来控制塑性和韧性的配比,其强化作用较弱。

晶粒细化的强化作用不仅与晶粒尺寸有关,晶粒的形状和择优取向对板条马氏体冷轧组织的强化作用也很显著。其中择优取向导致的马氏体定向强化作用在文献[24]中有所报道。文献[49]中,通过合金化使奥氏体在室温下稳定,并对这种奥氏体进行大塑性变形,使奥氏体产生择优取向,淬火后马氏体继承了奥氏体的择优取向而获得马氏体定向强化效果。本文利用板条马氏体大塑性变形获得平行于轧面排列的层片状晶粒组织,也具有定向强化作用,如何对这种强化作用进行定量分析有待进一步研究。

Coox 和 Gardon1964 年的理论研究表明,处于扩展裂纹前方的弱界面或潜在解理面具有强化和韧化作用[23]。XRD、EBSD 和 SEM 断口观察分析表明,板条马氏体大压下量冷轧组织中的弱界面为(100)织构取向带中的(100)/(100)界面,本质上是(100)与(100)在冷轧过程中形成的扭转晶界、侧倾晶界或扭转侧倾晶界,究竟是哪一种,在板条厚度小于 100 nm 的情况下,试验分析的难度很大[41]。

层压金属材料,特别是钢铁材料,具有久远的历史。近代考古发掘和碳 14 年代认定技术的发展,已将层片组织钢铁材料的应用追溯到公元前 2750 年的古埃及大金字塔时代。近代和当代的许多工程结构件和武器都体现了层压金属材料的优异强韧性,如输油管线、压力容等[27,28]。但是,大压下量轧制板条马氏体制备的内生复合钢板及其热失稳转变成的纳米晶粒钢板,仍处于试验开发阶段。应当引起关注的另一个问题是,通过板条马氏体组织的大塑性变形来提高低碳低合金高强度钢的强度而控制其韧性的下降,可能是比提高中碳超高强度钢的韧性而控制其强度下降更为有效的新途径,也是制备高性能内生复合材料的新方法。

参 考 文 献

[1] RENGANATHAN K, NAGESWARA RAO B, JANA M K. Failure pressure estimation on a solid propellant rocket motor with a circular perforated grain[J]. International journal of pressure vessels and piping, 1999,955–963.

[2] HUANG Y, LIN X R, XU J, et al. Thermographic examination of fatigue exercise on high strength pressure vessel[J]. Acta Metall.

Sinc,1994,30(5):195-199.

[3]　TSAY L W, CHUNG C S, CHEN C. Fatigue crack propagation of D6AC laser welds[J]. Int. J. Patigue 1997,19(1):25-31.

[4]　PALMER D D, KING D C, DODS B G. Barkhausen effect measurements on compressively overloaded 300M steel. Proceedings of the 15 th Annual Review of Progress in Quantitative Nondestructive Evaluation[J]. USA: La Joila, California, 1998, 8 (3): 2 033 - 2 041.

[5]　JILES D C GARIKEPATI, P PALMER D D. Evaluation of residual stress in 300 M steels using magnetization, Barkhausen effect and X ray diffraction techniques. Proceedings of the 15th Annual Review of Progress in Quantitative Nondestructive Evaluation[J]. USA: La Joila, California, 1988, 8(B): 2 081 - 2 087.

[6]　YI HE, KE YANG, WENSHEN QU, et al. Strengthening and toughening of a 2800-Mpa grade maraging steel[J]. Materials Letters, 2002, (56): 763 - 769.

[7]　KIM S J, WAYMAN C M. Strengthening behaviour and embrittlement phenomena in Fe-Ni-Mn-(Ti) maraging alloys[J]. Materials Science and Engineering, 1996, A(207): 22 - 29.

[8]　TIWARI G P, BOSE A, CHAKRAVARTTY J K, et al. A study of internal hydrogen embrittlement of steels[J]. Materials Science and Engineering, 2000, A(286): 269 - 281.

[9]　肖纪美. 金属韧性与韧化[M]. 上海: 上海科学技术出版社, 1980

[10]　YOSHIYUKI TOMITA. Improved lower temperature fracture tough-

ness of ultrahigh strength 4340 steel through modified heat treatment[J]. Metall Trans,1987,18(8):1 495–1 501.

[11] 雷廷权,姚忠凯,杨德庄等. 钢的形变热处理[M]. 北京:机械工业出版社,1979.

[12] 李恒德,师昌绪. 中国材料发展现状及迈入新世纪对策[M]. 济南:山东科学技术出版社,2002.

[13] RAABE D, MIYAKE K, TAKAHARA H. Processing, microstructure and properties of ternary high–strength Cu–Cr–Ag in situ composites[J]. Materials Science and Engineering,2000,(291):186–197.

[14] GRüNBERGER W, HEILMAIER M, SCHULTZ L. Development of high–strength and high–conductivity conductor materials for pulsed high–field magnets at Dresden[J]. Physica. ,2001,B(294–295):643–647.

[15] JIANGUO CUI, YONGHUI FU, NIAN LI, et al. Study on fatigue crack propagation and extrinsic toughening of an Al–Li–alloy[J]. Materials Science and Engineering,2000(A):126–131.

[16] YANG J M, JENG S M, BAIN K, et al. Microstructure and mechanical behavior of in–situ directional solidified NiAl/Cr(Mo) eutectic composite[J]. Acta Mater. ,1997,45(1):295–305.

[17] MILENKOVIC S,COELHO A A, CARAM R. Directional solidification processing of eutectic alloys in the Ni–Al–V system[J]. Journal of Crystal Growth,2000,211:485–490.

[18] SPITZING W A. Strength and electrical conductivity of a deforma-

tion- process Cu5Pct-Nb composite[J]. Metall. Trans. ,1993,A(24):7-14.

[19] SIGL L S. Microcrack toughening in brittle materials containing weak and strong interfaces[J]. Acta mater,1996,44(9):3 599-3 609.

[20] TAN H, ZHANG Y, LI Y. Synthesis of la-based in-situ bulk metallic glass matrix composite[J]. Intermetallics,2002,10:1 203-1 205.

[21] CHANGAN WANG, YONG HUANG, QINGFENG ZAN, et al. Biomimetic structure design-a possible approach to change the brittleness of ceramics in nature[J]. Materials Science and Engineering,2000,11(C):9-12.

[22] CHANDLER H W, MERCHANT I J, HENDERSON R J, et al. Enhanced crack - bridging by unbonded inclusions in a brittle matrix[J]. Journal of the European Ceramic Society,2002,22:129-134.

[23] COOK J, GARDON J E. A mechanism for the control of crack propagation in all-brittle systems[J]. London:Proc. R. Soc,1964,1391(A282):508-520.

[24] 徐祖耀. 马氏体相变与马氏体[M].北京:科学出版社,1981

[25] 威廉,殷碧群,浦绍康. 热轧板(卷)断口分层的研究[J].金属学报,1983,A(19):76-82.

[26] 荆天辅,张静武,付万堂,肖福仁. 一种新型层压钢板及其制造技术[P].中国专利,99106907.2,2003.

[27] JEFFREY WADSWORTH, DONALD R. Lesuer, Ancient and modern laminated composites—from the Great Pyramid of Gizeh to Y2K[J]. Materials Characterization,2000,45:289-206.

[28] KREIDER K G. 金属基复合材料[M]. 温仲元译. 北京:国防工业出版社,1982.

[29] SAITO Y, TSUJI N. Utsunomiya H, Sakai T[J]. Acta Mater, 1999(47):579.

[30] ANDERSON P M, LI C, Hall—Petch relations for multilayered materials[J]. Nanostructured materials, 1995,5(3):349-362.

[31] 蔡大勇,张春玲,高聿为,等. CrMoV 钢板条马氏体塑性变形诱发内生复合效应的研究[J]. 材料热处理学报,2001,22(4):43-47.

[32] 荆天辅,肖福仁,蔡大勇. 纳米晶粒低合金钢板及其制造技术[P]. 中国专利,00101493,2003,5.

[33] 荆天辅,许守廉,王戟如. 平板冷弯法对 K1c 值的估算和 15CrMnMoV 钢形变时效工艺参数的筛选[J]. 物理测试,1991(3):34-37.

[34] HANNA G L, TROIANO A B. Steigerwald E A[J]. ASM Trans Quart,1964,57(3):658-671.

[35] 蔡大勇,张春玲,荆天辅. 一种内生复合板弱界面结合强度的测试方法[J]. 物理测试,2000(2):41.

[36] UMEMOTO M, HUANG B, TSUCHIYA K, et al. Formation of nanocrystalline structure in steel by ball drop test[J]. Scripta Mater, 2002,46:383-388.

[37] ZHAO Y H, SHENG H W, LU K. Microstructure evolution and thermal properties in nanocrystalline Fe during mechanical attrition [J]. Acta Mater.,2001,49:365-375.

[38] VALIEV R Z, ISLAMGALIEV R K, ALEXANDROV I V. Bulk nanostructured materials from severe plastic deformation [J]. Prog. Mater. Sci.,2000,45:103-189.

[39] JING TIANFU, ZHANG JINGWU, FU WANTANG, et al. High performance steel plates with micro-laminated layer structure produced by plastic deformation [J]. J. mater. sci. lett.,1997,16:485-489.

[40] TSUJI N, UEJI R. A new and simple process to obtain nano-structured bulk low carbon steel with superior mechanical property[J]. Scripta Mater,2002,46:305.

[41] UEJI R, TSUJI N, MINAMINO Y, et al. Ultragrain refinement of plain low carbon steel by cold-rolling and annealing of martensite [J]. Acta Mater,2002,50:4 177-4 189.

[42] 赵军. Q235 纳米晶粒钢板的制备及其微观结构和力学性能 [D]. 秦皇岛:燕山大学材料学院,2003.

[43] 张春玲. DISC 钢板中弱界面结合强度及其强韧化机制的研究 [D]. 秦皇岛:燕山大学材料学院,1999.

[44] QIAO, A S ARGON. Cleavage crack-growth-resistance of grain boundaries in polycrystalline Fe-2% Si alloy: experiments and modeling[J]. Mechanics of Materials,2003,35:129-154.

[45] SHANMUGAM P, PATHAK S D. Technical note some studies on

the impact behavior of banded microalloyed steel[J]. Engineering Fracture Mechanics, 1996,53(6):991-1 005.

[46] FAUCHER B, DOGAN B. Evaluation of the fracture toughness of hot-rolled low-alloy Ti-V plate steel[J]. Met. Trans. , 1988, A19:505-516.

[47] 孙本荣,王有铭,陈英.中厚钢板生产[M].北京:冶金工业出版社,1993.

[48] 田村今男.钢铁强韧化处理的方向[J].金属热处理. 1981, 21(4):324-330.

[49] KHOBAIB M, QUATTRONE R, WAYMAN C M. Experiments on directional martensitic transformation in steel [J]: [degree artide]. Met. Trans. , 1978, A9:1 431.